装备科技译著出版基金

空中飞行模拟器和电传/光传验证机
国际航空 60 年的研究历程

In-Flight Simulators and Fly-by-Wire/Light Demonstrators: A Historical Account of International Aeronautical Research

[德] 彼得·G. 哈梅尔
（Peter G. Hamel）
[德] 拉文德拉·V. 贾特冈卡
（Ravindra V. Jategaonkar）
编著

高金梅　章胜　徐燕　龙强　黄江涛　等译

国防工业出版社
·北京·

著作权合同登记　图字：01-2022-6248号

内 容 简 介

本书首次系统完整地介绍了60多年来国际航空领域空中飞行模拟器以及电传/光传操纵飞行控制技术的发展，提供了验证、优化和评估固定翼/旋翼飞机、有人/无人飞机飞行品质、飞行控制和飞行安全的全套模拟飞行试验技术知识，本书几乎涵盖与空中飞行模拟相关的飞行试验所有技术内容和电传/光传操纵控制研究的最新进展，其中尤其注重对创新性试验想法产生、实施与技术细节的深入讨论，为对比借鉴国外航空飞行器研发经验提供了新的视角。读者通过阅读该书可以对该领域工作有全面系统的了解，同时对于航空飞行器新概念新技术的研究也具有重要的启迪意义。

本书可以作为航空飞行器研发、飞行试验领域的技术参考资料，读者对象包括从事航空飞行器设计、研究与试验领域的科研人员、飞行试验工程人员、武器装备型号设计人员、相关专业研究生、国防科技工作者以及航空史学家等。

First published in German under the title

Fliegende Simulatoren und Technologieträger: Braunschweiger Luftfahrtforschung im internationalen Umfeld, edited by Peter G. Hamel and published by Appelhaus Verlag, Braunschweig, 2014, ISBN 978-3-944939-06-3.

Translated from the English edition revised, extended and translated from the original book in German by Ravindra V. Jategaonkar

In-Flight Simulators and Fly-by-Wire/Light Demonstrators: A Historical Account of International Aeronautical Research

edited by Peter Hamel

Copyright © Springer International Publishing AG, 2017

This edition has been translated and published under licence from Springer Nature Switzerland AG.

图书在版编目（CIP）数据

空中飞行模拟器和电传/光传验证机：国际航空60年的研究历程/（德）彼得·G.哈梅尔（Peter G. Hamel），（德）拉文德拉·V.贾特冈卡(Ravindra V. Jategaonkar) 编著；高金梅等译. -- 北京：国防工业出版社, 2024.12. -- ISBN 978-7-118-13224-3

I. V216.8

中国国家版本馆CIP数据核字第2024NB2689号

※

国防工业出版社出版发行
（北京市海淀区紫竹院南路23号　邮政编码100048）
廊坊一二〇六印刷厂
新华书店经售

*

开本 880×1230　1/16　印张 23¼　字数 601千字
2024年12月第1版第1次印刷　印数 1—2000册　定价 178.00元

（本书如有印装错误，我社负责调换）

国防书店：（010）88540777　　书店传真：（010）88540776
发行业务：（010）88540717　　发行传真：（010）88540762

译著编委会

主　编　高金梅

副主编　章　胜　徐　燕　龙　强　黄江涛

编　委　刘晓波　孔轶男　雍恩米　陈　琦

　　　　　段玉婷　廖　飞　张　健　雷鹏轩

　　　　　刘深深　顾兴士　张庆虎　胡芳芳

　　　　　杜　昕　钟世东　李　清　颜宏列

中文译本序

我很高兴应中国出版商与译者的邀约为《In-Flight Simulators and Fly-by-Wire/Light Demonstrators: A Historical Account of International Aeronautical Research》的中译本《空中飞行模拟器和电传/光传验证机：国际航空60年的研究历程》撰写中文序言，我也很感激几十年后还能参与到与中国读者在航空研究领域基础知识的新交流。作为1979年联邦德国政府访华代表团的成员之一，我协助开启了德中两国在航空研究领域的合作，并对随后的科学交流仍然记忆犹新。即使在今天，我所在研究所的前同事们仍然与早已退休的中国科学家们保持着友好的私人联系。

作为1979年联邦德国赴华访问团的成员之一，本书作者哈梅尔正在与中国民航总局专家讨论未来的航空合作

《空中飞行模拟器和电传/光传验证机：国际航空60年的研究历程》系统介绍了空中飞行模拟和电传/光传操纵控制系统领域在全球研究和发展的历史。显而易见，在过去的60年里，这些尖端技术发生了革命性的变化。只有那些充分了解并掌握这段过去发展历程的人，才能在未来继续进行开创性的工作，从而在全球范围内进一步提高飞行的效率和安全性。

随着自动化水平的不断提高，飞行员和飞机之间的良好交互愈发重要。例如，在陌生的飞行状态和紧急飞行情况下，需要更加注意对实际飞行状态的清晰感知和对飞机各个系统功能的更好理解。原则上，在不同国家文化背景下的人机交互中，应当遵循相同的理想行为模式，这有助于实现更好的飞行。

本书呈现与讨论了空中飞行模拟领域中德国与世界范围内的大量生动实例，阐述了电传操纵和光传操纵的优点和潜在用途。本书将为对空中飞行模拟发展历程感兴趣的中国读者、科学家、工程师和历史学家们提供大量令人振奋和激发思考的信息。

彼得·G.哈梅尔教授近照

最后，我要感谢高金梅女士和她的同事，她们在本书翻译过程中付出了极大的耐心和智慧，我非常尊重她们令人印象深刻的努力和洞见。

彼得·G.哈梅尔
德国布伦瑞克，2024年8月

英文版序

在航空发展的前40年里，带动力固定翼飞行早期大多数失败的尝试都与对飞行器动态稳定性和控制的了解不足有关。尽管兰开斯特（Lanchester）、布莱恩（Bryan）和威廉姆斯（Williams）早在20世纪初就已经发展了航空飞行器动力学理论，但直到20世纪40年代中期，他们的工作在飞行器设计中的应用仍然很少。第二次世界大战中激烈的空战对飞机的机动性提出了更高的要求，从此飞机动态稳定性和控制成为飞行器研发中关注的焦点。

正是通过本书中精彩回顾和记录的飞行器技术研究与飞行演示验证，航空工业界获得了对飞机稳定性和控制更加深刻的理解。有了这些知识，飞机设计者就摆脱了与固定稳定翼面和手动操纵舵面有关的稳定性和控制经典概念的束缚。电传操纵人工稳定性系统使设计人员能够从性能需求的角度出发灵活地设计飞机，甚至忽略传统的稳定性要求。飞行器人工稳定性技术研究可以追溯到美国和德国早期的开创性工作。

在美国，早期的基础研究是在20世纪40年代至50年代由美国国家航空航天局（NASA）和康奈尔航空实验室（CAL，现在为Calspan）的飞行研究部门开展的，但这两个部门研究的目的完全不同。NASA的科学家们寻找改善特定飞机的飞行品质的方法，而CAL的目标是发展用于测量和描述飞机飞行中动态稳定性和控制特性的方法，这两种途径导致了变稳飞机的出现，这种飞机可用于增稳自动控制设计的早期阶段。本书介绍了从1947年到今天在美国开展的多个项目，以及这些项目在飞机动态稳定性和控制方面所取得的理论和试验上的进展。

在德国，航空科学家们对飞行器动态稳定性和控制研究的重大贡献甚至比美国的工作开始得更早，但与NASA一样，最初的工作主要聚焦于改进现有飞机的控制品质问题。自第二次世界大战以来，位于布伦瑞克的德国航空航天研究和试验中心（DFVLR）飞行力学研究所（自1999年以来称为德国航空航天中心（DLR）飞行系统研究所）尤其做出了重要贡献。该研究所在其所长彼得·G.哈梅尔（Peter G. Hamel）博士的领导下，在与飞行品质研究有关的所有领域，特别是固定翼飞机和旋翼飞机空中飞行模拟器的开发和创新应用、电传/光传飞行控制的新颖应用方面，成就享誉世界。尽管在具有机械飞行控制系统的飞机上已经开发出具有有限稳定性的自动驾驶仪功能，但是如果没有电传操纵系统，就不可能实现稳定性增强和变稳飞行。此外，哈梅尔和他的研究所也因将系统辨识理论应用于飞行器方面的开拓性工作而受到赞誉。

飞机系统辨识是建立在飞机精确数学模型基础上的一种方法，这对于飞机增稳自动控制系统的设计至关重要。越来越多的现代民用和军用飞机采用静不稳定气动布局，但是，基于稳定性增强和自动控制功能，当前所有的飞机都可以获得乘坐舒适性和安全性保障。

哈梅尔和他在DLR飞行系统研究所的同事们在控制增稳和空中飞行模拟的多项技术研究中取得了重要的进展，这些成果比世界其他任何地方都要早几十年。这些成就得到了该领域的两位知名专家马尔·阿布朱格（Mal Abzug）和吉恩·拉腊比（Gene Larrabee）的特别关注和赞扬，他们在2002年出版的《飞机的稳定和控制：使航空成为可能的技术史》（*Airplane Stability and Control: A history of the technologies that made aviation possible*）一书中说明了这一点。

哈梅尔和本书的合著者们对航空史做出了杰出贡献。本书是付出了巨大努力的劳动结晶，它涵盖了全球航空科学家在人工稳定性、变稳飞机和空中飞行模拟进展领域的全部贡献，讨论了使这些技术成为可能的电传/光传操纵技术的发展。书中详尽介绍了世界上变稳飞机和电传操纵的研究与进展，其中着重介绍了德国的工作，尤其是 DLR 飞行系统研究所的工作。考虑到许多开拓性的工作都是在德国完成的，而且是第一次有如此翔实的记录，对德国相关工作的详细描述是可以理解的，也是恰当的。德国一百多年来在飞行器研发领域的广泛努力，特别是飞行力学研究所的成果，对飞机稳定性和控制增稳技术的发展以及空中飞行模拟技术的应用做出了重要的贡献。我可以亲自证明哈梅尔及其研究所对理解飞机动态稳定性和控制现状所作贡献的范围和价值。我认识哈梅尔已有 40 多年，很高兴与他共同合作完成了与本书主题相关的多个项目。依我个人的了解，我可以毫不犹豫地保证，他非常有资格记录和评价这些技术在全球的发展成果，而这些成果在航空领域已经必不可少！

本书不仅可以引起初学者的兴趣，也能引起相关行业科学家和工程师以及航空史学家们的兴趣。这本专著全面地介绍了空中飞行模拟与电传/光传操纵飞行控制系统的发展，其中省略了晦涩的数学方程和深入的理论分析，代之以创新实验和创造性思维的讨论，以及趣闻轶事和精彩照片，我敢肯定读者一定会喜欢该书。因此，我给尚在犹豫不决中的读者的建议是，如果你想了解飞机增稳控制、变稳飞行、空中飞行模拟以及电传/光传操纵飞行控制方面的系统知识，这本书将非常适合你。

欧文·C. 斯塔特勒（Irving C. Statler）
康奈尔航空实验室飞行研究部首席工程师（1946—1970 年）
美国陆军航空空气力学实验室主任（1970—1985 年）
北约航空航天研发咨询组主任（1985—1988 年）
NASA 艾姆斯研究中心，人为因素研究部，研究科学家（1988—2008 年）

美国加州山景城
2016 年 9 月

德文版序

一个关于"表演"的传神定义是:"A 扮演 B,而 C 观察"。对于空中飞行模拟(in-flight simulation),一架高度复杂的改装飞机就像"飞行演员"一样,在真实飞行中"扮演"另一架飞机,而科学家和工程师们则进行"观察",分析飞行结果从而做出决策。

无论在哪个领域,使用"最高学科"这个术语时都需十分小心谨慎,因为采用这个说法你就暗中贬低了同一领域的所有其他学科,或者换句话说,降低了它们的重要性。然而,在目前的情况下,似乎有理由将空中飞行模拟称为飞机研制领域中的"最高学科",因为它包含所有的其他学科,比如空气动力学、飞行力学、控制、制造、结构、气动弹性和飞行器系统理论等学科。为了让空中飞行模拟器在空中安全有效地运行,所有这些领域最好的专家必须共同努力,因为在这项最具挑战性的任务中,人们遇到了物理科学和工程技术的未知边界,必须进行深入研究和探索发展。不仅在过去是如此,比如VFW 614 ATTAS 技术验证机的研制,因为当时可用于飞机开发的工具很少,而且在技术得到巨大发展的今天同样也一样,因为随着更好的数值工具和实验手段的发展,人们对预测精度的要求越来越高。

彼得·G.哈梅尔(Peter G. Hamel)是本书的发起人和编辑,得到了当时甚至今天许多参与者的支持,他回顾并重新评估了空中飞行模拟的技术发展史。由于他在这一领域的杰出贡献,他被授予德国航空航天学会最负盛名的"路德维希-普朗特"奖章(Ludwig-Prandtl-Ring)。飞行科学在20世纪初尚处于起步阶段,正是通过普朗特(Prandtl)在边界层理论和风洞建造方面的工作,为航空科学的发展奠定了坚实的科学基础。在普朗特的奠基性工作近一个世纪后,哈梅尔回顾了空中飞行模拟的历史,并由此说明了航空科学的快速发展。

空中飞行模拟在德国有着悠久的历史。从广义上讲,第一位航空科学家奥托·李林塔尔(Otto Lilienthal)用他设计的滑翔机模仿鸟类飞行的工作可以形象地解释为对空中飞行模拟的实现,后来又出现了普朗特的航空理论著作,胡戈·容克斯(Hugo Junkers)设计的飞机外形和机翼布局,汉斯·约阿希姆·帕布斯特·冯·奥因(Hans Joachim Pabst von Ohain)研制的喷气发动机,阿道夫·布斯曼(Adolf Busemann)提出的后掠翼,这还仅仅是其中的几个典型例子。本书出色地展示了德国科学家和工程师们的努力,他们不仅为航空事业的成功做出了科学和技术上的贡献,而且在很长一段时间内建立了一个高度成功的集研究、教育、开发、生产和运营等方方面面的统一团体。只有在一个成熟高效的网络中进行这种密切的合作,才能保证在未来具有技术上和社会中的可期价值。

近年来,飞机的变化总体上很小。然而现在迫切需要一种全新的飞机,以满足人们对更优的成本效益、更好的环境可持续性和更高的乘客舒适度日益增长的需求。这些新设备需要具备与当今飞机不同的性能,而这些性能必须提前进行模拟验证,尤其是在飞行中进行模拟验证。因此,目前对模拟和空中飞行模拟器的需求比以往任何时候都要迫切,因此这本书不仅是对历史的重新评估,还代表着对未来的使命寄托。

你手中的这本书以一种友好的方式系统地介绍了作为成功解决航空领域问题的"模拟"手段技术体系及发展历程。我想借此机会衷心感谢作者彼得·G.哈梅尔,不仅感谢他在专业技术知识上的贡献,也感谢他在从一个萌发的想法到以令人印象深刻的形式完成这本书的漫长道路中付出的巨大努力。对于读者，我希望你们在阅读这本书的过程中充满乐趣，对丰富精彩的过往形成更多的见解，对当今全球最先进的技术有更加深刻的感知，并从中获得对未来的灵感与启发。

罗尔夫·亨克（Rolf Henke）
执行董事会成员
德国航空航天中心（DLR）
德国航空航天学会（DGLR）主席

德国科隆
2016 年 8 月

序 言

空中飞行模拟代表了飞行力学、飞行控制、飞行系统技术和飞行试验的最紧密融合，是航空科学对飞机及其他航空系统进行评估和鉴定的最终手段。它是飞行研究和航空工业中的通用与强大工具，可以解决从未来飞机布局研究到气动现象模拟，包括系统间的影响与依赖关系甚至故障情况的广大问题，并使得相关技术达到较高的技术成熟度水平。

但是空中飞行模拟仍然是解决飞机研发中当前和未来问题的最佳方法吗？从一个与航空工业和政府合作伙伴有着密切联系的研究机构的角度来看，我们今天可以肯定地说，空中飞行模拟仍然并且很可能将永远在航空研究中发挥重要作用。造成这种情况的原因有很多，在此我只想提其中的三个。

首先，新型布局飞机即将进入现代民用运输飞机领域，它们可能具有全新的特征，但是没有成熟可靠的数据库可以依赖。通过预先对潜在不稳定布局飞机进行空中飞行模拟，尤其是对飞行控制系统进行模拟，将是建立工程师和管理层所需信心的有效、快速和可靠的方式。

其次，无人驾驶飞行器是现代航空中发展最快的领域。自主飞行飞机将在未来几十年内进入全球领空。有人和无人空中飞行模拟将是证明新设计成熟的最有力工具之一，不要忘了，它也是进行飞行认证的新的合规方法。

最后，国际航空工业开始脱离国家机构和教育系统，仅将基本的航空设计与研发能力留给国家当局来维持。由于空中飞行模拟对飞机建模、控制和集成的关键能力提出了最高要求，因此，其最适合交由国家机构开展，以确保对这些领域专业知识的掌握。在未来，随着新系统复杂性和安全标准的不断提高，这种趋势将更加明显。空中飞行模拟的实施将有助于我们了解仅凭技术能力无法使飞行器设计达到最佳，而飞机设计和开发的知识将与技术技能同等重要，同时对人类在工程、设计和决策过程中的作用有更加深刻的理解。

未来，人们有很多很好的理由去探索现代航空科学中的这一瑰宝。从这本书中可以明显看出，在这一过程中，大学、研究机构、工业部门和行政当局建立科学的、良好的共生关系是十分必要的。本书的作者系统总结了空中飞行模拟领域的亮点、成就以及在全球范围内的历史演变，这点非常值得赞赏。对于这本杰出的航空科学著作，我向作者致以衷心的感谢，这是向国际科学界呈现的最精彩、最生动的作品之一！

斯特凡·莱夫达格（Stefan Levedag）
德国航空航天中心飞行系统研究所所长

德国布伦瑞克
2016 年 11 月

前 言

60多年来，空中飞行模拟和电传操纵飞行控制领域的研究和开发在航空系统设计发展历程中留下了深深的印记，毕竟这个时期已经经历了两代航空专家和技术人员的岁月。但是，在飞机系统这一复杂领域中积累的丰富知识和经验很可能难以追踪，甚至可能被遗忘，或者无法在将来得到有效利用。

德国布伦瑞克的德国航空航天中心（DLR）的前试飞员和飞行部门负责人的一通电话达成了友好而重要的提议：系统总结DLR在飞行研究最高学科——空中飞行模拟中获得的知识和经验。这正是邀请在学术界和工业界该领域一直活跃的科学家和工程师们参加此项目的机会。该项目于2013年2月6日小规模启动，后来发展成为一项范围更广的项目，不仅涵盖DLR在德国的活动，而且涵盖了国际上主要航空大国的相关研究。

从现在的角度看，对技术领域的历史发展进行回顾并不是特别紧迫，因为以前的经验很快就会被新的知识所超越和取代。然而，尽管技术进步很快，相关研究的历史记录可能成为知识更新与终身学习的宝贵参考资料，避免在未来飞行器的研发中再次陷入相似的困境。

因此，本书的目的是回顾与总结空中飞行模拟器和电传操纵技术验证机的研发、测试和使用，它们对现代飞机的设计和评估发展做出了巨大贡献，正如那句口号所言："没有对过去的了解，一个人既不能理解现在，也不能塑造未来"。

本书编著过程中首次尝试按时间顺序深入描述空中飞行模拟以及相关的电传/光传操纵飞行控制系统在全球的研发活动，但是相关材料梳理时伴随着这样的风险：即国外同等的或类似的研究活动会被无意间忽略或没有被充分考虑。谨记此点，本书尽可能公平全面地覆盖全球范围内的相关研究工作，以避免任何科学自闭症。

本书的作者试图尽可能客观地描述要求严格的空中飞行试验技术研究，并详细介绍德国相关的研究成果，这在"VFW 614 ATTAS空中飞行模拟器"和"EC 135 FHS直升机空中飞行模拟器"章节中尤为明显。这种详细的记录有时对未来项目的论证与开展有着重要的参考意义，因为它在新项目开始时提供了从之前项目中总结得到的经验和教训，从而最大限度地降低潜在风险。

本书编撰的另一个目的是将知识和经验传授给航空专业的学生、年轻的科学家和工程师们，激励、加速他们终身学习的过程，同时避免再犯过去的错误。

本书也可作为想要了解空中飞行模拟器和电传/光传操纵控制技术历史演变的航空爱好者的权威参考书。每一章节均给感兴趣的读者提供了充足的参考资料，以满足读者进一步深化个人认知与增进了解的需求。为了获得最佳的阅读效果，文中对插图的数量及大小进行了恰当的编排。为了达到预期的可读性，本书中的理论与技术描述尽可能采用通俗易懂的方式进行表述。

彼得·G.哈梅尔

德国布伦瑞克
2016年12月

致 谢

如果本书的作者成功地以恰当形象的形式描绘了空中飞行模拟这一最高航空航天技术在过去60年中的研发活动历史,这需要归功于许多航空爱好者的合作和支持。要列出每一个直接或间接、或大或小地对本书做出贡献的人的名字是一项艰巨的任务,并且很有可能发生漏掉其中某人的情况。因此,我选择了一种更为简单的方式,在这里一并感谢他们所有人对我努力的支持与帮助。然而,仍然有一些人和组织需要特别提及。

感谢本书的合著者,他们以退休人员身份或工业部门、研究所和大学活跃人士的身份参与,在接到邀请后毫不犹豫地参加到本书的编撰工作中而且不收取任何费用。除了他们外,还要感谢经费赞助商,他们的资助使德文原版图书得以出版,其中,我要特别感谢空中客车直升机公司(联系人沃尔夫冈·朔德(Wolfgang Schoder))、迪尔航空航天公司(联系人杰拉尔多·沃勒(Gerardo Walle))、道尼尔博物馆(联系人伯恩德·斯特雷特(Bernd Sträter))、专家系统公司(联系人埃伦·贝克曼(Earon Beckmann))、德国航空航天中心(联系人罗尔夫·亨克(Rolf Henke),斯特凡·莱维达格(Stefan Levedag))和VDev系统与服务公司(联系人恩德尔·巴吉奇(Önder Bagci))。

同样,我也衷心感谢前欧洲直升机公司的乌尔里希·布特(Ulrich Butter)、前空客公司高级副总裁尤尔根·克伦纳(Jürgen Klenner)、前迪尔航空航天公司首席执行官汉斯·彼得·里林克(Hans-Peter Reerink)、前欧洲航空防务航天公司的汉斯·罗斯(Hannes Ross)和前空中客车公司的延斯·斯特拉曼(Jens Strahmann)等所有热心的支持者和顾问。

我还要特别感谢德国航空航天中心执行委员会成员罗尔夫·亨克的宝贵建议和精神支持,感谢斯特凡·莱夫达格和迪尔克·库格勒(Dirk Kügler)两位研究所所长对图书出版的支持以及他们的研究所提供的基础设施。

感谢德国航空航天中心的成员斯蒂芬·本斯伯格(Stephan Bensberg)、汉斯·尤尔根·伯恩斯(Hans-Jürgen Berns)、马丁·格斯特瓦(Martin Gestwa)、乌韦·戈曼(Uwe Göhmann)、汉斯-路德维希·梅耶(Hans-Ludwig Meyer)、迈克尔·普雷斯(Michael Press)、德特勒夫·罗尔夫(Detlef Rohlf)、伊娜·吕丁格(Ina Rüdinger)、贝伦德·范德沃尔(Berend van der Wall)和迈克尔·佐尔纳(Michael Zöllner),他们为本书的编写贡献了许多时间和才能。

我还要特别感谢史密森公司的罗杰·康纳(Roger Connor)、达索猎鹰喷气式飞机公司前首席执行官让-弗朗索瓦·乔治(Jean-Francois Georges)、卡尔斯潘公司首席执行官卢·诺茨(Lou Knotts)、前空中客车直升机公司的迈克尔·斯蒂芬(Michael Stephan)和空客集团公司的汉斯-乌尔里希·威尔博尔德(Hans-Ulrich Willbold),他们提供了许多文字资料和图片材料,帮助填补了本书中的文献空白。

在准备本书的英文版时,我的同事与合作伙伴拉文德拉·V. 贾特冈卡(Ravindra V. Jategaonkar)功不可没,他是德国航空航天中心的高级科学家。为了平衡各个章节的内容和措辞,提高整本书的质量,他进行了出色的具有智慧性和批判性的翻译。没有他的慷慨参与和巨大贡献,我们的书就不可能有英文译本。

从先进空中模拟和电传操纵技术的发源地美国,我很高兴从欧文·斯塔特勒(Irving C. Statler)那里得到了非常有益的建议,他是著名的康奈尔航空实验室先驱团队的一员,曾是该团队的主要科学家之一,他们设计和运营了世界上第一架变稳飞机。感谢欧文·斯塔特勒心甘情愿地接受了对书中各个章节内容和表达进行审校的繁琐工作。

我还要衷心地感谢加文·珍尼（Gavin Jenney），他是前美国空军飞行动力学实验室电传操控飞控系统设计和测试方面的首席专家，感谢埃德·艾肯（Ed Aiken），他是NASA在可变稳定性旋翼飞机研究方面的资深科学家。他们在最后帮助我校对了几章内容，确认并梳理了关于美国在电传操纵和可变稳定性旋翼飞行器研究方面的相关内容。

我要感谢美国空军和陆军、卡尔斯潘公司、NASA、DLR、JAXA和其他国际工业部门、研究机构和组织。我们从他们开放的公共互联网资源中检索了一些珍贵的照片和信息，感谢他们。

除了前面提到的专业人士外，我还要特别感谢另外两个人。首先是我的妻子汉妮尔（Hannerl），她不得不在很长一段时间内两次错过正常的家庭生活，一次是在2013—2014年的德国版编著期间，另一次是在2016年英文版编译期间。其次要感谢帕德玛（Padma），我的合作者和本书译者拉文德拉·V.贾特冈卡的妻子，她也付出了同样的牺牲。她们的支持和理解使这项艰巨的任务变得可以承受，并间接地促成了本书的最终出版。

最后，我要感谢施普林格国际出版公司对本书的出版，我要感谢莱昂蒂娜·迪切科（Leontina Di Cecco）在本书翻译出版过程中对我们的关心与帮助，我还要感谢施普林格·自然杂志的珍妮特·斯特里特·布伦纳（Janet Sterritt-Brunner）对封面的精心设计，以及高斯坦·查克拉瓦尔提（Gowtham Chakravarthy）和印度钦奈科学出版服务公司的制作团队对原稿进行的文字编辑和有益修正。

彼得·G.哈梅尔

德国布伦瑞克

2016年12月

目 录

第1章 引言 ·· 1
 1.1 飞行器研究中的撒手锏：空中飞行模拟 ···························· 2
 1.2 知识现状 ·· 3
 1.3 本书内容编排 ······································ 4
 参考文献 ·· 4

第2章 飞行品质—历史资料 ········ 6
 2.1 固定翼飞行器 ···································· 7
 2.2 旋翼飞行器 ······································ 13
 参考文献 ·· 19

第3章 建模与模拟—基础与效用 ··· 20
 3.1 引言 ·· 21
 3.2 模拟与系统辨识 ·································· 21
  3.2.1 基本概念 ·································· 21
  3.2.2 系统辨识 ·································· 21
  3.2.3 地面飞行模拟 ···························· 22
 3.3 空中飞行模拟 ···································· 25
 参考文献 ·· 27

第4章 德国的开创性工作 ·············· 28
 4.1 人工增稳 ·· 29
 4.2 从气动助力到控制辅助 ···························· 31
 参考文献 ·· 32

第5章 变稳飞机和空中飞行模拟器 ··· 34
 5.1 引言 ·· 35
 5.2 美国 ·· 37
  5.2.1 康奈尔航空实验室 ························ 37
  5.2.2 NASA ···································· 52
  5.2.3 美国工业部门 ···························· 62
  5.2.4 美国大学 ································ 64
 5.3 加拿大 ·· 66
  5.3.1 加拿大国家研究委员会的开创性贡献 ·· 66
  5.3.2 贝尔 H-13G（1962—1968年）······· 66
  5.3.3 贝尔 47G3（1966—1970年）········ 66
  5.3.4 贝尔 205A-1（1970—2012年）······ 67
  5.3.5 贝尔 412 ASRA（2001年至今）······ 67
 5.4 英国 ·· 68
  5.4.1 肖特 SC.1（1957—1971年）········ 68
  5.4.2 Beagle Bassett VSS（1973—2014年）·························· 68
  5.4.3 BAE VAAC "鹞"式 T.2（1985—2008年）·························· 69
  5.4.4 BAE ASTRA Hawk（1986年至今）······························ 69
 5.5 法国 ·· 70
  5.5.1 达索"幻影"IIIB SV（1967—1990年）·························· 70
  5.5.2 达索"神秘-隼"20 CV（1978—1982年）·························· 70
 5.6 俄罗斯 ·· 71
  5.6.1 图波列夫图-154M FACT（1987年至今）······························ 71
  5.6.2 苏霍伊苏-27 ACE

XIII

（1990年至今）············· 72
  5.6.3 雅科夫列夫雅克-130
    （1999年至今）············· 72
 5.7 日本···································73
  5.7.1 川崎 P-2H VSA
    （1977—1982年）············· 73
  5.7.2 比奇 B-65 VSRA
    （1980—2011年）············· 73
  5.7.3 道尼尔 Do-228-202 MuPAL-α
    （1999年至今）············· 74
  5.7.4 三菱 MH-2000 MuPAL-ε
    （2000年至今）············· 74
 5.8 中国···································75
  5.8.1 沈阳歼-6 BW-1
    （1989年至今）············· 75
  5.8.2 HAIG K8V IFSTA
    （1997年至今）············· 76
 5.9 意大利·································76
  5.9.1 阿莱尼亚·马基 M-346 ········ 76
 参考文献·································76

第6章　电传/光传操纵技术验证机········78

 6.1 引言···································79
  6.1.1 背景······················· 79
  6.1.2 早期工作··················· 79
  6.1.3 飞行试验台················· 84
 6.2 国际上的技术验证机···················91
  6.2.1 英国······················· 91
  6.2.2 美国······················· 94
  6.2.3 俄罗斯····················· 110
  6.2.4 法国······················· 114
  6.2.5 日本······················· 116
  6.2.6 中国······················· 117
 6.3 德国的技术验证机·····················118
  6.3.1 道尼尔 Do 27 DFBW 与
    珀西瓦尔-彭布罗克 DFBW ···· 118
  6.3.2 道尼尔 Do 28D "空中仆人"研究
    飞机························ 125

  6.3.3 道尼尔 Do 128 TNT OLGA ····· 134
  6.3.4 洛克希德 F-104 CCV
    （1977—1984年）············ 141
  6.3.5 道尼尔/达索"阿尔法喷气"
    验证机（1982—1985年）······ 143
  6.3.6 罗克韦尔/达萨 X-31A EFM
    （1990—1995年）············ 145
  6.3.7 VFW 614 ATD
    （1996—2000年）············ 149
  6.3.8 波音/欧洲宇航防务集团 X-31
    VECTOR（1998—2003年）···· 156
  6.3.9 斯泰默 S15 LAPAZ
    （2007—2013年）············ 157
  6.3.10 DA42 MNG FBW 研究飞机
    （2008年至今）············· 160
  6.3.11 钻石 DA42-FLySmart FBW23
    （2012—2015年）············ 163
 参考文献·································164

第7章　HFB 320 FLISI 空中飞行模拟器········167

 7.1 HFB 320 FLISI 模拟器项目启动··········168
  7.1.1 HFB 320 飞机··············· 168
  7.1.2 空中飞行模拟器项目········· 169
 7.2 HFB 320 FLISI 模拟器系统的开发与安装···171
  7.2.1 引言······················· 171
  7.2.2 安全方案··················· 172
  7.2.3 电气主控··················· 173
  7.2.4 直接升力控制··············· 173
  7.2.5 推力作动系统··············· 174
  7.2.6 自动配平系统··············· 175
  7.2.7 扰流板直接升力控制········· 175
  7.2.8 飞行员操控设备和模型配平··· 176
  7.2.9 座侧操纵设备··············· 176
  7.2.10 飞行试验装置·············· 177
  7.2.11 BBG 操作模式控制面板····· 177
  7.2.12 机载计算机················ 178

7.2.13	数据采集和传感器系统	178	7.3.14	飞行员和飞行试验工程师培训（1984年） 197
7.2.14	天线	179	7.4	HFB 320 FLISI 模拟器项目结束 198
7.2.15	数据记录	179	参考文献	198
7.2.16	空中飞行模拟的控制方案	180		
7.2.17	控制器优化	180		
7.2.18	实时机载计算机程序开发	180		
7.2.19	飞行试验中的控制器性能	181		
7.2.20	地面模拟	181		
7.2.21	数据分析	182		
7.2.22	遥测	182		
7.2.23	参数估计	182		
7.2.24	运营和认证	182		

第 8 章　Bo 105 ATTHeS 直升机空中飞行模拟器 201

- 7.3　应用案例与结果 183
  - 7.3.1　飞行试验概述 183
  - 7.3.2　首次试验项目：降噪进近飞行（1972—1973 年） 183
  - 7.3.3　具有故障检测功能的数字电传操纵控制（1973—1974 年） 186
  - 7.3.4　考虑直接升力控制的操控品质（1974—1975 年） 187
  - 7.3.5　直接升力控制的航迹跟踪试验（1975 年） 188
  - 7.3.6　采用直接升力控制的自动陡坡进近（1975—1977 年） 189
  - 7.3.7　进近自动减速（1976 年） 190
  - 7.3.8　带直接升力控制的 A310（B10）飞行模拟（1977—1978 年） 190
  - 7.3.9　综合飞行导引系统（1977—1979 年） 192
  - 7.3.10　带姿态保持和直接升力控制的指令控制（1979—1980 年） 193
  - 7.3.11　MUC161 导引系统飞行试验（1979 年） 194
  - 7.3.12　降低静稳定度（1981—1983 年） 195
  - 7.3.13　电传操纵飞行控制系统中的时延（1983—1984 年） 196

- 8.1　引言 202
- 8.2　Bo 105 直升机历史 202
- 8.3　改造与设备 204
  - 8.3.1　控制系统 204
  - 8.3.2　基于光纤信号传输的尾桨控制 205
  - 8.3.3　模型跟随控制系统 206
  - 8.3.4　机载计算机和测量系统 210
  - 8.3.5　地面模拟器和地面站 210
- 8.4　试验项目 212
  - 8.4.1　飞行品质研究 212
  - 8.4.2　其他类型直升机的飞行模拟 214
  - 8.4.3　容错计算机系统 215
  - 8.4.4　飞行控制器设计 215
  - 8.4.5　试飞员培训 219
  - 8.4.6　使用情况统计 220
- 参考文献 222

第 9 章　VFW 614 ATTAS 空中飞行模拟器 224

- 9.1　试验机改造 225
  - 9.1.1　项目介绍 225
  - 9.1.2　DFVLR 项目组织与分工 226
  - 9.1.3　梅塞施密特 - 伯尔科 - 布洛姆公司 227
  - 9.1.4　项目开发 227
  - 9.1.5　ATTAS 模拟器系统 230
  - 9.1.6　空中飞行模拟 / 模型跟随控制 244
  - 9.1.7　ATTAS 模拟器升级 245
  - 9.1.8　ATTAS 模拟器包线拓展 248

9.2 ATTAS 模拟器飞行试验及结果……251
  9.2.1 概述……251
  9.2.2 "赫尔墨斯"航天飞机……253
  9.2.3 仙童-道尼尔 728 喷气式飞机……254
  9.2.4 NACRE 飞翼飞行器……256
  9.2.5 阵风载荷减缓（1990—2011 年）……258
  9.2.6 小型客机的飞控算法开发（1993—1996 年）……260
  9.2.7 高性能合成视景系统……262
  9.2.8 全天候飞行视景增强（1999 年）……264
  9.2.9 自动驾驶仪着陆的快速鲁棒控制设计……267
  9.2.10 失重试验（2008 年）……268
  9.2.11 无人机技术验证（2000—2008 年）……270
  9.2.12 飞机-飞行员耦合试验（1992—2010 年）……276
  9.2.13 尾涡试验（2001—2011 年）……279
  9.2.14 飞机应急推力控制（2006—2009 年）……284
  9.2.15 飞行试验驾驶舱（1992—1993 年）……285
  9.2.16 ATTAS 模拟器自动导引系统（1991—1993 年）……286
  9.2.17 试验飞行管理系统……287
  9.2.18 面向航迹的空中隔离保障系统……290
  9.2.19 降噪进近程序（2005—2006 年）……292
9.3 ATTAS 模拟器退役……294
参考文献……295

第 10 章 EC 135 FHS 直升机空中飞行模拟器……299

10.1 引言……300
10.2 FHS 定义和规划……300
  10.2.1 发展缘由……300
  10.2.2 应用范围……300
  10.2.3 ACT/FHS 方案……301
  10.2.4 基本直升机选型……302
  10.2.5 进度与成本……302
10.3 从型号系列直升机到研究直升机……302
  10.3.1 引言……302
  10.3.2 应用领域……303
  10.3.3 EC 135 改造为 FHS 模拟器……304
  10.3.4 技术细节……311
  10.3.5 地面设施……315
10.4 FHS 模拟器参与的研究项目……315
  10.4.1 引言……315
  10.4.2 模型跟随控制……318
  10.4.3 主动杆（侧杆）……319
  10.4.4 飞行员辅助系统……321
  10.4.5 吊索负载的自动稳定和定位……323
10.5 飞行员和试验工程师培训……324
参考文献……325

第 11 章 DLR 取消的项目计划……327

11.1 引言……328
11.2 DLR/道尼尔 AlphaJet CASTOR（1984 年）……329
11.3 DLR/MBB BK 117 HESTOR（1984—1986 年）……330
11.4 DLR BK 117 TELE-HESTOR（1986 年）……332
11.5 DLR/道尼尔的"赫尔墨斯"教练机（1987—1992 年）……335
参考文献……336

第 12 章 国际合作……338

12.1 概述……339
12.2 国际研讨会……339
  12.2.1 1991 年空中飞行模拟国际研讨会……339

12.2.2　1993年德俄空中飞行模拟研讨会 ……340
12.2.3　2001年"ATTAS 20年"研讨会 ……341
12.3　跨大西洋合作 ……343
　12.3.1　引言 ……343
　12.3.2　美国/德国飞机飞行控制概念备忘录（1979—1992年）……345
　12.3.3　美国/德国直升机飞行控制备忘录(1979—2012年)……346
12.4　与空客的合作（1994—1995年）……350
参考文献 ……351

第13章　路在何方？……353

第 1 章 引 言

彼得·G. 哈梅尔

1914 年的"电传飞行"问题：
……通常一架飞机只可以使用两到三年，除非它经常通过铁路进行运输，并在这一过程中因得到良好的保护而没有受到损坏。
第一位英国航空邮政飞行员：
古斯塔夫·哈梅尔 (Gustav Hamel) 等人：……飞行——一些实践经验。郎文 – 格林出版社 (1914)

1.1 飞行器研究中的撒手锏：空中飞行模拟

过去50年，传感器、执行机构和图像信息显示系统的发展以及飞行控制律的进步，为航空/航天飞行器飞行性能和特性的改善提供了重要的技术支撑。作为这些发展的先决条件，同时期发生的数字技术革命，带来了计算机计算能力的爆炸式增长，这反过来又促进了飞机在改善飞行品质、提升自动化水平、增进安全性和监测飞行性能方面取得重大进展。图1.1描述了飞行器、飞行员与机载设备系统三者之间的综合作用过程及其相关的研发技术风险问题。显然，飞行器综合系统中的飞行器、飞行员和机载设备系统这三个基本要素之间的相互依赖关系决定了研究的重点所在。为了实现飞行器综合系统在有效性和安全性之间的恰当平衡，有必要考虑并优化飞行器、飞行员和机载设备系统之间的动态交互作用[1-2]。

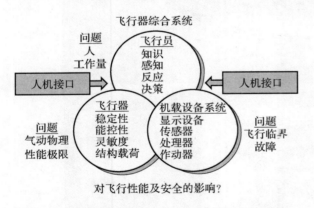

图1.1 飞行器综合系统基本要素间的相互作用

与机载设备自动化程度不断提高不相适应的是，在飞机设计过程中没有充分理解和考虑人机交互。飞行员与飞机的交互需要训练有素的技能，而与自动化设备的交互则伴随着不被广泛理解的认知负担。因此，必须确保飞行员在通过操控设备进行飞行控制期间，机载设备提供的信息以及自动化决策和执行的效果，在飞行物理层面上对飞行员来说依然是可信的。与飞行员相关的表现潜力/能力的描述，包括对当前飞行和系统情况的感知、在不断变化的飞行和环境条件下的应变能力以及在关键飞行阶段的决策能力，是航空科学领域的工程师、医生和心理学家面临的最复杂的研究任务之一。针对飞行员在驾驶配备了复杂计算机逻辑的飞机时，面对不熟悉或未知的飞行情况下能否做出正确反应的疑问，飞行员的人工驾驶能力可能代表着飞行中的一个弱点，或者换句话说，可能象征着安全飞行的阿喀琉斯之踵①[3]。

通过飞行试验及时证明新技术的功能和安全性也就显得尤为重要。飞行试验可以用于对与新方法或关键技术开发相关的技术/经济风险进行及时、高效的评估。由于今天民用或军用飞行器系统的研发和维护周期长达工程师职业生涯的35至40年，在航空航天工程领域也存在跨学科专业知识流失的风险，因而该领域需要持续的研究投入，同时需要获得工业界和政策层面的支持，以确保在合理的时间周期内，通过演示验证项目或空中飞行模拟（In-Flight Simulation）来实现预期的发展或系统的持续改进。在国际术语中，这被称为达到了一定的技术成熟度（Technology Readiness Level，TRL），其值大约为6，含义为"运行范围内已具备功能和经过测试的原型"（另请参见6.1.2节）。

图1.2中描绘的飞行器系统技术的相互联系，阐明了在当前飞行器系统的研发或改进过程中，

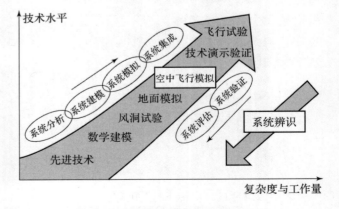

图1.2 飞行器系统开发研究工具链

---

① 阿喀琉斯之踵（Achilles' Heel），原指荷马史诗中的英雄阿喀琉斯的脚踝，因是其身体中唯一一处没有浸泡到冥河水的地方，成为他唯一的弱点，后来阿喀琉斯在特洛伊战争中被毒箭射中脚踝而丧命。现引申为致命弱点。

理想情况下应当遵循的各个步骤。由于技术、管理、政策或财政方面的原因，图1.2中罗列的技术或相关学科（如结构或推进技术）中的其他研究手段未能得到充分利用，最终导致如图1.3所示的灾难性后果。此类事件及由此产生的社会政治问题已成为世界公认的困境。因此，我们有必要向诺曼·奥古斯丁（Norman Augustine）致敬，感谢他对此提出的深邃见解[1][4]。

项目滞后及增加成本
一些例子

	滞后	成本增加
EF2000, NH90和V-22	~10年	~40%-80%
A400M和F-35	~2++年	~40%-80%
A380和B787	~2年	~20%-30%

究竟是什么原因，技术、管理还是政治因素？

图1.3 飞机研发风险与现实

图1.2中所示的两个要素，即"空中飞行模拟"（飞行试验的最高模拟形式）和"系统辨识"（创造力与专业知识融合的产物），为我们提供了两种通用的和以试验为导向的可行方法。这些方法对于验证、优化和评估具有综合电传/光传操纵（Fly-by-Wire/Light）[2]飞行控制和信息系统的有人驾驶或无人驾驶飞机的飞行品质具有特殊价值。但是，同时也应该指出的是，在飞行器研制项目中，人在回路中的地面模拟确实起着不可或缺的作用，它可以最大程度地减少更为昂贵的飞行模拟需求。

第3章将对"空中飞行模拟"和"系统辨识"进行更详细的介绍与讨论。这两个学科都是德国航空航天中心（DLR）布伦瑞克飞行系统研究所长期且特殊的研究重点，具体工作将在第7章~第10章中进行详细介绍。

1.2 知识现状

关于发展电子飞行控制以改善飞机和直升机的操纵性能和飞行品质，国内外许多文献（如文献[5-12]）都进行了梳理与总结。

迄今为止，与可变稳定性飞机（简称"变稳飞机"）和空中飞行模拟有关的最详细的历史记录，来自被誉为空中飞行模拟之父之一，美国前康奈尔航空实验室（Cornell Aeronautical Laboratory, CAL）的瓦尔德马尔·布鲁豪斯（Waldemar O. Breuhaus）发表在《美国航空历史学会期刊》杂志（American Aviation Historical Society Journal, AAHS J）上的文章（参考文献[13]）。康奈尔航空实验室后来改名为卡尔斯潘公司（Calspan），在这本书中，Calspan（CAL）将作为对该机构的统一指代。文献[13]后来由Calspan专家诺曼·温加顿（Norman Weingarten）根据其多年经验加以扩展和补充，形成了文献[14]。文献[15]则详尽地描述了康奈尔航空实验室（CAL）和Calspan航空航天研究的历史。

文献[16]是一本极其令人激动、可读性很强的书，由康奈尔航空实验室（CAL）的前常务董事威廉·F. 米利肯（William F. Milliken）所著，其内容超出了空中飞行模拟的范围，在这本书中，人们将了解威廉·F. 米利肯及其同事，包括瓦尔德马尔·布鲁豪斯（Waldemar O. Breuhaus）、欧文·斯塔特勒（Irving C. Statler）、罗伯特·哈珀（Robert P. Harper）和埃蒙德·莱顿（Edmund V. Laitone）等学者，在CAL率先开展的飞机动态响应测量、可变稳定性飞行试验、试飞员评估重要性研究和闭环系统分析等研究工作。此外，本书还以布加迪汽车公司（Bugatti）为例，对工业飞行试验以及航空相关技术在美国汽车运动中的使用进行了历史回顾。同样，通过参考文献[17-19]，可以很容易地追溯到美国国家航空航天局（NASA）艾姆斯研究中心和德莱登研究中心（自2014年起称为阿姆斯特朗研究中心（Armstrong Research

---

① 诺曼·奥古斯丁（Norman Augustine）是美国著名的工程师和企业家，他对技术管理和工程领域有深远的影响。他在《奥古斯丁定律：工程师的挑战》一书中提出了一系列富有洞察力的法则——称为奥古斯丁定律。这些定律主要关注技术项目的复杂性、成本和管理，反映了在高科技和工程项目中的一些常见问题，特别是奥古斯丁定律的第7条，即"每个大型技术项目的成本，最终会比原先预算的多出两倍"，深刻地揭示了大型工程项目中的预算超支和成本膨胀的普遍性。
② Fly-by-Wire（FBW），常译为电传操纵，也可译为电传飞行；Fly-by-Light（FBL），常译为光传操纵，也可译为光传飞行。

Center))在空中飞行模拟研究领域发挥的特殊作用。在国际图书界中，文献[20]与文献[21]介绍了试验飞机，并且部分内容涉及主要由美国或俄罗斯研发的空中飞行模拟器（In-Flight Simulator）。

1991年，在布伦瑞克举行的首届空中飞行模拟国际研讨会上，与会专家讨论了空中飞行模拟技术的重要性及其技术效益，随后DLR的空中飞行模拟器 VFW 614 ATTAS 和 Bo 105 ATTHeS 进行了飞行表演[22-23]，国际知名的航空杂志《航空周刊与空间技术》通过文章《空中飞行模拟联谊会》[24]对这次研讨会进行了详细报道。

1.3 本书内容编排

本书内容编排主要分为三大部分。第一部分包括第2章和第3章，其中第2章简要介绍飞行品质背景和基本知识，第3章介绍系统辨识和空中飞行模拟。第二部分包括第4章～第6章，其中第4章简要介绍德国在飞行控制方面最早开展的探索性工作，第5章对可变稳定性飞机和空中飞行模拟器进行详细介绍，其中涵盖美国、加拿大、英国、法国、俄罗斯、日本、中国和意大利等国的情况，第6章详细地介绍电传/光传操纵技术验证机，首先介绍除德国以外世界其他国家的技术验证机发展情况，然后介绍德国的技术验证机情况。本书第三部分包括第7章～第12章，其中更为详细地介绍德国在空中飞行模拟领域的研发活动，这些章节旨在为读者提供有关这些充满挑战性的模拟器研发以及具体项目应用的内部信息，使读者可以深入了解其中的复杂性、付出的努力和相关结果。以上三个部分的每一章均提供了相关参考文献，可以帮助读者追溯空中飞行模拟和电传/光传操纵控制研究领域的历史发展、演变和现状。最后在第13章，对本书内容进行总结，对未来工作进行展望。

参考文献

1. Hamel, P. (Ed.): The Challenge of Flight Research—A Historical Account and Technical Guide, DLR-IB 111-99/02 (1999)
2. Levedag, S. (Ed.): Institute of Flight Systems—Status Report 2000–2008: Scientific and Technological Results (in German) (2008)
3. Advani, A.: Fixing the Aviators' Achilles´ Heel, Aviation Week & Space Technology, p. 58, March 24 (2014)
4. Augustine, N.: Augustine's Laws, AIAA, 6th edn (1997). ISBN-13: 978-1563472404
5. Howard, R.W.: Automatic flight controls in fixed wing aircraft—the first 100 years. Aeronaut. J. 77, 533–562 (1973)
6. Oppelt, W.: A historical review of autopilot development, research, and theory in Germany. J Dyn Syst Measur Control. 98, 215–223 (1976)
7. Hunt, G.H.: The evolution of fly-by-wire control techniques in the UK. Aeronaut. J. 83, 165–174 (1979)
8. Abzug, M.J., Larrabee E.E.: Airplane Stability and Control, Cambridge Aerospace Series. Cambridge University Press, Cambridge (2002)
9. McRuer, D., Graham, D.: A flight control century: triumphs of the systems approach. AIAA J. Guidance Control Dyn. 27(2), 161–173 (2003)
10. Carico, G.D.: Helicopter Controllability, Naval Postgraduate School, Monterey, CA, AD-A220 078 (1989)
11. Prouty, R.W., Curtiss Jr., H.C.: Helicopter control systems: a history. AIAA J. Guidance Control Dyn. 26(1), 12–18 (2003)
12. Stiles, L.R., Mayo, J., Freisner, A.L., Landis, K.H., Kothmann, B.D.: Impossible to Resist—The Development of Rotorcraft Fly-by-Wire Technology, 60th Annual Forum & Technology Display of the American Helicopter Society, Baltimore, MD, USA, June 8–10 (2004)
13. Breuhaus, W.O.: The variable stability airplane. AAHS J. 36(1), 30–55 (1991)
14. Weingarten, N.C.: History of in-flight simulation at general dynamics. AIAA J. Aircr. 42(2), 290–304 (2005)
15. Burns, K.R., Milliken, W.F., Statler, I.C.: The History of Aerospace Research at Cornell Aeronautical Laboratory and Calspan, Vol. 4 in a series: The Flight Research Department, AIAA 2007–0350
16. Milliken, W.F.: Equations of Motion—Adventure, Risk, and Innovation. Bentley Publishers (2006)
17. Aiken, E.W., Hindson, W.S., Lebacqz, J.V., Denery, D.G., Eshow, M.M.: Rotorcraft In-Flight Simulation Research at NASA Ames Research Center: A Review of the 80's and Plans for the 90's, NASA TM 103873 (1991)
18. Shafer, M.: In-Flight Simulation Studies at the NASA Dryden Flight Research Facility, NASA TM-4396 (1992)
19. Borchers, P.F., et al.: Flight Research at Ames—Fifty Years of Development and Validation of Aeronautical Technology, NASA SP-1998-3300 (1998)
20. Markman, S.: One-of-a-Kind Research Aircraft: A History of In-Flight Simulators, Testbeds & Prototypes. Schiffer Publishing Ltd. (2004)
21. Gordon, Y., Komissarov, D.: Soviet and Russian Testbed Aircraft. Hikoki Publication Ltd. (2011)
22. Hamel, P. (Ed.): In-Flight Simulation for the 90's, International Symposium, July 1–3 (1991), Braunschweig, DGLR Mitteilungen 91-05 (Proceedings, Inquiries at: DLR, Institut für Flugsystemtechnik, P.O. Box 3267, 38022 Braunschweig) (1991)
23. Harper, R.P.: Overview: The Evolution of In-Flight Simulation at Calspan, in [22], Paper 1 (1991)
24. Mecham, M.: Airborne Simulation Expands, AW&ST, pp. 42–49, October 7 (1991)

作者简介

彼得·G. 哈梅尔（Peter G. Hamel）是德国航空航

天中心（DLR/DFVLR）飞行力学/飞行系统研究所的所长（1971—2001年）。他于1963年和1968年分别获得了布伦瑞克工业大学的航空航天工程硕士学位和博士学位，于1965年获得了麻省理工学院的硕士学位。1970—1971年，他担任汉堡梅塞施密特-伯尔科-布洛姆（Messerschmitt-Bölkow-Blohm，MBB）航空系统部门的负责人。自1995年以来，他是布伦瑞克工业大学的名誉教授，并且是该大学三个合作研究中心的创始成员。直到今天，他还是国家直升机技术工作组（AKH）的主席（1986—1994年）和国家航空研究计划（LuFo）的评审专家。他是DLR旋翼飞机技术研究计划的经理，以及前AGARD飞行力学/飞行器集成（FMP/FVP）小组的德国协调员。他是德国航空航天学会（DGLR）和美国直升机学会（AHS）的成员，也是AIAA的会员。他获得了AGARD科学成就奖（1993年）、AGARD/RTO冯·卡门奖章（1998年）、AHS冯·克列明博士奖（2001年）和著名的DGLR路德维希·普朗特奖章（2007年）。

第 2 章　飞行品质—历史资料

伯纳德·克拉格（Bernd Krag）和伯纳德·格梅林（Bernd Gmelin）

DLR VFW 614 ATTAS和解放纪念馆

2.1 固定翼飞行器

任何看过海鸥沿悬崖毫不费力地逆风飞行掠过水面的人,都会对它飞翔时的轻松和优雅赞叹不已。鸟类通过翅膀和尾翎调整飞行的细微运动是人们难以察觉的,鸟儿与风、重力和升力处于绝对平衡状态,它向人们展示了一个完美飞行者的形象。

20世纪初诞生的第一架飞机远没有如此完美。200年前,第一批研究飞行的航空先驱们已经开始思考如何才能让飞行器在不受干扰的滑翔中飞行更远的距离这一重要问题。为了构建合理的飞行器模型,他们参考鸟的外形结构,将机翼置于前方,尾翼放在后部。在飞行器重心位置正确的情况下,这些模拟飞行器能够稳定飞行,并具有良好的飞行性能。需要指出的是,稳定飞行中的"稳定"并不意味着"耐用",而是指飞机在受到干扰时能够自动恢复到其初始状态的能力。此外,外来热带植物"Zanonia Macrocarpa"的种子也表现出极其稳定的飞行特性,为飞行器空气动力学设计提供了良好参考(图2.1)。20世纪初,航空先驱们已经基本掌握了进行稳定滑翔飞行所需要的技术,但是制造飞机所需的设计技术和相关数据还很欠缺,因此人们不得不在实践中进行探索。

飞机在滑翔飞行时不仅进行直线和水平飞行,而且需要从地面起飞并安全着陆,最重要的是它还需要具备机动飞行能力。关于飞行的稳定性,人们尚可以依靠一些已有的知识进行指导,然而在飞行控制这一未知领域,人们不得不对其进行研究。

奥托·李林塔尔(Otto Lilienthal)对鹳鸟的飞行进行了深入研究,并据此设计了悬挂式滑翔机。他利用一个特别构造的装置开展了空气动力学实验,为飞行器提供了气动力数据。在1894年,他制造的"标准装置"(normal apparatus)揭示了飞机的基本结构:平尾和垂尾安装在机翼后方一定距离处,利用它们来稳定飞行器的垂直

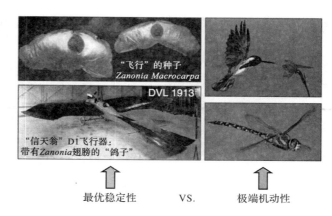

图2.1 稳定性或机动性——折中在哪里?
(作者:哈梅尔)

轴(偏航稳定性)和侧向轴(俯仰稳定性);机翼明显向上安装,呈V形,可提供相对纵轴的有效固有稳定性(滚转稳定性)。但是,李林塔尔(Lilienthal)通过移动重量来操纵他的飞行器,这使得飞行器的可控性受到严重限制,从而导致他在1896年发生了灾难性事故。

与此同时,莱特兄弟(威尔伯·莱特(Wilbur Wright)和奥维尔·莱特(Orville Wright))采用了不同的飞行器设计。他们密切关注了李林塔尔的飞行试验,认识到确保飞行器在所有三个轴都具有足够的可控性至关重要。为了实现这一目标,他们在飞行器上配备了实现空气动力操纵的升降舵和方向舵。此外,为了协调曲线飞行所必需的绕纵轴的滚转控制,他们制造了可以扭转的高弹性机翼。如图2.2所示,飞机的水平尾翼布置在重心前方,但是如此布局的飞行器并不稳定,它需要飞行员不断地进行控制干预,才能使飞行器保持稳定飞行。莱特兄弟认为,一个熟练的飞行员必须能够通过有效的控制来保持飞行器的平衡。同时,他们也认为当必须通过控制输入来补偿大的干扰时,过大的固有稳定性反而更可能成为飞行的障碍。莱特兄弟的观点与现在的认识稍有区别,或许他们还没有充分认识到飞行器固有稳定性的重要性[1]。

莱特兄弟认为飞机应具有中立稳定性的观点在飞机制造先驱中并未得到广泛认同,相反,人们逐渐认识到固有稳定性对于安全飞行的重要

图 2.2　第一架完全可控的飞机——飞行中的"飞行者"Ⅲ（1905 年，德国博物馆提供）

图 2.3　路易斯·查尔斯·布莱里奥驾驶布莱里奥Ⅺ型单翼飞机安全飞越英吉利海峡
（1909 年，德国博物馆提供）

性：如果一个飞行员的精力需要一直用于控制飞行器的稳定，那么他几乎不能完成其他任何任务。直到很久以后，在研发高机动性战斗机的过程中，降低静稳定度的做法才再次被采纳。然而，这些飞机并不是由飞行员手动操控来稳定的，而是通过一个多冗余飞行控制器自动控制实现稳定的。

1909 年，路易斯·查尔斯·布莱里奥（Louis Charles Blériot）发明了开创飞机经典布局的Ⅺ型飞机（图 2.3），此后飞机大多采用这种布局。这种布局的特点是机头安装电机，带有牵引螺旋桨，尾翼位于后部，用于纵向和侧向控制。但与现代飞机不同的是，Ⅺ型飞机的滚转控制还不是通过副翼，而是通过扭转整个机翼来实现。这架飞机在所有轴上都非常稳定，布莱里奥驾驶它成功地横跨了英吉利海峡抵达英国。

第一次世界大战期间，飞机研究得到快速繁荣的发展。在德国，各式各样的飞机被交付给德国帝国陆军航空部队。当然，在那个年代还不存在对飞机飞行品质的要求，因此不同的飞机具有不同的特性。对飞行员来说，同时驾驶多种飞机是一个挑战，因此这些飞机难以被广泛部署。飞机特性的多样性促使德国航空试验机构（DVL）的飞机工程部门开展了针对性的研究。他们在 1917 年测试了几种飞机的飞行品质，并让飞行员对飞机性能进行评估，虽然这还不是一个客观的评估，但得到的一些研究结果在当时被认为是重要且具有参考价值的[2]。然而，当时这些基于飞行员感受的评估尚未能为通过技术措施改善飞行品质提供可靠的依据。

在展示理想的飞行品质方面，当时最佳的飞机当属荷兰安东尼福克公司（Antony Fokker）制造的双翼飞机福克-D Ⅶ（图 2.4）。福克-D Ⅶ于 1918 年被推出，并发展成为第一次世界大战期间最成功的战斗机。该飞机很好地兼顾了固有稳定性与灵活机动性，并且在所有轴上都具有良好的可控性。在激烈的空战中，飞行员很容易使飞机失速进入尾旋，而该种飞机具有一个显著的优点是一旦飞行员松开操控装置，飞机就能自动摆脱危险的尾旋状态。

随着飞机的不断研究与发展，飞行中遇到的各种问题都逐步得到了科学的解决。1911 年，英国数学家乔治·H. 布莱恩（George H. Bryan）对飞机的运动问题进行了数学分析，并建立了飞行

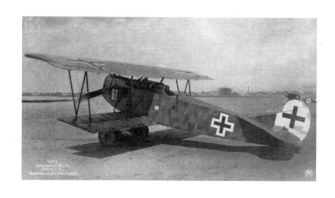

图2.4 第一次世界大战时期最好的战斗机：传奇的福克-D VII双翼飞机（1918年，德国博物馆提供）

器运动数学方程。他引入了"稳定性导数"的概念，不过由于飞行器运动的高度非线性，直到现在，仍然不可能得到这个方程组的一般解析解。

根据布莱恩方程，来自英国国家物理实验室（National Physical Laboratory，NPL）的航空科学家利昂哈德·贝尔斯托（Leonhard Bairstow）给出了飞行稳定性分析的第一个初步研究成果。他认识到复杂的飞机运动方程可以解耦简化为"纵向运动"和"横航向运动"，通过这些被简化的方程导出了现在大家熟知的飞行运动特征模态，如长周期运动（Phugoid）、短周期运动（Short period）和荷兰滚（Dutch roll）等。为了提供稳定性导数量级的信息，1913年，贝尔斯托（Bairstow）针对布莱里奥单翼飞机模型进行了第一次风洞试验。几年后（1916年），在杰罗姆·C.亨萨克（Jerome C. Hunsaker）的领导下，美国麻省理工学院也以同样的目标开始进行风洞试验。尽管试验结果提供了飞机静稳定性的信息，但仍很难预测飞机的动态行为和飞行性能。人们认为，只有通过经验丰富的飞行员开展飞行试验，才能在风洞测量值和飞行品质之间建立合理的联系。科学家们的这些发现当时并没有立刻被飞机制造商所采用，因为这样做的时机还不成熟，在没有合适工具帮助的条件下，其中的数学问题还不能很好地得到解决。

为深化对飞机参数与飞行品质间关系的认识，1919年，美国航空管理局国家航空咨询委员会（National Advisory Committee for Aeronautics，NACA，该机构为美国国家航空航天局NASA的前身）启动了一项广泛的飞行试验计划[3]，目的是在飞行试验结果与之前在麻省理工学院开展的风洞试验结果间建立良好的关联性。飞行试验主要由试飞员埃迪·艾伦（E·T·"Eddie" Allen）执行，他后来成为美国最杰出的试飞员之一。在这些试验中，飞机第一次配备了简单的测量设备来记录飞行过程中的主要参数（如操控力度、舵偏位置）。通过这种方法，人们找到了寇蒂斯-JN4H詹尼（Curtiss JN4H "Jenny"）飞机飞行品质差的原因。这些工作为NACA飞行试验部门的试验奠定了基础。在接下来的几年里，凭借越来越好的仪器设备和优秀的试飞员，关于飞行品质的研究取得了长足的进步。第一次世界大战后，飞行品质也成为了德国航空界研究的主题。1926年，为收集关于飞机稳定性的可靠数据，位于柏林的DVL飞行部门再次开展了飞行性能试验。该项研究的试验报告指出，需要改善当时生产的飞机的稳定性。虽然报告结果还不足以预测如飞机振动阻尼持续时间等特性，但是报告中已经对升降舵、方向舵和副翼操控力的良好平衡提出了明确要求。1928年出版的《飞机制造规范》反映了DVL飞行品质试验的结果[2]。

直到20世纪30年代早期，所有工作的目标都是制造出稳定、可控和安全的飞机，这些工作主要都是建立在广泛实践得到的经验基础上，而不是飞行力学理论。当时，工程师们还没有技术手段来预测飞机的动态行为。尽管如此，人们从经验中已经知道必须采取什么措施来有效地抑制飞行中的干扰性振荡。直到20世纪40年代中期，工程师们才觉得有必要对飞行性能进行详细深入的数学分析。

民用航空和军用航空都希望飞机的飞行品质能够适应各自的要求，从而普通的飞行员也可以很好地驾驶飞机。对于商用飞机，飞行品质要求中特别强调仪表飞行或无线电导引进场，而对于军用飞机，机动性则更为重要。对不同飞机的要求是飞机采购商询问特定飞行器飞行品质的充分理由。

对飞行品质的研究需求导致了1940年NACA的一项大规模研究计划。NACA研究中心的飞行部门在兰利机场（弗吉尼亚州）和莫菲特机场（加利福尼亚州）开展了大量飞行试验，根据飞行员的意见评估飞机在"飞行品质"方面的稳定性和可控性。第二次世界大战爆发后，在美国空军和海军的共同参与下，这项研究得到了极大的发展。在NACA飞行试验工程师罗伯特·R.吉尔鲁思（Robert R. Gilruth）的领导下，对许多民用和军用飞机的飞行品质进行了分析。根据飞行力学原理，吉尔鲁思提出了一系列与飞行试验相关的飞行品质定量标准。他的研究形成了一系列飞行品质标准，这些标准随后被列为航空工业的强制性飞行品质指南[4]。

兰利机场的飞行试验工作主要集中在收集飞行试验后飞行员的评价上，而在另一边的欧洲大陆，在飞行员指出需要通过耗时和昂贵的飞行试验才能纠正的缺陷之前，研究重点已经转移到通过风洞试验来预测飞机的飞行品质[5]。研究人员在不同类型的飞机上进行了大量细致的风洞试验，并将试验结果与飞行试验结果关联起来。

与NACA的情况一样，德国的发展目标同样也是建立可定量描述的飞行品质指南。20世纪30年代奥古斯特·库珀（August Kupper）在DVL开展了相关的基本试验。在他去世后，卡尔·海因里希·德奇（Karl Heinrich Doetsch）继续负责这项工作。他们通过使用仪器测量重要的飞行动力学参数，获得量化飞行品质所需的数据。1943年，DVL和NACA几乎同时发布了飞行品质指南的新草案[6]。在这些指南中，特别强调了飞行品质的可验证性，它们还包含了一些标准化的试验说明和指令，供试飞员使用。据此，德国航空工业部门相应地制定了一套规则来设计操纵面和飞行控制装置，这在很大程度上促进了飞行品质的标准化。

随着涡喷发动机的应用，飞机的飞行包线扩展到声速，这对飞机的飞行品质、飞行性能和飞行安全提出了新的要求。在接近声速时，空气的可压缩性效应给飞行安全带来了新的挑战，导致当时尚且未知的飞行不稳定性以及操纵控制效能降低的问题。尽管后掠翼和三角翼等创新飞行器布局确保了在高亚声速范围内飞机仍具有可接受的飞行品质，但它们在低速下又带来了新的问题，如着陆过程的飞行控制问题。此外，随着飞机尺寸的增加和空速的提高，由此带来的新问题是如何有效应对更大的升降舵和方向舵控制力。

在某些飞行任务中，传统布局的飞机偶尔也会出现飞行不稳定的问题。早在第一次世界大战期间，就有尝试通过控制器改善有缺陷飞机飞行品质的研究。特别是卡尔·海因里希·德奇在DVL工作期间做出的自动控制方面的贡献为飞机的人工稳定奠定了基础（见第4章）。

新的飞机布局和不断增加的空中交通量对飞行品质指南提出了更高的要求，需要制定针对不同任务（起飞、着陆、巡航飞行、机动、下滑道进近等）的相应标准。此外，不同类型的飞机（运输机、战斗机）对飞行品质的要求也有区别，应进行不同的评估。美国军方和航空机构要求NACA制定针对运输飞机在仪表进近和着陆期间的飞行品质规范，海军则需要舰载飞机在航空母舰上安全进近着舰的特殊标准，而美国空军装备司令部则对从飞行试验中确定飞机的稳定性导数很感兴趣。

飞行品质规范中对飞机的操控力也有一定的要求，总的原则是操控力应使飞行员对飞机的速度和稳定性有一种安全的"感觉"。早在20世纪20年代，人们就意识到飞行员所施加的操控力难以驱动大型飞机的舵面。这个问题最初是通过引入所谓的辅助方向舵（auxiliary rudder）来解决的，包括弗莱特纳（Flettner）调整片和弹簧加载辅助方向舵（弹簧调整片）在内的辅助方向舵成功地安装在世界各地的许多飞机上。操控装置中的控制力协调和对指南规范的遵循有时会产生冲突，为达到所需的飞行特性，工程师们需要对飞机的平尾进行大量调整，有的飞机甚至需要花费几百个小时来调整方向舵以满足飞行的要求[7]。

为了解决飞行器飞行品质的定量评估问题，1947年，第一架飞行品质可调的飞机（可变稳定性飞机，简称变稳飞机）诞生了。通过这种飞行试验装备，可以避免对飞机进行复杂而昂贵的改装（见第5章）。

自动航向控制（自动驾驶仪）的开发和使用为航空工业带来了一套新的工具和器件设备，包括姿态陀螺、速率陀螺、电动和液压伺服电机，这些也可以用于其他工业领域。利用电动和液压伺服电机，即使没有辅助方向舵的帮助，飞行员也可以控制大的气动舵面，这对在高动压下飞行需要大控制力的新一代喷气式飞机尤为重要。然而，助力装置的使用也带来了飞行员失去控制力感的问题，而这恰好关系到飞行品质的一个重要标准，操控力感现在只能通过力反馈人为地提供给飞行员。自动驾驶仪、稳定控制器（增稳系统、响应反馈控制系统）、伺服系统和人工控制力感装置极大地增加了飞机的复杂性。

这种复杂系统的正确设计需要首先开展深入的飞行动力学分析，然后才能应用到飞机上。自20世纪40年代末以来，美国发展了用于稳定性分析和控制器设计的技术流程，利用埃文斯（Evans）提出的根轨迹法和频域中的 Bode 图，可以对复杂系统进行稳定性研究和动态特性分析。随着模拟式计算机的引入，通过数值仿真模拟手段对飞机进行研究成为可能，利用电气工程、飞行力学和控制工程领域多年的研究成果，人们发展了一系列飞行器动力学分析与综合方法[8]。通过这些方法，人们可以在飞行器设计早期阶段检测并消除可能存在的误差及不稳定性。伴随着数字式计算机的发展，在数字式计算机上进行稳定性研究和系统性能分析是实现飞机飞行安全过程中的又一重大进步，这些工作节省了大量宝贵的飞行试验时间，同时避免了将试飞员置于危险境地[9]。

得益于新的稳定性分析技术的进步，飞行品质研究也得到了新的发展。1950年朝鲜战争的爆发迫使美国空军和海军在飞行品质领域进行了更加密切的合作，他们在1954年出台了新修订的飞行品质指南《军事规范，飞机驾驶的飞行品质》（*Military Specifications, Flying Qualities Piloted for Airplanes*）[10]。

最初的飞行控制器仍然是基于纯飞行状态反馈系统（响应反馈控制）。控制器的作用叠加在飞行员的手动操控输入中，不影响其操纵杆的功能。因此，控制器可以改善飞机的飞行品质并使其符合飞行品质指南的要求。

新技术的发展和新任务的需求带来了飞行器飞行包线的显著扩展。超声速飞行、智能武器系统、具有挑战性的飞行任务（如地形跟踪）逐渐暴露了手动飞行控制的局限性。只有通过精心设计的自动飞行控制器，才有可能满足飞行品质的要求。随着科技的进步，复杂的飞行控制系统可以很容易地实现，飞行员无须通过传动杆、推杆和钢索等过时的机械装置进行手动控制。通过被称为"电传操纵"（Fly-by-Wire）的新技术，液压驱动的舵面运动伺服机构不是机械连接到飞行员的操控装置，而是接收他的控制指令对应的电信号输入。新型控制器的使用允许飞机的固有稳定性降低，从而实现运动性能的改进。安全装置，如抖杆器（stick shaker）①和飞行包线限制器，确保了飞机飞行安全并避免结构过载。飞行员现在驾驶的飞机都是有控制辅助的飞机。第6章将详细介绍德国和国际上的飞行试验验证机，这些验证机主要用于对军用和民用航空中应用的电传操纵技术进行测试和认证。

以提高飞行品质为目标而放弃机体的自然稳定性，这对飞行控制系统的性能提出了更高的要求。多冗余飞行控制器现在可确保飞机的稳定性，并实现飞行品质指南规定的所有功能。所谓的随控布局飞机（Control Configured Vehicle，CCV），是指设计用于一系列特定任务且只能在飞行控制器的帮助下飞行的飞机[11]。CCV 技术为现代战斗机的研制奠定了坚实的基础（见第

---

① 抖杆器是一种飞行控制告警装置，当飞机接近失速状态时，它通过振动操纵杆来发出警告，提醒飞行员采取措施防止失速。

6章）。

数学分析、地面模拟、飞行模拟和飞行试验是20世纪60至70年代研究和优化新型飞机飞行品质的工具。MIL-F-8785提供了一套规范指南，可以通过飞行试验数据客观地验证飞机的飞行品质。然而，仅靠这一点仍是不够的，还需要有经验的试飞员给出主观评价（图2.5）。为了解决这一问题，美国空军发布了一项新的飞行品质规范MIL-STD-1797[12]，该规范主要基于MIL-F-8785，但进一步包含了飞行试验方法和供试飞员进行主观评估的评估表：库珀－哈珀评级量表[13]（Cooper-Harper Rating Scale）。库珀－哈珀评级量表由乔治·库珀（George E. Cooper）和罗伯特·哈珀（Robert Harper）于20世纪60年代提出①，它是评估飞机操纵性能的结构化主观评价方法，允许对飞行品质进行差异化评估，是对MIL-F-8785标准客观评估的良好补充。

图2.5　NACA试飞员乔治·库珀（George E. Cooper，左）与NACA艾姆斯研究中心主任休·德莱顿（Hugh L. Dryden，右）（1951年）

更具体地说，库珀－哈珀评级量表通过飞行员的反馈来评价飞机的可操控性和飞行品质，而这些特性决定了飞行员是否能够轻松准确地完成飞行及其他任务[13]。事实上，自提出以来，库珀－哈珀评级量表已成为全球多个国家普遍采用的标准程序。一般来说，它是针对有人驾驶飞机的飞行，用于飞行员在环的任务。因此，在该评级表的应用中，恰当的飞行/评估任务的定义和设计至关重要。量表评分是基于飞行员执行特定任务后的评价得到，等级从1变化到10，其中等级"1"为最高等级，意味着飞行员用很少的操纵量就能完成任务，而"10"为最低等级，其意味着飞机在所有测试阶段都存在不可控的情况，这表明飞机存在重大缺陷，需要进行针对性的改进。标准库珀－哈珀评级量表如图2.6所示。

随着飞机技术的发展进步，不断增加的新任务、扩展的飞行操作以及新的监控系统也体现在驾驶舱中，因此，飞行员的行为、反应方式、承受工作量的心理和身体能力变得越发重要，这尤其是数字飞行控制系统的一个特点。数字飞行控制系统的应用带来了一个新的飞行品质问题，即计算时间和信号传输时间引起的控制系统中的时间延迟。在飞行员输入控制指令后，飞机并没有立即做出反应，而是经过一定的时间后才会进行相应的动作。如果飞行员操控后感受不到飞机的响应，他会增强他的动作输入，并在飞机对控制指令做出强烈反应后又匆忙收回指令，这会导致飞机发生振荡，此即飞行员诱发振荡（Pilot Induced Oscillation，PIO）。PIO中不断增强的振荡很难被抑制，它导致了最新一代战斗机的一些事故。即使在商用飞机中，PIO问题也不是陌生的（另见9.2.12节）。

如今，飞行员参与飞机飞行品质的研究已经是普遍的做法。但是要看到，精心设计的地面飞行模拟器并不足以全面再现现代控制辅助飞机的真实飞行环境，只有空中飞行模拟技术提供了逼真重现飞机飞行控制状态和实际工作条件以进行研究的可能性。通过飞行试验，人们对PIO问题进行了深入的分析和研究，在这些研究的基础上，人们改进了飞行控制策略，从而有效地避免了在飞行中发生PIO。

---

① 乔治·库珀最早于1957年提出了库珀飞行员评级量表，后来他与康奈尔航空实验室的罗伯特·哈珀合作，进一步进行了完善，于1969年形成库珀－哈珀评级量表。

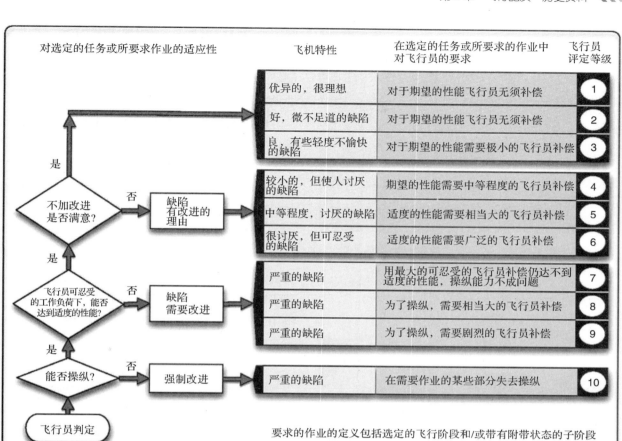

图 2.6 库珀-哈珀操纵品质评级量表

2.2 旋翼飞行器

旋翼飞行器的概念几乎和固定翼飞行器一样古老。自然界中的一些事物也为旋翼飞行器的发展提供了参考，比如梧桐树的种子（图 2.7），它在风中旋转，可以实现长时间的稳定飞行，而蜻蜓和蜂鸟则证明了悬停飞行的可能性。然而，从列奥纳多·达·芬奇（Leonardo da Vinci）关于旋翼飞行器的第一个想法（图 2.8）到一架可行的直升机的诞生，研制一架功能正常的旋翼飞行器比固定翼飞行器遇到的困难要大得多。在莱特兄弟于 1903 年实现固定翼飞机的首次飞行后，又过去了 20 年的时间，西班牙人胡安·德拉西尔瓦（Juan de la Cierva）才成功制造和飞行了所谓的自转旋翼机（Autogyro）或旋翼直升机（gyrocopter）（图 2.9）。

图 2.7 梧桐树的种子

在这款旋翼飞行器中，德拉西尔瓦解决了两个基本问题：

（1）通过旋翼叶片的铰接连接（挥舞铰）来控制旋翼叶片根部较大的弯曲力矩；

（2）通过旋翼沿所需飞行方向倾斜来使旋翼

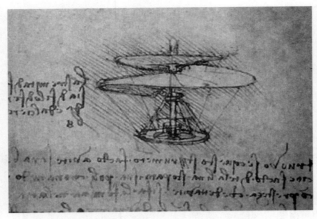

图 2.8 列奥纳多·达·芬奇绘制的旋翼机草图（1490 年）

图 2.9 胡安·德拉西尔瓦发明的 C 19 Mk IV 自转旋翼机（1926 年）

绕纵向和侧向轴线偏转（轮毂倾斜控制）。

但是，德拉西尔瓦发明的这款旋翼直升机的旋翼是由气流驱动，它像固定翼飞机一样，在飞行中需要额外的推进力，比如通过螺旋桨，因此它不能实现悬停飞行。此后又过了十多年时间，第一架部分达到实用程度的直升机才实现了悬停和前进飞行的演示。

对于固定翼飞机，人们现在可以非常迅速地设计出一个具有期望稳定性和良好可控性的布局（如发动机前置，产生升力的机翼位于中部，尾翼位于后部）。但是，对于直升机来说，其一切运动都必须通过旋转的旋翼来实现。旋翼（或称为旋转的机翼）需要产生飞行器机动所必需的升力、推力以及控制力（矩），这对设计师来说并不是一件容易的事。然而，莱特兄弟中的哥哥——航空先驱威尔伯·莱特（Wilbur Wright）对此有着截然不同的看法，他在 1909 年曾声称制造直升机很容易，但它只是一个毫无价值的装置。

毫无疑问，威尔伯·莱特并不知道当时许多制造商为研制直升机而进行的努力。否则，他不会做出这样的错误判断。

除了旋翼刚度问题、振动问题以及缺乏用于悬停所需的轻型高性能发动机外，旋翼飞机飞行中的力（矩）平衡问题尤其受到关注。要实现可控飞行，必须解决机身上的反作用转动力矩问题，即对驱动旋翼中反作用扭矩的反应问题。对于带动力旋翼，操纵旋翼机的过程中如何施加可接受的控制力来改变升力的大小和方向也是一个难题。旋翼飞行器的飞行动力学非常不稳定，飞行员必须不断进行干预以抑制振荡，才能保持直升机在空中的稳定。由于存在多种可能的解决方案，旋翼机研究者们发展出完全不同布局的直升机并不令人惊讶。

对于适航装备的研制，旋翼空气动力学、旋翼动力学、振动动力学和飞行动力学等科学理论的发展至关重要，同时人们需要通过实验对相关理论进行验证。在这一方面，德国做出了开创性的工作，第二次世界大战前第一架作战直升机就率先出现在德国[2, 14]。

亨利希·福克（Henrich Focke）是其中一位作出了重要贡献的先驱，他起草了实用直升机设计中必须满足的一些重要标准：

（1）具有发动机熄火后依靠自动旋转实现安全着陆的能力。

（2）通过飞行员确保稳定性和可控性，操纵要求不应高于对固定翼飞机操纵的要求。

（3）操纵杆易于使用，同时操控力感应与固定翼飞机的操控力相似。

（4）可接受的悬停和前飞飞行性能。

（5）操作安全性应与固定翼飞机相当。

经过大量的研究和试验，亨利希·福克最终设计了一种基本对称的旋翼机结构，如图 2.10 所示，这款被称为福克·沃尔夫（Focke-Wulf）Fw-61 直升机的机身两侧对称布置了一对反向旋转的旋翼。

通过这样的设计，保证了旋翼机绕垂直轴的

图2.10 福克·沃尔夫（Focke-Wulf）Fw-61直升机首次投入使用（1936年）

扭矩平衡。为了控制直升机飞行，利用两个旋翼上的旋转斜盘（swashplate，又称为自动倾斜器）来改变旋翼叶片的入射角，通过升高和降低旋转斜盘，可以同时调整叶片的入射角度（即旋翼总距控制），采用这种方式，可以实现直升机的爬升与下降控制；通过反向调节斜盘，可以实现直升机的滚转运动控制；而利用斜盘倾斜产生水平力与力矩，能够实现直升机的纵向、横向和偏航控制。福克·沃尔夫（Focke-Wulf）Fw-61直升机首次满足了一款实用直升机的所有基本要求。

1937年4月，亨里希·福克（Henrich Focke）与格德·阿奇利斯（Gerd Achgelis）共同创立了福克·阿奇利斯（Focke Achgelis）公司。1938年，德国汉莎航空公司与他们签订了第一份采购合同，合同的内容是研制一款有效载荷重量达700千克的大型运输直升机。在Fw-61直升机方案的基础上，Fa 223是首款批量生产的直升机。在战争期间，它被部署于高山运输作业、救援任务执行以及潜艇监视。1938年，飞机设计师安东·弗莱特纳（Anton Flettner）发明了弗莱特纳Fl-265直升机，与Fw-61直升机一样，弗莱特纳Fl-265直升机呈对称布局，其安装了两个反向旋转的旋翼。但与Fw-61不同的是，这些旋翼没有安装在悬臂上，而是以12°的倾斜角直接安装在机身上。由于距离较小，两个旋翼呈交叉反转布局（被称为交叉旋翼，Intermeshing Rotor），它们通过齿轮传动避免旋翼叶片之间的碰撞。类似于Fw-61，弗莱特纳Fl-265直升机同样也是通过

威尔伯·莱特错了

威尔伯·莱特和奥维尔·莱特两兄弟从小就对飞行很感兴趣。在威尔伯12岁、奥维尔8岁的时候，他们的父亲给他们俩一架橡筋动力的玩具直升机，这是当时的一个新发明。很快，他们自己制作了这个玩具的复制品，这实际上是他们制作的第一个机动飞行装置。后来，当他们被问到是什么激发了他们对飞行的痴迷时，他们总是回忆起这架玩具直升机。

> 但很快他们就开始寻找新的挑战,威尔伯的话后来被引用如下:
>
> 像所有的新手一样,我们从小就开始使用直升机,但很快就发现它没有未来,因此就把它丢弃了。直升机要做的是气球无须费力就能做的事,而且它并不比气球更适合快速水平飞行。如果引擎停止运转,它必然会致命地坠落,因为它既不能像气球一样飘浮,也不能像固定翼飞机一样滑翔。直升机比固定翼飞机更容易设计,但设计完成后就毫无价值了。
>
> (威尔伯·莱特,俄亥俄州代顿,1909 年 1 月 15 日)

旋转斜盘来实施桨叶控制。1940 年 8 月,在进行飞行试验之前,弗莱特纳 Fl-265 直升机在法国沙莱 – 默东(Chalais-Meudon)风洞中进行了大量的风洞试验(图 2.11)。

图 2.11 在沙莱 – 默东(Chalais-Meudon)风洞中的弗莱特纳 Fl-265 直升机(1941 年)

弗莱特纳 Fl-265 直升机在所有三个旋转轴和所有移动方向上都表现出很高的机动性和良好的可控性。这架直升机共飞行了 126 小时,完成了 1000 多次起降,当时世界上还没有其他直升机能达到这样的运行时间。1940 年,弗莱特纳在 Fl-265 直升机的基础上研制了 Fl-282 型直升机,并从 1941 年开始投入小批量生产,该机型由武装部队部署并执行了许多不同的任务(图 2.12)。第二次世界大战后,美国飞行员获得了驾驶 Fl-282 的机会,在亲手进行飞行操纵后,他们都称赞这架直升机的稳定性和可控性比他们之前驾驶过的所有其他直升机都好。

图 2.12 飞行中的弗莱特纳 Fl-282 直升机(1943 年)

除了德国的研发工作外,其他国家也开展了旋翼飞机的研制工作。早在第一次世界大战之前,法国航空先驱路易斯·查尔斯·布雷盖(Louis Charles Breguet)就已经在从事直升机研制工作[15]。但是,他最初设计的被称为旋翼机(Gyroplane)的飞行器甚至在起飞方面都存在困难。之后,他将注意力转向了固定翼飞机的制造,直到 1930 年他才重新恢复对直升机的兴趣。

布雷盖和一位年轻的工程师勒内·杜兰德(René Durand)一起研发了一种带有两个重叠旋翼的直升机,两个旋翼以相反的方向旋转,从而可以抵消旋翼旋转在机身上产生的扭矩。通过旋翼的同轴布置,布雷盖设计了另一种几乎对称的旋翼机布局,并在此基础上制造出了能稳定飞行和可控的直升机:"实验室旋翼机"(Gyroplane Laboratoire)。

这架直升机的旋翼采用双叶片设计,两个旋翼都可通过旋转斜盘可调的周期变距进行控制。通过两个旋翼在相反方向上的总距控制产生不同大小的转矩来提供期望的偏航力矩,从而实现绕飞行器垂直轴的运动控制。对于直线水平飞行和横向机动飞行,与其他布局形式的直升机一样,通过旋转斜盘倾斜调整旋翼桨盘实现。另外，为了提高飞行稳定性，这架直升机还配备了一个水平尾翼。

1934年至1935年期间，布雷盖对该旋翼机进行了多次改造。1935年6月，它成功实现了首次飞行（图2.13）。1935年12月，这架直升机实现了62分钟的飞行，打破了当时直升机的飞行时长纪录。此后，法国航空局于1936年与布雷盖签订了一份合同，目的是研制一种适合作战应用的直升机。然而，该项目研发的进度缓慢，期间还由于维修和改造被一再中断，影响项目实施的一个主要困难是实现客户要求的自动旋转能力。1939年，该型直升机在一次自转试验中严重受损。令人惋惜的是，第二次世界大战的到来终止了该型直升机的进一步发展，"实验室旋翼机"在战争期间被炸弹轰炸摧毁。

图2.13 布雷盖-杜兰德（Breguet-Durand）同轴实验直升机"实验室旋翼机"（1941年，美国直升机协会提供）

早在1930年，出生于乌克兰的美国飞机设计师伊戈尔·I.西科斯基（Igor I. Sikorsky）就开始致力于研制一种可实用的直升机。1931年，他申请了一项直升机专利，该直升机已经具备了后来VS-300型号直升机的所有基本特征，机上装配了主旋翼和小型垂直尾桨，分别用于扭矩补偿和垂直轴控制。虽然这种不对称的布局具有显著的性能优势，但是当时的工业能力和技术积累还不足以支撑它的生产制造[16]。经过持续的努力，西科斯基于1939年春季开始制造一架名为VS-300的适航直升机（图2.14），这架直升机的三叶片主旋翼配备了周期变距控制，可实现直升机的垂直、纵向和侧向运动控制，尾桨除了用于扭矩补偿外，还可提供偏航控制力矩。1939年9月，西科斯基亲自驾驶这款直升机实现了它的第一次飞行。

图2.14 西科斯基S-46/VS-300实验直升机
（1941年，伊戈尔·I.西科斯基档案馆提供）

由于可控性较差，这款旋翼机随后又经过了多次改进。主旋翼的俯仰与滚转控制功能交由侧臂上加装的小型旋翼实现，只有垂直运动由主旋翼控制。在此改进布局的基础上，1941年5月，这款直升机的飞行时间达到了1小时32分钟，打破了自1937年以来由Fw-61直升机保持的最长飞行时间的世界纪录。1941年12月，这款直升机被发展完善到最终的布局：只有一个主旋翼和一个尾桨，这也是当今许多直升机设计中常采用的布局。

VS-300直升机的成功吸引了美国陆军，1943年初，美国陆军订购了100架与VS-300同期研制的R-4型号直升机（图2.15）。战争期间，R-4直升机被用于救援行动和客运任务。作为旋翼飞机研发的先驱，亨里奇·福克、安东·弗莱特纳、路易斯·布雷盖和伊戈尔·I.西科斯基分别独立地发展出制造实用的和"容易"驾驶的直升机的技术解决方案，他们的创意和设计被战后无数成功的直升机型号所采用。

在他们创造性的设计中，亨里奇·福克、安东·弗莱特纳和路易斯·布雷盖聚焦于具有两个主旋翼的直升机布局设计，而西科斯基则专注于基于一个主旋翼和尾桨的布局设计。与双旋翼直

图 2.15 飞行中的西科斯基 S-47/R-4 型号直升机（1941 年，伊戈尔·I.西科斯基档案馆提供）

升机相比，西科斯基采用的布局的优势显而易见：更好的性能、更大的旋翼设计灵活性与更低的生产制造成本，但是其缺点也同样明显，如飞行器不对称、飞行品质差、主旋翼和尾桨气动和动力学复杂。由于具有更好的综合性能，主旋翼尾桨布局一般是中小型直升机的首选，而其他布局仅适用于重型直升机或特殊用途直升机（图 2.16）。在直升机发展的最初几十年里，人们对飞行品质的要求是次要的，当时最为紧迫的任务是发展满足军用和民用需求的直升机可行方案。随着直升机技术的发展，后来的研究则主要集中于不断改进直升机的性能以获得更好的飞行品质，减少飞行中不希望出现的振荡和抖动。据估计，目前在许多直升机的研制中，25%~50% 的时间是用于处理飞行品质方面的缺点[2, 17]。

双旋翼横列式　　双旋翼交叉式

双旋翼共轴式　　主旋翼-尾桨式

图 2.16 不同构型的直升机布局

根据 NACA 的研究工作，1951 年美国民用航空法规第 6 部分——旋翼机适航性（普通类别）中发布了第一个直升机飞行品质规范。该规范在"飞行特性"一节中指出："应能够保持飞行状态，并能够顺利地从一种飞行状态转换到另一种状态，而不需要飞行员具有非凡程度的技能、警觉性或力量，……"；在"可控性"一节中要求："在稳定飞行和执行机动时，旋翼机应是安全可控和可操纵的……"；在"稳定性"一节中指出："应能够以正常机动方式驾驶旋翼机……"[18]。从 1952 年开始[19]，在军用直升机第一个定量飞行品质规范 MIL-H-8501 中，这些一般性说明的定义更加精确。在没有足够的数据库，也没有详细的解释的条件下，人们提出了许多定量要求，涉及直升机的静态稳定性、动态稳定性、控制力和自转行为。1961 年，美国对 MIL-H-8501 规范进行了修订，修订后的 MIL-H-8501A 文件在美国和其他国家作为有效规范使用超过了 30 年。

在民用领域，航空管理部门基本上保留并进一步发展了定性规范标准（FAR 27 和 FAR 29，EASA CS-27 和 CS-29）。不过，定量军事标准也常被用作民用直升机设计和认证的指南。

长期以来，这些规范被视为直升机研制的目标，而不是必须满足的要求，这在一定程度上是由于在新型直升机的研发阶段，现有的设计工具无法完全满足规定的各种标准，另外，由于技术改进，某些标准则又显得过时。例如 Bo 105 直升机无法满足与动稳定性或控制耦合相关的一些标准，但是该机装备的新型无铰链旋翼具有良好的控制特性，可实现快速响应和高效控制，这有力地提高了飞行品质，飞行员认为这些特性令人舒适。因此，尽管按规范要求，该直升机存在"缺陷"，但它仍然获得了许多国家的民用认证，后来又进一步获得了军方的认证。

直升机特别是军用直升机任务范围的扩大、飞行品质规范指南的不足以及飞行员辅助电子系统的发展，都迫切需要制定新的标准。为了获得制定标准规范所需的数据库，美国陆军和 NASA 于 1975 年启动了一项研究计划，加拿大、英国和德国（DLR）的研究机构为该计划做出了重要贡献（见 8.4.1 节）。根据飞行模拟的数据，尤其是空中飞行模拟的数据，新的军用直升机飞行品质规范 Aeronautical Design Standard 33（ADS-33）于 1988 年首次发布，并在随后几年中进行了不断完善[20]。

在许多方面具有革命性的新飞行品质规范的接受度和适用性在很大程度上决定于数据库的系统性、完整性和可靠性，其评估结果可以提供关于主观飞行员操纵品质评估等级与客观量化飞行品质参数之间关系的新标准和重要认识[21]。

ATTHeS 空中飞行模拟器是由 Bo 105 直升机改造而来，由于 Bo 105 直升机具有良好的控制性能，其特别适用于获得飞行试验数据，它对现有直升机飞行数据库的建立与完善做出了重大贡献（见第 8 章），而这个数据库为在所有操作条件和可能任务下都是安全并且"易于"操纵的直升机的设计和认证奠定了重要的先决条件。

参考文献

1. Perkins, C.D.: Development of airplane stability and control technology. J. Aircraft **7**(4), 291 (1970)
2. Herb, H.: The development history of flight mechanics, In German, Deutsche Luft- und Raumfahrt, DLR FB 67–44, July 1967
3. Perkins, C.D.: Development of airplane stability and control technology. J. Aircraft **7**(4), 293 (1970)
4. Gilruth, R.R.: Requirements for satisfactory flying qualities of airplanes, NACA Report 755, (1943)
5. Hartman, E.P.: Adventures in research—a history of Ames Research Center 1940–1965, p. 80. NASA History Series, Washington (1970)
6. Doetsch, K.-H., Friedrichs, G., Höhler, P., Lugner, H.: Redesign of flying qualities guidelines, in German, DVL-Bericht, March 1943
7. Ashkenas, I.L.: Twenty-five years of handling qualities research. J. Aircraft **21**(5), 290 (1984)
8. McRuer, D., Graham, D.: Eighty years of flight control: triumphs and pitfalls of the systems approach, J. Guid. Control. **4**(4) (1981)
9. McRuer, D., Graham, D.: A flight control century: triumphs of the systems approach. J. Guid. Control Dyn. **27**(2), 161–173 (2003)
10. Anon.: Military Specification, Flying Qualities of Piloted Airplanes, MIL-F-8785 (ASG), September 1954
11. Wünnenberg, H. (Ed.): Handling Qualities of Unstable Highly Augmented Aircraft, AGARD AR-279, May 1991
12. Anon.: MIL-STD-1797, Department of Defense, March 1987
13. Cooper, G., Harper, R.: The Use of Pilot Rating in the Evaluation of Airplane Handling Qualities, NASA TN D-5153, April 1969
14. Knobling, K.: First helicopters and rotor systems. In: Hirschel, E. H., Prem, H., Madelung, G. (eds.) Aeronautical Research in Germany, pp. 293–309. Springer Verlag, Berlin (2004)
15. Leishman, J.G.: A history of helicopter flight. University of Maryland, www.terconnect.umd.edu/Leishman/Aero/history.html
16. Sikorsky Historical Archives, www.sikorskyarchives.com
17. Padfield, G. D.: Rotorcraft handling qualities engineering, managing the tension between safety and performance, 32nd American helicopter society. Alexander A. Nikolsky Honorary Lecture, May 2012
18. Anon.: Civil aeronautics board: civil air regulations part 6-rotorcraft airworthiness. Normal Category, Washington DC, USA (1951)
19. Anon.: Military specification: helicopter flying and ground handling qualities; general requirements for, MIL-H-8501, November 1952
20. Anon.: ADS-33E-PRF, Aeronautical design standard, performance specification, handling qualities requirements for military rotorcraft. United States Army Aviation and Missile Command, Aviation Engineering Directorate, Redstone Arsenal, Alabama, March 2000
21. Pausder, H.-J., Ockier, C.: Flying Characteristics specifications for helicopters. In: Hirschel, E.H., Prem, H., Madelung, G. (eds.) Aeronautical Research in Germany, pp. 480–482. Springer-Verlag, Berlin (2004)

作者简介

伯纳德·克拉格（Bernd Krog）是布伦瑞克 DLR 飞行系统研究所的研究科学家（1972—2002 年）。从 1993 年到 2002 年，他担任固定翼飞机部门的负责人。在加入 DLR 之前，他曾在布伦瑞克技术大学飞行力学系担任研究助理（1967—1972 年）。他分别于 1967 年和 1976 年获得了布伦瑞克技术大学的航空航天工程硕士学位和博士学位。他的主要研究方向是随控布局飞机（Control Confugured Vehicles，CCV）、主动控制、系统建模和辨识、训练模拟器数据库构建以及飞机尾涡问题。从 DLR 退休后，他的研究兴趣转向布伦瑞克的航空研究史和航空史。

伯纳德·格梅林（Bernd Gmelin）是布伦瑞克 DLR 飞行力学研究所的研究科学家，同时担任旋翼机系主任（1973—1999 年）。从 1999 年到 2006 年，他在德国/法国 DLR/ONERA 通用旋翼机研究计划下领导了 DLR 直升机项目。在加入 DLR 之前，他曾是斯图加特旋翼机研究所的一名研究员（1968—1973 年）。他在斯图加特大学获得航空航天工程硕士学位（1968 年）。他的主要研究方向是数学建模、直升机风洞模拟、控制系统设计、飞行品质和直升机空中飞行模拟。他还是德国航空航天学会（DGLR）和美国直升机学会（AHS）的成员，曾获得过 AHS Agusta 国际奖学金（1996 年）、DLR/ONERA 团队奖（2006 年）和 AHS 研究员奖（2008 年）。

第 3 章 建模与模拟—基础与效用

伯纳德·克拉格（Bernd Krag）

本章撰写中得到了 W. 门尼希（W. Mönnich）的帮助

3.1 引言

当我们谈到"仿真"或"模拟"（Simulation）时，它意味着在计算机上使用数学模型重现某个"过程"（Process）。在这里，术语"过程"意味着现在可以在"模拟"中分析的一切，例如工厂生产过程、全球金融交易过程、铁路和公路运输过程等。

模拟提供了在对象实现之前对其进行详细研究的手段，所有的模拟都是基于所研究过程的数学模型。通过仿真模拟，可以改变数学模型的参数从而考察过程的各个方面，也可以对模型参数进行调整，从而使模拟尽可能精确地重现真实。此外，数值仿真或数值模拟也是对事物未来发展进行预测或评估的一种手段。

模拟在飞行试验的成功开展中发挥着关键作用。数学模型对现实的描述越精确，仿真模拟就越逼真，结果就越具有参考价值和指导意义。因此，建立高精度的数学模型非常重要，实现准确的"建模与模拟"一直是科学家和工程师们面临的挑战。

3.2 模拟与系统辨识

3.2.1 基本概念

如今，任何一台个人计算机上都可以安装仿真模拟软件，还有谁不知道"飞行模拟器"或"火车模拟器"？这些电脑游戏在对交通工具及其周围环境的模拟上展现出惊人的真实感。对普通人而言，个人电脑上的仿真模拟软件只是游戏，但对于飞行员、船长、火车司机、宇航员等专业人士，仿真模拟软件也是他们职业生涯中的训练工具。模拟器不仅可以用于专业培训或进行专业训练，还可以用于科学研究。在航空领域，模拟器被广泛地用于航空研究，用以验证新型飞行控制律等软件程序和显示器/控制器等硬件设备的可用性。经验丰富的飞行员核查和评估模拟结果，并由此决定是否在飞行器中引入新的装置或控制律。

在人在环路地基模拟系统中，仿真模型描述了被模拟对象在控制输入和外部干扰时的行为规律，模拟的逼真程度不仅取决于被模拟对象的数学模型是否准确地描述现实，还取决于整个环境的模拟，比如飞机驾驶舱或火车驾驶室中仪表和控制设备的模拟。此外，模拟中还会考虑外部视景的呈现以及运动感觉的再现。数学模型确保仪器设备、显示器和运动系统以接近真实物理对象的方式运行。由于代价不菲，对于模拟器的建造，事先确定其预期用途十分重要。在许多情况下，当面临的任务不需要这些模拟器时，就没有必要建造一个复杂而昂贵的模拟器[1]。然而，对于特定的训练任务，尽可能逼真的模拟会给出有意义的评估结果和良好的参考。

伴随着某型飞机的研发，科学家们会建立相应的仿真数学模型。通过风洞试验和/或计算流体动力学（Computational Fluid Dynamics，CFD）数值计算，可以导出飞行器的气动力（矩）模型。在风洞试验中，飞机模型安装在测量天平上，置于稳定的试验气流中，从而获得不同飞行状态下的试验数据。

为确定飞机在姿态变化过程中受到的气动力和气动力矩，需要开展昂贵的风洞模型试验或采用CFD进行计算，再或者通过真实飞行试验得到。对于老旧的飞机来说，飞行试验也是必要的，因为之前的数据库要么不可用，要么已经变得不够准确。为了从飞行试验中确定飞行器模型参数，需要采用系统辨识方法。由于飞行期间作用在飞行器上的气动力不能直接测量，因此需要根据飞行器对控制输入的反应来间接确定，因此成功进行系统辨识的前提条件是数据的准确测量和记录。

3.2.2 系统辨识

系统辨识通过对飞行试验结果与基于飞机运动数学模型的数值仿真结果进行分析与对比，从而确定飞机的模型参数。飞行试验中飞行员通过控制输入激励飞机运动,仪器设备测量并记录这个过程中飞行器的控制输入及运动响应。在随后的分析中,测量的控制输入(如舵偏位置)被馈送到数值仿真模型中,模型参数(如气动力参数)通过最小化相同控制输入下测量的飞行器真实响应和仿真模型响应的偏差来确定。求解这一优化问题的常用方法是极大似然法(极大似然是概率论中的一个术语,在大多数情况下,误差平方的乘积代表待优化的代价函数[2])。图 3.1 说明了系统辨识的整个过程,其中 4M 原则指机动(Maneuvers)、测量(Measurements)、方法(Methods)与模型(Models)。基于飞行试验数据,系统辨识可以用来建立和验证具有较高精度的数学模型。同时,精确的数学模型也是空中飞行模拟器模型反演过程所必需的(见 3.3 节)。

系统辨识中 4M 原则的成功应用往往需要丰富的经验,在这一方面,DLR 飞行系统研究所在过去 50 年中积累了大量的经验(图 3.2 和图 3.3)[3-4]。

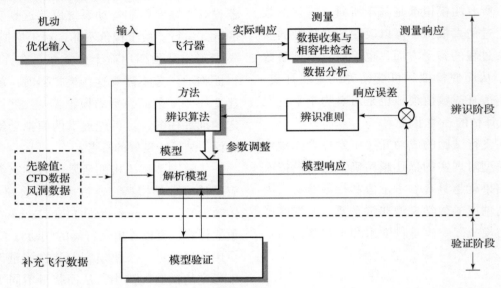

图 3.1 系统辨识的 4M 原则(哈梅尔提供)

3.2.3 地面飞行模拟

从第一台人在环路地面模拟器到如今航空公司广泛使用的高保真度 D 级训练模拟器①,地面飞行模拟器的发展经历了一段很长的路程。航空领域诞生的最早一批模拟器是为训练飞行员而建造的。第一次世界大战前,当时的许多飞机几乎都是静不稳定的,也非操纵特性良好的(见第 2 章),飞行员在驾驶这些飞机飞行时需要时刻集中注意力。由于飞行员们缺乏充分的训练,在这一时期发生了许多飞行事故。因为能与经验丰富的飞行员一起在飞机上学习的机会很少,所以,人们很早就认识到了飞行员地面训练的重要性。为此,在莱特兄弟进行历史性飞行仅仅几年之后,飞机设计师们就制造了专门的训练设备来保护飞行员和宝贵的飞机。

1909 年,法国安托瓦内特飞机公司(Société Antoinette)发明了第一个实用的地面飞行模拟器,这个称为"安托瓦内特学习桶"(Antoinette Learning Barrel)的模拟器设备由两个互相叠放的半桶组成(图 3.4),顶部安装了一个带控制杆的飞行员座位,模拟器的任务是为了培训飞行学员,帮助他们学习驾驶安托瓦内特 VII

---

① 地面飞行模拟器被分为 A 级到 D 级模拟器,其中 D 级模拟器又称为全功能飞行模拟器(Full Flight Simulator, FFS),它是飞行员训练的最高级别模拟器,其飞行训练时间被国际民航领域认可。

飞行器类型	时间	飞行器型号或模型	飞行器类型	时间	飞行器型号或模型
民用飞机	1970—1973	Dornier Do 27	飞机模型	1978—1980	ATA 自由飞模型
	1975—1988	HFB 320-S1 FLISI		1980	Do 28 TNT 风洞模型
	1976	CASA C-212			
	1978—1983	DHC-2 Beaver		1982—1983	Do 28 TNT 自由飞模型
	1981	A300-600		2013—2014	NumEx DLR F18
	1982—1985	Do 28 TNT OLGA	直升机和倾转旋翼飞机	1975	Bo 105 S123
	1984	A310		1986—1989	Bell XV-15 tilt rotor
	1986—1996	VFW 614 ATTAS		1989—1990	AH 64 Apache
	1990	Dassault Falcon E		1989—1990	SA 330 Puma
	1995	Grob G 850 Strato 2C		1989—1995	Bo 105 S3-ATTHeS
	1997—1998	Dornier 328-110		1988	SA 365 Dauphin
	1997	A300-600ST Beluga		1999—2000	EC 135 FHS
	1997—1998	A330-200		2007—2008	CH 53
	1999—2000	IPTN N250-PA1	再入模型	1989	OHB Falke
	1999—2003	Dornier Do 128		1998	USERS
	2000	VFW-614 ATD-EFCS		2004	Astrium Phoenix RLV
	2001	A340-600	无人飞行器	2008—2009	ARTIS
	2002	Cessna Citation II		2010	UCAV（SACCON）
	2002,2006	A318-121	火箭与导弹	1986	EPHAG
	2004	Pitts S-2B		1987—1988	EPHRAM
	2006	G180	飞行器推进系统	1992	Rolls Royce Tyne R.Ty.20 in C-160 Transall
	2007	A320			
	2007	A380-800		1997	Pratt & Whitney PW 119A in Dornier 328-110
	2010	Diamond DA42NG			
	2010—2011	Falcon 20E		1997	Rolls Royce M45H MK501 in VFW 614 ATTAS
	2011—2012	Glider SB 10			
	2013—2014	A350		1999	F404-GE-400 inX-31A
	2013—2014	A320 ATRA	飞机起落架	1996—1997	C-160 Transall
	2014—2015	Embraer Phenom 300		1997	Do 328-100
军用飞机和技术验证机	1976—1983	MRCA-Tornado		1997	VFW 614 ATTAS
	1977	CCV F 104-G		1998	Dasa/Rockwell X-31A
	1981	Do Alpha-Jet TST	其他	1985	206 型 U13 潜艇
	1984	Do Alpha-Jet DSFC		1997	人机耦合
	1989—1997	C-160 Transall		1998	RWE-VVA 燃烧设备
	1993—1998	Dasa/Rockwell X-31A		2000—2005	ALEX 252-7 Lite 翼伞
	1997	EF 2000 Eurofighter		2002—2005	FASTWing 滑翔设备
	2001	X-31A VECTOR		2004—2007	奥迪 A8ABC 汽车
	2009—2010	A400M		2010—2013	MTOsport 旋翼机

图 3.2 DLR 在系统辨识方面开展的研究工作（拉文德拉·贾特冈卡（Ravindra Jategaonkar）提供）

单翼飞机。通过利用这种设备进行训练，大穆尔默隆（Mourmelon-le-Grand）飞行学校的飞行学员们认识到使用这种设备的重要性，学员们可以掌握在正确的时间以正确的方式对控制设备进行操纵的技术[5]。训练中，整个设备在所有三个轴上都是不稳定的，学员们需要不断地施加控制以保持平衡。当然，仅使用"安托瓦内特学习桶"，飞行学员们还不可能学会飞行，不过他们已经建立起了飞机对控制输入响应的一种直观感觉。

虽然本书不再进一步详细介绍地面人在环飞

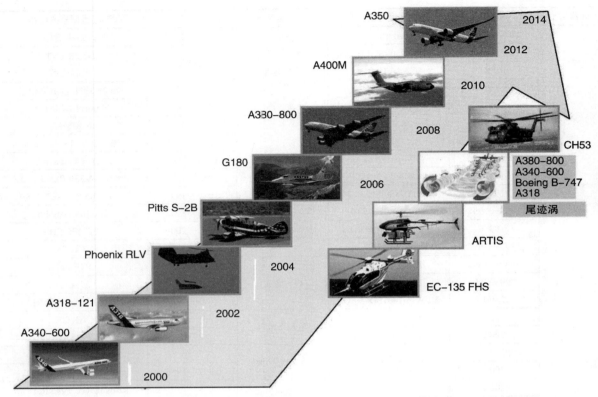

图 3.3 DLR 在系统辨识方面的一些近期贡献（拉文德拉·贾特冈卡（Ravindra Jategaonkar）提供）

图 3.4 "安托瓦内特学习桶"（北美飞行模拟博物馆提供）

行模拟器的发展历史，但是毫无疑问：随着新型飞机的发展，对相应训练设备的需求也在不断增长。20 世纪 20 年代后期，随着仪表飞行的引入，相应的训练模拟器也需要进行配套部署。1929 年，美国人爱德温·林克（Edwin Link）发明了一种地面模拟器，即著名的林克模拟器（Link Trainer），该模拟器类似于飞机机舱，不过没有外部视野（图 3.5），它由空气填充波纹管支撑，可以作 360°的偏航运动，但滚动和俯仰运动受到限制。在任何情况下，飞行员都能感觉到模拟器对操纵杆启动的反应。林克模拟器为飞行员提供了一种安全学习仪表飞行的手段，其安装了盲飞所需的仪器设备，飞行员根据这些设备的信息在预定的航线上进行"飞行"，同时飞行教员可以跟踪飞行学员的航向，并通过麦克风向他们提供指导。林克模拟器被认为是训练模拟器发展史上的一个重要里程碑，在 1930 年到 1950 年期间，大量林克模拟器被制造并在世界许多国家用于飞行员培训。

现代运输飞机的训练模拟器已经达到了很高的模拟逼真度，通过它可以对飞行员进行新型号飞机的培训，而无须进一步开展真实飞机的飞行训练，这种模拟器也被称为零飞行时间模拟器（Zero Flight Time Simulator）。在这些地面模拟器中，不仅驾驶舱环境被真实地再现，而且还会配备外部视景、运动感觉和环境噪声。建造一台逼真的模拟器代价不菲，但是对于航空公司来说，

图 3.5 林克模拟器（亚伯达航空博物馆提供）

发展并部署高度逼真的训练模拟器是值得的，因为飞行员可以在模拟器上接受培训，而飞机可以用于创造更多的收入。

不同的是，战斗机飞行员的培训仍以特种教练机的训练为主。根据美国空军的研究报告，引入模拟器系统后战斗机飞行员的训练效果反而变得糟糕，原因是这些系统无法提供加速度感，而战斗机飞行中通常会有剧烈的加速度变化。

同时，由于模拟器运动时间延迟和视觉感知在飞行员的神经反射中存在一定的不匹配，训练中飞行员有时会感到头晕和恶心，此即模拟器诱发综合征（Simulator Induced Sickness，SIS）。此外，由于飞行员无法在模拟器中进行高过载条件下的飞行训练，许多飞行员在真实高机动飞行的大过载条件下失去知觉，这就是过载引起的意识丧失（g-Force Induced Loss of Consciousness，G-LOC）[6]，美国空军因此损失了许多飞行员。为此，人们将模拟器与离心机进行结合，发展了所谓的真实战术作战系统（Authentic Tactical Fighting System，ATFS），才大大提高了飞行员训练的成效。

3.3 空中飞行模拟

无论人在环路的地面飞行模拟器多么逼真，它都不能再现真实的飞行环境，使用中总会存在

一些必须忍受的限制。为了从特定的模拟任务中获得最大质效，被委托执行模拟任务的人员（例如试飞员、试飞工程师）还必须具备必要的专业背景。

将现有飞机进行改造以完全复制一架假想的新飞机来进行飞行员培训几乎是不可能的，而且这也不是航空研究中所追求的高效做法。实际上根据模拟任务要求，通常只需要复制被研究飞机部分区域的特性。通过一架被改造为空中飞行模拟器的飞机进行空中飞行，可以提供最接近于真实飞行的模拟，用作空中飞行模拟器的原始飞机也称为主机（host aircraft）①。与地面飞行模拟相比，空中飞行模拟的特点是真实的视觉和运动感知（图 3.6），而这种效果只有通过真实的飞行才能达到。除了这些生理感受之外，心理效应也很重要，而采用空中飞行模拟器飞行，飞行员也可能面临操纵不当带来的严重后果[7]。对于飞行品质标准的研究和建立而言，可变稳定性飞机（即变稳飞机）已经被证明是成功的（见第 5 章），这也为空中飞行模拟器的发展奠定了基础。

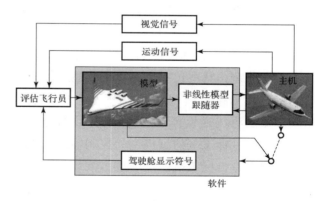

图 3.6 空中飞行模拟原理

根据力学理论，一架飞机在被抽象为刚体后具有 6 个运动自由度（6DOF），包括 3 个旋转自由度（滚转、俯仰、偏航）和 3 个平移自由度（水平、侧向和垂向）。如果要求空中飞行模拟器像被复制的飞机一样在所有 6 个自由度上精确地响应，那么相应地须有 6 个独立的控制装置，然而实际情况并非如此：一架飞机通常只有 3 个主

---

① 主机也可称为本机（basic aircraft，基本飞机）。

要的气动控制装置和一台发动机推力装置，气动控制装置即升降舵、副翼和方向舵，发动机通过油门杆位置进行控制。根据它们的主要作用，这4个控制变量适合于3个旋转自由度（即姿态角及其时间变化）和纵向空速的运动模拟，而垂直运动模拟（包括垂直过载模拟）以及侧向运动模拟的一致性则较为有限。如果要精确地模拟这些平移自由度上的运动，那么就需要附加的控制装置，例如，用于垂直运动的直接升力控制（Direct Lift Control，DLC）翼面（包括快速响应的鸭翼控制面或机翼后缘襟翼），以及用于侧向运动的直接侧向力发生器。

然后，通过所谓的"模型跟随控制器"（model following controller），主机在与可用独立控制装置数量相同的自由度上模拟目标飞机（target aircraft，即被研究飞机）的行为[8]，而在其他自由度中，运动通常会有显著的差异。模型跟随控制一般可以分为隐式模型跟随控制和显式模型跟随控制，两者采用的做法存在区别。

对于隐式模型跟随控制，也称为响应反馈控制，其试图通过静态前馈和反馈来直接调整主机的行为，使其行为类似于目标飞机。

对于显式模型跟随控制，模型跟随控制器采用动态前馈，其中包括目标飞机的显式仿真模型（也可称为模拟模型，图3.7）与主机的逆运动模型（也称为逆模拟模型）。飞行员的驾驶杆信号仅作为目标飞机仿真模型的控制输入，仿真的主要输出是目标飞机的加速度，该加速度需由主机来实现。显然，当主机准确地模拟目标飞机的加速度时，只要积分初值相同，它们的积分结果（包括速度和位置）也会自动匹配。同时，根据由主机逆运动模型确定的前馈控制，主机控制变量与加速度之间的关系可以确定，因此，根据目标飞机飞行模拟中由飞行员控制输入产生的目标飞机加速度，通过对主机运动模型的方程进行"反演"，就可以从所需加速度计算出相应的主机控制舵面偏转指令。由于主机的加速度不仅取决于控制输入，而且还取决于由飞机状态向量表征的特定飞行条件，因此，计算所需舵面偏转指令时需要对相关状态向量进行估计，这通常是采用内含动态微分方程的模型跟随观测器（model following observer）得到。

在显式模型跟随控制情况下，整个被控系统的动态包括目标飞机的动态、模型跟随观测器的动态和误差动态，其中误差动态描述了主机对目标飞机模型的跟随误差随时间的行为。理想情况下，跟随误差会迅速减小而且不会超调。实际上分析可知，在没有额外控制措施的情况下，误差动力学与未调节的主机动力学是相同的。由于这些动力学通常表现出一些非常缓慢和/或阻尼很差的运动模式，如长周期沉浮模态或荷兰滚模态，它们必须通过前馈估计量与实际变量（即测量变量）间误差的反馈控制来改变。

即使是完全非线性的情形，即目标飞机采用非线性运动模型（例如D级模拟器模型）、同时控制变量计算以及模型跟随观测器中也采用主机的非线性运动方程，使用显式模型跟随控制方法也可以获得非常好的模型跟随品质。但是，这种

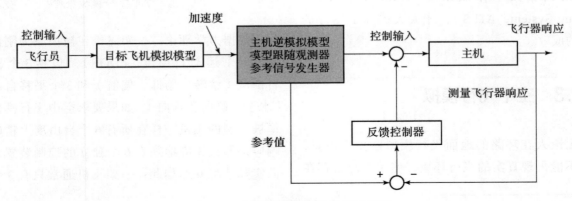

图3.7　显式模型跟随控制原理框图

情形涉及非线性加速度方程的迭代数值反演计算，计算量相对较大。

准确地说，空中飞行模拟器并不仅仅是一架具有可变稳定性系统的飞机，两者之间存在一定的差别，然而美国的许多文献资料中并没有对这两者进行区分。空中飞行模拟器应该给飞行员这样一种印象，即他/她实际上在驾驶另一种类型的飞机，这不仅关系到视觉和动作感知，而且关系到飞机的操控性。尽管为实现这一目的，研究人员进行了大量努力和不同尝试，但是空中飞行模拟仍然存在一定的局限性。一架空中飞行模拟器并不能模拟目标飞机的一切工况，如使用亚声速飞机在低空对超声速飞行进行模拟仍然存在问题，而且很难呈现出准确的驾驶舱环境。同样，为了模拟不同类型的飞机，需要更换整个数据库，甚至需要按照新目标飞机的设置对主机驾驶舱进行必要的改造，这是一项复杂、耗时、昂贵且对安全有重大影响的工作。有时通过地面飞行模拟可以更容易地实现研究目标，当然地面飞行模拟很难呈现真实飞行的加速度感。因此，针对具体研究工作，有必要在地面飞行模拟与空中飞行模拟两种手段之间进行权衡与选择[9]。

理想情况下，在新飞机的设计制造过程中，采用包括地面飞行模拟以及空中飞行模拟在内完整的模拟手段，可以尽可能地减小研发风险（图1.2）。随着对无人驾驶飞行器需求的不断增加，未来预计将迎来空中飞行模拟的复兴，使用所谓的"可选择驾驶飞行器"①（optionally piloted flight vehicle）或"替代飞机"（surrogate aircraft 或 substitute aircraft）来对民用航空无人驾驶飞机

进行测试和训练（见5.2.1.14节与9.2.11节）。

参考文献

1. Breuhaus, W.O., Harper, R.P.: The selection of tasks and subjects of flight simulation experiments. AGARD-CP-79, 1970, Paper 7
2. Hamel, P.G.: Advances in aerodynamic modeling for flight simulation and control design, pp. 7–50. GAMM-Mitteilungen, Band 23, Heft 1/2 (2000)
3. Hamel, P., Jategaonkar, R.: Evolution of flight vehicle system identification. AIAA J. Aircraft. **33**(1), 9–28 (1996)
4. Jategaonkar, R.V.: Flight vehicle system identification—a time domain methodology, 2nd edn. Progress in astronautics and aeronautics, vol. 245. AIAA (2015)
5. Greenyer, F.: A history of simulation—early days. Military simulation and training magazine (MS&T) **5** (2008)
6. Hornburg, H.M., Malone, M.D., Anderson, G.K.: A new approach to flight simulation. http://www.nastarcenter.com/a-new-approach-to-flight-simulation
7. Kidd, E.A., Bull, G., Harper, R.P.: In-flight simulation—theory and application. AGARD Report 368, April 1961
8. Mönnich, W.: Feedforward controllers for model following, in German. DLR-IB 111-1999/20, Status 2002
9. Abzug, M.C., Larrabee, E.E.: Airplane stability and control—a history of the technologies that made aviation possible. Cambridge aerospace series 14, pp. 35–40. Cambridge University Press, Cambridge (2002)

作者简介

伯纳德·克拉格（Bernd Krag） 是布伦瑞克DLR飞行系统研究所的研究科学家（1972—2002年）。从1993年到2002年，他担任固定翼飞机部门的负责人。在加入DLR之前，他曾在布伦瑞克技术大学飞行力学系担任研究助理（1967—1972年）。他分别于1967年和1976年获得了布伦瑞克技术大学的航空航天工程学士学位和博士学位。他的主要研究方向是随控布局飞机（Control Confugured Vehicles, CCV）、主动控制、系统建模和辨识、训练模拟器数据库构建以及飞机尾涡问题。从DLR退休后，他的研究兴趣转为布伦瑞克的航空研究史和航空史。

---

① "可选择驾驶飞行器"（optionally piloted flight vehicle）是一种根据飞行员设置，能够在有人驾驶和无人驾驶模式之间切换的飞行器。

第 4 章　德国的开创性工作

彼得·G. 哈梅尔

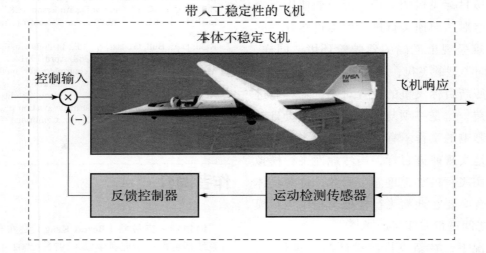

实现人工稳定性的控制工程方法
带人工稳定性的飞机

4.1 人工增稳

20世纪40年代中期，人们对飞机的设计重新进行了反思，对飞行性能、飞行品质和飞行安全提出了新的要求，例如，在接近声速的较高空速时，飞机会遇到空气压缩性效应，从而导致先前未知的飞行不稳定性，与此同时还伴随着飞机操纵性的降低。另外，随着飞机尺寸的增大和空速的增加，如何应对作用在升降舵和方向舵上的巨大气动作用力也是一个必须解决的问题。当时，由于认为"对此类附加设备的操作可靠性存在危险的依赖性"[1]，可用于辅助驾驶员进行操纵的液压或电动传输装置也未被采用。

1940年9月20日，在德国国家航空学院（German National Aviation Academy）第七次科学会议上，"人工稳定性"一词被首次提出，飞机设计师恩斯特·亨克尔（Ernst Heinkel）指出："在不久的将来，向自动控制系统提供人工稳定性的过渡将不可避免"。容克斯公司（Junkers）工程师海因里希·赫尔姆博尔德（Heinrich Helmbold）指出："在空速增加时，引入人工稳定性似乎是必不可少的"。航空专家爱德华·菲舍尔（Eduard Fischel）也指出："不断发展的高速飞机将很难再具有固有的稳定性。因此，在飞机上安装自动控制系统将变得越来越迫切"[2]。与会专家们一致认为：与自然稳定性或固有稳定性相比，飞机的总体稳定性将通过自动控制设备来实现。在20世纪40年代早期，飞机纵向自然稳定性恶化的原因首先被归因于活塞式发动机性能提高导致的增强螺旋桨滑流干扰效应以及用于实现层流边界层流动的新型低阻翼型。同时，随着空速的增加，飞机飞行中又出现了空气可压缩性效应的问题。

在第七次科学会议期间的讨论中，来自德国哥廷根（Göttingen）的著名空气动力学工程师阿尔伯特·贝茨（Albert Betz）指出："飞机马赫数增加导致飞机稳定性减弱的问题可以通过飞机布局的调整来改善，例如采用鸭翼布局甚至可变后掠翼布局"。航空专家爱德华·菲舍尔第一次提出了用于计算人工稳定性的系统理论方法，通过提高固有稳定性或提供所需稳定性的"自动控制装置"对飞机飞行进行干预[3]。这些工作为实现可变飞行品质的飞行控制系统设计奠定了基础。

对于大型飞机，除了人工稳定性问题，由于操纵舵面力矩的显著增加，其还存在操纵困难的问题。例如，对于质量3.2吨的Fw-190飞机与质量93吨的BV 238飞机，虽然BV 238质量大约增加了30倍，但是其舵面铰链力矩增加了117倍[4]。为此，针对BV 222飞机和BV 238飞机，理查德·沃格特（Richard Vogt）将其升降舵分为两部分，如图4.1所示，分别为改善俯仰阻尼效果的外部自动控制舵面②与带有弗莱特纳辅助调整片的内部手动控制舵面①，通过这种手段，解决了升降舵面的控制问题。对于绕横滚轴的滚转控制，沃格特采取了一种稍微不同的方法，如图4.2所示，副翼被分成一个较小的外副翼①和一个较大的内副翼②，其中外副翼①通过经典方式下人工操纵直接驱动，内副翼②则是通过一个

图4.1　布洛姆－福斯BV 238水上飞机——减小纵向控制力并提高飞行稳定性

问题：
大控制力

解决方法：
将副翼分为两部分

舵面①：人工控制
舵面②：次要控制，Flettner调整片

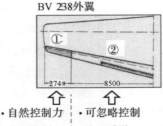

BV 238外翼

· 自然控制力　　· 可忽略控制
· 主要控制　　　· 人工感觉

1944年，为抑制亨克尔 Hs 129 飞机绕垂直轴令人烦恼的蛇形运动，德国航空研究实验室（Deutsche versuchsanstalt für Luftfahrt，DVL）的卡尔·海因里希·德奇（Karl Heinrich Doetsch）和弗里德里希（EG. Friedrichs）开展了偏航阻尼飞行试验。卡尔·海因里希·德奇在方向舵上同样采用了分离舵面控制原理（图4.3）：方向舵上段三分之一多的部分被分离，用于基于自动控制的偏航速率阻尼，方向舵下段在弗莱特纳调整片的辅助下用于人工操纵，在偏航速率反馈的帮助下，飞机的蛇形运动被极大地削弱了（"总体而言，试验结果表明了自动控制的优越性，而通过空气动力学手段来达到如此良好的性能似乎是不可能的"[5]）。第二次世界大战结束后，DVL在 Me 262 试验机上又进行了类似的研究，结果表明飞机在目标跟踪飞行过程中的偏航振荡明显减少（图4.4[6]）。

图4.2　布洛姆-福斯 BV 238 水上飞机——减小侧向控制力

小型弗莱特纳辅助调整片与外副翼①相连，它只需很小的附加控制力即可进行操纵。通过分离舵面控制（Separate Surface Control）方法，沃格特首次在全球范围内取得了大型飞机的出色飞行试验结果，极大地提高了该类飞机的可控性和稳定性。1940年，这项技术在提出后不久就被立即应用到 BV 222 量产飞机中。

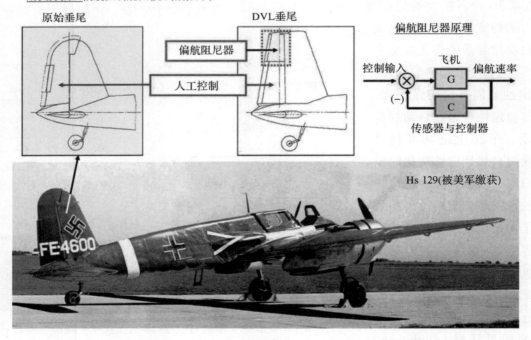

图4.3　亨克尔 Hs 129 飞机——基于人工稳定性的偏航阻尼器

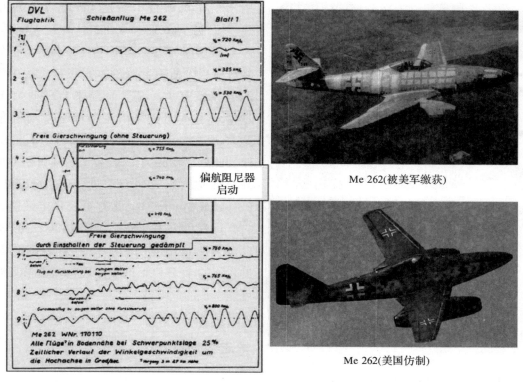

图 4.4 梅塞施密特 Me 262 试验机：基于偏航阻尼器的航向人工稳定

4.2 从气动助力到控制辅助

从今天的角度来看，在增进飞机人工稳定性和可控性研究方面，前面提到的爱德华·菲舍尔的理论工作、理查德·沃格特和卡尔·海因里希·德奇的飞行试验工作是全球范围内通过自动控制手段提高飞机飞行品质的最早研究之一。第二次世界大战后，无论是在国外还是复兴后德国的航空航天研究和工业领域，早在新型飞机研发阶段，自动控制方法都被用作研究和评估飞机控制和稳定性特性的重要工具。同时，控制辅助手段还可以减少气动辅助装置的应用，比如影响分离流及飞行品质的翼刀和涡流发生器。

图 4.5 和图 4.6 给出了气动辅助装置的典型例子。今天，诸如利用气动不稳定性以提高飞机机动性等手段带来的气动性能降低都可以通过特定的飞行控制律或控制策略进行补偿，这为更灵活的飞机设计铺平了新的道路。

随着时间的推移，基于模拟式计算机、具有

图 4.5 苏霍伊 Su-22UM3 K 飞机上的超大边界层翼刀

可变飞行品质的研究飞机逐步演变发展为使用数字式电液驱动系统和高可靠数字式计算机的空中飞行模拟器，国际上也掀起了革命性的电传操纵或光传操纵控制技术的研究热潮（见第 6 章），它们不再采用钢索或连杆机械传动方式来操纵飞机的舵面。

20 世纪 60 年代，德国针对具有可变稳定性和可变操纵性的飞行器开展了研究，在奥伯普法

图 4.6 道格拉斯 A-4"天鹰"飞机缝翼和机翼上的涡流发生器

芬霍芬（Oberpfaffenhofen）的 DVL 对搭载了模拟式计算机的比亚乔 P 149D 飞机进行了首次飞行试验（见 7.1 节）。6.3.1 节详细介绍了在布伦瑞克的 DFL/DFVLR/DLR 开展的电传操纵控制研究情况，这些研究与德国本国倡议的"可变稳定性试验台"有关[7]，目的是将菲亚特 G 91T-3、Bo 105 和 HFB 320 三架飞机改装为具有可变稳定性的试验飞行器。自 20 世纪 70 年代初以来，在 DLR 飞行制导研究所的配合和国家工业部门的支持下，空中飞行模拟试验技术主要是由位于布伦瑞克的 DFVLR 飞行力学研究所（今为 DLR 飞行系统研究所）在相关项目的支持下进行研究，这项技术不断获得发展，四架空中飞行模拟器被陆续制造出来，它们分别是 HFB 320 FLISI、Bo 105 ATTHeS、VFW 614 ATTAS 和 EC 135 ACT/FHS[8]，其中 HFB 320 FLISI 与 VFW 614 ATTAS 为固定翼空中飞行模拟器，Bo 105 ATTHeS 与 EC 135 ACT/FHS 为直升机空中飞行模拟器，第 7 章~第 10 章将分别对它们进行详细介绍。

在德国三架垂直起降（Vertical Take-Off and Landing，VOTL）飞机 VJ 101、Do 31 和 VAK 191 的研制过程中，空中飞行模拟具有更为特别的意义[9]。出于对垂直起降飞机的兴趣，20 世纪 60 年代早期，人们的注意力集中在开发动态相似的悬停平台上，这些平台通常由真实的发动机原型样机驱动，它们不仅用于研究垂直起降飞机在悬停状态下的可控性和稳定性，还广泛地用于新飞机项目中多达 464 个设备部件的预试验[10]（另见 6.1.3.6~6.1.3.8 节）。VOTL 飞机的许多问题都与飞机起降飞行、水平飞行到垂直起降过渡以及垂直起降到水平飞行过渡中实现良好的可控性有关，基于悬停平台的研究工作还初步揭示了不同空气来流条件下发动机布局对再循环现象（recirculation phenomena）的影响规律。此外，1969 年，VAK 191 项目研究中部署了来自加拿大国家研究委员会（Canadian National Research Council）、具有可变稳定性能力的贝尔 47G 直升机，用于描述和模拟 SG 1262 悬停试验台（hovering rig）的动力学特性。试验结果表明，贝尔 47G 直升机上的安全飞行员能够及时监测到可能出现的危险情况（参见 5.3.2 节）。

参考文献

1. Vogt, R.: Das Großflugboot BV 222 Wiking. Luftwissen **11**(3), 70–74 (1944)
2. Heinkel, E., Helmbold, H., Fischel, E.: Natürliche und künstliche Stabilität, Jahrbuch der Deutschen Akademie der Luftfahrtforschung, pp. 281–303 (1940/1941)
3. Fischel, E.: Die vollautomatische Flugsteuerung, Ringbuch der Luftfahrttechnik VE4 (1940)
4. Vogt, R.: Steuerung von Großflugzeugen im Hinblick auf die bei Blohm & Voss beschrittenen Wege, Schriften der deutschen Akademie der Luftfahrtforschung, Vol. 1080/44 g (1944)
5. Friedrichs, E. G.: Überlegungen zum Schießanflug, Deutsche Luftfahrtforschung, DVL, Untersuchungen und Mitteilungen No. 1336, 28 Aug 1944
6. Doetsch, K.H.: Deutsche Luftfahrtforscher nach 1945 in England, DGLR-Blätter zur Geschichte der Luft- und Raumfahrt, pp. 165–188 (1992)
7. Benecke, Th., Dornier, S., Bölkow, L.: Versuchsträger Variabler Stabilität (VVS)—Mittelfristiges Programm, 10 Dec 1969
8. Hamel, P. (Ed.): The Challenge of Flight Research – A Historical Account and Technical Guide, DLR-IB 111-99/2, Braunschweig, April 1999
9. Schumann, H.-G.: Flugsimulation als Hilfsmittel der Entwicklung und die Deutschen Arbeiten auf diesem Gebiet, Jahrbuch 1970 der DGLR, pp. 40–58 (1970)
10. Hamel, P.: In-Flight Simulation in Germany – Precursors of In-flight Simulation. In: Hirschel E., Prem H., Madelung H., G.: Aeronautical Research in Germany, pp. 608–612, Springer, Berlin (2004)

作者简介

彼得·G. 哈梅尔（Peter G. Hamel）是德国航空航天中心（DLR/DFVLR）飞行力学/飞行系统研究所的所长

(1971—2001年)。他于1963年和1968年分别获得了布伦瑞克工业大学的航空航天工程硕士学位和博士学位,于1965年获得了麻省理工学院的硕士学位。1970—1971年,他担任汉堡梅塞施密特-伯尔科-布洛姆(Messerschmitt-Bölkow-Blohm, MBB)航空系统部门的负责人。自1995年以来,他是布伦瑞克工业大学的名誉教授,并且是该大学三个合作研究中心的创始成员。直到今天,他还是国家直升机技术工作组(AKH)的主席(1986—1994年)和国家航空研究计划(LuFo)的评审专家。他是DLR旋翼飞机技术研究计划的经理,以及前AGARD飞行力学/飞行器集成(FMP/FVP)小组的德国协调员。他是德国航空航天学会(DGLR)和美国直升机学会(AHS)的成员,也是AIAA的会员。他获得了AGARD科学成就奖(1993年)、AGARD/RTO冯·卡门奖章(1998年)、AHS冯·克列明博士奖(2001年)和著名的DGLR路德维希·普朗特奖章(2007年)。

第5章　变稳飞机和空中飞行模拟器

彼得·G. 哈梅尔

CAL的洛克希德NT-33A

NASA的格鲁曼C-11A航天飞机训练飞机

5.1 引言

对于在跨声速范围内遇到空气压缩性影响的后掠翼、三角翼以及无尾创新飞机布局，人们提出了这样一个问题：这些飞机应当具有什么样的飞行品质？如何改进这些品质？此时飞行员的判断十分重要，这就要求为飞行品质准则制定新的标准。为了生成必要的数据库，需要飞机的稳定性可以通过结构调整或飞行控制措施进行改变，从而对不同飞行任务（如起飞、着陆或目标跟踪）的飞行品质进行尽可能优化的评估。

20世纪40年代中期，美国的航空研究开始越来越聚焦于高性能飞机飞行品质不足的问题。虽然第二次世界大战期间德国关于可变稳定性飞机的开创性工作先于美国（见第4章），但是却是美国国家航空咨询委员会（NACA，今为美国国家航空航天局NASA）的艾姆斯研究中心和位于布法罗的康奈尔航空实验室（Cornell Aeronautical Laboratory，CAL，今为Calspan公司）[1-2]两家独立的机构，率先在全球范围内将两架飞机改装成具有可变稳定性特性的试验飞行平台，并在这一特殊的航空研究领域发挥了主导作用。

尽管如此，NACA和CAL的工作目标在最开始时根本不同。为了收集更多这些早期的背景信息，笔者在一个独特的机会采访了亲历见证人——当时康奈尔航空实验室的首席科学家、前美国陆军航空动力学理事会和北约（NATO）航空航天研究与发展咨询委员会（Advisory Board of Aerospace Research and Development，AGARD）主任欧文·C.斯塔特勒，他从今天的角度介绍了这些工作，引用斯塔特勒的原话：

> 1946年，当我加入康奈尔航空实验室（CAL）飞行研究部门时，我有幸成为团队的一员，这个团队拥有对飞机稳定性和操纵性的深厚研究基础。最早尝试带动力固定翼飞机飞行的大多数失败都与对飞机动态稳定性和控制的理解不够充分有关。1946—1947年CAL的探索性工作证明是"可变稳定性"飞机的起源，并导致了空中飞行模拟器的发展。CAL的历史成就集中在与空中飞行模拟直接相关的活动上，这是CAL最为人所知的工作，但尚未向大家充分介绍相关研究的起源。
>
> 1946年，CAL的飞行研究部门试图找到一种可靠的方法来衡量飞机的飞行品质（即动态稳定性和操纵特性）。飞行研究部门的负责人比尔·米利肯（Bill Milliken）和艾拉·罗斯（Ira Ross）认为，理解飞机动态稳定性及其可控性的关键在于经典的运动方程。虽然比尔·米利肯和艾拉·罗斯提出这一想法值得充分赞扬，但随后是通过整个团队的努力将这一想法成功实现，特别是沃尔特·布劳豪斯（Walt Breuhaus）、戴夫·惠特科姆（Dave Whitcomb）和埃德·莱顿（Ed Laitone）的专业分析知识，以及约翰·希尔（John Seal）、尼洛·因凡蒂（Nello Infanti）、吉夫·布尔（Giff Bull）和莱夫·拉森（Leif Larson）的飞行驾驶技能。
>
> 埃德·莱顿和我建立了数学分析技术，这些技术成为衡量飞机飞行动态行为的基础。我们证明描述飞机纵向运动方程的系数可以用定义飞机纵向、固定操纵、短周期飞行品质的稳定性导数来确定。飞行器的运动动力学可以从其对控制输入响应频谱分析的角度来描述，尽管该方法在机械和电气系统的分析中早已广为人知，但这是它第一次应用于飞机的动力学分析。
>
> 美国陆军航空兵部队借给CAL一架B-25J轰炸机进行试验，该试验将首次基于数学分析的方法来测量飞机飞行中的动态稳定特性。这项工作的挑战在于发展一种方法来准确产生控制输入和精确测量飞机的响应。我们尝试让试飞员输入正弦规律的升降舵偏来实施控制，但是没有成功。霍尼韦尔公司（Honeywell）给我们捐赠了一个自动驾驶仪，我们对它进行了改造，用以精确产生不同频率和振幅的正弦升降舵偏运动。

CAL B-25J试验机

陆航飞行员格伦·爱德华兹上尉（Glen Edward，后来以他的名字命名了爱德华兹空军基地）和比尔·米利肯驾驶 B-25J 试验机进行了首次使用自动驾驶仪来产生正弦升降舵运动的飞行试验，机载示波器记录了对应于升降舵输入的飞机俯仰角、法向加速度和控制力响应数据，这些数据在飞行后可手动进行下载。B-25J 的飞行试验结果表明，建立的频率响应模型符合物理实际，它在大范围的控制输入频率下都成立。在这次飞行试验中，我们第一次获得了控制输入的响应频谱，并将其用于衡量飞机的动态稳定特性和机动行为。当然这还不是一次可变稳定性的飞行模拟，但它开启了后续的相关研究。

在我们证明飞行品质的测量具有可靠性和重复性之后，自然提出的一个问题是："飞行员更喜欢什么样的飞行品质？"。为了获得飞行员对飞行品质好坏的看法，我们需要能够改变飞机的飞行特性。埃德·莱顿和我指出：当控制输入与飞机位移、速度或加速度成一定比例关系的时候，在数学上相当于改变了飞行器的稳定性导数（我不认为这个想法起源于我们，我们只是从运动方程上证明它的合理性，事实上，彼得·哈梅尔已经介绍了恩斯特·亨克尔和爱德华·菲舍尔早在 1940 年在先进飞机上开展的人工稳定性研究工作）。

B-25J 飞行试验的成功是增稳控制等创新概念和操纵品质设计规范发展的起点，这标志着"可变稳定性"飞机的诞生，它直接促进了 CAL 空中飞行模拟技术的发展。大约在同一时间，NACA 也提出了可变稳定性飞机的概念，但他们是在使用增稳手段解决特定飞机的稳定性和控制问题过程中得到这个概念的。

CAL 针对选定的飞机运动，使用自动操纵飞行控制的方法来研究"操纵品质"，而 NACA 使用自动控制来解决不可接受的飞行品质问题。这些方法使变稳定性模拟和空中飞行模拟成为可能，更重要的是，它们为利用自动控制来稳定不稳定飞机、摆脱失速、提高乘坐舒适性以及实现要求的作战能力奠定了基础。传统气动布局设计方法依靠空气动力学手段来实现飞机的期望动态稳定性，并使用固定的稳定翼面和可动的操纵舵面等气动装置来进行空制，而人工稳定性手段使飞行器设计人员摆脱了传统布局设计方法的约束，为飞行器设计提供了更大的自由度。

第 1 章已指出，在这本书中 Calspan（CAL）这个名字将被用于所有对该公司及其前身的引用，尽管大部分的开创性工作是在该组织仍然是康奈尔航空实验室（Cornell Aeronautical Laboratory，CAL）时期完成的。相应地，NASA 的名字也是如此使用，尽管其大部分工作是在该机构还被称为 NACA 时完成的。

在美国率先改造的两架变稳飞机中，NASA 改进了格鲁曼（Grumman）F6F-3 飞机的副翼控制功能，可以通过控制系统设置对机翼的不同上反角位置进行模拟（图 5.1）。针对美国海军的需求，Calspan 在沃特（Vought）F4U-5 飞机上安装了一个额外的方向舵，该方向舵独立于手动控制，由伺服机构驱动（图 5.2），其目的是确定飞机在航空母舰上着舰时对荷兰滚阻尼模态的最佳要求。这两架飞机都是单座飞机，在自动控制器发生故障的情况下，飞行员必须迅速切换到手动基本控制系统。这种安全风险后来通过使用双座试验机并配备一名"安全飞行员"来消除，在紧急情况下，"安全飞行员"可以接管飞机的控制权，而试验飞行员或评估飞行员则完全专注于试验的开展。

图 5.1　格鲁曼 F6F-3 VS

在接下来的几十年里，Calspan 和 NASA 发展了各种变稳飞机，通过自动驾驶仪和其他有限权限的飞行控制器可以改变它们的飞行品质。有了变稳飞机，人们可以不再依赖不同类型飞机的飞行试验结果，而是以系统的方式来改变和研究

图 5.2 沃特 F4U-5（1948 年）

飞行品质。但是很快，仅仅改变稳定性的手段已经不足以覆盖新型布局飞机的飞行范围，预测新型飞机飞行品质的需求越来越强烈。尽管分析方法在这期间得到了很好的发展，而且高逼真度地面模拟器也越来越成熟，但只有飞行试验才能在真实的视觉和运动感觉条件下对飞机进行试验和评估，因此人们对变稳飞机的外形进行改进，例如利用额外的控制舵面来产生升力、阻力和侧力，通过这些手段，可以在所有运动模式下以无限控制权限对新型飞机进行飞行模拟。可变稳定性研究飞机（research aircraft）的机载计算机也从最初的模拟式计算机发展到数字式计算机，它承担了在飞行中实时模拟目标飞机飞行特性的任务。变稳研究飞机与高素质试飞员为新飞行品质标准的制定和计算机飞行控制系统（也称为电传操纵控制系统）的建立提供了坚实的基础，从而使得飞行更加容易和安全。随着控制权限的增加，电传操纵控制系统将彻底改变飞机的设计模式和研发流程（见第 6 章）。

下文将提供比较完整的、全球过去 60 年里出现的重要变稳飞机或空中飞行模拟器的简明摘要。此外本章还将介绍其他研究飞机，这些飞机并不是真正的变稳研究飞机或空中飞行模拟器，但它们也使用增稳控制（或人工稳定性）来解决特定的动态问题，例如 5.2.1.6 节的 EF-86E、5.2.2.6 节的 F9F-2、5.2.3.1 节的 XF-88A 和 5.2.3.2 节的 NF-104A。

从后续的章节可以看到，Calspan（CAL）和 NASA 在研发、使用变稳飞机和空中飞行模拟器方面发挥了重要的作用。除了本书参考文献、DLR 的大量档案以及已出版的其他技术文献外，还应关注布罗伊豪斯的调查报告[3]以及在布伦瑞克举行的第一次空中飞行模拟国际研讨会的会议记录[4]。另外，文献 [5-7] 是关于 NASA 变稳飞机和空中飞行模拟器的三篇重要补充历史文献。

作为欧洲唯一的研究机构、位于布伦瑞克的德国航空航天中心（DLR）在空中飞行模拟领域的研究工作随后将在第 7 章~第 10 章中进行重点介绍。

5.2 美国

5.2.1 康奈尔航空实验室

5.2.1.1 沃特 F4U-5 VS（1948—1952 年）

研究人员对沃特（Vought）F4U-5 飞机的斯佩里（Sperry）A-12 自动驾驶仪进行了改进，利用方向舵下端的一个独立部分（阻尼方向舵，如图 5.2 和图 5.3 所示），航向稳定性和偏航阻尼可以通过侧滑角和偏航角速率的反馈进行控制。通过这种控制措施，飞机偏航阻尼被人为地增加。在进一步的研究中，人们发现非线性反馈控制器在精确机动控制中具有更好的效果。Calspan 在 EF-86E 飞机上也成功地实现了这种非线性控制器（见 5.2.1.6 节）。

图 5.3 F4U-5 飞机的开裂式方向舵

此外，研究人员将F4U-5飞机着陆襟翼的外侧部分替换为独立于标准人工控制副翼、可单独控制的襟翼，通过引入滚转、偏航角速率以及侧滑角反馈，可以人为地改变飞机的滚转和偏航动力特性。在此改造的基础上，通过飞行员评估，F4U-5 VS变稳飞机为美国海军首次制定了新的横航向飞行品质规范，整个飞行试验计划大约包括160个飞行小时。

5.2.1.2 仙童PT-26（1948—1950年）

作为飞机大迎角下失速和稳定性行为研究项目的一部分，研究人员在仙童（Fairchild）PT-26飞机上配备了斯佩里（Sperry）A-12自动驾驶仪，用以稳定滚转和偏航运动。人们将一个风标传感器安装在驾驶舱后面的一个细长垂直吊杆上，它可以用来测量迎角，其他水平传感器吊杆安装在左右翼尖附近，用来测量横向运动数据（图5.4）。工程师对自动驾驶仪进行了改进，通过飞行员设置反馈增益，将滚转姿态以及滚转和偏航速率反馈到方向舵和副翼控制中，通过这一改进，飞机纵向模式可以实现迎角高达 $\alpha=28°$ 过失速飞行区域的稳定飞行，大大超过 $\alpha=15°$ 时的最大升力条件，此时的流动状态为完全分离流。需要特别指出的是，关于完全分离流条件下飞机稳定性行为的研究在50年后产生了重大的影响（见6.3.6节）。

图5.4 带垂直吊杆的仙童PT-26飞机

5.2.1.3 比奇C-45F（1951—1953年）

美国空军提出了一项通过俯仰、滚转和偏航通道的人工稳定控制来改变飞机飞行动力学特性的研究计划，研究人员对比奇（Beechcraft）C-45F飞机的飞行控制律进行了改进，包括偏航角速率、侧滑角及其变化率、侧向加速度信号的可调节融合信号被反馈到驱动方向舵的液压伺服系统，偏航角速率和滚转加速度信号被反馈到副翼伺服系统，纵向加速度信号被反馈到升降舵伺服系统，人工控制力感通过连续可变的力梯度产生。改进后的比奇C-45F飞机（图5.5）首次具备了俯仰、滚转和偏航三个主要控制轴的可变稳定性特性。空中飞行模拟中，左侧试验飞行员的控制操纵杆与控制舵面断开，而右侧安全飞行员的控制操纵杆与控制舵面保持机械连接。除此之外，该项研究计划对空中飞行模拟还作出了其他重要贡献，比如有针对性地开发了用于激活气动控制舵面的电液驱动系统，以及提出了可立即获得基本机械控制系统操控权限的安全飞行员概念。遗憾的是，在飞行试验计划完成之前，该试验证机在着陆过程中不幸坠毁。

图5.5 比奇C-45F变稳飞机

5.2.1.4 道格拉斯JTB-26B（1951—1957年）

在20世纪50年代早期，Calspan的理论研究指出：对于跨声速范围和超声速范围的飞行，飞机纵向模态的飞行品质会迅速恶化，尤其短周期模态的阻尼值趋于零值，会导致飞行员诱发振荡（Pilot-induced Oscillations, PIO）发生的风险大大增加。因此，亟须这种飞行状态下的飞行试验数据来确定纵向运动中短周期和长周期两种飞行模态可接受的飞行品质标准。为此，在美国空军的直接要求下，Calspan改装了一架道格拉斯（Douglas）JTB-26B飞机（图5.6）与一架双座F-94A飞机（见5.2.1.5节），通过配备单轴控制器，它们可产生可变的纵向飞行特性。利用这两架试验飞机，Calspan 获得了与频率相关的飞行试验数据，相关研究直接引出了一个新的、在全球广泛使用的飞行品质标准的定义——控制预期参数（Control Anticipation Parameter，CAP），该参数的数值范围直接关系到升降舵阶跃输入下飞机纵向响应品质的好坏。

图 5.6　道格拉斯 JTB-26B 变稳飞机

从 1952 年起，Calspan 为美国空军提供的这架 JTB-26B 飞机开发了一种可变稳定性系统，该系统专用于升降舵驱动。换句话说，飞机的俯仰响应行为可以人为地进行改变或调整。在双人驾驶舱中，右侧评估飞行员的俯仰控制杆与基本机械控制系统断开连接，取而代之的是具有人工控制力感的可调操纵杆，左侧安全飞行员的操纵杆控制保持不变。Calspan 工程师专门为飞机的长周期动态研究设计了一个特殊机构——在机身后部安装的两个小型辅助控制舵面（图 5.7），它们通过可调节的空速和纵向加速度反馈信号驱动，可以人为地影响通常呈弱阻尼的长周期动力学特性，即改变阻尼。通过这种微小的改进，飞行员在预定航迹上着陆进近（例如精密仪表进近）的工作负担可以显著降低。另外，截止到 1957 年，针对短周期模态不同的频率和阻尼组合，Calspan 收集了许多飞行员可重复的评估结果，该数据库为美国空军第一个可行飞行品质规范（MIL-Specs.8785B）的建立提供了基础。

到 1958 年底，美国空军资助飞行品质研究的经费已经耗尽，美国空军将 JTB-26B 飞机和另外两架标准 B-26B 飞机（见 5.2.1.9 节）移交给

图 5.7　JTB-26B 飞机的辅助舵面

Calspan，以供后续研究使用。

5.2.1.5　洛克希德 EF-94A（1952—1958 年）

除了 JTB-26B 飞机外，几乎在同期，在美国空军的要求下，Calspan 为另一架双座洛克希德（Lockheed）F-94A 飞机装备了一个单轴升降舵控制系统，用于产生纵向模式下的可变飞行品质（图 5.8）。为了使其成为变稳飞机，前座评估飞行员的操纵装置与基本控制系统断开，代之为升降舵电子控制系统。另外，为了安全起见，在后座的安全飞行员没有进行方向舵和刹车控制的脚蹬装置，这使得他无法进行飞机的起降操纵。EF-94A[①] 变稳飞机是用于确定飞机纵向运动的最佳飞行品质标准，它与 B-367-80 飞机一同（见 5.2.2.13 节），为著名 C* 飞行控制律概念的形成作出了积极贡献，C* 飞行控制的改进形式后来在新一代电传操纵商用飞机的飞行控制律中得到了广泛应用，如 A-320/330/340/350/380 系列飞机和波音 B-777/787 系列飞机。此外，EF-94A 变稳

---

① EF-94A 中的字母"E"表示这是一架专门用于实验或研究的飞机。5.2.1.6 节中的 EF-86E 含义类似。

飞机还用于特定飞机首次飞行前的模拟，比如康维尔（Convair）XB-58超声速飞机纵向控制律的模拟与优化。

图 5.8　洛克希德 F-94A 变稳飞机

康维尔飞机试飞员 B·A.埃里克森（B A. Eriksen）曾说到："EF-94A 变稳飞机代表了 XB-58 飞机，它们就像老朋友一样熟悉"。EF-94A 后来被 NT-33A 变稳飞机取代，NT-33A 飞机配备了 F-94 飞机的天线罩，这为模拟式计算机系统和飞行数据记录系统提供了充足的安装空间。

5.2.1.6　北美 EF-86E（1953—1955 年）

与之前 F-86A 飞机相比，F-86E 系列机型的变化是朝着控制增稳飞行方向迈出的重要一步。在美国空军的要求下，Calspan 为一架 F-86E 飞机引入了一个具有人工控制力感的液压副翼和升降舵控制系统，因此气动力不再直接作用于控制杆上。控制系统的决定性变化关系到飞机的俯仰控制实施，先前勉强够用的升降舵被电动液压可调平尾所取代，有了这种全动平尾，飞机可以有效避免高亚声速飞行时由于局部激波而产生的控制效能降低的问题。不同于升降舵与副翼，F-86E 飞机中方向舵仍然通过连杆和钢索进行操纵，因此很难抑制典型后掠翼飞机中绕偏航轴的蛇形振荡。

在对沃特 F4U-5 VS 飞机开展了卓有成效的初步研究之后，Calspan 进一步对美国空军提供的 EF-86E 飞机（美国空军注册号（R/N）50-588，见图 5.9）的偏航通道进行了人工增稳。为了实现非线性偏航阻尼，研究人员在飞机尾翼上安装了一个伺服作动器，它可以控制方向舵上的一个辅助调整片，飞行员通过脚蹬可以感受到其上的附加控制偏转。出乎预料的是，这些改造极大地改变了方向舵的气动弹性，以至于在最初的几次飞行之后，方向舵发生了断裂，幸好在熟练的飞行员的操控下，EF-86E 实现了紧急着陆，从而避免了飞机的损失。

图 5.9　北美 EF-86E 变稳飞机（AF50-588）

在将不可逆的电液舵面控制系统与人工力感进行集成后，飞行员的控制信号和偏航阻尼器的控制信号会直接输入到舵面，同时偏航阻尼器的灵敏度（增益）将随着侧滑角的增加而降低（直至为 0）。在随后开展的飞行试验中，非线性偏航阻尼器的有效性得到了验证[8]。

5.2.1.7　洛克希德 NT-33A（1957—1997 年）

在康维尔 B-58 "盗贼"（Convair B-58 Hustler）首次飞行之前，CAL 使用 NF-94A 变稳飞机（见 5.2.1.5 节）对其进行了纵向特性的空中飞行模拟试验。不久之后，美国空军提供了另一架洛克希德（Lockheed）T-33 飞机，CAL 对该飞机三个主轴（俯仰、滚转和偏航轴）的控制系统进行了改造，使其成为具有可变稳定性和可变操控性的试验飞机（图 5.10），这架变稳飞机被命名为 NT-33A（N 指代 Non-removable，表示不可移动设备）。由于原先的 T-33 机身无法容纳带有真空管的模拟式计算机设备，技术人员用 EF-94A 飞机的天线罩更换了 T-33 的机头（图 5.11）。1961 年的飞行试验报告（文献[10]）第一次对 NT-33A 飞机及其飞行试验基本原理进行了清晰的描述。

> **"我失去了我的尾巴"**
>
> 为了改善 EF-86E 飞机的横向飞行品质，CAL（Calspan）提议研发这样一个非线性自动控制系统：对于小幅航向运动控制，它会使飞行员感到飞机响应僵硬，而对于大的偏航速度变化，它会使飞行员感到飞机变化灵敏。我的任务就是为 EF-86E 飞机设计这样一个非线性偏航控制系统。

> 在利用模拟式计算机中进行仿真分析时，我发现有时控制系统需要以相当高的频率操纵方向舵，但是安装在垂尾内、用于驱动方向舵的小型伺服电机并没有足够的动力，因此我们必须对方向舵进行改造来平衡其惯性。我们沿铰链线在方向舵的前缘安装了两条平衡臂，臂的前端附有一定的平衡配重，配重物体须尽可能小，但又要足够重，以便在最小臂长的情况下平衡舵的重量。
>
> 我们谨慎地开展了飞行试验，并在飞行试验中逐渐增加了机动次数。飞行员约翰执行设定的试验科目，一个科目完成后我们会对数据进行检查，确认飞行正常后会指示他进行下一个试验。
>
> 有一天，我像往常一样在无线电室，给出允许约翰开展下一次试验的指令，然后我们听到约翰以非常平静的声音说："我想我刚刚失去了我的尾巴。"我们屏住呼吸，直到听到他说"我已经控制住了"。我们通知了布法罗机场，他们宣布进入紧急状态，并派出消防车，但约翰完成了正常着陆，并将飞机滑行到机库。他没有失去垂直尾翼，但失去了整个方向舵，包括平衡臂和配重。据报道，随后在威廉斯维尔的大片地区发现了散落的碎片。公众的抗议加上维修飞机的预计费用，这些足以结束我的第一次（也是最后一次）飞行试验项目[9]。
>
> 欧文·斯塔特勒（Irving C. Statler）

项目负责人欧文·斯塔特勒（右）、杰克·贝尔曼（中）和试飞员约翰·希尔（左）在 EF-86E 变稳飞机前

图 5.10　洛克希德 NT-33A 变稳飞机

图 5.11　更换了 EF-94A 机头的 NT-33A 变稳飞机

为了模拟 X-15 超声速飞机的大角度陡峭下降，与 X-15 相比，NT-33A 飞机的低阻气动特性必须得到充分的调整。为此，安装在翼尖油箱上的空气制动器在飞行中可以作为可变阻力发生器

（阻力板，见图 5.12），这是一个比北美 F-100A 飞机飞行中打开阻力伞更好的解决方案。此外，Calspan 公司根据 X-15 飞机的驾驶舱对 NT-33A 飞机前座舱进行了改装，在驾驶舱两侧安装了 X-15 飞机的控制杆（见图 5.13 和图 5.14），其中右侧弹道控制侧杆用于模拟反推进控制，左侧气动控制侧杆用于大气层中 60 秒零重力状态下的气动力控制。弹道控制并不会引起 NT-33A 飞机的任何反应，它只是在显示器上模拟了俯仰姿态的变化。

图 5.14　X-15 飞机左侧气动控制侧杆

图 5.12　NT-33A 对 X-15 陡坡进近进行模拟

图 5.13　X-15 飞机右侧弹道控制侧杆

在后座，安全飞行员可以操纵 NT-33A 飞机的基本机械飞行控制系统。基于可编程的非线性函数发生器，具体通过调节 32 个被测状态变量的增益和飞行控制器中的控制参数，NT-33A 飞机可以模拟 X-15 重返大气层过程中不断变化的飞行品质。1960 年 5 月开始，NT-33A 被用于包括尼尔·阿姆斯特朗（Neil Armstrong）在内的几名 X-15 试飞员重返大气层飞行的训练和评估，不久之后，阿姆斯特朗就为空中飞行模拟在载人航天器领域中的作用和经验进行了总结，形成了一份极具预见性的、具有重要参考价值的文件[11]。

NT-33A 是世界上最成功的空中飞行模拟器之一，在 40 年的服役生涯中，除了 X-15 飞机和 M2F2、X-24A 等再入飞行器的模拟外，NT-33A 还进行了大量飞行试验来获得飞行数据，用以满足美国空军高度控制增稳飞机的飞行品质要求（MIL-F-8785 和 MILSTD-1797）。此外，NT-33A 还支撑了许多飞机研发项目的飞行模拟试验，包括国家飞机项目（如 A-9、A-10、F-15、F-16、F-17、F-18、F-117 和 F-22），以及国际项目（如英国的 TSR 2、以色列的 Lavi、瑞典的 JAS Gripen 和印度的 LCA），这些飞机在首次飞行前都利用 NT-33A 进行过试验和评估。在 20 世纪 80 年代，Calspan 还与 DLR 联合开展了研究（见 12.3.2 节）。

NT-33A 在 Calspan 共计进行了 5200 次飞行，累计飞行时间达 8000 小时，其中大量飞行时间是用于爱德华兹空军基地空军试飞员学校（Air Force Test Pilot School，AFTPS）的试飞员培训。著名的库珀-哈珀飞行品质评级量表（图 2.6）的共同提出者之一罗伯特·哈珀（Robert Harper）代表 Calspan 在为 AFTPS 的各种飞行品质试验项

"这是你的控制杆"

在一次飞行中,尼尔·阿姆斯特朗在前座,我们在模拟 10 万英尺高度、马赫数 3.2 条件下的阻尼器故障。尼尔在这种无阻尼 X-15 飞行模拟的操控中遇到很大困难,他多次失去对飞机的控制。每一次"失控"后,都需要后座的安全飞行员尼洛·因凡蒂(Nello Infanti)使用控制装置将飞机恢复过来。因凡蒂后来回忆道,飞机在一些恢复过程中是"相当活泼的"。地勤人员像往常一样监测试验无线电信号,并对飞行模拟中的这些控制问题很感兴趣。

NT-33A 着陆后继续滑行到停机坪,霍华德·史蒂文斯(Howard Stevens)架好梯子爬上飞机,与因凡蒂讨论飞机状态。我爬上梯子,来到前侧,与尼尔·阿姆斯特朗交谈,他把头盔和护膝递给我,从驾驶舱下来,我们一边讨论飞行一边向指挥部大楼走去。

当我们走到门口时,阿姆斯特朗伸出右手抓住门把手,但他的手仍然握着他在 X-15 无阻尼飞行模拟试验中折断的侧杆。在飞行试验过程中,我不知道有任何关于这起事件的报告,当阿姆斯特朗离开驾驶舱时,我也没有注意到他手上的侧杆。阿姆斯特朗提到此事时候没有做任何评论,他只说了一句话:"这是你的控制杆!"

实际上飞行试验时,因凡蒂已经意识到侧杆被折断了,当时阿姆斯特朗在前座把它举过头顶,让因凡蒂看到。在事故分析会结束后,我们把折断的侧杆带到 NASA 的工作车间,阿姆斯特朗在那里找到了匹配的金属管件修理侧杆,我在一旁看着他工作,然后他将侧杆重新安装到驾驶舱中,为第二天的飞行做好了准备。能修理被他们损坏设备的试飞员真是厉害!

杰克·拜尔曼(Jack Beilman),Calspan

尼尔·阿姆斯特朗(1930.8.5—2012.8.25)

目设计中发挥了关键作用。1997年，NT-33A作为一个做出了特殊贡献的飞行器，被移交给俄亥俄州代顿赖特帕特森空军基地的空军博物馆进行展览。

5.2.1.8 钱斯·沃特F7U-3（1958—1959年）

应美国海军的要求，Calspan在钱斯·沃特（Chance Vought）F7U-3机头的上方和下方分别安装了一个垂直的"鸭翼"控制面（图5.15），从而使过失速飞行大迎角分离气流条件下飞机横航向运动的稳定成为可能。通过这种特殊的布局，同时在飞行中将侧滑角变化率信号引入到反馈控制，飞机可以产生充分快速的偏航阻尼力矩，从而有效地防止危险的横航向飞行失控问题（过失速旋转）。

图5.15 带附加控制面的F7U-3变稳飞机

5.2.1.9 道格拉斯TB-26B（1959—1981年）

在美国海军试飞员学校（Naval Test Pilot School，NTPS，位于马里兰州帕图森特河）展示了纵向运动飞行品质可变的道格拉斯JTB-26B的应用价值后（见5.2.1.4节），Calspan在1960年为未来的试验飞行员制定了一项特殊的训练计划。根据这个计划，除了飞行品质评估方面的理论知识外，试飞员们还可以首次参与实际飞行试验演示。由于这些飞行员培训计划得到了广泛接受并取得了良好的效果，位于加利福尼亚州爱德华兹空军基地的美国空军试飞员学校（Air Force Test Pilot School，AFTPS）也在三年后推出了这些培训课程，课程教学中采用的就是道格拉斯B-26B飞机。由于对模拟飞机的巨大需求，1963年，美国空军借给Calspan的3架B-26B飞机中的2架被改装为TB-26B变稳飞机（编号分别为N9146H和N9417H，图5.16和图5.17），改装飞机在所有3个主轴（俯仰、滚转、偏航）上都具有可变的稳定性特性。在20世纪60年代中期，通过采用闭环油门伺服控制驱动TB-26B飞机上的两台发动机，可以进一步实现速度模拟功能，由此第一次实现了对超声速飞机在4个自由度上的飞行模拟。

图5.16 道格拉斯TB-26B N9146H变稳飞机

图5.17 道格拉斯TB-26B N9417H变稳飞机

直到20世纪70年代末，两架TB-26B飞机才被用于研究和训练计划，同时第三架B-26飞机被用作"备件库"，对其他两架飞机进行保障。这两架试验飞机中，有一架在1981年春因机翼疲劳断裂在美国爱德华兹空军基地失事，另一架则陈列在爱德华兹空军基地的航空博物馆中。通过及时采购和开发盖茨·利尔喷气（Gates Learjet）Model 24 VS飞机（详见5.2.1.13节）进行替代，这两架飞机完成了它们的历史使命。

5.2.1.10 康维尔 NC-131H TIFS（1970—2011 年）

除了 5.2.1.7 节 NT-33A 空中飞行模拟器外，另一架空中飞行模拟器——NC-131H TIFS（图 5.18）在运输飞机研究领域也发挥了重要的作用。在 20 世纪 60 年代后期，Calspan 对前美国空军 C-131B 运输机（民用编号：康维尔（Convair）340，1955 年制造）进行了大量改造，将原来的活塞式发动机升级为螺旋桨涡轮发动机，功率是原来的两倍，更引人注目的是，其机翼上加装了用于侧向力控制的垂直控制面，机头上加装了一个额外的模拟驾驶舱（称为复式驾驶舱（duplex cockpit），见图 5.19）。航电方面，这架飞机配备了一套综合控制系统来产生可变的飞行品质，包括利用电子控制的直接升力控制（Direct Lift Control, DLC）舵面和伺服发动机油门控制。基于这些改造，Calspan 制造了全球首架可操纵飞机 6 个自由度动力学特性（3 个旋转自由度：俯仰、滚转和偏航；3 个平移自由度：垂向、水平和侧向）的空中飞行模拟器，因为可以开展全面的飞行模拟，这架试验飞机被称为 TIFS（Total In-Flight Simulator，全空中飞行模拟器），编号注册为美国空军的 NC-131H（民用编号：康维尔 580）。

图 5.18 NC-131H TIFS 空中飞行模拟器

飞行试验期间，试验飞行员和评估飞行员位于后方的复式驾驶舱中，该驾驶舱具有良好的外部视野，配备了可编程显示器和具有人工力感的可更换或可重构的控制操纵杆，飞机的飞行安全

图 5.19 TIFS 模拟器的复式驾驶舱（美国空军提供）

由坐在前方驾驶舱中的安全飞行员进行监控与保障，他可以关闭模拟系统，并在紧急情况下接管飞机的控制权。

飞行模拟控制方面，之前 Calspan 为实现飞行模拟功能采用的是经典反馈控制，即隐式模型跟随控制（也称为响应反馈），而对 TIFS 模拟器首次采用了所谓的显式模型跟随控制（见 3.3 节）。

实际上，除了第一架 TIFS 模拟器外，Calspan 还改装研制了另一架 TIFS 模拟器，但是相较于第一架 TIFS 模拟器，第二架 TIFS 模拟器（TIFS II）并不广为人知。20 世纪 70 年代，这架飞机（编号 N21466）由航空航天运输公司（Aerospace Lines）制造，在 70 年代中期已经处于了半完成阶段，Calspan 对其进行了改装以供 NASA 使用（图 5.20），它安装了侧力发生器和波音 B707 机头。然而，由于经费原因，该项目后来被取消。

TIFS 于 1970 年 6 月成功进行了首飞，1971 年 6 月 10 日，为开展罗克韦尔（Rockwell）B-1A 项目研究，TIFS 进行了第一次完整的空中飞行模拟。从那时起接下来的 32 年里，Calspan 对空中飞行模拟技术和驾驶舱系统进行了持续的改进，例如从"计时器"（egg timer）改为平板显示器，再发展到人工视景（合成视景），从模拟式计算机升级到数字式计算机，以及从驾驶杆（control column）改进为可编程侧杆。TIFS 在许多项目中都发挥了重要作用，军用飞机项目（如 X-29、X-40、B-2、YF 23、C-5 和 C-17）以及民用飞

图 5.20　安装有波音 707 机头的康维尔 580 TIFS II 模拟器（彼得·德格罗特（Peter de Groot）提供）

机项目（如波音 7J7（后来的波音 B-777）、MD-12X、SST（Supersonic Transport，超声速运输））在首飞前都利用 NC-131H TIFS 进行过空中飞行模拟。同样，就像英法的协和超声速飞机一样，在侧翼支援项目（flanking support program）中也利用 NC-131H TIFS 进行了飞行模拟。

基于美国空军和 DFVLR（现为 DLR，参见 12.3.2 节）之间的跨大西洋合作计划（备忘录），DLR 试飞员汉斯·路德维希·梅耶（Hans Ludwig Meyer，昵称"HALU"）参加了超大型飞机飞行品质评估的飞行试验项目。有趣的是 DFVLR 飞行员和美国空军飞行员在控制策略存在的差异：美国空军飞行员试图用较大幅度的高频控制来补偿飞行中任何细微的航迹偏差，而 HALU 则采用一种更为安静的低频控制输入来达到几乎相同的结果，这种操控方式的区别被非正式地解释为源于一个"潇洒的"德州牛仔和一个"谨慎的"德国水手之间的心理差异。

除了空军试飞员学校（Air Force Test Pilot School，AFTPS）的试飞员培训外，TIFS 还以特殊的方式在航天飞机无动力着陆飞行控制律开发和测试中发挥了重要作用。与 NT-33A 模拟器一样，航天飞机飞行模拟时要求产生额外的气动阻力以模拟高达 15°下滑角的急剧下降，对此，

TIFS 是通过将侧向力控制面朝相反方向偏转来实现的。

2008 年 11 月 17 日，代表了一段美国航空史的 TIFS 空中飞行模拟器结束了它的服役生涯，在经过 40 多年 2500 多次的研究飞行后，TIFS 最后一次降落在俄亥俄州赖特帕特森空军基地（图 5.21 和图 5.22）。此后，它被美国空军国家博物馆收藏并获得了特殊的荣誉展位。

图 5.21　2008 年 11 月 7 日 TIFS 模拟器最后一次飞行（美国空军提供）

5.2.1.11　贝尔 X-22A VS（1971—1984 年）

贝尔（Bell）X-22A 拥有特殊的布局外形，是迄今为止世界上唯一一款垂直/短距起降（Vertical/Short Take-off and Landing，V/STOL）变稳飞行试验验证机。在 20 世纪 60 年

图 5.22 TIFS 模拟器最后一次飞行后的试验团队合影（美国空军提供）

代，Calspan 提出了该飞机的方案并将其发展为具有可变稳定性的飞行试验验证机。贝尔 X-22A 具有两对推进装置（称为双联串联倾斜涵道风扇），一对在飞机前部，另一对在飞机后部，其中封装了直径 2.1 米的螺旋桨，它们分别由飞机后部短翼处的四个涡轴发动机驱动。X-22A 飞机配置了 10 个变速器，可以确保即使在发动机发生故障的情况下也能安全飞行。通过液压作动系统，被涵道包围的发动机螺旋桨可以实现 90°倾斜，进而实现从垂直起飞到水平飞行的过渡。飞机所有的飞行控制及稳定任务（如姿态和空速控制）均是通过调节四个涡扇螺旋桨桨叶倾角的总距，并配合控制舵面（升降副翼）在涵道螺旋桨尾流中的对称或差动偏转来实现的。

图 5.23 X-22A R/N 1520 验证机

制造的两架 X-22A 飞机中，第一架（图 5.23，编号 1520）在 1966 年 8 月 8 日因液压故障，在仅飞行 15 次后坠毁。Calspan 为第二架 X-22A 飞机（图 5.24，编号 1521）配备了一套计算机控制模拟系统，用于产生可变的飞行品质。在飞行模拟模式下，坐在驾驶舱左侧的试飞员可以感觉并评估悬停和过渡阶段由人工设计的控制和稳定性特性，而坐在右侧的安全飞行员可以随时切换到机械备用控制系统并接管飞机的控制权限。

图 5.24 X-22A R/N 1521 验证机

从 1969 年 5 月 19 日首飞开始到 1970 年 6 月期间，X-22A VS 飞机共为美国海军、空军、陆军、NASA 和联邦航空局（Federal Aviation Administration，FAA）执行了 400 次垂直起降飞行、200 次短程起降飞行以及 185 次垂起与水平间过渡飞行的飞行试验（图 5.25）。

图 5.25 进行过渡飞行的 X-22A 验证机

1970 年 7 月，X-22A 被移交给 Calspan，用于进一步的飞行研究，其中包括 AV-8B "鹞"式 Ⅱ 型飞机项目的试飞和平视显示器（Head-Up

Display，HUD）视觉系统的开发。X-22A 飞机还被美国海军试飞员学校（Naval Test Pilot School，NTPS）用于飞行训练与演示验证，它为未来垂直/短距起降（V/STOL）飞机的飞行品质规范制定提供了重要的数据支撑，这些数据最终也支撑了 V-22 "鱼鹰" 项目的成功。特别地，X-22A 飞行研究中还获得了一种新型空气数据传感器的副产品：线性全方位分辨空速系统（Linear Omnidirectional Resolving Airspeed System，LORAS），它是为垂直/短距起降（V/STOL）飞机以及直升机研制，目前已广泛部署在世界各地生产的直升机上。从 1970 年 7 月起，在经过 500 次共计 405 小时的飞行后，X-22A 飞机于 1984 年 10 月退役，现在尼亚加拉航空航天博物馆展出（图 5.26）。

统。1981 年，Calspan 进一步改进了 VSC 计算机系统和飞行控制律。通过这些改进，提高了试验直升机的可靠性，先前操作 VSC 系统的机载试飞工程师也不再必要。除了用于试飞员培训，NCH-46 VSC 直升机还为新飞行品质标准的制定和多输入多输出飞行控制律的研发做出了重要贡献。1988 年，这架直升机被归还给美国海军。

图 5.27　NCH-46 VSC 试验直升机

5.2.1.13　利尔喷气 Model 24D VS（1981 年至今）

在 20 世纪 70 年代末，两架 TB-26B 变稳飞机（见 5.2.1.9 节）的服役生涯行将结束，为进行补充，Calspan 购买了一架盖茨·利尔喷气（Gates Learjet）Model 24D 飞机（编号 N101VS），并将它改装为在三个控制轴（俯仰、滚转和偏航）上具有可变稳定性（Variable Stability，VS）的教练机（图 5.28）。利尔喷气飞机结构坚固，同时具有高推重比。利用这架改装飞机，美国空军试飞员学校（Air Force Test Pilot School，AFTP）和美国海军试飞员学校（Naval Test Pilot School，NTPS）开展了大量的飞行训练。

图 5.26　退役的 X-22A R/N1521 验证机
（米查·卢克提供）

5.2.1.12　波音 NCH-46 VSC（1972—1988 年）

美国海军试飞员学校将一架波音 CH-46A 改装为具有可变飞行品质的试验直升机 NCH-46 VSC（图 5.27，VSC 为 Variable Stability and Control 缩写，指可变稳定性和操控性），它在试飞员学校服役到 80 年代中期，主要用于飞行教育和学员培训。1972 年底，技术人员对机载悬停自动驾驶仪进行了改造，安装的串联伺服系统可以在有限的权限内改变俯仰轴和滚转轴的稳定特性，同时舍弃操纵杆的可变力感系

图 5.28　Calspan 盖茨·利尔喷气 24 N101VS 飞机

除了并排安置的驾驶舱座椅外，Model 24D VS 飞机驾驶舱中宽敞的空间可以同时容纳一名试验飞行员、一名安全飞行员、一名飞行试验工程师和一名额外的观察员。在亚声速飞行范围内，利尔喷气 Model 24D VS 飞机的机动性几乎和战斗机一样优秀。飞机上安装了风标传感器，可以对迎角和侧滑角进行测量，这些信号被反馈到电液作动器，用于升降舵、方向舵和副翼的控制。试飞员或飞行学员所在的驾驶舱右侧座椅处配备了可编程操纵装置，例如中央布置的中心杆、侧向布置的侧杆以及方向舵脚蹬。中心杆和脚蹬的功能可通过编程设定，以产生具有足够带宽的人工力感。

在开启 Model 24D VS 飞机上的 VS 系统时，需要对模拟式计算机中的 64 个参数进行设置，以确定飞行模拟的目标飞机布局。此外，机上存储了 128 种不同的目标飞机布局，位于驾驶舱左侧座椅上的安全飞行员通过按钮就可以选择特定的布局。飞行中，他随时保持对飞机的干预，可以在飞机达到设定的模拟极限时，接管飞机的控制权限。1981 年 2 月，配备了可变稳定性和操控性系统的利尔喷气 Model 24D VS 飞机成功进行了首次飞行。在后面几年中，飞机 VS 系统的模拟式计算机被升级为数字式计算机，这进一步改善了试验效果，特别是在实时建模/模拟以及灵活的图像显示编程设置方面。

5.2.1.14 利尔喷气 Model 25B/D VS（1991 年至今）

大约 10 年后，由于全球试飞员学校对使用空中飞行模拟器进行训练的需求不断增加，Calspan 采购了另一架盖茨·利尔喷气飞机（Model 25B，编号 N102VS），最初该飞机配备了类似于利尔喷气 Model 24B 的 VS 系统（图 5.29），其于 1991 年 3 月成功进行了第一次飞行。除美国外，这架利尔喷气空中飞行模拟器还在欧洲部署使用，例如法国试飞员学校（EPNER）和英国帝国试飞员学校（Empire Test Pilots' School，ETPS）。同时，飞机的 VS 系统也进行了现代化改造，其中包括带有 MATLAB Simulink® 软件的显式模型跟随系统，可以实现实时自动代码生成。

图 5.29　Calspan 盖茨·利尔喷气 Model 25B N102VS 飞机（Calspan 提供）

2007 年，Calspan 机队又增加了第三架利尔喷气飞机（Model 25D，编号 N203VS）。2014 年，Calspan 采购了第四架利尔喷气飞机（Model 25D，编号 N304VS，原注册编号为 N515TE）。

利用 Calspan 的利尔喷气空中飞行模拟器，研究人员开展了许多针对民用和军用飞机以及航空电子部件的飞行试验。Calspan 与美国联邦航空局（Federal Aviation Administration，FAA）达成协议，从 2000 年初开始，其下所属的利尔喷气空中飞行模拟器将用于定期航班和包机航班商业飞行员的培训，这有助于提高飞行员在失控（Loss of Control，LOC）飞行条件下的感知和反应能力。这个称为 URT（Upset Recovery Training，失控恢复训练）的培训项目针对实际发生的飞机事故，在非常真实的环境条件下，通过安全飞行员监控下更安全的空中飞行模拟来演示和执行同样的操作。这样的训练对于飞机引擎、机载传感器系统发生故障的情况，或者存在错误的人为操作或飞行员通信情形，抑或在湍流/尾涡以及结冰等不希望的环境干扰条件下提高飞机的安全性发挥了积极作用。由于全球民用交通航空安全的重要性，美国全球航空保险公司（Global Aerospace）自 2013 年 10 月中旬开始也参加到该培训项目中。

此外，利尔喷气 N102VS 飞机作为所谓的替代飞机（surrogate aircraft），还参加了许多重要项目的研究工作。在某个项目中，它对一架X-47B无人驾驶飞机执行自主空中加油（Autonomous Aerial Refueling，AAR）任务进行了模拟，见图5.30和图5.31。

图5.30　带有加油探头的Calspan盖茨·利尔喷气Model 25B N102VS飞机

图5.31　Calspan盖茨·利尔喷气Model 25B N102VS飞机进行自主空中加油

四架可变稳定性利尔喷气变稳飞机延续了Calspan空中飞行模拟的传统，每架飞机都配备了一套可编程的电传/光传操纵控制系统，通过这些控制系统，可以对模拟器的基本飞行动力学特性进行调整。虽然这些飞机几十年来都主要用于有人飞机操纵品质的评估，但可变稳定性系统（Variable Stability System，VSS）的可编程特性允许它们用作无人机的替代飞机，对最新的无人机技术进行测试[12]。

5.2.1.15　通用动力NF-16D VISTA（1992年至今）

1988年，美国空军委托通用动力公司（General Dynamics）将其制造的一架F-16D量产型飞机改装为具有超声速飞行能力的空中飞行模拟器NF-16D VISTA（Variable Stability In-Flight Simulator Test Aircraft，可变稳定性空中飞行模拟试验机）。改装计划中，Calspan承担的任务包括为试飞员安装由计算机控制的中央控制手柄和侧装控制手柄，并开发一个用于生成可变飞行品质的数字式计算机系统，即可变稳定性系统（Variable Stability System，VSS）。在双排驾驶舱中，试飞员坐在前排，配备可编程的视觉显示器，他的后面是安全飞行员，负责指导和监控试验项目。在80年代末，VSS模拟系统与F-16D飞机标准电传飞控计算机的集成为航空技术的发展提供了一条特殊的创新推进途径。

NF-16D VISTA模拟器（编号AF86-048）的研制于1992年4月完成（图5.32）。为了测试基于推力矢量的飞机大迎角飞行控制，从1993年7月到1994年3月，NF-16D VISTA模拟器被改造用于多轴推力矢量（Multi-Axis Thrust Vectoring，MATV）技术项目，并在美国空军爱德华兹飞行试验中心进行了飞行试验（见6.2.2.18节）。1994年，这架飞机重新安装了可变稳定性系统，自1995年1月始，它在赖特帕特森空军基地再次用于飞行员培训和空中飞行模拟。

图5.32　NF-16D VISTA空中飞行模拟器（AF 86-048）

1995年，NF-16D VISTA模拟器参与了美国空军YF-22项目，并开展了第一次全面的空中模拟飞行。为此，VISTA进一步配备了头盔显示器和平视显示器（HMD、HUD）等其他组件。该飞机后来又被用于其他研发项目。2000年10月1日，NF-16D VISTA模拟器被转移到爱德华兹空军基地的空军试飞员学校，在 Calspan 的保障下，飞机继续服役，用于试飞员培训和项目研究（图 5.33）。

图 5.33　NF-16D VISTA 模拟器进行飞行试验准备

伊利诺伊大学和爱德华兹美国空军试飞员学校合作，在 NF-16D VISTA 模拟器上开展了 L1 自适应飞行控制器的研究，该自适应控制器被设计成一个备用安全飞行控制系统（Flight Control System，FCS），用以增强常规飞机的标准飞控系统或作为无人机的主控制系统，可使飞行员拯救受损或失控的飞机。采用该自适应控制律的 NF-16D VISTA 模拟器于 2016 年 8 月 26 日进行了首次飞行试验。

与其他大多数自适应控制器不同，L1 自适应控制器不依赖于预编程增益的选择，它通过估计不确定性来预测飞机的瞬态行为。L1 自适应控制器中包括一个状态预测器和一个快速估计律，它们共同逼近飞行器的动态特性以评估系统的不确定性。估计律给出的估计值将作为输入提供给带宽受限的滤波器，该滤波器进一步生成控制指令。在 8 月 26 日的试验中，测试以及评估工作大概持续了 20 小时。

5.2.1.16　西科斯基 NSH-60B VSC（1992—2011 年）

20 世纪 70 年代以来，除了从 Calspan 租用空中飞行模拟器，包括 B-26B、NT-33A、X-22 VS 和利尔喷气 Model 24 VS，美国海军试飞员学校还发展了自己的可变稳定性直升机 NCH-46 VSC，但是该直升机于 1988 年返还给美国海军。1992 年以来，两架具有不可逆液压飞行控制和 10% 控制权限自动驾驶设备的西科斯基 H-60B 直升机被选为 NCH-46 VSC 继任者，它们装备了 Calspan 基于响应反馈原理发展的可变稳定性和操控性模拟系统，能够改变俯仰、滚转和偏航运动飞行品质，并被更名为 NSH-60B VSC（图 5.34）。为实现模拟能力，直升机的操纵杆和旋翼叶片上安装了位置传感器，同时机上还安装了 3 轴俯仰速率、滚转速率和偏航速率陀螺仪等设备，这进一步增强了自动驾驶仪系统中液压驱动系统和传感器系统的能力。安全飞行员（教练飞行员）坐在驾驶舱左侧，试飞员或飞行学员位于驾驶舱右侧，从这两个席位都可以运行 VSC 系统。通过所谓的布局选择系统（Configuration Selection System），也称为布局控制系统（Configuration Control System，CCS），机载数字计算机提供了 146 种不同的目标飞机模型，飞行员可在数秒内完成选择。为了抑制高频的旋翼—控制器—机身耦合振动，技术人员在模拟器系统测试期间进行了广泛的频率响应分析和测量信号滤波。在危险的飞行条件下，机上两名飞行员都拥有恢复到基本控制系统的权限。由于维护的工作量不断增加，两架 NSH-60B VSC 直升机模拟器在 2011 年都被迫停飞了。

图 5.34　NSH-60B VSC 模拟器

5.2.1.17　NUH-60L VSS（2016 年至今）

作为征求建议书的一部分，自 2013 年 7 月 7 日起，美国海军试飞员学校为其停飞的两架 NSH-60B VSC 直升机制定了后续继任计划，最初方案是在两架UH-72"勒科塔"（Lakota）直升机上装备Calspan为NSH-60B（见5.2.1.16节）开发的可变稳定性系统（VSS），并采用新的硬件和软件，将其改造为NUH-72 VSS直升机空中飞行模拟器。通过可变稳定性系统，可以调整直升机模拟器的稳定性和控制特性。由于旋翼系统的高控制效率，"勒科塔"直升机非常适合作为主机（host aircraft）。然而令人遗憾的是，最终是两架西科斯基UH-60L"黑鹰"（Black Hawk）直升机被选为主机，该机型最早在1974年10月17日实现了首飞，Calspan将这两架"黑鹰"直升机改造为NUH-60L VSS空中飞行模拟器（图5.35），它们从2016年起开始运营。

图5.35　美国海军试飞员学校的NUH-60L直升机

机载VSS系统可以实现三个主轴（俯仰、滚转和偏航）的变稳控制，其中采用了智能机电作动器（Smart Electro Mechanical Actuator, SEMA），该作动器具有有限的控制权限，方便快速而经济地进行改装和认证。通过这种方式改装的空中飞行模拟器可以获得军事认证（NAVAIR飞行许可），这种许可主要采用的是美国联邦航空管理局（FAA）颁发的民用航空器型号认证，可以保证备件以较低的成本供应。

5.2.2　NASA

5.2.2.1　格鲁曼F6F-3 VS（1952—1956年）

在5.1节中已经指出，NASA艾姆斯研究中心在空中飞行模拟研究中发挥了开创性作用。1948年，随着格鲁曼F6F-3 VS飞机的改装完成（图5.1、图5.36，编号NACA 158），世界上第一架具有有限可变稳定性能力的飞机诞生。可变稳定性的基本思想可以追溯到NASA工程师威廉·考夫曼（William Kaufmann）的工作，他对瑞安（Ryan）FR-1"火球"（Fireball）战斗机的研制进行了跟进，该飞机研制过程中，人们探索了三种具有不同机翼上反角的布局来确定最佳的横向稳定性（由横滚力矩对侧滑角的导数表示）。

图5.36　NACA艾姆斯研究中心团队与F6F-3合影（1950年）

单位侧滑角产生的横滚力矩是一个重要的飞行力学参数，它在飞机转弯时会显著影响飞机的横侧向飞行动力学行为。通过深入的思考，考夫曼提出了一种概念，利用控制手段，人为地影响飞行中由于侧滑角而产生的滚转力矩，这一技术在1955年获得了专利授权。考夫曼通过将副翼偏转作为侧滑角的函数来改变不同侧滑下的滚转力矩，随后又增加了方向舵的协调偏转控制律，其偏转值是陀螺仪测量的滚转速率、偏航速率以及风标测量的侧滑角的函数，舵偏指令由机电设备进行驱动实现。F6F-3 VS模拟器进行了大量的飞行试验，用于被模拟飞机首飞前确定其横航向运动飞行品质和评估其侧滑产生的最佳横滚力矩。

5.2.2.2　洛克希德T-02/TV-1 VS（1952—1960年）

1951年，为开展飞行控制研究，NASA兰利研究中心接收了一架洛克希德TV-1飞机（序列号124933，1962年起重新命名为T-33B）。利用这架飞机，兰利中心开展了一项抑制飞机高速飞行中荷兰滚（偏航振荡）行为的研究。为此，该飞机的机头下方安装了一个固定的垂直翼面和一个铰接的控制舵面（图5.37），控制舵面与偏航速率陀螺仪机械连接，当存在偏航速率时进行相应偏转。为了获得这种可调阻尼装置对飞机高速飞行时荷兰滚行为的影响规律，早在1958年，兰利就利用这架飞机进行了第一次飞行试验，其中使用了一个侧杆控制器和一个不可逆液压飞行控制系统。

图5.37　美国海军洛克希德TV-1飞机（NASA兰利研究中心）

5.2.2.3　北美F-86A VS（1950—1956年）

由于F6F-3 VS性能的限制，为了将其确定最佳飞行品质的可变稳定性研究扩展到新一代高速飞行后掠翼布局飞机，NASA艾姆斯研究中心最初为一架北美（North American）F-86A飞机（图5.38，编号AF 47-609、NACA 135）配备了可变稳定性（Variable Stability，VS）系统，后来进一步在改进的F-86E飞机（见5.2.2.7节）以及YF-86D（见5.2.2.5节）飞机上装备了可变稳定性系统。

F-86A VS飞机的变稳飞行仅限于飞机的偏航轴运动，飞行中方向舵通过电液驱动装置进行操纵。1952年至1956年期间，F-86A VS和F6F-3 VS对一系列飞机进行了飞行模拟，在这些飞机进行首次飞行前对它们的飞行品质进行了评估，这些飞机包括D-558-Ⅱ、XF-10F、X-1改型、B-58、XF-104、XF8U-1、F9F-9、XT-37、

图5.38　F-86A飞机（NACA 135）

B-57D、T-38和机翼上装有四个涡喷发动机的P6M大型飞艇。

5.2.2.4　西科斯基HO3S-1（1952—1958年）

1952年，一架西科斯基HO3S-1（H-5F）直升机被改装为首架具有可变稳定性与可变操纵性能力的直升机。

自1953年起，这架飞机由NASA兰利研究中心管理运营（图5.39，NACA 201）。HO3S-1

直升机配备了带有可调电位计的改进自动驾驶仪，飞行员通过自动驾驶仪驱动机电作动器操纵直升机飞行，该系统与俯仰、滚动和偏航通道的基本控制系统并行运行。改进自动驾驶仪可以对杆位移与控制力矩之比以及俯仰、偏航和滚转轴上的阻尼进行调节设置，从而改变直升机的动态特性。在紧急情况下，安全飞行员可以接管直升机的控制权限，直接通过基本机械控制系统进行操纵。通过利用这架变稳直升机进行飞行试验，兰利研究中心建立了用于确定直升机飞行品质要求的第一个数据库。

图 5.39　HO3S-1 变稳直升机（NACA 201）

5.2.2.5　北美 YF-86D（1952—1960 年）

NASA 艾姆斯研究中心对北美 YF-86D 飞机进行了升级，为其装配了可改变飞机纵向模态飞行品质的模拟系统（图 5.40，NACA 149）。升级后的飞机驾驶舱安装了利用电液动力手段实现杆力梯度和灵敏度调节的控制杆。为改变飞机的稳定性，迎角和偏航角速率信号以可变增益的方式反馈到平尾。飞行中，飞行员通过电位计生成控制输入，相应信号将直接馈送到飞机的水平安定面。利用 YF-86D 飞机，艾姆斯研究中心实现了静不稳定气动布局飞机的首次飞行并对飞机的操纵品质进行了评估，这些研究为后来静不稳定飞机电传操纵控制系统的研发提供了重要的参考。需要补充的是，德国 DFVLR 在 70 年代后期使用 HFB 320 FLISI 模拟器也进行过类似的研究（见 7.3.12 节）。

5.2.2.6　格鲁曼 F9F-2（1954—1955 年）

NASA 兰利研究中心使用具有有限控制权限的自动驾驶仪，对格鲁曼 F9F-2"黑豹"（Panther）飞机（序列号 122560，图 5.41）的飞行品质进行了改进，在一台模拟式计算机的帮助下，研究人员通过引入滚转和俯仰姿态信号反馈对飞机飞行特性进行了调节。此外，兰利中心的另一部分重要研究工作是对具有人工力感的侧杆操纵装置进行测试，该装置通过可调弹簧实现不同阻尼特性的人工杆力。

图 5.41　位于 NASA 兰利研究中心的 F9F-2 飞机

格鲁曼 F9F-2 飞机制造之初被命名为 F9F-3，但是由于其安装了一台普惠 J42 涡轮喷气发动机，因此它的名称也进行了更改。这架研究飞机在兰利中心服役的时间很长，它见证了 1958 年 10 月 1 日 NACA 转变为 NASA 的历史。

5.2.2.7　北美 F-86E（1957—1959 年）

相较于 F-86A VS 飞机（编号 NACA-135）

图 5.40　YF-86D 变稳飞机（NACA 149）

的可变稳定性系统仅作用于偏航轴，北美 F-86E（图 5.42，编号 NACA 157）可以借助计算机同时在偏航通道和滚动通道采用电液驱动控制，通过改变横航向控制参数从而改变飞机的横航向运动稳定性。此外，由于 F-86E 还配备了电液伺服控制的水平安定面，因此该飞机纵向运动特性也可以根据研究需要进行调节。通过独立的伺服作动器，左右副翼也可以同向偏转，这意味着通过将副翼对称偏转和水平尾翼偏转结合起来，可以模拟飞机在湍流空气中的飞行。这些研究的主要目标是确定飞机纵向和横航向运动中重要的稳定性参数，通过优化这些参数使飞机在高空高速飞行和着陆进近期间的飞行品质被试飞员认为是可以接受的。

图 5.42　F-86E 变稳飞机（NACA 157）

5.2.2.8　格鲁曼 F-11F-1F（1960—1961 年）

格鲁曼 F-11F "虎"式（Tiger）战斗机因其强劲的动力而闻名于世。1956 年 9 月 21 日，它曾被自己机载航炮发射的炮弹击落。在 NASA 兰利研究中心，装备了强大 J-79 喷气式推进发动机的 F-11F-1F 飞机在飞行品质改进的研究中发挥了重要作用（图 5.43）。这架超声速飞机的纵向俯仰控制系统配备了一套可以改变控制和响应感觉

图 5.43　NASA 兰利研究中心的 F-11F-1F 飞机

的操纵辅助系统，该系统接收 5 个测量信号，分别是控制舵面偏转角、控制舵面偏转速率、飞机垂直加速度、俯仰角速率和俯仰角加速度。飞行试验结果表明反馈中只有垂直加速度和俯仰加速度的良好匹配比例才能确保为飞机提供最佳的操纵辅助，并使飞机具有足够的飞行稳定性。

5.2.2.9　北美 JF-100C（1960—1972 年）

在研发了 F6F-3 变稳飞机之后，NASA 艾姆斯研究中心利用前述的 NASA F-86 系列飞机（包括 F-86A VS、YF-86D、F-86E）继续开展了空中飞行中模拟的研究。1960 年，艾姆斯研究中心将一架北美 F-100C 飞机改造为空中飞行模拟器 JF-100C（图 5.44，编号 AF 31709、NASA 703），并将其用于 X-15 飞机的再入和着陆飞行模拟。这架研究飞机随后被转移到 NASA 飞行研究中心[①]。JF-100C 与 NASA 的其他变稳飞机一样有一个共同的缺点，即飞机上只有一个驾驶位。由于只能单人驾驶，这对试飞员在系统故障期间的安全飞行提出了严苛的挑战。

图 5.44　JF-100C 空中飞行模拟器（NASA 703）

北美 JF-100C 模拟器对 X-15 飞机飞行品质的模拟是通过两台移动模拟式计算机实现的。当这两台移动计算机置于在地面上与 JF-100C 连接后还可以进行地面模拟，以便在实际空中飞行模拟之前对系统进行检查。利用 JF-100C 空中飞行模拟器，人们还研究了 X-15 飞机滚转和偏航阻尼器故障时的临界安全飞行条件。1964 年，JF-

---

① NASA 飞行研究中心在 1976 年以 NASA 研究员休·德莱顿（Hugh Dryden）的名字命名为德莱顿飞行研究中心，从 2014 年起又以美国 NASA 宇航员/试飞员尼尔·阿姆斯特朗（Neil Armstrong）的名字重新命名为阿姆斯特朗飞行研究中心。

100C模拟器返回艾姆斯研究中心后，研究人员利用这架飞机对直接升力控制（Direct Lift Control, DLC）的有效性进行了研究，用以改进空中加油精确接近飞行时的性能（图5.45）。

图5.45　NASA艾姆斯研究中心团队与JF-100C模拟器合影

5.2.2.10　贝尔X-14A/B（1960—1981年）

与其他飞机相比，垂直起降试验飞机贝尔（Bell）X-14A的外形看起来有点特别（图5.46，编号NASA 234）。这架飞机是在极短的时间内利用两架比奇（Beechcraft）飞机（即35 Bonanza和T-34A Mentor）的结构部件制造的。1957年2月17日，该飞机进行了第一次悬停飞行。1958年5月24日，它完成了第一次包括垂直起降、基于机翼的水平飞行以及之间过渡飞行的完整飞行。

图5.46　贝尔X-14A空中飞行模拟器（NASA 234）

X-14A飞机有一个开放的驾驶舱、两个平行安装的推力矢量涡喷发动机和一台可编程产生可变飞行品质的模拟式计算机。1961年至1971年期间，该机在NASA艾姆斯研究中心开展了广泛的空中飞行模拟试验，用以研究悬停和过渡阶段飞行的飞行品质标准。相关试验成果后来在英国垂直起飞飞机霍克（Hawker）P.1127的研制中发挥了重要作用，而著名的V/STOL"鹞"式（Harrier）轻型战斗机正是在霍克P.1127的基础上发展起来的。此外在1965年，尼尔·阿姆斯特朗还利用X-14A飞机进行了"阿波罗"登月舱（Lunar Excursion Module, LEM）的飞行训练，用以熟悉登月舱的飞行品质（图5.47和6.1.3.3节）。

图5.47　尼尔·阿姆斯特朗（中）与X-14A模拟器，1965年

1971年，X-14A模拟器在新配备推力发动机和一种新型数字式空中飞行模拟系统后，被重新命名为X-14B（图5.48，NASA 704）。利用X-14B模拟器，研究人员针对V/STOL飞机精确悬停飞行中的姿态变化，对一种新的模型跟随系统（也称为变稳控制增稳系统（Variable Stability Control Augmentation System））进行了测试，期间大约25名试飞员驾驶X-14B进行了飞行。在1981年的该机最后一次飞行中，一个编程错误导致飞机滚转作动机构发生控制饱和，诱发了不稳定的振荡从而导致飞机坠毁。幸运的是当时驾驶飞机的飞行员罗恩·格德斯（Ron Gerdes）并

图5.48　X-14B空中飞行模拟器（NASA 704）

未受伤。后来，在直升机飞行控制备忘录项目（MoU Helicopter Flight Control）的合作框架下，格德斯还在布伦瑞克驾驶德国航空航天研究中心DLR的直升机飞行模拟器 Bo 105 ATTHeS（见12.3.3节）。

5.2.2.11 波音·伏托尔YCH-46C（1962—1975年）

在具有可变稳定性和可变操控性能力的HO3S-1试验直升机取得初步成功之后，1962年，美国陆军向美国NASA兰利研究中心提供了一架串联旋翼布局的波音·伏托尔（Boeing-Vertol）YHC-1A BV（陆军58-5514）直升机，它很快被配备了一个产生可变稳定性和操控特性的高效模拟系统，并重新命名为YCH-46C（图5.49，NASA 533）。飞机的4个自由度，包括俯仰、滚转、偏航和垂直运动由与机械控制系统并联的电液作动器驱动。在飞行模拟试验中，该飞机采用了当时最新式的显式模型跟随控制方法。

图5.49 YCH-46C模拟器（NASA 533）

利用YCH-46C模拟器，兰利研究中心开展了大量的飞行试验并建立了一个全面的飞行试验数据库，依据该数据库制定了直升机飞行品质规范。1968年，兰利研究中心启动了垂直起降进近和着陆技术（VTOL Approach and Landing Technology，VALT）项目研究，利用YCH-46C测试低能见度和低云层条件下的特殊着陆进近程序（减速进近）。同年，该飞机在全球首次实现了预定目标点的全自动着陆。YCH-46C模拟器于1974年退役，服役12年，飞行时间共计685小时，它在飞行试验中取得了大量令人瞩目的重要结果[13]。

5.2.2.12 洛克希德C-140"喷气星"GPA（1965—1977年）

1964年6月，应美国NASA德莱顿飞行研究中心的要求，Calspan为一架洛克希德C-140"喷气星"（JetStar）飞机安装了电液驱动飞行控制系统并配备了一套4轴飞行模拟系统（俯仰、滚动、偏航和推力调节），改装后的飞机被称为通用机载模拟器（General Purpose Airborne Simulator，GPAS，图5.50，编号NASA 14，之后改为NASA 814）。1965年11月，它被交付给NASA德莱顿飞行研究中心。1971年夏天，该机的着陆襟翼系统加装了直接升力控制（Direct Lift Control，DLC）装置。借助于一个显式模型跟随控制系统，通过在一台模拟式计算机中进行编程，这架模拟器可以实现对不同布局目标飞行器的飞行模拟。飞行中，试验飞行员位于驾驶舱左侧的座位上，该席位配备有一套可编程的运输机专用操纵和显示系统，安全飞行员位于驾驶舱右侧，他可以使用"喷气星"飞机的基本控制系统，座舱内还有一个试飞工程师席位，他负责操作飞行模拟系统。在为著名科学家冯·布劳恩（Wernher von Braun）做了一次演示飞行后，冯·布劳恩给该模拟程序起了一个有趣的称谓："模型呼叫"（Dial-a-Model），这个术语后来经常被引用，用来说明模型跟随控制系统的灵活性。

图5.50 C-140"喷气星"空中飞行模拟器（NASA 814）

GPAS模拟器参与了XB-70"瓦尔基里"3倍声速（Valkyrie Mach3）大型飞机项目，用于飞行模拟、飞行训练、运输机滚动行为研究以及XB-70飞机等大型飞机通用模拟技术中视觉和运动因素影响的基础研究。20世纪70年代初期，人们进一步利用该飞机开展了抑制飞机在湍流空气中颠簸的控制策略研究。1972年，NASA开始为航天飞机开发专用的飞行模拟程序。为了构建相关飞行数据库，1977年，NASA利用GPAS模拟器对航天飞机的进近和着陆行为进行了飞行模拟，这些研究活动为航天飞机教练机（Shuttle Training Aircraf, STA）的研制做出了重大贡献（见5.2.2.14节）。

5.2.2.13　波音367-80 SST（1965—1966年）

为研究大型超声速运输机（Supersonic Transport, SST）的进近和着陆特性，应NASA兰利研究中心的要求，一架代号为B-367-80（Dash 80）的波音707原型机被改装为空中飞行模拟器（图5.51）。1965年5月至10月，来自波音公司、NASA、美国联邦航空局（Federal Aviation Administration, FAA）和航空公司的试飞员利用该飞机进行飞行试验，获得了关于低速飞行稳定性能和飞行控制参数的数据库，该数据库将作为未来可变后掠或双三角翼超声速运输机的认证要求。波音飞行机械工程师菲尔·康迪特（Phil Condit）在这期间做出了重要的贡献，他在1992年被提名为波音董事会主席，1996年被提名为波音公司首席执行官（Chief Executive Officer, CEO）。

图5.51　NASA兰利机场的波音367-80模拟器

5.2.2.14　格鲁曼C-11A STA（1976—2011年）

对于被选为NASA宇航员的人来说，驾驶航天飞机的"轨道器"既是一个重大的挑战，同时也是一个特殊的荣誉。作为世界上最大、最重和最快的太空运输滑翔机，这种载人航天运输系统实际上是一个滑翔比（glide ratio）仅为4.5的钝体飞行器，它的操控性很弱，换句话说，它更像一架专业滑翔机。航天飞机被归类为一种响应极为迟缓的飞行器，在重返大气层后它将进行无动力飞行，须由飞行员操纵在第一次着陆时就实现安全降落。由于飞行员在太空失重多日后可能还没有适应地球的重力环境，为了降低着陆过程中的风险，NASA提出了一个全面的训练计划，借助飞行品质与航天飞机大致相同的空中飞行模拟器来对宇航员进行训练。在这个需求下，NASA在格鲁曼"湾流"G-2飞机的基础上发展了C-11A航天飞机教练机（Shuttle Training Aircraft, STA），该机具有可变的飞行品质。NASA的航天飞机计划历时30多年，期间共制造了4架STA教练机，其中，在1976年制造了前两架，1985年制造了第3架，1990年制造了第4架（图5.52）。

图5.52　航天飞机教练机（STA）

选择"湾流"G-2作为模拟器主机的原因是它的最大可达飞行高度约12000米，并且该机燃料储备较多，足够实现10次完整的进近着陆飞行模拟。为模拟航天飞机，需要增加"湾流"G-2飞机的气动阻力，大幅降低升阻比（L-over-D-ratio），才能实现所需的稳定陡坡下降（下滑道角度超过20°），这是通过加装额外（第3对）的机翼襟翼和两台发动机在飞行中启动推力反向来实现的。

为训练航天飞机宇航员，技术人员在STA驾驶舱左侧安装了与航天飞机相同的控制装置和设备（图5.53），而安全飞行员所在的右侧则保留了"湾流"G-2飞机的原始控制装置和设备（图5.54）。

图5.53 "奋进"号航天飞机驾驶舱

图5.54 STA训练驾驶舱

宇航员在首次驾驶航天飞机前必须在STA上成功实现至少500次的陡峭下降及着陆飞行模拟（图5.55）。STA平均每年累计飞行500~600小时。2003年12月2日，在一次推力反向飞行模拟中，STA的右发动机推力反向装置、尾喷管和引擎罩与机体发生事故分离，安全飞行员通过启动教练机的机械备用操纵系统重新实施控制，成功实现了常规着陆。在安装了更好的发动机配件后，2004年1月12日，STA机队恢复了航天飞机着陆飞行训练。随着航天飞机在2011年7月21日完成最后一次着陆，STA教练机在美国宇航局的飞行训练也相应地停止了。

图5.55 STA模拟航天飞机进近

5.2.2.15 波音CH-47B（1979—1989年）

通过美国陆军的协调，NASA兰利研究中心获得了一架波音CH-47B"支奴干"（Chinook）直升机作为YCH-46C的继承者。在战术飞机制导系统（Tactical Aircraft Guidance System，TAGS）项目支持下，为演示先进的飞行控制概念，这架直升机上安装了一套三冗余数字电传操纵飞行控制系统。后来为支持垂直起降进近和着陆技术（VTOL Approach and Landing Technology，VALT）项目的研究，CH-47B直升机又被改造为一架空中飞行模拟器（图5.56，编号NASA 544），1979年，它被转移到NASA艾姆斯研究中心。

图5.56 CH-47B VALT模拟器（NASA 544）

在艾姆斯研究中心这架直升机进行了进一步的改造升级，机上的 TR-48 模拟式计算机被两台数字式计算机取代，并同时配备了可编程杆力模拟装置（力感系统）和可编程彩色显示器（图 5.57，编号 NASA 737）。利用这些设备，飞行动力学响应稍显迟钝的 CH-47B 被部署应用于许多飞行试验，获得了大量的飞行试验数据，有力地促进了新的飞行品质规范的建立。在为直升机开发基于多输入多输出（Multi Input Multi Output，MIMO）系统的控制器新方案过程中，研究人员意识到未建模旋翼动力学对控制品质的重要性。因此，为了辨识和验证包含高阶旋翼动力学的数学模型，人们利用该飞机开展了大量的飞行试验。基于新建立的高阶动力学模型，艾姆斯研究中心研究人员与布伦瑞克德国航空航天研究中心（DLR）以格尔德·布沃（Gerd Bouwer）为代表的研究人员，联合开发了一个改进的模型跟随控制器，显著提高了空中飞行模拟的精度[14]（另见 12.3.3 节）。1989 年，CH-47B 归还给美国陆军，后来它被改装成 CH-47D 直升机。

图 5.57　CH-47B 模拟器（NASA 737）

5.2.2.16　英国航空航天公司 YAV-8B VSRA（1984—1997 年）

1984 年，为研制下一代 V/STOL 飞机的飞行控制器和飞行状态显示器，美国海军陆战队将英国航空航天公司（British Aerospace）生产的一架 AV-8A "鹞"式战斗机移交给 NASA 进行改造。到目前为止，NASA 艾姆斯研究中心最新的一架 V/STOL 研究飞机就是在这架 V/STOL 原型机基础上改装的，该飞机现命名为 YAV-8B VSRA（V/STOL Systems Research Aircraft，V/STOL 系统研究飞机，图 5.58，编号 NASA 704）。YAV-8B VSRA 安装了一套数字电传操纵飞行控制系统，用于俯仰轴、滚转轴、偏航轴的控制和推力矢量控制（包括推力大小和方向），此外它还安装了一个可编程平视显示器。

图 5.58　YAV-8B VSRA 研究飞机（NASA 704）

为开发针对不同飞行任务的最优控制律，研究人员利用这架飞机开展了大量的飞行试验，这之中包括三轴空速指令控制系统（称为平移速率指令系统），该控制系统在精确悬停和垂直着陆过程中非常有效。结合 NASA 的 VMS（Vertical Motion Simulator，垂直运动模拟器）地面模拟器，研究人员针对精密进场着陆飞行，为未来短距起飞和垂直着陆（Short Take-Off and Vertical Landing，STOVL）飞机制定了飞行品质标准，并设计了新的飞行控制律与符号显示体系。这些成果连同其他许多飞行试验结果都被应用于 1997 年 F-35 战斗机的发展计划，即联合攻击战斗机（Joint Strike Fighter，JSF）计划。

5.2.2.17　西科斯基 JUH-60A RASCAL（1989 年至今）

作为 CH-47B 的继承者，NASA 艾姆斯研究中心于 1989 年接收了一架西科斯基 UH-60A "黑鹰"（Black Hawk）直升机，该机之前已经由波音公司升级为光传操纵技术验证机 ADOCS（Advanced Digital Optical Control System，高级数字光学控制系统，见 6.2.2.13 节）。在随后的几年里，艾姆斯研究中心又对该直升机进行了广泛的改造，其中包括加装一套具有完全权限的可编程电传操纵飞行控制系统、各种附加设备以及主/被动传感器，此外还在机舱中为试飞工程师安装了另一台工作站。同先前一样，UH-60A 直升机的液压机械飞行控制系统作为备用控制系统，由安全飞行员进行操纵。UH-60A 第一次飞行试验的重点是测试提高飞行敏捷性的飞行控制律，并通过飞行包线的自动限制实现更安全地飞行，即无忧虑机动（Carefree Maneuvering）。这架研究直升机现在被命名为 JUH-60A RASCAL（Rotorcraft Aircrew Systems Concepts Airborne Laboratory，旋翼飞行器机组人员系统概念空中实验室，图 5.59，编号 NASA 750），它从 2006 年开始用于空中飞行模拟。在飞行模拟试验中，研究人员逐渐引入了采用线性/非线性模型和频率特性相关反馈结构的显式模型跟随控制技术。

图 5.59　JUH-60 RASCAL 模拟器（NASA 750）

经过 20 多年的研究，研究人员发现 JUH-60A 机载计算机出现了问题，这个问题在最初阶段几乎没有被人注意到。作为当初系统改造的一部分，波音公司为电传操纵飞行控制系统开发的 32 位机载计算机电路板发生了老化，容易出错，记录信息的内存系统也需要修复。为保持系统的正常运行，研究人员对该直升机重新进行了改造，这一过程虽然花费不多，但是耗时较长。

到 2012 年底，JUH-60A 模拟器在近地区域开展了完全自主的飞行试验以测试新技术，这些技术有助于实现无机组乘员条件下的直升机自主飞行。试验中，JUH-60A 飞机在离地 60~120 米的高度范围内飞行，飞行期间的空速限制在 40 节（75 千米/小时）。

5.2.2.18　麦克唐纳·道格拉斯 F/A-18A FAST（2012—2014 年）

近年来，装备有强大数字电传操纵飞行控制系统的 F/A-18A FAST 飞机（图 5.60，编号 NASA 853）被部署在 NASA 阿姆斯特朗飞行研究中心，用于各种项目研究，FAST 是 Full-scale Advanced Systems Testbed 的首字母缩写，意为全尺寸先进系统试验台。F/A-18A FAST 的机载计算机系统（称为机载研究测试系统计算机）向用户开放，可支持大量不同的用户程序运行。下面将介绍两个特别有趣的飞行试验项目：LVAC 项目与 ICP 项目。顺便说一下，因为结构上的多处变化，比如机身上有一个凸起，这架飞机被 NASA 的研究人员昵称为"弗兰肯斯坦"（Frankenstein）[1]。

图 5.60　F/A-18A FAST 试验机（NASA 853）

---

[1] Frankenstein，是由英国著名作家玛丽·雪莱所著的小说中的人物，其中文译名为《弗兰肯斯坦》，也译为《科学怪人》。这部哥特式小说讲述了科学家弗兰肯斯坦创造了一个人造怪物以及他们之间的故事。现在"弗兰肯斯坦"常用来指代怪物，尽管原著中这个名字是科学家，而非怪物。

（1）LVAC（Launch Vehicle Adaptive Control，运载火箭自适应控制）

火箭能像飞机一样机动吗？飞机能代替机动的火箭吗？这正是 NASA 在飞行试验项目 LVAC 中的研究内容。对于正在开展的美国载人航天运输系统（Space Launch System，SLS）中期研发计划，F/A-18A 飞机发挥了重要作用。它在 SLS 火箭首飞之前，被用于模拟 SLS 起飞和上升时的飞行条件，并检查其控制算法。为此，技术人员在 F/A-18A 机载电传计算机系统上进行了相应的编程开发。如果试验过程中出现问题，F/A-18A 飞机的安全飞行员可以及时关闭 SLS 模拟系统，接管飞机的控制权。

LVAC 飞行试验项目能够模拟 SLS 的自主飞行控制系统以及补偿火箭上升中外界干扰所需的控制反应，这些干扰包括风干扰、结构振动或燃料晃动。NASA 首次对这样一个飞行控制系统进行了测试，该系统能够自动辨识和补偿在实际飞行中遇到的干扰。2013 年 11 月 14 日至 15 日，NASA 进行了 SLS 自动驾驶仪实时自适应控制的第一次飞行试验，试验包括了 SLS 不同轨迹的 40 个试验场景。这些工作使得在 2017 年 SLS 的计划首飞之前，技术人员可以对火箭的自主飞行控制系统进行广泛的验证，考察实际飞行条件下的不确定性和风险。为使读者更直观地了解 SLS 火箭，图 5.61 给出了 NASA 艾姆斯研究中心跨声速风洞中的 SLS 风洞试验模型。

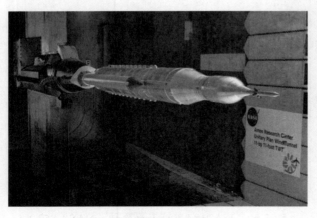

图 5.61　SLS 风洞试验模型

（2）ICP（Intelligent Control of Performance，性能智能控制）

2012 年，F/A-18A FAST 完成了该项目第一阶段的飞行试验，试验结果证明了通过改进飞行控制律可以减少飞机在巡航飞行中的燃油消耗。该研究项目"性能智能控制"的英文首字母缩写为 ICP，目的是通过一种"寻峰"优化算法（Peek-Seeking Algorithm，PSA）来对气动舵面进行控制，从而减小飞行中的气动阻力。该技术为飞机性能的改善提供了一条途径，而挖掘未来民用航空的潜力不仅回报斐然而且相当有趣。

5.2.3　美国工业部门

5.2.3.1　麦克唐纳 XF-88A（1954 年）

美国空军在对麦克唐纳（McDonnell）XF-88A"巫毒"（Voodoo）原型机进行飞行试验时（图 5.62），发现它的横航向飞行品质很差。为了减轻荷兰滚模态和滚转模态的耦合，研究人员最初针对方向舵使用了将偏航角速率陀螺仪信号作为反馈的偏航阻尼器，之后，研究人员进一步将侧滑角和滚转速率信号反馈到副翼，从而在横航向运动模式中实现了飞行品质的可变调节。开展可变飞行品质飞行试验的目的是从试飞员的角度，确定系统故障情况下可容忍的飞行模态极限。

图 5.62　XF-88A 飞机（AF 46-525）

5.2.3.2　麦克唐纳 NF-101A（1963—1964 年）

没有多少人知道美国空军飞行动力学实验室（Flight Dynamics Laboratory，FDL）曾在一个短期飞行试验项目（short flight test program）中开发过一架功能有限的空中飞行模拟器。研究人员在 NF-101A 飞机（编号 AF 53-2422）上安装了 X-20 Dyna Soar 轨道飞行器（图 5.63）的控制侧杆，基于该机的模拟式电液飞行控制系统可以进行一定程度的空中飞行模拟（图 5.64）。在 X-20 项目中，基于尤根·桑格（Eugen Sänger）的想法，波音公司和霍尼韦尔公司设计了一个高度创新的电传操纵飞行控制系统（Flight Control System，FCS）。引用参考文献 [15] 的介绍：

图 5.63　X-20 Dyna Soar 模型

图 5.64　NF-101A 模拟器（AF 53-2422）

X-20 飞行控制系统的设计目的旨在满足包括滑翔机布局和滑翔/过渡布局在内的整个高超声速、亚声速飞行状态下的姿态控制和稳定性要求。

FCS 中的一个显著特点是完全采用电传技术，所有进出 FCS 计算机的信号都是电信号，包括飞行员控制信号、气动舵面控制信号、推力矢量和反作用控制信号。FCS 的另一个特点是为滑翔机和中止火箭组成的组合体提供稳定控制，该组合体为不稳定气动布局，控制具体通过气动舵面和推力矢量的联合操纵来实现。

为获得更高的可靠性，FCS 采用了双余度和三余度冗余备份，在实际飞行中，还对电气连接器、电线束隔离、电路机械隔离以及机械敏感定位部件的环境隔离进行了冗余设计。

NF-101A 飞行模拟的重点是对气动不稳定的 X-20 飞行器在低速飞行中的飞行品质进行优化和评估。然而令人遗憾的是，本充满希望的 X-20 项目在 1964 年因种种原因被中止了。

5.2.3.3　康维尔 NF-106B VST（1968—1971 年）

受美国空军委托，马丁马里埃塔公司（Martin Marietta）将两架康维尔（Convair）F-106B 三角翼布局飞机（编号分别为 AF 57-2519 和 AF 57-2529）改装成变稳飞机（图 5.65），代号为 NF-106B VST，它们被部署在爱德华兹空军基地的美国空军试飞员学校，主要用于高级飞行员的训练。飞机的改装主要包括一台模拟式计算机和一套电液杆力模拟系统，该模拟式计算机用于在选定的飞行条件下进行模型跟随控制计算，而电液杆力模拟系统可以使位于驾驶舱后部的试验飞行员准确地感受到被模拟飞机的控制力。位于驾驶舱前部的安全飞行员在飞行模拟过程中保持对基本飞行控制系统的操纵，通过稳定性参数设置，他根据飞行高度和马赫数，为试飞员选择具有不同飞行品质的被模拟飞机模型。在 1968 年至 1971 年期间，NF-106B VST 空中飞行模拟器执行了各种飞行试验任务，以研究和评估再入飞行器（升力体）的动力学行为，比如 X-20 Dyna Soar、X-24A、航天飞机以及一些 X-15 布局飞机。NF-106B 飞机上的模型跟随控制器通过经典

图 5.65　NF-106B VST 变稳飞机

的尹文斯（Evans）根轨迹法进行设计，但是控制器设计中存在一些问题：飞行中人们发现每当向控制器注入加速度信号时，都会激发 NF-105B 的结构振动问题。由于在 1968—1971 近三年中大量时间都在进行飞机维护，该机的实际飞行时间并不长。

5.2.3.4 西科斯基 S-76A "影子"（1983—1995 年）

为对美国陆军的 RAH-66 "科曼奇"（Comanche）项目进行准备，20 世纪 80 年代中期，西科斯基公司将一架 S-76 直升机改装为空中飞行模拟器，改装后它被称为 "影子"（SHADOW），该名称是其英文全称（Sikorsky Helicopter Advanced Demonstrator of Operator Workload）首字母的缩写。"影子" 飞机在机头处加装了一个额外的驾驶舱（图 5.66），它的机载试验设备包括一套带有可编程模拟计算机的数字式电传系统、用于测量飞行状态与确定飞行条件的传感器和一台可编程的显示器。出于安全考虑，S-76 原驾驶舱内的两名安全飞行员可以随时接管直升机的控制权。此外，飞机上还装备了可编程的三轴和四轴侧杆，其中三轴侧杆可给出直升机俯仰和滚转指令，四轴侧杆则对偏航旋转和升降运动进行控制。这架直升机模拟器的主要用途是对直升机新技术进行测试，例如视觉系统、传感器系统以及设计的控制律，这些技术能够有效降低飞行员在低能见度或接近地面情况下飞行的工作负担，确保飞行安全。

图 5.66　S-76A "影子" 模拟器

5.2.4 美国大学

5.2.4.1 瑞安·纳维翁飞机（1952—1954 年）

1952 年至 1954 年期间，受美国空军莱特航空发展中心（Wright Air Development Centers，WADC）的委托，普林斯顿大学利用瑞安·纳维翁（Ryan Navion）飞机（图 5.67）开展了飞行试验，用以评估操纵装置中弹簧和摆锤（bob weight）的影响，这些设备是为了在纵向通道飞行控制系统中获得恒定的杆力。如果使用得当，弹簧和摆锤装置可以为飞行员提供所需的杆力。试验结果表明通过这些装置，经典的纵向动力学模态，如长周期和短周期模态，可以改变为非周期的运动形式。

图 5.67　瑞安·纳维翁 L-17A 研究飞机

5.2.4.2 皮亚索奇 HUP-1（1958—1960 年）

通过改进自动驾驶仪，普林斯顿大学在皮亚索奇（Piasecki）HUP-1 纵列式双旋翼直升机（S/N 15，R/N N4015A，图 5.68）上开发了可变

图 5.68　普林斯顿大学的 HUP-1 变稳飞机

稳定性系统（VSS），但是该系统仅作用于直升机的滚转和偏航运动通道，与其研究相关的报道甚少，该飞机在联邦航空局的注册于 1963 年 6 月 20 日取消。

5.2.4.3 瑞安·纳维翁 VRA（1968—1988 年）

20 世纪 60 年代，普林斯顿大学将一架瑞安·纳维翁飞机（R/N N91566）改装成飞行品质可变的试验飞机（图 5.69），这架称为可变响应研究飞机（Variable Response Research Aircraft，VRA）的变稳飞机被用于研究和教育用途，它一直运营到 20 世纪 80 年代末。飞行中，试验飞行员或评估飞行员坐在驾驶舱的左边。

图 5.69　普林斯顿大学的纳维翁 VRA 变稳飞机

纳维翁 VRA 飞机使用数字电传操纵控制系统驱动电液作动器，该控制系统在所有控制轴上拥有全部权限。此外，飞机具有直接升力控制（Direct Lift Control，DLC）与直接侧力控制（Direct Side Force Control，DSFC）能力。DLC 通过加装的一套襟翼系统实现，可以快速调节升力。DSFC 通过位于机翼中间位置的侧向力发生器（产生侧力的控制舵面）产生。特别地，为尽量降低侧向力发生器引起的气动力耦合效应，NASA 开展了大量的风洞试验来确定侧向力发生器的安装位置。维纳翁 VRA 飞机与它的姊妹飞机维纳翁 ARA（Avionics Research Aircraft，航空电子研究飞机）一同进行了长达 20 多年的飞行研究，退役后它们一同被存放在田纳西大学空间研究所（Space Institute of the University of Tennessee，UTSI）的仓库。除了缺少侧向力发生器之外，维纳翁 ARA 与维纳翁 VRA 两架飞机几乎完全一样。

5.2.4.4 瑞安·纳维翁 VSRA（1989 年至今）

1988 年，田纳西大学空间研究所从普林斯顿大学手中接管了两架可变稳定性的瑞安·纳维翁研究飞机（即维纳翁 VRA 和维纳翁 ARA），使用期间它们被命名为可变稳定性研究飞机（Variable Stability Research Aircraft，VSRA），编号分别为 R/N N55UT 与 R/N N66UT（图 5.70 和图 5.71）。R/N N66UT（即之前的维纳翁 ARA）拥有除侧向位移自由度外的 5 个飞行模拟自由度，R/N N55UT（即之前的维纳翁 VRA）可以通过分别位于左右机翼中央的两个侧向力发生器产生侧力，实现对 6 个运动自由度的飞行模拟。

图 5.70　UTSI 配有侧力发生器的纳维翁变稳飞机（R/N N55UT）

图 5.71　UTSI 的纳维翁变稳飞机（R/N N66UT）

5.3 加拿大

5.3.1 加拿大国家研究委员会的开创性贡献

20世纪60年代早期，在国家超声速战斗机项目Arrow终止后，位于渥太华的加拿大国家研究委员会（National Research Council，NRC）的国家航空研究中心（National Aeronautical Establishment，NAE）在航空领域的研究重点转移到旋翼机和垂直/短距起降（V/STOL）技术。当时加拿大航空航天工业在研制和销售小型运输和支线通勤飞机方面已经取得了成功，例如"海狸"飞机（Beaver）和"双水獭"（Twin Otter）飞机，因此，他们希望进一步发展相关技术，拓展这一类V/STOL飞机的国际市场。

为了提高未来V/STOL飞机的飞行品质，自1961年以来，NRC飞行研究实验室（Flight Research Laboratory，FRL）在全世界首次研制了具有可变飞行品质的直升机空中飞行模拟器[16]。研究人员将从美国陆军长期租借的两架贝尔H-13G直升机改装成具有可变稳定性和可变飞行品质的飞行器，它们首次采用了显式模型跟随控制原理，可以产生可重复、可变化的飞行品质（另见第3章）。

如今，除了布伦瑞克的DLR和美国陆军/NASA艾姆斯研究中心外，渥太华的NRC航空航天公司（NRC Aerospace）同样在旋翼机空中飞行模拟领域拥有核心竞争力。加拿大主要的研究直升机将在下文中逐一进行介绍。

5.3.2 贝尔H-13G（1962—1968年）

在20世纪60年代初，在从美国陆军借来的贝尔H-13G（别名贝尔-47G）直升机的基础上，NRC改装获得了第一架在俯仰、滚动和偏航三个主轴上具有有限可变稳定性特性的直升机空中飞行模拟器（图5.72）。一台模拟式计算机位于飞行员控制装置和自动驾驶系统之间，驾驶舱右侧的试飞员可以通过该计算机上的电位计选择性地修改各种稳定性和控制参数，他通过控制力感可调的控制杆和脚蹬来对飞机进行操纵。飞机采用模型跟随控制，控制器中的主要反馈量是绕主轴的旋转速率，机载数据记录装置最多可以记录14个测量信号。与直升机主机（host helicopter）机械控制系统并行运行的电气伺服电机几乎拥有驱动旋翼叶片和尾桨的全部权限。但在紧急情况下，驾驶舱左侧安全飞行员的操纵权限会超越此伺服作动器。此外，通过控制手柄上的按钮，飞行员可以关闭飞行模拟系统。由于飞机上的空间有限，一部分试验设备被安装在飞机外部的设备箱中。

图5.72　NRC贝尔H-13G空中飞行模拟器

通过这架研究直升机，NRC首次对V/STOL飞机的飞行品质进行了系统的研究与评估。此外，在研制垂直起降原型机VFW VAK191的过程中，贝尔H-13G还进行了针对德国垂直起降悬停试验台SG-1262（见6.1.3.8节）的飞行模拟，用以评估该试验台的飞行品质。

5.3.3 贝尔47G3（1966—1970年）

与贝尔H-13G不同，除了在三个旋转自由度（俯仰、滚转、偏航）上进行模拟控制外，贝尔47G3B-1（图5.73）还可以通过总距调整提供额外的垂直控制。同样，因为空间不足，试验设备的一部分被放在机舱外部的设备箱中。NRC对模拟式计算机的容量进行了扩展，同时为了减少控制系统的响应滞后与时间延迟，采用电动液压作动器取代了之前的电气伺服调节器。与贝尔 H-13G 模拟器一样,贝尔 47G3B-1 中飞行员座位和分工安排保持不变。

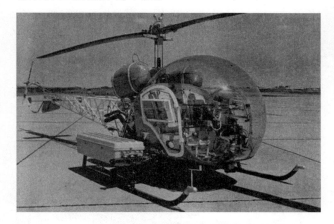

图 5.73　NRC 贝尔 47G3B-1 空中飞行模拟器

贝尔 47G3 试验直升机主要用于 V/STOL 飞机飞行品质的研究以及对特定的 V/STOL 飞机进行飞行模拟。分别针对视觉条件着陆与仪表条件着陆,研究人员分析并比较了航向稳定性对着陆进场飞行品质的影响。贝尔 47G3 还为 V/STOL 倾转机翼研究飞机 Canadair CL-84 等项目的研制提供了支持,在 CL-84 进行第一次飞行之前,人们就已经模拟研究了其飞行控制系统中的延迟和误差对操纵品质的影响。

5.3.4　贝尔 205A-1(1970—2012 年)

NRC 采购了一架贝尔 205A-1(图 5.74),将其改装为一架性能良好特别是控制性能显著改善的空中飞行模拟器。这架直升机模拟器配备了一套单通道全权限电传操纵系统、一台改进的数字模拟混合式计算机、一个可编程控制单元和一个控制侧杆。与之前的贝尔 47G3 一样,这架飞机的三个旋转自由度(俯仰、滚转、偏航)和垂直运动飞行特性都可以进行调整。位于驾驶舱右侧的试验飞行员配备了真实的和人工的视觉环境显示。

贝尔 205A-1 直升机参与了 V/STOL 和 STOL 飞行器飞行品质标准制定的大量研究项目,相关成果也被纳入到航空航天研究与发展咨询小

图 5.74　NRC 贝尔 205A-1 直升机模拟器

组(Advisory Group for Aerospace Research and Development,AGARD)发布的 V/STOL 飞行品质规范要求。贝尔 205A-1 还对美国陆军控制增稳直升机飞行品质要求(直升机操纵品质航空设计标准 -ADS-33C)的制定作出了重要贡献。此外,该机还对许多飞行器研制项目提供了试验支持。例如,模拟英国垂直起降(Vertical Take-Off and Landing,VTOL)研究飞机肖特(Short)SC.1 并在其首飞前获得其飞行包线、模拟螺旋桨驱动的 V/STOL 倾转机翼飞机 Canadair CL-84 进行试飞员培训、评估霍克西德利(Hawker Siddely)"鹞"式战斗机的俯仰姿态控制器以及支撑西科斯基 76 直升机尾桨设计优化的研究。值得一提的是,贝尔 205A-1 还探索了多种操控方式,其飞行模拟系统中将可编程多轴控制装置以及控制侧杆与不同的控制方案进行了结合,例如速率指令 / 姿态保持(Rate Command/Attitude Hold,RC/AH)。

5.3.5　贝尔 412 ASRA(2001 年至今)

贝尔 412 ASRA(Advanced Systems Research Aircraft,先进系统研究飞机)的装备使 NRC 首次拥有了一架带有四个旋翼叶片的 V/STOL 空中飞行模拟器(图 5.75)。ASRA 配备了四轴数字电传操纵系统和大量的航空电子设备,飞行中试飞员通过可编程多轴侧杆进行操控,该飞机的机载电传操纵系统于 2001 年 2 月 9 日首次投入使用。

创新控制策略的演示验证是一项有意义的研

究工作，比如，低能见度条件下，直升机不同机动的控制策略应该以一定的方式进行简化。然而到目前为止，飞行员必须根据飞行任务选择不同的控制策略，NRC 第一次尝试了所谓的"超级平移速率指令系统"（Super-Translational Rate Command，Super-TRC），通过连续记录飞行员的控制活动，飞机可以在不同飞行条件下自动地选择正确的控制策略。

图 5.75　NRC 贝尔 412 ASTRA 模拟器

对于低能见度条件下接近地面的飞行，飞行员需要谨慎地进行操控（小幅低频），此时机载电传操纵控制系统给出水平速度输入指令并同时增加姿态稳定性。相反，如果飞行员需要迅速大幅调整航向（要求大幅高频操纵），则控制系统将提供姿态速率指令并减小回路阻尼。总之，自动监测飞行员意图是未来航空领域人机交互的一个重要课题。

5.4　英国

5.4.1　肖特 SC.1（1957—1971 年）

肖特（Short）SC.1（注册编号 XG900）是一款单座下单翼飞机，它采用无尾三角翼布局（无水平尾翼），动力装置包括四台垂直安装在机身、用于垂直飞行的罗尔斯·罗伊斯 RB108 发动机和一台位于尾部、用于前向飞行的 RB108 发动机。SC.1 飞机设计可用于悬停飞行、低速飞行以及中间过渡段飞行。低速飞行中，通过机身头部、尾部和翼尖的反射射流对姿态进行控制和稳定。安装在机身上的发动机可以旋转，改变推力矢量的方向。电传操纵控制系统被后来的垂直起降（VTOL）飞机广泛采用，而 SC.1 拥有第一套电传操纵控制系统，从而使得该机具有开展空中飞行模拟的能力。1958 年 10 月 25 日，肖特 SC.1 进行了第一次垂直起飞，1960 年 4 月 6 日，它实现了第一次过渡飞行（图 5.76）。

图 5.76　肖特 SC.1 飞机

单通道电传操纵系统允许飞机在低速状态下进行可变稳定性的飞行试验。由于 SC.1 飞机缺乏备份控制系统，靠近地面的飞行试验风险很高，甚至可能在系统故障时导致坠机，但人们仍然采用这架飞机开展了广泛的飞行试验，具体是将飞行品质作为可变控制效能参数、阻尼参数、发动机工况影响和地面效应的函数，进而确定不同飞行阶段的理想飞行品质。基于这些试验，人们获得了未来 VTOL 飞机飞行品质标准的第一个可靠数据库。

5.4.2　Beagle Bassett VSS（1973—2014 年）

1973 年 6 月，位于英格兰南部博斯科姆的英国帝国试飞员学校（Empire Test Pilot's School，ETPS）接收了一架 Beagle Basset CC.1（R/N XS743）飞机作为教练机（图 5.77），克兰菲尔德理工学院（Cranfield Institute of Technology，C.I.T.）为这架飞机装备了可改变稳定性和控制特性的系统，即可变稳定性系统（VSS）。作为轶事，查尔斯王子（现为查尔斯国王）还曾利用这架概念化支线通勤飞机获得了他的双引擎飞机飞行员执照。

图 5.77　Beagle Basset CC.1 XS743 教练机

VSS 的模拟式计算机与飞机机械控制系统断开，它接收飞行学员操纵杆的电信号指令，经过一定的处理后将它们发送至气动舵面。通过调整模拟式计算机的电位计，位于驾驶舱左边座椅上的飞行教员可以在一定程度上改变飞机的飞行品质。因此，Bassett 飞机可以模拟一些飞机的飞行特性，例如，大型运输机的迟缓响应或某些飞机的故障飞行。飞行模拟中，如果飞行学员出现了严重的操作失误，飞行教员可以关闭 VSS，并通过基本机械控制装置接管飞机控制权。这架具有文物价值的飞机成功地运行了 40 年。

5.4.3　BAE VAAC "鹞" 式 T.2（1985—2008 年）

为了解决飞行操控中最初存在的"三只手问题"，即在驾驶英国垂直起飞"鹞"式（Harrier）飞机时需要同时操纵控制杆、油门和发动机喷管角度的问题，1985 年，克兰菲尔德理工学院（C.I.T.）为一架双座"鹞"式 T.2 教练机（编号 XW175）配备了数字双通道双余度电传操纵系统和一个位于后部的新试验驾驶舱，飞机前驾驶舱为安全飞行员保留了之前的操纵设备。在接下来的几年里，依托新改装的设备，试验飞行员针对各种驾驶舱系统、不同控制策略及飞行软件的验收进行了飞行试验。后来这架飞机再次经过改装，并被称为 VAAC（Vectored-Thrust Aircraft Advanced Flight Control，矢量推力飞机先进飞行控制）"鹞"式飞机（图 5.78），它由皇家航空研究院（Royal Aircraft Establishment，RAE）/国防评估和研究局（Defence Evaluation and Research Agency，DERA）的继任者奎奈蒂克公司（QinetiQ）管理运营。

图 5.78　BAE VAAC "鹞" 式 教练机（安德鲁·迪基（Andrew Dickie）提供）

VAAC "鹞"式飞机为洛克希德·马丁公司联合攻击战斗机（Joint Strike Fighter，JSF）项目 F-35B V/STOL 型号的研制提供了支持。F-35B 飞行员左手操控的是一个线性推力调节装置，用于飞机速度控制，右手操纵的是一个侧杆，用于俯仰和滚转控制。为复制 F-35B 所谓的统一控制模式（Unified Control Mode），VAAC 飞机后驾驶舱专门安装了这两个操控设备。

5.4.4　BAE ASTRA Hawk（1986 年至今）

作为对经典 Beagle Basset VSS 模拟器的补充，20 世纪 80 年代初，英国帝国试飞员学校（ETPS）与克兰菲尔德理工学院（C.I.T.）合作，将一架双座 BAE Systems Hawk T.1 改装成空中飞行模拟器，它被称为 ASTRA（Advanced Stability Training and Research Aircraft，高级稳定性训练和研究飞机，图 5.79）。位于飞机后驾驶舱的教员或安全飞行员可以在飞行过程中改变 Hawk ASTRA 飞机的飞行品质，他还可以监控飞行模拟系统并在紧急情况下关闭模拟系统。在飞行学员所在的飞机前驾驶舱中，之前的机械控制设备与飞机断开，替之以在座椅中间和右侧位置安装的具有可变力感或偏转特性的电子联结控制杆与方向舵脚蹬。在计算机的帮助下，平显中的图像可以根据飞机的运动相应地做出改变。机载电传操纵系统采用电液旋转轴传动机构，它响应飞行模拟计算机的指令信号并驱动气动舵面进行偏转。ASTRA Hawk 模拟器可以覆盖飞行马赫数高达 0.7、滚转速度不大于 200°/秒、载荷系数范围为 −1.75g~+6.5g 的宽广飞行包线。它于 1986 年进行了第一次飞行，1990 年以后，它在帝国试飞员学校被用于飞行学员的训练。

图 5.79　ASTRA Hawk 模拟器

5.5　法国

5.5.1　达索"幻影"ⅢB SV（1967—1990 年）

英国与法国合作的协和超声速客机（Concorde 001）于 1969 年 3 月 2 日进行第一次飞行，在它首飞之前，一架双座达索"幻影"（Dassault Mirage）ⅢB 飞机（编号 S/N 225）在飞行试验中心（Centre d'Essais en Vol，CEV）装备了特殊的电传操纵飞控电子设备，通过该设备，可以改变飞机的飞行品质，从而产生与协和飞机相似的飞行动力学特性和控制性能。这架被称为"可变稳定性"（Stabilité Variable，SV）的"幻影"ⅢB 空中飞行模拟器开展了大量的飞行模拟试验（图 5.80），在协和飞机研制中发挥了重要作用。由于其特殊的模拟能力，它还被用于开发多冗余度模拟式电传操纵控制系统，该飞控系统后来用于欧洲第一架全电子飞行控制飞机幻影 2000。此外，达索"幻影"ⅢB SV 还在法国试飞学校 EPNER 用于飞行训练。今天，它被保存在马赛的圣维克多博物馆。

图 5.80　"幻影"ⅢB SV 模拟器（S/N 225）

5.5.2　达索"神秘－隼"20 CV（1978—1982 年）

20 世纪 70 年代中期以来，在法国国防装备总局 DGA（Direction Générale de l'Armement）的要求下，第一架生产的达索"神秘－隼"（Mystère/Falcon，S/N 401，F-WMSH）飞机被改装为具有 6 自由度模拟能力的空中飞行模拟器，它被称为"可变特性"（Characteristics Variable，CV，图 5.81）。除了模拟式电传操纵系统外，研究人员还为飞机配备了两台数字式计算机，安装了一个额外的襟副翼直接升力控制系统（Flaperons），同时，在机翼中间位置还安装了垂直气动控制面（Travelons），用以实现直接侧力控制。

飞机机载计算机具备对飞行中 6 个运动自由度进行模拟的能力。开展飞行模拟时，试验飞行员坐在驾驶舱左侧，其控制杆与飞机的基本机械控制系统分离。飞机的飞行模拟范围包括整个飞行包线，但在第一阶段中，飞行模拟仅被限制在 3 个旋转自由度和 2 个平移自由度（水平、垂向）。在第二阶段，通过安装 Travelons 产生侧向加速度，从而可以同时实现 6 个自由度的运动模拟。

图 5.81 "神秘–隼" 20 CV 模拟器，
上：无侧力控制舵面，下：带侧力控制舵面
（让·弗朗索瓦·乔治（Jean Francois Georges）提供）

"神秘–隼" 20 CV 模拟器主要用于对数字飞行控制系统进行测试，并为未来静稳定性降低的商用飞机制定民用认证标准，从而提高它们的性能。该机飞行模拟的第一个项目是达索"水银"（Mercure）项目，达索公司对"水银"飞机的数学模型非常熟悉，在"神秘–隼"模拟器尚未装备 Travelons 的条件下就开展了飞行试验。尽管试验结果良好，但由于财务原因，"水银"项目于 1982 年被终止。

显然，高效管理空中飞行模拟器的能力对个人职业生涯的发展是有益的，类似于波音 367-80 SST 空中飞行模拟器的情况（见 5.2.2.13 节），因为出色的管理能力，"神秘–隼" 20 CV 项目经理让·弗朗索瓦·乔治（Jean Francois Georges）于 1995 年被任命为达索猎鹰喷气公司（Dassault Falcon Jet Corporation）的首席执行官（CEO）。

5.6 俄罗斯

5.6.1 图波列夫图–154M FACT（1987 年至今）

为了对"暴风雪"号（Buran）航天飞机进行空中飞行模拟，四架图波列夫（Tupolev）图–154B 客机在俄罗斯飞行研究所（Flight Research Institute，FRI）的茹科夫斯基研究中心同时被改装成空中飞行模拟器。俄罗斯飞行研究所又被称为格罗莫夫研究所，以俄罗斯著名试飞员格罗莫夫（Gromov）的名字命名。20 世纪 80 年代初期，这些空中飞行模拟器被用于"暴风雪"号航天飞机飞行控制律的开发与优化，随后又被用于飞行品质评估和宇航员培训[17]。类似于 NASA C-11A STA（Shuttle Training Aircraft，航天飞机教练机），为实现对"暴风雪"号航天飞机大角度急剧下降的模拟，必须在飞行中使用两台侧向安装喷气式发动机的反向推力。在图–154B 主机（host aircraft）的运动动力学模型建模中，需要考虑推力偏转气流和尾翼气流之间的空气动力学干扰。众所周知，由于技术和经济上的困难，"暴风雪"号航天飞机项目被中止。2008 年 3 月，德国施派尔航空博物馆购买收藏了"暴风雪"号航天飞机的一架大气层内试验原型机，其机身后部配备了四台辅助发动机，它曾进行了以验证着陆能力和宇航员训练为目的的飞行试验（图 5.82）。

图 5.82 "暴风雪"号航天飞机

1987 年始，FRI 在图–154M 原型机（也被临时称为图–164）上安装了电传操纵控制系统，目的是将其改造为一架通用的空中飞行模拟器，用以支持新型飞机的研发、新型飞行控制\操作和显示系统的测试、飞行品质标准的验证与扩展以及未来电传飞机认证程序的制定。图–154M（R/N RA-85317）最终被命名为 FACT（Future Aircraft Control Testbed，未来飞机控制试验台，见图 5.83）。在图 -154 FACT 飞行中，位于驾驶舱左侧座椅上的试飞员操纵电传系统，他可以利用计算机对操纵设备的杆力特性以及图像显示进行调整（图 5.84）。

图 5.83　图 -154 M FACT 空中飞行模拟器

图 5.84　图 -154 M FACT 模拟驾驶舱

位于驾驶舱右侧的安全飞行员监控主机的传统机械飞行控制系统和原有飞行仪表，在出现系统误差或超出飞行包线边界的紧急情况时，他可以通过电子方式关闭飞行模拟系统或直接按下控制杆将飞机操控切换到基本飞行模式，手动接管飞机控制。除了对"暴风雪"号飞机飞行进行飞行模拟外，图 -154 FACT 模拟器还支持过一些运输和商用飞机项目的研究，包括安 -70、伊尔 -96 和图 -204，此外，它还被用于抑制飞行员诱发振荡（Pilot-Induced Oscillation，PIO）侧杆装置、显示器和滤波器等组件的研发与测试。

5.6.2　苏霍伊苏 -27 ACE（1990 年至今）

空中飞行模拟可以减少新飞机设计阶段和达到生产准备状态所需的飞机原型机数量，有效节省成本。俄罗斯飞行研究所（FRI）将一架苏霍伊（Sukhoi）苏 -27 ACE（Adv-anced Control Experiment，先进控制试验）改装为空中飞行模拟器。为此，苏 -27 ACE（序列号 24-05 或代码 LMK-2405，识别代码"05"，见图 5.85）安装了包括数字电传操纵系统、传感器和驾驶舱组件在内的各种设备。基于这些设备，在进行某些特殊研究时，机载图像显示和操纵杆配置的优化可以相对容易地实现。此外，该飞机还可以用于飞行控制算法的预先测试，由试飞员试验评估控制律对飞行品质的影响。

图 5.85　苏 -27 ACE 模拟器

但是，目前该机驾驶舱的单座设计存在一定的不足，因为它不便于分离试验模拟功能和安全保障功能，给试飞员带来了更大的工作量与试验风险。

5.6.3　雅科夫列夫雅克 -130（1999 年至今）

1996 年 4 月 25 日，俄罗斯雅科夫列夫设计局（Yakovlev）和意大利马基公司（Aermacchi）联合开发的雅克 /AEM-130D 原型教练机进行了首次飞行，2000 年合作关系结束后，该项目在两个国家分别得以继续发展，俄罗斯与意大利分别进一步研发了雅科夫列夫雅克 -130 和马基 M-346（见 5.9 节）两种飞行品质可变的教练机。通过采用电传操纵控制系统并结合特殊的飞行包线保护控制律，可以有效防止飞机出现不可控的飞行状态。雅克 -130 模拟器具有广泛的飞行模拟能力，它可以模拟米格 -29、苏 -27、苏 -30、

F-15、F-16、F-18、"幻影"2000 阵风、"台风"等飞机的飞行品质，这只需要安全飞行员或教练飞行员采用模型呼叫（Dial-a-Model）技术，在机载计算机上选择被模拟飞机的模型即可实现。2009 年 5 月 19 日，第一架雅克 -130 原型机进行了首飞（图 5.86），这意味着 DLR 在 1984 年开始的、通过空中飞行模拟进行年轻飞行员培训的构想（CASTOR，参见 11.2 节），在四分之一个世纪后成为了现实。

图 5.86　雅克 -130 飞机

5.7　日本

5.7.1　川崎 P-2H VSA（1977—1982 年）

应日本防卫厅（Japan Defense Agency, JDA）的要求，川崎重工（Kawasaki Heavy Industries, KHI）将一架洛克希德 P2 V-7 "海王星"（Neptune）飞机（许可证：P-2H）改装为空中飞行模拟器，代号为 P-2H VSA（Variable Stability Aircraft，可变稳定性飞机）。1977 年 12 月 23 日，该机实现了第一次飞行。模拟器上主要的改造包括：①安装了含机械备份的电传操纵控制系统，其中机械备份供驾驶舱左侧安全飞行员使用；②将先前的机械控制系统更换为具有可变杆力梯度的电动驾驶盘（control wheel），该驾驶盘供右侧的试验飞行员使用；③配备了一台强大的机载计算机来执行所有飞行模拟操作；④外部着陆

襟翼被用于直接升力控制，而气动侧力发生器垂直安装在机翼中央位置的顶部和下方（图 5.87）。此外，研究人员在机身下方安装了两个穿孔的空气制动器（也称为腹部减速板）。通过这些改造，P-2H VSA 可以实现彼此独立的 5 个运动自由度（俯仰、滚动、偏航以及垂向和侧向）的飞行模拟。在紧急情况下，位于驾驶舱左侧的安全飞行员可以使用主机的机械控制系统接管飞机控制。

图 5.87　P2H VSA 模拟器

P-2H VSA 最初开展的飞行试验是为了验证飞机在任务作业飞行状态下直接升力控制和直接侧力控制的有效性。在试验飞行员学校进行了两年的试验后，P-2H VSA 被移交给日本海上自卫队（Japanese Maritime Self Defense Force，JMSDF），用于飞行员训练。在此期间，研究人员使用空气制动器，在该机上开展了下滑道角高达 7°的陡坡进近飞行试验。1980 年，这架飞机退役。

5.7.2　比奇 B-65 VSRA（1980—2011 年）

日本国家航空实验室（National Aeronautical Laboratory，NAL），现为日本航空航天探索局（Japan Aerospace Exploration Agency，JAXA），将一架比奇（Beech）B-65 飞机改装为具有可变稳定性的 VSRA（Variable Stability Research Aircraft，可变稳定性研究飞机）模拟器，该机没有侧力发生器，只具有 5 个自由度的运动模拟能力（图 5.88 和图 5.89）。

VSRA 飞机在试验飞行中采用了模型跟随控制原理，它曾在四引擎短距起降研究飞机 ASUKA

图 5.88　NAL 的 B-65 VSRA 模拟器

图 5.89　B-65 VSRA 模拟器驾驶舱
（右侧为模拟驾驶席位）

飞行品质的预测试和评估中发挥了重要作用（图 5.90），后来它主要被用于大气层内的飞行试验研究。2011 年 10 月 26 日，VSRA 飞机完成了飞行生涯的最后一次飞行。

图 5.90　ASUKA 短距起降研究飞机

5.7.3　道尼尔 Do-228-202 MuPAL-α（1999 年至今）

JAXA（前身为 NAL）和 Kawashai 公司合作改装了一架道尼尔（Dornier）Do-228-200 空中飞行模拟器，并将其命名为 Do-228-202 MuPAL-α（Multipurpose Aviation Laboratory；α=aircraft，多用途航空实验室，图 5.91），该机安装了数字双通道（双余度）电传操纵系统，飞机升降舵、方向舵、副翼以及两台发动机都为电驱动，后缘着陆襟翼采用可快速偏转、三个独立可控的辅助襟翼方案，可以实现直接升力控制（Direct Lift Control，DLC），从而达到精确飞行模拟的效果。驾驶舱右侧的试飞员操纵具有人工力感的控制杆，通过电子开关，输入信号被馈送到可自由编程的电传飞控计算机，计算机根据采用的模型跟随控制逻辑，解算控制指令后将其发送到机电伺服系统。利用电传飞控计算机，对飞行员操控指令和阵风干扰输入的响应都可以通过前馈控制回路或反馈控制回路进行调节。

图 5.91　MuPAL α 模拟器

为方便飞行试验，技术人员在机身内设置了一个试验驾驶舱。在紧急飞行情况下，驾驶舱左侧的安全飞行员可以切换回主机的机械控制系统对飞机进行操控。由于飞机的特点，它特别适用于高海拔着陆进场的飞行模拟。1999 年 11 月 11 日，机载电传操纵系统在飞行试验中首次启动。自 2000 年 4 月起，这架飞机开始正式服役。

5.7.4　三菱 MH-2000 MuPAL-ε（2000 年至今）

2000 年 3 月，基于三菱重工（Mitsubishi Heavy Industries，MHI）自主研发的直升机 MH-2000A（图 5.92），JAXA（原 NAL）改装得到了

一架 MH-2000A MuPAL-ε（Multipurpose Aviation Laboratory；ε= helicopter，多用途航空实验室，图 5.93）空中飞行模拟器。直升机模拟器的试验设备包括一套可提供大量飞行试验数据的数据采集系统、一台驾驶舱显示器以及相应的高性能图形计算机、一套记录环境图像的导航视频记录系统以及用于空中飞行模拟的电传操纵系统。传感器设备包括一套 DGPS/INS 组合导航系统（Differential Global Positioning System/Inertial Navigation System，差分全球定位系统/惯性导航系统）与一个超声波速度传感器，其中，DGPS/INS 可以将卫星位置数据与惯性平台的数据进行融合，超声波速度传感器可用于低速和悬停飞行时飞机各坐标方向速度的测量。

图 5.92 MuPAL-ε 模拟器

图 5.93 MuPAL-ε 模拟驾驶舱

令人印象深刻的是，这架研究直升机在短时间里，对许多项目的开展都发挥了重要作用，其中包括评估飞行品质和测试电子显示系统的空中飞行模拟、提高地面模拟器可信度的研究、GPS 支持的空中飞行模拟、自主飞行、降噪着陆进场程序、大气或尾涡湍流引发的直升机响应行为研究等。

5.8 中国

5.8.1 沈阳歼-6 BW-1（1989 年至今）

中国从 20 世纪 70 年代末开始发展具有可变稳定性特征的飞机，最早是由位于西安的中航工业飞行试验研究院（Chinese Flight Test Establishment，SFTE）负责，他们在一架沈阳歼-6 双座教练机（出口版：FT-6）上配备了单轴模拟式电传操纵系统。在具有双排座椅的驾驶舱中，试验飞行员位于前排，安全飞行员位于后排，在紧急情况下，安全飞行员可以通过备份机械控制系统接管飞机。

这架由苏制米格-19"农夫"（Farmer）战斗机升级发展而来的技术验证机在 1984 年 12 月开展的一次飞行试验中坠毁，中航工业飞行试验研究院随后在另一架歼-6 飞机上开发了纵向运动模拟的单轴数字飞行控制系统，这架空中飞行模拟器的代号为 BW-1。BW-1 模拟器于 1989 年 4 月 22 日首次成功飞行（图 5.94），它后来被用于歼轰-7A 双座飞机电传操纵控制系统和飞行品质的试验研究。

图 5.94 沈阳歼-6 BW-1 空中飞行模拟器

5.8.2 HAIG K8V IFSTA（1997年至今）

1997年6月25日，中航工业飞行试验研究院开展了K8/JL-8（S/N 320-203）教练机的首次飞行，该飞机被命名为K8V IFSTA（Integrated Flight Simulation Test Aircraft，综合飞行模拟试验机），它由中国洪都航空工业集团（Hongdu Aviation Industry Group，HAIG）设计。这架飞机配备了三轴数字双余度飞行控制系统，同时保留了机械备份飞行控制系统，它可以模拟多达8种不同类型飞机的飞行品质，试验设备的主要部件安装在机身下方的一个设备箱中（图5.95）。

图5.95　HAIG K8V IFSTA 空中飞行模拟器

中航工业飞行试验研究院计划将K8V空中飞行模拟器的控制系统升级到五轴数字飞行控制系统，这意味着需要加装额外的升力和阻力/推力控制装置，以便提供全面逼真的模拟能力。这里应该再次提及，来自俄罗斯—意大利联合项目的雅克-130教练机和马基M-346研究飞机也可以通过配备一定的电传操纵控制系统以及相应装置来获得可编程设置的可变飞行品质（见5.6.3节、5.9节和11.2节）。

5.9　意大利

5.9.1　阿莱尼亚·马基M-346

在经过对雅克-130教练机几年共同的研制后，意大利马基公司和俄罗斯雅科夫列夫设计局之间的合作关系于2000年停止，后来两家机构分别采用各自的方式继续进行研发工作。

意大利进一步研发的空中飞行模拟器，现在被称为阿莱尼亚·马基M-346 Master（图5.96），在2004年进行了首飞。双排驾驶舱中，飞行学员位于前面，飞行教员位于后面。通过延伸机翼前缘和采用可变弯度机翼，M-346飞机的气动特性使之具有较高的机动性。

图5.96　阿莱尼亚·马基M-346模拟器

M-346的主要特点之一是装备了BAE系统公司的四通道电传操纵控制系统，基于该系统，M-346可以对其他类型的飞机进行以训练为目的的飞行模拟，如欧洲战斗机、"阵风"、F/A-18"超级大黄蜂"、米格-29等。但是该机的应用存在一定争议，一些人机专家认为不应将重点放在特定类型飞机的训练上，而应聚焦到一般飞行品质、态势感知、系统管理或任务管理的研究上。

参考文献

1. Weingarten, N.C.: History of in-flight simulation at general dynamics. AIAA J. Aircr. **42**(2), 290–304 (2005)
2. Burns, K.R., et al.: The history of aerospace research at cornell aeronautical laboratory. AIAA 2007-0359. Jan 2007
3. Breuhaus, W.O.: The variable stability airplane. AAHS **36**(1), 29–55 (1991)
4. Hamel, P. (ed.): In-flight simulation for the 90's, international symposium, 1–3 July 1991. Braunschweig, DGLR Mitteilunger 91-05 (Proceedings, Inquiries at: DLR, Institute of Flight Systems, P.O. Box 3267, 38022 Braunschweig); (1991)
5. Pearcy, A.: Flying the Frontiers—NACA and NASA Experimental Aircraft. Airlife Publishing Ltd., England (1993)
6. Borchers, P.F., et al.: Flight Research at Ames—1940–1997. NASA/SP-1998-3300, (1998)

7. Aiken, E.W., Hindson, W.S., Lebacqz, J.V., Denery, D.G., Eshow, M.M.: Rotorcraft in-flight simulation research at NASA Ames research center: a review of the 80's and plans for the 90's. NASA TM 103873. Aug 1991
8. Bull, G., Kidd, E.A.: Air-to-air tracking with linear and non-linear yaw damping. WADC Technical Report 55-223. June 1955
9. Statler, I.C., Beilman, J.L.: Dynamic lateral stability through non-linear automatic control. CAL-Report TB-698-F-1 (AFTR-6712), (1952)
10. Kidd, E.A., Bull, G., Harper, R.P.: In-flight simulation—theory and application. AGARD report 369. April 1961
11. Armstrong, N.A., Holleman, E.C.: A review of in-flight simulation pertinent to piloted space vehicles, AGARD Report 403. July 1962
12. Schifferle, P.: Variable Stability Learjet In-Flight Simulator Capabilities. Calspan Corporation (2014)
13. DiCarlo, D.J., Kelly, J.R., Sommer R.W.: Flight investigation to determine the effect of longitudinal characteristics on low-speed instrument operation. NASA TN-4364. March 1968
14. Hilbert, K.B., Bouwer, G.: The design of a model-following control system for helicopters. AIAA Guidance and Control Conference. Seattle, WA (1984)
15. McDonald, E.H., Farris, J.A.: The X-20 flight control development, R&T Division AF systems command. WPAFB, SEG TDR 64/8. June 1964
16. Gould, D.G., Daw, D.F.: A Historical Account of the Research Activities of the Flight Research Laboratory of the National Research Council (1943–1984). NAE MISC 59. Feb 1985
17. Gordon, Y., Komissarov, D.: Soviet and Russian Testbed Aircraft, Hikoki Publications Ltd. (2011)

作者简介

彼得·G.哈梅尔（Peter G. Hamel） 是德国航空航天中心（DLR/DFVLR）飞行力学/飞行系统研究所的所长（1971—2001年）。他于1963年和1968年分别获得了布伦瑞克工业大学的航空航天工程硕士学位和博士学位，于1965年获得了麻省理工学院的硕士学位。1970—1971年，他担任汉堡梅塞施密特-伯尔科-布洛姆（Messerschmitt-Bölkow-Blohm，MBB）航空系统部门的负责人。自1995年以来，他是布伦瑞克工业大学的名誉教授，并且是该大学三个合作研究中心的创始成员。直到今天，他还是国家直升机技术工作组（AKH）的主席（1986—1994年）和国家航空研究计划（LuFo）的评审专家。他是DLR旋翼飞机技术研究计划的经理，以及前AGARD飞行力学/飞行器集成（FMP/FVP）小组的德国协调员。他是德国航空航天学会（DGLR）和美国直升机学会（AHS）的成员，也是AIAA的会员。他获得了AGARD科学成就奖（1993年）、AGARD/RTO冯·卡门奖章（1998年）、AHS冯·克列明博士奖（2001年）和著名的DGLR路德维希·普朗特奖章（2007年）。

第6章　电传/光传操纵技术验证机

彼得·G. 哈梅尔（Peter G. Hamel）

以下作者对6.3小节撰写有贡献，他们分别是赫尔曼·霍费尔（Hermann Hofer），伯纳德·克拉格（Bernd Krag），罗伯特·勒克纳（Robert Luckner），拉尔斯·彼得（Lars Peter），莱因哈德·赖歇尔（Reinhard Reichel），贡特尔·尚策（Gunther Schänzer），约翰内斯·特斯特格尔（Johannes Tersteegen）和霍斯特·温嫩贝格（Horst Wünenberg）。

6.1 引言

6.1.1 背景

对于传统飞行器而言，飞行员控制指令从驾驶舱操控设备发出，经由钢索和连杆组成的机械连接装置或通过中间助力器被直接传送到升降舵、副翼和方向舵等气动控制舵面。对于具有高控制力和大结构变形的大型飞机，其中还要使用到旋转轴（扭力杆）来实现舵面控制。关于大型飞机的控制，20世纪40年代早期，理查德·沃格特（Richard Vogt）在开发重型水上运输机布洛姆-福斯（Blohm & Voss）BV 222 和 BV 238 的过程中做了大量开创性的工作（见图4.1和图4.2）。

随着电传操纵（Fly-by-Wire，FBW）或光传操纵（Fly-by-Light，FBL）技术的发展，飞机上的机械连接被电子信号或光电信号电缆（铜缆或光纤）所取代。飞行员从操控设备输入的指令信号通过位置传感器（如电位计）进行采集，然后通过信号线路传输到机载计算机。在机载计算机中，这些信号与测量的飞行状态数据一起按照设定的控制逻辑进行计算，然后通过电动液压伺服机构或机电作动系统（作动器）驱动飞机控制舵面偏转，从而实现期望的动力学行为。因此，电传/光传操纵系统是基于电子信号或光电信号的飞机控制与稳定系统，它们通过基于计算机的增稳控制实现飞机的自动飞行，极大地减轻了飞行员驾驶过程中繁重的操控工作量。

电传/光传操纵控制系统使飞行员的操控与作用在控制舵面以及襟翼上的力相分离。在最简单的情况下，通过使用弹簧和额外的质量块，可以在控制装置上产生一种人造的操纵力感，这会使飞行员感到他与气动控制舵面是直接相连的。另外，飞行员操控装置（如控制杆）上的人工力感也可以使用传感器和伺服电机来模拟，这些传感器和伺服电机为飞行员提供所谓的关于飞机行为的"触觉信息"，这种操控设备称为主动杆（Active Stick）。这样的力杆"提示"对飞行员驾驶飞机十分重要，尤其是在极端飞行状态下，比如失速飞行、接近地面飞行或控制舵面发生故障的飞行。布伦瑞克DLR关于旋翼飞机主动驾驶杆的研究将在10.4.3节中进行专门介绍。

在动力供应不足或液压发生故障的情况下，操控装置（控制杆）和控制舵面的机械分离使得飞行存在巨大的风险，因此需要一定的应急系统进行处理。对于此问题，飞机上通常配备备用电池系统（可在故障发生后使用10分钟）、冲压空气涡轮机（或称为抽出式风力涡轮机）或辅助动力装置（Auxiliary Power Unit，APU）作为应急系统。电传操纵信号对电磁干扰非常敏感，因此所有的数据传输电缆都需要经过精心的屏蔽处理。而光纤通信技术对电磁干扰不敏感，因此光传飞行中电磁干扰问题很少发生。VFW614 ATTAS（第9章）和EC 135 FHS（第10章）两架空中飞行模拟器代表了光传操纵技术应用的成功范例，尤其是ATTAS模拟器，其早在1982年就将光纤数据总线用于机载计算机的通信（见9.1.5节）。

对基于计算机辅助飞行控制系统的飞行，其需要用到飞机飞行状态的实时反馈，因此空气数据传感器的测量误差对安全飞行十分关键，尤其是结冰和水汽对飞行有严重的影响，它们可能导致飞机失控，图6.1给出的军用飞机或技术验证机就是典型的例子。民用飞机同样也曾多次面临这种困难，相关的案例包括2008年11月27日法国特大航空公司（XL Airways France）/新西兰航空公司的A320飞机、2009年6月1日法国航空公司（Air France）的A330-200飞机、2013年10月20日美国联合航空公司的B757-200飞机以及2014年1月16日土耳其航空公司的B777-300飞机。

6.1.2 早期工作

飞行控制系统的开发与利用可以追溯到第一次世界大战之前。早在1914年，在巴黎塞纳河畔的一次航空活动中，格伦·柯蒂斯（Glenn Curtis）水上飞机就成功利用斯佩里陀螺稳定器进行滚转和俯仰姿态的控制[3]。1928年，一架容

图 6.1　空气数据传感器上的结冰和凝水

克斯 W33 飞机配备了德国博伊科公司（Boykow）的"自动驾驶仪"（Automatic Pilot）来增加飞机俯仰、滚转、偏航通道的阻尼。1940 年，西门子飞机工厂制造的 He-111 和 Ju-52 飞机在世界上首次实现了自动盲降。

当时，世界上最大的飞机——苏联图波列夫 ANT-20 马克西姆·高尔基"宣传"飞机（propaganda）（图 6.2，该机有八台引擎，于 1934 年 6 月 17 日首飞）经历了一个不同寻常的发展过程。这架飞机上配备了电话、广播电台、工作间、乘员室以及摄影室和电影院，通过照明广告和广播系统，向民众宣传共产党的功绩，并向全世界展示苏联在航空领域的研究进展和技术优势。它是世界上最早配备自动驾驶仪的飞机之一，自动驾驶仪使用机电作动器操纵升降舵和方向舵进行俯仰和偏航控制。同样，高度保持和航向控制也可以通过自动驾驶仪实现。这架飞机也是全球第一次同时使用 120 伏直流电和交流电进行电力供应的飞机。

在 1935 年 5 月 18 日，ANT-20 飞机坠毁的前一天，法国著名飞行员安托万·德·圣埃克苏佩里（Antoine de Sainte-Exupery）作为唯一一名外国飞行员，还参加了该飞机的飞行。作为 ANT-20 的后续型号，图波列夫设计局设计制造了一架采用 6 台引擎、命名为 ANT-20bis 的飞机，它自 1940 年起由苏联航空公司部署，用作苏联境内的客运航班。不幸的是，这架飞机也在 1942 年 12 月 14 日坠毁，据传，这是由于当时飞行员离开了驾驶舱而一名乘客不小心关闭了自动驾驶仪导致，这也许是人们依赖电传飞行自动化操纵以来，由人为错误导致飞机处于失控飞行状态的最早案例之一。尽管飞行自动化程度在不断提高，但时至今日，人机交互问题仍然是一个值得研究的重要课题（参见 5.2.1.14 节）。

早在 1943 年，霍尼韦尔（Honeywell）C-1 自动驾驶仪就被长期用于美国 B-17E 系列轰炸机的飞行控制（图 6.3）。C-1 自动驾驶仪使用模拟式电信号，基于传感器的测量信息解算得到控制指令并将其发送到控制舵面。为了提高轰炸的精确性，飞机引进了所谓的自动飞行控制设备（Automatic Flight Control Equipment，AFCE），它是一个将诺登投弹瞄准器[①]与飞行控制相结合，

---

① 诺登投弹瞄准器是第二次世界大战期间美国空军使用的一种精密投弹瞄准设备，由美国工程师卡尔·诺登（Carl Norden）于 20 世纪 20 年代发明，它被广泛应用于轰炸机，尤其是 B-17 "飞行堡垒" 和 B-29 "超级堡垒" 等型号，其主要功能是帮助飞行员准确地瞄准并投放炸弹，以达到最高的命中精度。

图 6.2　图波列夫 ANT-20"马克西姆·高尔基"飞机（圣彼得堡俄罗斯博物馆提供）

在投弹过程中通过 C-1 自动驾驶仪控制飞机实现准确瞄准的系统。投弹手在 AFCE 的帮助下可以非常精确地引导飞机，飞行期间保持平稳飞行直到炸弹释放。自动驾驶仪为飞机提供了稳定的姿态和航向，由于当时自动驾驶仪没有飞行高度传感器信息，因此飞行员需要参照仪表板上的高度表谨慎地调节飞机高度。只有在炸弹投出后，飞行员才会再次接管飞机的飞行控制。

图 6.3　波音 B-17E 轰炸机

第一个集成液压伺服作动组件可追溯到第二次世界大战期间德国制造的飞机自动驾驶仪中，该作动器将包括液压泵的电动驱动电机、液压蓄能器、伺服阀和液压执行机构集成为一体，安装了该作动设备的飞机包括 Me-110、Do-17、He-111 和 Ju-88 等。对于飞机的航向控制，方向舵由自动驾驶仪通过紧凑型并联伺服电机驱动。到战争结束时，这种集成伺服组件被广泛应用于飞机的航向和姿态控制，它在飞机的不同通道上都成功地进行了测试。5 年后，在美国空军莱特航空发展中心对西门子公司研制的类似作动装置进行了重新测试[4]。

大致在同一时间，为阻止苏联军队在第二次世界大战末期的反攻，德国开发了"槲寄生"（Mistel）子母机，这些飞机执行了摧毁奥得河上桥梁的军事任务。"槲寄生"（Mistel）子母机中，底部无人驾驶的 Ju-88G 运载飞机的控制由位于上部的Fw-190战斗机或Me-109战斗机的飞行员负责,他们通过电缆和电动伺服电机操纵Ju-88G轰炸机的控制杆驱动气动舵面进行控制(图6.4)。在抵达目标前,两架飞机间的支架和电气控制连接将被剪断,从这一刻起,轰炸机就自动地飞向目标执行任务。

图6.4 "槲寄生"子母机,上:Fw-190A8战斗机,下:Ju-88H轰炸机

在第二次世界大战期间,德国的A4火箭(即V2火箭)采用了世界上第一个计算机控制的飞行控制系统,包含加速度计、角速率陀螺仪和位置陀螺仪的惯性平台会输出火箭的姿态和位置信息。这个控制系统采用了当时的第一批模拟式计算机,它对飞行控制律的微分方程进行建模,将控制指令以电信号的形式通过电缆发送给石墨材质方向舵上的集成伺服组件[5]。利用这个系统,火箭在大气中的上升飞行过程得到了有效的控制。

模拟式计算机的出现以及用于系统稳定性分析的新控制理论工具的发展,如亨德里克·伯德(Hendrik W. Bode)提出的频率响应法(伯德图)、沃尔特·伊文思(Walter R. Evans)提出的根轨迹法,为飞行控制系统的开发奠定了技术基础。出于安全考虑,飞机上的这些系统最初仅具有有限的控制权限[6-7],允许飞行员在飞机发生故障或紧急情况时直接对飞行控制进行干预。20世纪60年代末以来,随着飞行控制设备(如机载电源、传感器、模拟式计算机以及后来的数字式计算机、机电或电液作动系统)可靠性的不断提高,拥有全部权限的数字式电传操纵飞行控制系统也开始得到发展[8-9]。另外,飞机控制律代码自动生成技术与监控软件也在不断完善,为了提高系统可靠性或消除系统误差,人们在飞行控制系统开发中引入了不同的结构和算法软件(非相似软件)。

本节主要介绍专门用于电传操纵技术开发、演示和部署,技术成熟度(Technology Readiness Level,TRL)不超过6(TRL 6:"使用范围内的功能和测试原型机")的电传操纵飞机。此外,人类历史上TRL达到9级(TRL9:"有成功部署证明的合格系统")的电传操纵飞机的首次飞行也会在下文中提及。

在美国,第一个飞机偏航阻尼器是在20世纪40年代末为波音XB-47"同温层喷气"(Stratojet)后掠翼飞机和诺斯罗普YB-49飞翼飞机设计的,这个应用使它们取得了巨大的成功[10]。从那时起,增稳或增稳飞机就成了常用的概念。随着偏航阻尼器在波音B-47系列飞机中的应用(1947年12月17日第一次飞行),波音飞机公司①成功完成了全球首条FBW组件生产线的集成。回顾历史,第一次在B-47飞机上使用后掠翼的决定可以追溯到1945年5月美军占领德国布伦瑞克后,波音公司首席空气动力学工程师乔治·谢勒(George Schairer)对德国航空研究所(Luftfahrt Forschungsanstalt,LFA)的访问。在访问中,谢勒发现了大量关于后掠翼布局飞机的风洞试验数据,这些数据揭示了后掠翼布局飞机相对于平直翼布局飞机在气动性能上的优越性[11-12]。然而,当时波音公司还不知道后掠翼布局飞机在低速高空飞行时存在稳定性问题。为此,波音公司又花了两年时间,发展了偏航阻尼器来控制荷兰滚振荡等问题。相关研究记录可参考文献[13],这是一篇在技术上很优秀的、值得每一位有抱负的航空航天工程师阅读学习的经典参考文献。众所周

---

① 波音公司成立于1916年7月15日,由威廉·爱德华·波音创建,公司原名为太平洋航空制品公司,于1917年改名为波音公司。1929年更名为联合飞机及空运公司。1934年按政府法规要求拆分成三个独立的公司:联合飞机公司(现联合技术公司)、波音飞机公司、联合航空公司,1961年原波音飞机公司再次更名为波音公司。

知,偏航阻尼器的基本思想和原理也起源于德国(参见4.1节)。另一个开创性的波音JB-47E飞机电传操纵研究项目将在6.2.2.4节介绍。

在这方面,加拿大阿芙罗公司(Avro Canada)也开展了基础性的工作。早在1958年3月28日,阿芙罗公司就在CF-105"箭"式(Arrow)先进超声速战斗机(图6.5)上配备了具有人工力感反馈的基本FBW系统,并成功实现了该飞机的首次飞行。在这个FBW系统中,飞行员通过操纵杆输入的指令通过压敏传感器检测后转换为电指令信号,这些指令信号被发送到电子控制伺服系统,通过调节液压系统的阀门来驱动飞行控制装置。该FBW系统采用多轴增稳系统设计,而且在当时研制过程中没有出现任何无法解决的技术问题[14]。然而,在美国放弃与加拿大签订的飞机采购协议后,加拿大政府销毁了所有原型机及相关资料,"箭"式飞机的第一次飞行和5架原型机的研制工作也逐渐被人们遗忘。数十年后,采用模拟式FBW系统的英法"协和"飞机(Concorde)于1969年3月2日进行了首飞。除了"协和"飞机外,美国通用动力公司(General Dynamics,现洛克希德·马丁公司(Lockheed Martin))的F-16飞机(1974年1月20日第一次飞行)和欧洲空客A320飞机(1987年2月22日第一次飞行)也采用FBW系统,并相继在全球范围内投入量产。除FBW系统外,A320飞机上仍然装配有一套机械备用控制系统,可以进行方向舵控制和水平安定面控制。

在军事领域,数字式电传操纵技术后来被应用于高度不稳定的"隐身飞机"洛克希德F-117"夜鹰"(Nighthawk,该机于1981年6月18日首次飞行)和诺斯罗普B-2"幽灵"(Spirit,该机于1989年7月17日首次飞行)。这些飞机的气动布局设计中考虑了削弱雷达识别能力的隐身技术,但是作为代价,飞机的气动特性和飞行品质存在一定不足。随着控制技术的发展,这些缺点可以通过使用电传操纵控制技术来弥补。高性能飞机上的这种控制"补救措施"也被称为"随控布局飞机"(Control Configured Vehicles,CCV)技术[15],也即现在更为广泛采用的说法"主动控制技术"(Active Control Technology)。

CCV方法集成了空气动力学、飞行力学、控制技术、推进技术、气动弹性以及结构动力学等不同学科,它也被称为多学科设计优化[16]。如何进一步开发、维护和利用这种高度依赖于学科间耦合与交互数值软件的飞机设计工具,是航空研究和设计领域面临的最大挑战之一,而电传/光传操纵技术使CCV的实际应用得以实现。

在军用和民用旋翼机上应用全权限电传操纵控制系统时必须特别小心,因为电子飞行控制器的高带宽动态特性与柔性旋翼-机身系统的高频结构动态特性之间可能会发生耦合。因此,在旋翼机的控制器设计过程中,对旋翼/机身动力学的高频特性及其耦合效应,以及传感器和作动器动力学的精确建模十分重要。

尽管军用电传操纵直升机已经批量生产并已投入使用了很长时间,但电传操纵直升机的民用认证仍面临着特殊挑战。一个典型的例子就是俄罗斯JSC喀山直升机厂制造的第一架民用电传操纵直升机。这架直升机是轻型直升机"安萨特"(Ansat)的改型,它安装的四通道数字式电传操纵控制系统(KSU-A)在民用认证时遇到了"一个意想不到的障碍",因为迄今为止还没有对这种全权限电传操纵直升机认证的标准,也正因如此,世界上还没有任何一架商用FBW直升机获得认证。为了规避"安萨特"认证中关于电传操纵控制的条款,厂商决定在直升机上换装传统的液压机械飞行控制系统。这种采用"安萨特"布

图6.5 加拿大阿芙罗公司的CF-105"箭"式战斗机

局的直升机在 2013 年获得了俄罗斯国际航空委员会航空注册局（Aviation Register of the Interstate Aviation Committee，IAC-AR）的认证，而采用电传操纵的"安萨特"-U（Ansat-U）直升机仅用于俄罗斯飞行学院的军事训练和研究。

同样出于这些原因，美国联邦航空管理局（Federal Aviation Administration，FAA）为美国境内生产的首架民用电传操纵直升机贝尔 BHTI Model 525 "无情"（Relentless）提出了认证的特殊条件：

> 我们为 BHTI Model 525 直升机提出特殊的认证条件。该直升机具有与电传操纵飞行控制系统（Fly-by-Wire Flight Control System，FBW FCS）功能相关的新颖或独特的设计特征，这可能会影响旋翼机的结构完整性。适用的适航法规尚不包含针对该设计特征的充分或适当的安全标准。这些提议的特殊条件包含局方认为必要的附加安全标准，目的是建立与现有适航标准相当的安全水平。

FAA 在 2016 年发布了一套标准，其中规定了配备全权限电传操纵系统、自动驾驶仪、增稳系统、载荷减缓系统、颤振控制系统、燃料管理系统以及其他直接或间接（由于故障原因）影响结构性能的系统的旋翼飞机需要满足的特殊条件[17]。

下文将对世界上最重要的电传/光传操纵技术验证机进行介绍，这些验证机的技术成熟度水平约为 6 级（TRL 6："使用范围内的功能和测试原型"）（另见 6.1.2 节）。从 6.2.2 节可以明显看出，由于美国在 1960 年至 1990 年期间开展了大量的、多种类型的研究和试验项目，这一时期也被视为电传操纵研究的黄金时期[18]。

本章安排如下：6.1.3 节介绍全世界最重要的、配备了电子飞行控制系统的垂直起降（Vertical Take-Off and Landing，VTOL）试验台。6.2 节介绍国际上主要的电传/光传操纵技术验证机研发项目。6.3 节详细介绍德国的电传操纵技术研究工作，包括 1967 年 6 月 12 日全球首次使用数字式电传操纵控制系统的飞行演示验证（见 6.3.1 节）。

6.1.3 飞行试验台

6.1.3.1 引言

从 20 世纪 50 年代开始，为了对 VTOL 飞行器的控制和稳定性进行初步研究，研究人员研制了一系列特殊的悬停平台（hovering rigs）。因为 VTOL 飞行器在悬停状态下几乎不受任何气动力作用，所以为实现对飞行器的有效控制，在这种飞行器的外部安装了转向喷管和反作用力喷管，从而在所有轴上都具有控制能力（反作用控制）。反作用控制力通常由过氧化氢化学反应产生，或者从喷气式发动机的压缩机抽取压缩空气产生。由于这种飞行器的外观比较奇特，所以它们被英国人称为"飞行试验台"（flying bedstead）。在 20 世纪 50 年代和 60 年代，试验台的飞行控制律已经采用模拟式电路实现，通过电信号驱动反作用控制装置。因此，它是电传操纵控制系统的前身，从广义上讲，它也具有开展有限空中飞行模拟的潜力。

在德意志联邦共和国，政府制定了让德国航空工业在第二次世界大战结束 20 年后达到世界先进水平这一目标[19]，随着 Do 31、VJ 101C 和 VAK 191B 三架 VTOL 飞机的研制，德国研究人员对航空所有相关学科的未知技术领域都进行了探索。例如，在瓦尔德马尔·莫勒（Waldemar Möller）的领导下，博登湖仪器技术公司（BGT，今为代傲航空航天公司（Diehl Aerospace））为德国所有三个 VTOL 项目设计了飞行控制律，并开发了电子飞行控制系统（见 6.1.3.6~6.1.3.8 节）。由于飞行员无法手动实现悬停模式下的飞行姿态控制，这对控制系统的可靠性提出了很高的要求，导致传感器、信号处理器和作动系统等重要部件的数量增加了一倍，有的甚至增加了三倍。余度概念对后来"狂风"战斗机（Tornado）电传操纵系统的研发产生了重要影响，并且成为安全关键性飞控系统研制的重要前提[19]。2000 年 3 月

31日,在德国慕尼黑施莱斯海姆镇飞机博物馆举行的德国航空航天协会(DGLR)研讨会上,与会专家对德国VTOL发展项目进行了历史性的回顾和总结,文献[20]记录了当时重要见证者的忆述,包括罗尔夫·里奇乌斯(Rolf Riccius)、赫尔穆特·舒伯特(Helmut Schubert)、杰罗·马德隆(Gero Madelung)、格哈德·基塞尔(Gerhard Kissel)和罗尔夫·斯塔芬比尔(Rolf Staufenbiel),以及试飞员尼尔斯·迈斯特(Niels Meister)和迪特尔·托马斯(Dieter Thomas),通过他们的忆述,让我们对这些开创性的工作有了深入的了解。

后来,国际上也对自主飞行机器人开展了广泛研究。尤其2000年以来,美国在登月任务准备过程中对其进行了深入的研究和测试,其中代表性的两个例子是NASA研制的"巨鹰"(Mighty Eagle)和"墨菲斯"(Morpheus)自主登月飞行器①(也称为"登月着陆机器人"或"登月着陆器")。图6.6展示了2013年11月26日正在进行试飞的"巨鹰"着陆器,图6.7记录了在2012年8月9日,"墨菲斯-阿尔法"搭乘500千克有效载荷进行的第一次正式自由飞行试验。

图6.6 "巨鹰"着陆器

试验中,"墨菲斯-阿尔法"在全功率状态下起飞,但几秒后,飞行器就发生姿态翻滚并且坠地,几乎完全损毁。事故原因是机载惯性测量

图6.7 "墨菲斯"着陆器

装置(Inertial Measurement Unit,IMU)发生了故障。

在第一台"墨菲斯"着陆器坠毁仅8个月后,第二台"墨菲斯-刺客"(Bravo)着陆器就公开面世。虽然这台着陆器和第一台看起来一样,但研究人员从之前的试验中获得了大量经验,他们对着陆器及地面系统进行了大约70次升级改造,大大提高了飞行器的可靠性和可操作性。

2013年12月10日,"墨菲斯-刺客"飞行器成功进行了首次自由飞行试验。人们对试验描述到:"它像一个平衡在吸管末端的球一样壮观地起飞,几乎进行着完美的飞行,上升到离地大约50英尺的高度悬停,然后移动到距离起飞点约23英尺的着陆点安全着陆,整个带动力飞行时间约50秒。不到一周,'刺客'再次进行飞行试验,试验时长82秒,这次飞行试验中它飞得更快、更高、更远。"[21]

2014年5月28日开展的夜间飞行试验是"墨菲斯-刺客"着陆器在肯尼迪航天中心进行的第14次也是最后1次飞行试验,这次试验表明,只要确保着陆点安全,"墨菲斯"飞行器完全能够在夜间危险区域进行飞行。

6.1.3.2 罗尔斯·罗伊斯TMR"飞行试验台"(1953—1957年)

罗尔斯·罗伊斯(Rolls-Royce)的推力测量

---

① "墨菲斯"项目共制造了两台着陆器,第一台名为"墨菲斯-阿尔法"(Morpheus Alpha),第二台名为"墨菲斯-刺客"(Morpheus Bravo)。

台（Thrust Measuring Rig，TMR）是20世纪50年代英国研制的一种推重比约为1.25:1的VTOL飞行试验台，它主要用于VTOL飞行器发动机的研发。1953年7月3日，该试验台进行了第一次飞行试验，这次试验有力推进了罗尔斯·罗伊斯RB108发动机的研制，该型发动机后来应用于VTOL验证机肖特（short）SC.1。

TMR的台架采用钢管结构，两台罗尔斯·罗伊斯Nene 101喷气发动机互为垂直安装。为稳定试验台，对应大约9%推力的燃气通过管道被引流到反作用喷管，用于实施反作用控制（图6.8）。1953年7月6日，第一台试验台（XA314）采用系留方式进行了首飞。1954年8月3日，XA 314进行了第一次自由飞行。截止到1954年12月，TMR XA314共计进行了240次的系留飞行和自由飞行。后来该试验台被转移到英国皇家航空研究院（Royal Aircraft Establishment，RAE），但它不幸于1957年9月16日坠毁。1956年11月12日，第二台试验台（XA426）成功首飞，但它在1957年11月28日的一次系留飞行中因碰撞损毁，这次事故还导致了试飞员的死亡。目前，伦敦南肯辛顿（South Kensington）科学博物馆仍保管着一件由两台试验台残留部件组成的展品（图6.9）。

图6.9　陈列于伦敦科学博物馆的罗尔斯·罗伊斯TMR试验台

图6.8　罗尔斯·罗伊斯TMR试验台

6.1.3.3　贝尔登月研究和训练飞行器（1964—1972年）

登月研究飞行器（LLRV）

20世纪60年代，NASA启动了阿波罗计划。在"阿波罗"登月舱研制过程中，NASA借鉴英国TMR悬停试验台的概念，发展了登月研究飞行器（Lunar Landing Research Vehicle，LLRV）。利用LLRV，研究人员确定了登月舱在引力较弱的月球上进行精确接近和安全着陆时所需的稳定性能与控制能力。NASA共制造了两台LLRV。1964年10月30日，第一台LLRV成功首飞。1966年11月30日，LLRV完成了最后一次飞行。在此期间，两台LLRV共成功执行了204次飞行任务，没有发生任何事故（图6.10）[22]。

图6.10　带驾驶舱外壳的NASA登月研究飞行器（LLRV）

登月训练飞行器（LLTV）

NASA在LLRV的基础上，进一步发展了登月训练飞行器（Lunar Landing Training Vehicle，

LLTV），用于"阿波罗"宇航员的模拟登月培训。NASA 总共建造了三台 LLRV（图 6.11），该种飞行器可以很好地模拟只有地球引力六分之一的月球引力。LLTV 的电子控制系统由贝尔航空系统公司（Bell Aerosystem）开发，它有两个相同的双余度（duplex）控制通道，由于在 1967 年数字电路技术远不如模拟电路技术成熟，控制系统中采用的是基于晶体管的模拟式计算机设备。

图 6.11　无驾驶舱外壳的 NASA 登月
训练飞行器（LLTV）

LLTV 在飞行中尤其是在大侧滑状态飞行中非常不稳定，在 1968 年 5 月 6 日的一次飞行训练中，飞行器发生失控，宇航员尼尔·阿姆斯特朗（Neil Armstrong）在最后一刻不得不选择弹射。尽管如此，不久之后阿姆斯特朗仍然勇敢地坐在另一台替换的飞行器上进行训练，他坚信除此以外没有更好的方法来为即将到来的登月挑战做好准备。由于阿姆斯特朗坚定不移的冷静，他也被称为"冰之指挥官"（Ice commander）。宇航员比尔·安德斯（Bill Anders）的评价充分强调了 LLTV 所发挥的不可或缺的作用："在我看来，LLTV 是阿波罗计划中一个默默无闻的英雄。"

6.1.3.4　FRI LII Turbolet（1956—1959 年）

苏联格拉莫夫飞行研究所（FRI LII）参考英国罗尔斯·罗伊斯的 TMR 飞行试验台，仿制了 Turbolet 悬停试验台（hovering rack），它也被称为 Toorbolyot-Turbo-flyer。与 TMR 一样，Turbolet 悬停试验台同样采用四足结构，中间安装了一个垂直向下的喷气发动机，侧臂上装有四个反作用力喷管，飞行员的座椅由外壳包裹。1956 年，尤里·加尔纳耶夫（Yuri Garnayev）操纵该试验台进行了首次飞行（图 6.12）。

图 6.12　飞行中的 Turbolet 试验台

Turbolet 悬停试验台与用于短距和垂直起降（Short and Vertical Take-Off and Landing，S/VTOL）的科列索夫 RD-36（Kolesov RD-36）升力发动机的研发密切相关。米格 -21、米格 -23 和苏 -15 的特殊改型飞机都配备了升力发动机，用来验证短距起降（Short Take-Off and Landing，STOL）能力。在 10 年后的 1967 年，苏联第一架 VTOL 飞机——雅克 -36（Yak-36）问世。Turbolet 悬停试验台目前在俄罗斯莫尼诺航空博物馆展出（图 6.13）。

6.1.3.5　NAL 垂直起降飞行试验台（FTB）

1970 年 12 月 15 日，日本国家航空实验室（National Aeronautical Laboratory，NAL）的 VTOL 技术验证试验台 FTB（Flying Test Bed，飞行证试

图 6.13 陈列于莫尼诺博物馆的 Turbolet 试验台

图 6.15 日本 NAL 的 VTOL 飞行试验台 FTB（前视图）

验台）成功进行了首次自由飞行（图 6.14）。该试验台由富士重工公司（Fuji Heavy Industries）制造，推进系统采用了石川岛播磨株式会社公司（Ishikawajima-Harima）生产的两台 JR100F 升力发动机，它们垂直安装在试验台上。FTB 的试验数据用于某 VTOL 项目的研究，该项目是在第二次世界大战后日本制造的第一架喷气式飞机富士 T-1 基础上提出的。

图 6.14 日本 NAL 的 VTOL 飞行试验台 FTB（侧视图）

FTB 天生不稳定，对于俯仰通道与滚转通道，只能通过侧臂上的反作用喷管进行手动控制或自动控制，才能保证俯仰轴和滚转轴的稳定性。对于绕垂直轴的偏航通道，需要借助升力发动机中由液压驱动的倾斜喷管，方可保证偏航轴的稳定与控制（图 6.15）。

6.1.3.6　EWR VJ 101C 悬停平台（1962—1963 年）

4.2 节指出，早在 20 世纪 60 年代初期，模拟式电传操纵技术和空中飞行模拟技术在悬停试验台的研发中发挥了重要作用，它们为德国 VTOL 项目 VJ 101、Do 31 和 VAK 191 的开展奠定了良好基础。利用通常由真实原型发动机驱动的悬停试验台，当时的研究重点是 VTOL 飞机在悬停过程中稳定性能与控制性能的优化。

图 6.16（a）所示的悬停试验台是 VJ 101 C 飞机研制过程中采用的模拟装置，悬停试验台的无外壳钢管体结构及其侧壁上安装了 3 台罗尔斯·罗伊斯 RB 108 升力发动机，发动机到重心的距离与 VJ 101 C 飞机相同。三台发动机中，两台安装在侧臂末端，可以旋转，另一台固定安装在飞行员座椅后面的机体中。

自 1961 年以来，利用该悬停试验台，研究人员对垂直起飞和降落、悬停、所有三个轴的控制以及高度保持飞行都进行了测试。试验台的机动可以通过手动操纵执行，也可以通过自动驾驶仪的自动控制来执行，相应的控制指令由推力调节和绕垂直轴的偏航运动来实现，其中绕垂直轴的偏航运动是通过旋转安装在侧壁末端的发动机来实现。该悬停试验台还在 VJ 101C 飞机试飞员的入门培训与再培训中发挥了重要作用。1962 年 3 月，该悬停试验台进行了首次无约束的自由飞行试验[22-23]。

VJ 101飞行控制试验台
- 姿态与速率指令控制律评估

(a) 试验台

VJ 101C-X2原型机

(b) 原型机

图 6.16　VJ 101 悬停飞机

6.1.3.7　道尼尔 Do 31 试验台（1964—1965 年）

德国第一架垂直起飞运输飞机 Do 31 的研发可以追溯到一台用于制定飞行控制器设计规范的控制器试验台（Reglerversuchsgestedll，RVG），这架带有四台升力发动机的管状结构试验台最初是在一根立柱上进行测试的，立柱上安装有 3 个自由度的万向节。博登湖仪器技术公司（BGT，现为代傲航空航天公司（Diehl Aerospace））为其开发了一套三轴自动驾驶仪系统，其中通过考虑飞行员与控制系统之间的相互作用，对 VTOL 模式的操控性能进行了优化（图 6.17）。1964 年 4 月 21 日，试飞员卡尔·克斯勒（Karl Kössler）驾驶该试验台成功进行了第一次自由飞行。1965 年 6 月 4 日，该试验台完成了最后一次系统测试的飞行试验[24]。

6.1.3.8　VAK-191悬停试验台SG 1262（1966—1969 年）

为对 VTOL 战斗机 VFW-Fokker VAK 191B 的悬停控制系统进行测试，研究人员研制了 SG 1262 悬停试验台。关于 VAK 191B 项目，文献[23]对其进行了详细介绍，感兴趣的读者可进一步查阅。

SG 1262 试验台初期的悬停飞行试验采用系留方式，基于该试验台，研究人员对 VFW-Fokker VAK 191B 飞机的模拟式电子飞行控制系统进行了预测试，对飞行控制律进行了调优，并对系统架构的可靠性进行了初步考核，有效降低了飞机研制过程中的风险与成本。1966 年，SG 1262 进行了首次自由飞行，1968 年，它在汉诺威国际航空展览会上成功地进行了一次令人印象深刻的飞行表演（图 6.18）。

SG 1262 悬停试验台不仅被用于 VTOL 飞机悬停期间可控性与稳定性的研究，它后来还被用于"狂风"多用途战斗机（MRCA Tormado）电传操纵控制设备的预测试。

DO 31飞行控制试验台
- 姿态指令控制律评估
- 采用人工控制的飞行品质（机械备份）

(a) 控制器试验台RVG

DO 31 E-3 原型机

(b) 原型机

图 6.17　Do 31 运输机

VAK 191
飞行控制试验台SG 1262
- 姿态指令控制律评估
- 冗余控制架构

(a) 悬停试验台SG 1262

VAK 191 原型机

(b) 原型机

图 6.18　VAK 191 飞机

6.2 国际上的技术验证机

6.2.1 英国

6.2.1.1 维克斯 V.633 "泰-子爵"（1950—1959 年）

双引擎维克斯-阿姆斯特朗（Vickers-Armstrong）"泰-子爵"飞机（Tay-Viscount, VX217）是世界上第一架使用电传操纵系统的民用飞机（图 6.19）。1950 年 3 月 15 日，"泰-子爵"飞机成功首飞，同年，它在范堡罗国际航展（SBAC Show）上的飞行表演引起了全球轰动。1952 年，博尔顿·保罗公司（Boulton Paul，后来被道蒂集团（Dowty）合并）为这架试验飞机开发了一套具有双余度冗余的三轴模拟式电传操纵系统。在该套系统中，从驾驶员到气动控制舵面（包括升降舵、副翼和方向舵）的电气信号在每一个控制通道都有备份，这有效地提升了系统的安全性与可靠性。出于安全考虑，飞机驾驶舱的另一个席位还保留了机械控制系统，它通过钢索将操纵杆与控制舵面机械连接。

图 6.19 维克斯 "泰-子爵" 民用飞机
（迈克·道辛（Mike Dowsing）提供）

1956 年，该电传操纵系统成功完成了首次飞行测试，这次飞行也被认为是全球第一次采用三通道电传操纵系统的飞行演示验证。在接下来的两年时间内，这架"泰-子爵"技术验证机共进行了 20 次飞行试验，飞行时长达 21 小时，其中有一半的时间采用的是电传操纵模式。该项目研究成果为后来"协和"超声速客机模拟式飞行控制系统的研发奠定了良好基础。

6.2.1.2 "阿芙罗" 707C（1956—1966 年）

继"泰-子爵"技术验证机的飞行试验之后，随着双座"阿芙罗"（Avro）707C（WZ744）飞机（图 6.20）的研制，英国皇家航空研究院（Royal Aircraft Establishment，RAE）在 1956 年 9 月开始了针对高速飞行条件下飞控电信号传输的系统研究。"阿芙罗" 707C 飞机上安装有一套费尔雷公司（Fairey）研制的具有人工力感功能的单余度（simplex）模拟式电子飞行控制系统，此外，飞机上还保留有一套机械备份飞行控制系统，在电子控制系统发生故障的情况下，安全飞行员可以切换到机械备份控制系统。"阿芙罗" 707C 飞机的电传操纵飞行试验一直持续到 1966 年 9 月，飞行时长达 200 小时。这架技术验证机为"火神"（Avro Vulcan）轰炸机以及英法"协和"飞机的研制做出了重要贡献[25-26]。

图 6.20 "阿芙罗" 707C 验证机

6.2.1.3 肖特 S.C.1（1957—1971 年）

参见 5.4.1 节。

6.2.1.4 霍克 "猎人" T.12（1972—1982 年）

如 6.2.1.2 节所述，英国皇家航空研究院（RAE）在 20 世纪 60 年代利用"阿芙罗" 707C 飞机对电传操纵飞行控制系统开展了研究，双座霍克"猎人"（Hawker Hunter）T.12 飞机（XE531）被认为是该领域研究的延续。实际上，这架飞机最早是为了测试英国超声速飞机项目 TSR.2 的新型平显系统（Head-Up Display，HUD）而改装的。在 TSR.2 项目终止后，这架飞机被作为英国皇家航空研究院的试验机，用于对博尔顿·保罗公司（Boulton Paul）研发的模拟式电传操纵系统进行测试。为满足高可靠性要求，该电传操纵系统采用了所谓的三轴四余度（three-axes-quadruplex）结构，即三个控制轴中每个轴的信号传输都有四路通道。在驾驶舱中，试飞员位于驾驶舱右侧，其席位配备了一个侧杆。安全飞行员位于驾驶舱左侧，他可以随时操纵安装在该处的备用机械飞行控制系统[25, 27]。1982年3月17日，由于发动机的第11级压气机轮盘碎裂，T.12飞机在英国范堡罗起飞时不幸坠毁。

图 6.21 霍克"猎人"T.12 验证机
（来自网页：www.flickr.com-Irish 521）

6.2.1.5　BA"美洲虎"ACT（1981—1984年）

20世纪80年代，为了验证所谓的主动控制技术（Active Control Technology，ACT），英国航空航天公司（British Aerospace，BAe，注：公司简写中的字母"e"代表"electronics"，旨在突出公司在航空电子系统方面的能力）的"美洲虎"（Jaguar）ACT（XX765）飞机配备了一套具有四余度架构的新型数字式电传操纵系统，它是世界上首套采用四台计算机、彼此独立运行、没有机械备份的飞行控制系统。"美洲虎"ACT飞机（图6.22）在1981年10月20日实现首飞。后来，为提高飞机的机动灵活性，研究人员通过增大前部机翼面积和调整飞机重量分布，使飞机气动特性变为静不稳定[28]，同时，为了保证飞机具有良好的飞行品质，飞机采用了人工增稳控制技术。

在经过96次飞行后，"美洲虎"项目于1984年9月结束，该项目研究获得的经验后来证明对欧洲战斗机（Eurofighter）的研制有很大帮助。

图 6.22　"美洲虎"ACT 验证机

6.2.1.6　BA EAP（1983—1989年）

英国航空航天公司（BAe）的EAP（Experimental Aircraft Program，试验飞机项目）是一架多用途的技术验证机（图6.23）。1983年5月，EAP项目启动，1986年8月8日，EAP试验机（编号：ZF534）进行了首飞，该机使用了在多国联合的"狂风"战斗机（Tornado）项目中采用的RB.199 Mk 104D发动机。在第一次飞行中，EAP飞机就爬升到9150米高度并加速至马赫数1.1。到1989年底，EAP技术验证机共完成了209次飞行，飞行时间达155小时，它在飞行中曾达到过马赫数1.6的速度。

图 6.23　英国航空航天公司的 EAP 验证机
（费格尔·古德曼（Fergal Goodman）提供）

EAP项目的研究目的是为未来欧洲战斗机EFA（European Fighter Aircraft，或简称Eurofighter）的研制提供技术支撑，它确实为后来的欧洲战斗机

"台风"（Typhoon）提供了以气动、结构、飞控以及研制流程为重点的成熟技术，其中包括数字式电子四通道电传操纵飞行控制系统的开发以及高度静不稳定气动布局的优化。

6.2.1.7 BAC 1-11 FBL（1984—1994 年）

在 1980 年获得政府资助后，BAe 公司[①]（今为 BAE 系统公司）将一架 BAC 1-11（One-Eleven, R/N G-ASYD）原型机作为主动控制技术（ACT）验证机，用于针对放宽静稳定性、机动载荷控制和阵风减缓的系统性研究。迄今为止，该验证机主要停靠在范堡罗的英国皇家航空研究院（Royal Aircraft Establishment，RAE）[29]。

20 世纪 80 年代中期，技术人员在 BAC 1-11 技术验证机上测试了人工稳定性系统，该系统主要由一个连接到现有升降舵控制回路的串联作动器、一套 BAe 制造的数字式控制增稳系统（Control Augmentation System，CAS）和一个用于改变飞机重心位置的压载平衡系统（water ballast system）组成。该试验共进行了 9 次飞行，它证明了将飞机尾翼面积减少 25% 是可行的。

机动载荷减缓是在 BAC 1-11 飞机转弯飞行和重新拉起（pullout）过程中，通过偏转飞机的外侧副翼减小翼尖升力，将气动载荷转移到内侧来实现的。机动载荷减缓具有重要的研究价值，甚至有专家认为，也许该技术验证机上进行的最重要的工作就是阵风载荷减缓研究。

1993 年 2 月 13 日，BAC 1-11 飞机进行了配备卢卡斯公司（Lucas）光传操纵（FBL）扰流板作动系统（图 6.24）后的首次飞行。该扰流板作动系统是作为传统机械控制系统的替代品而开发的，它控制飞机的内侧扰流板，通过 A320 飞机采用的改进型千斤顶驱动，可以为飞机提供升力卸载、空气制动和滚转辅助控制。该系统包括一个飞行员操作面板、一台中央计算机、两根光纤束线（harnesses）、两个数字式智能执行控制器和两台液压机械伺服作动器，此外，还包括用于接收飞行员控制输入的两个位置传感器。为考察系统性能，技术人员在飞机的正常工作包线内以及故障条件和紧急情况下进行了超过 2 小时的飞行试验，覆盖了 27 个飞行试验状态点，期间系统表现良好，没有出现任何异常。

图 6.24　BAC 1-11 验证机（伊恩·哈斯克尔（Ian Haskell）和安德鲁·辛普森（Andrew Simpson）提供）

1993 年 3 月 1 日，在得到英国民航局（Civil Aviation Authorit，CAA）的批准后，配备主动光传操纵系统的 BAC 1-11 飞机作为 BAe 的通信联络机开始运营。截至当年 5 月底，这架飞机已在英国菲尔顿、利物浦和法国图卢兹之间的日常作业中进行了 175 次飞行，累计 200 小时。1993 年 10 月，这架飞机退役，结束了它的飞行试验生涯，此时机上的智能光传操纵系统中已经记录了其 470 小时的飞行日志[30]。

BAC 1-11 飞机的卢卡斯光传操纵扰流板控制系统和第 10 章将要介绍的 EC 135 FHS 直升机的利勃海尔（Liebherr）光传操纵控制系统分别是副飞行控制系统（secondary flight control system）和主飞行控制系统（primary flight control system）的典型代表，它们为光传操纵技术的发展做出了重要贡献。

[①] 关于英国飞机公司（British Aircraft Corporation，BAC）、英国航空航天公司（British Aerospace，BAe）与 BAE 系统公司（BAE Systems）的关系，英国飞机公司成立于 1960 年，它于 1977 年与霍克·西德利公司（Hawker Siddeley Aviation，HSA）合并，成立了英国航空航天公司。1999 年，BAe 与马可尼电子系统公司（Marconi Electronic Systems，MES）合并，形成了现在的 BAE 系统公司（BAE Systems）。

6.2.2 美国

6.2.2.1 诺斯罗普 YB-49（1947—1949 年）

诺斯罗普（Northrop）YB-49 飞翼布局飞行器是第二次世界大战后外形最为特殊的飞机之一（图 6.25），该飞机于 1947 年 10 月 21 日成功首飞。飞机奇特的翼身融合布局，将发动机、飞行控制设备和有效载荷完全容纳在机翼中，可以显著提高航程并增加有效载荷重量。虽然这种布局设计看起来很有吸引力，但要实现该种布局飞行器的飞行，必须首先开发满足要求的自动飞行控制系统，消除飞行器绕垂直轴的不稳定偏航振荡。

图 6.25　诺斯罗普 YB-49 验证机

与带尾翼的常规布局飞机不同，YB-49 飞机上没有方向舵，它通过机翼上的开裂式襟翼（Clamshell Flaps）产生偏航力矩。开裂式襟翼通过同侧舵面的上下同步偏转在翼尖位置产生阻力，从而得到绕重心的偏航力矩。开裂式襟翼实际上可以更灵活地进行使用，通过它们的交联配合，还可以产生滚转力矩，甚至可以增加阻力来控制飞行速度。但是即便如此，由于在当时技术条件下实现该种飞机有效操纵的难度很大，这架飞机的总体飞行品质仍被评为不合格，项目也因此被终止。40 年后，诺斯罗普 B-2 飞翼项目再次采用了上述方案，这一次借助于先进的数字式电传操纵技术，B-2 项目取得了巨大的成功。

6.2.2.2 北美 F-107A（1958—1959 年）

北美 F-107A（AF 55-5120，图 6.26）采用机翼上、下表面的复杂扰流槽（spoiler-slot）系统来代替副翼实现滚转运动控制，它在纵向控制中配备了最早的电传操纵系统之一——纵向控制增稳系统（Augmented Longitudinal Control System，ALCS）。在空气数据系统（Air Data System，ADS）的支持下，飞行员可以通过 ALCS 生成俯仰速率指令。NASA 利用 F-107A 技术验证机开展了大约 40 次飞行试验，用于 X-15 高超声速项目中飞行员操纵杆（侧杆）改进的研究。

图 6.26　北美 F-107A 验证机（AF 55-5120）

6.2.2.3 波音 NB-52E LAMS（1966—1969 年）

1964 年 1 月 10 日，在一次山区环境的低空飞行试验中，由于极端严重的湍流气流，一架波音 B-52H（AF 61-023）失去了它的垂尾和方向舵（图 6.27），在此之后，B-52H 继续在空中飞行了 6 小时才安全着陆。这起事故以及其他类似事件清楚地表明，在恶劣的大气条件下，大型飞机敏感部件（如机翼）的振动响应不仅可能产生结构疲劳，增加结构的脆弱性，而且还可能引起结构的完全破坏。

在此背景下，美国空军在 20 世纪 60 年代末第一次发展了基于控制理论的应对技术措施，通过电传操纵技术对结构上的动态阵风载荷进行主动抑制。在 LAMS（Load Alleviation and Mode Stabilization，载荷减缓和模态稳定）项目研究中，一架波音 B-52E（AF 56-0632）被改装并更名为 NB-52E[①]（图 6.28），技术人员为现有的和

---

① 在波音公司以及美国军事航空的命名系统中，前缀字母"N"指改装机，其除了涉及新技术的测试外，还可以用于更广泛的任务。下一节中波音 JB-47E 中的前缀字母"J"指实验机，其通常与新技术的测试和验证相关，主要用于实验性测试。

图 6.27 波音 B-52H（AF61-023）飞机，
摄于 1964 年 1 月 10 日

新加装的襟翼安装了由模拟式计算机驱动的电动液压作动系统。为实现振动抑制，加速度计和角速度陀螺仪传感器被安装在机身的特定位置，它们对飞机飞行过程中对湍流的响应进行测量，这些测量信号在模拟式计算机中按一定的逻辑进行处理，得到具有正确相位特性的控制指令，驱动电动液压作动系统控制襟翼偏转。通过这种方式，可以有效削弱飞机上的结构载荷和振动响应。实践证明，阵风载荷主动抑制技术可以显著延长飞机结构的使用寿命。

图 6.28 波音 NB-52E LAMS 验证机（AF 56-0632）

6.2.2.4 波音 JB-47E FBW（1966—1969 年）

该项目的研究目标是验证波音 JB-47E 飞机（AF 0-32280）俯仰轴的模拟式电传操纵系统及其相对于传统机械控制系统的优势[8]。1967 年 12 月 14 日，波音 JB-47E FBW 进行了首飞（图 6.29）。在试验第一阶段，飞机采用常规控制杆，在电传操纵模式下成功飞行了 45 小时。在试验第二阶段，技术人员将常规控制杆更换为具有可调输出梯度的侧装控制杆（侧杆），侧杆俯仰轴和滚转轴上的指令输入除了包括飞行员的操纵信号外，还混合了俯仰速率和加速度信号，这就是著名的 C*（C-Star）控制律（另见 6.2.2.7 节）。C* 控制指令由俯仰速率指令（体现姿态变化）和法向过载指令（体现飞行员座椅处的垂直加速度）组成。简单地说，在低速条件下，俯仰速率指令占支配地位作为主控量，而在高速情况下，则主要是对法向过载进行控制。经过不断地改进和发展，C* 控制现已在世界范围内被民用航空广泛采纳。

图 6.29 波音 JB-47E FBW 验证机
（加文·珍妮（Gavin Jenney）提供）

第二阶段共 34 小时的飞行试验证明采用电传操纵的 JB-47E 飞机的飞行品质相对于之前有明显改善。最后，在试验第三阶段，技术人员将只有一个通道的单余度（Simplex）升降舵作动器升级为具有自动监测功能和四重冗余的四余度（quadruplex）电液作动器。在共计 18 小时的 12 次飞行试验中，试验人员引入了三种不同类型的控制通道故障，它们都被作动器正确检测并有效补偿。1969 年 11 月 21 日，JB-47E FBW 飞机完成最后一次飞行后退役，它曾被安置在赖特帕特森空军基地的美国空军博物馆，但是在2003年，它被拆除。

这套经过验证的余度模拟式电液电传操纵系统用于俯仰通道和滚转通道的控制，而偏航通道的控制仍然采用传统机械控制系统，此外JB-47E FBW飞机上还安装了新型的控制侧杆，这套控制系统与后来空客A320飞机的数字式电传操纵系统的架构基本类似。在大约20年后的1987年2月22日，空客A320飞机的第一次飞行彻底改变了民用运输飞机的操控方式。相比之下，同期波音公司仍然为B737、B757和B767飞机装备传统的飞行控制系统，直到空客公司的电传操纵系统运行7年之后，波音才为B777飞机安装了电传操纵系统（B777于1994年6月12日首飞），波音飞机电传操纵飞行控制技术的应用滞后可能并不能简单地归因于技术问题，而是有更深层次的原因，那就是波音公司希望欧洲在这项新型关键飞行技术的应用方面，率先与国际认证机构开展交涉、博弈与协调工作。

6.2.2.5　波音-维托尔 BV 347（1969—1974年）

作为波音-维托尔公司[①]（Boeing-Vertol）和美国陆军合作项目的一部分内容，一架CH-47A"支奴干"直升机（美国陆军65-07992）被改装为技术验证机，并命名为BV 347。改装后的直升机如图6.30所示，直升机上进行的关键改装主要包括：①机身增长110英寸（约2.794米）；②采用4叶片的串列旋翼；③安装了可收放的起落架；④安装了由电液伺服机构驱动、带有后缘襟翼的可旋转辅助机翼（又称为倾转机翼（tilt wing））；⑤配备了电液伺服机构驱动的模拟式电传操纵系统。BV 347直升机倾转机翼弦线斜率随过载的增加可以自动调整，从而减轻作用于旋翼上的载荷。具体的，这对机翼在飞机悬停时候为竖直布置，在飞机前飞时候则变为水平，可以提供升力。1970年5月27日，BV 347直升机在宾夕法尼亚州的维托尔飞行试验基地成功进行了首飞。

图 6.30　波音-维托尔 BV 347 技术验证机

在首飞之后，为确定倾转机翼对飞机飞行品质、飞行性能的影响以及可能的振动行为，研究人员进一步开展了广泛的飞行试验。1971—1973年间，为支持波音-美国陆军XCH-62重型运输直升机（Heavy Lift Helicopter，HLH）项目的研究，BV 347的倾转机翼被拆除。作为HLH项目的技术验证机（图6.31），BV 347对为HLH开发的、具有完全控制权限的双故障操作三余度（dual-fail operational triplex）电传操纵系统进行了成功测试，该电传操纵系统中集成了不同的、可重构的和面向任务的飞行控制律。正是通过这次升级，BV 347直升机也在1972年初被宣传为美国的第一架电传操纵直升机。

基于机载电传操纵系统，BV 347直升机可以轻松地实现手动或自动着陆、高精度的姿态保持飞行，并有效抑制飞机搭载的外部负载振荡[31]。尽管通过BV 347获得了HLH电传操纵系统的大量研发经验，但由于齿轮箱问题，在计划首飞前10个月，即1974年10月，波音公司XCH-62项目的研究工作还是被遗憾地中止。

---

① 波音-维托尔公司（Boeing-Vertol）是美国波音公司旗下的直升机制造公司，其中Vertol是垂直起降（Vertical Takeoff and Landing）英文的缩写。它的历史可以追溯到20世纪40年代末一家名为皮亚塞茨基直升机公司（Piasecki Helicopter Corporation）的直升机研制和生产公司。1955年，皮亚塞茨基直升机公司改名为维托尔飞机公司（Vertol Aircraft Corporation）。20世纪60年代初，波音公司收购了维托尔飞机公司，将其命名为波音-维托尔（Boeing-Vertol）。1997年，其更名为波音直升机公司（Boeing Helicopters），2002年更名为波音旋翼机系统公司（Boeing Rotorcraft Systems）。

第 6 章 电传/光传操纵技术验证机

图 6.31 波音－维托尔 BV 347 验证机用于 HLH 电传操纵试验

6.2.2.6 波音 NB-52E CCV（1971—1974 年）

在 LAMS 项目（见 6.2.2.3 节）的基础上，波音公司和美国空军飞行动力学实验室（Air Force Flight Dynamics Laboratory，AFFDL）采用 NB-52E 飞机（AF 56-0632）联合开展了另一项研究项目。该项目的研究重点是利用 CCV（Control Configured Vehicle，随控布局飞机）技术来提高飞机的飞行性能和飞行品质，尤其是乘坐舒适性。为降低结构载荷与抑制强湍流飞行条件下控制舵面的颤振，技术人员在试验飞行器的机身上安装了 3 个额外的、称为鸭翼的主动控制舵面（图 6.32），它们位于主机翼前面，靠近机头，两个水平安装，一个垂直安装，这三个鸭式操纵面通过机载计算机与分布在飞机各处的传感器相连（图 6.33）。在强湍流条件下，包括角速度陀螺仪和加速度计在内的传感器将记录飞机高度、姿态以及加速度的突然变化，这些信号被传递到机载计算机，按照一定的控制逻辑解算后得到控制指令驱动鸭翼操纵面与常规操纵面进行偏转，降低飞机因湍流而产生的气弹响应。

图 6.32 带有三片鸭式操纵面的波音 NB-52E CCV 验证机（AF 56-0632）

6.2.2.7 洛克希德 C-141A FBW（1971—1974 年）

随着美国空军赖特帕特森空军基地第 4950 飞行试验联队的 C-141A 飞机（AF61-2779）在俯仰通道和滚转通道上改装了电传操纵飞行控制系统，一项以提高大型运输机飞行品质、确定最佳控制策略为目的的研究项目被启动。在改装的 C-141A FBW 飞机（图 6.34）上，通过使用驾驶舱右侧副驾驶座椅的侧杆，可以运行霍尼韦尔公司开发的电传操纵系统，该系统可以与机上的手动飞行控制系统并行运行。这套电传操纵系统的

图 6.33　波音 NB-52E CCV 机身上的鸭式操纵面

架构、操作方式以及采用的飞行控制律与 JB-47E FBW 飞机（见 6.2.2.4 节）的系统相似。利用这架飞机，研究人员针对纵向运动控制，结合不同的侧杆特性，通过飞行试验研究了经过特殊改进的 C* 控制律[9]。

图 6.34　洛克希德 C-141A FBW 验证机
（AF 61-2779）

6.2.2.8　沃特 F-8C DFBW（1971—1985 年）

通过研制和运行空中飞行模拟器（见 5.2.1 节和 5.2.2 节），NASA 积累了大量模拟式电传操纵技术的知识和经验。在模拟式电传操纵研究的基础上，20 世界 70 年代初，NASA 通过 F-8C 数字式电传操纵项目（Digital Fly-by-Wire，DFBW）开启了数字式电传操纵飞行控制系统的研究。当时，著名宇航员尼尔·阿姆斯特朗（Neil Armstrong）恰好为"阿波罗"计划中的登月舱（Lunar Excursion Module，LEM）提出了一个采用数字式计算机、惯性平台和其他电子器件的控制方案[32]，该方案正好应用于 F-8C DFBW 项目。

F-8C 飞机（NASA 802）的改装始于 1971 年，完成于 1972 年（图 6.35）。除单通道数字式"阿波罗"电传操纵系统外（图 6.36），飞机还配备了一套斯佩里公司（Sperry）研制的三通道三余度模拟式电传操纵备份系统。此外，原飞机的机械控制系统作为紧急备用系统，也被保留下来。1972 年 5 月 25 日，F-8C DFBW 在加利福尼亚州爱德华兹的 NASA 德莱顿飞行研究中心进行了首飞。1973 年，在经过 42 次飞行后，为说明电传操纵系统的可靠性，技术人员将飞机的备用机械控制系统拆除。1973 年 8 月至 10 月期间，F-8C DFBW 飞机对 F-16 项目中研制的原型侧杆成功进行了测试验证。

图 6.35　沃特 F-8C DFBW 验证机

图 6.36　F-8C DFBW 验证机上安装的
"阿波罗"电传操纵系统硬件

稍后，F-8C DFBW 验证机上业已过时的"阿波罗"计算机被 IBM 公司的一台具有自我监测功能的三通道数字式计算机取代。在 1976 年至

1978 年期间，F-8C DFBW 验证机先后进行了大约 30 次飞行试验，试验中该系统没有出现任何故障。另外，通过解析余度（analytical redundancy）来提高传感器可靠性的研究具有重要意义。1979 年至 1981 年间，研究人员通过开发特殊的软件算法来检测和补偿传感器误差，有效减少了飞机上的传感器数量。

在航天飞机轨道器原型机的进场和着陆试验中，研究人员在人机交互中发现了一个问题：飞行控制系统没有像飞行员预期的那样对控制输入做出快速响应。当输入控制指令的振幅和频率增加时，飞行器系统会趋于不稳定，这种现象被称为飞行员诱发振荡（Pilot Induced Oscillations，PIO）或飞机-驾驶员耦合（Aircraft Pilot Coupling，APC），另见 2.1 节和 9.2.12 节。对此，NASA 在 F-8C DFBW 电传操纵控制系统基础上开发了可监测飞行员活动和抑制高频控制输入的自适应滤波器，可以有效避免飞行员驾驶轨道器时发生的这种耦合效应，这种技术随后被应用到航天飞机上。

1982 年到 1984 年期间，技术人员研究了软件编程错误对电传操纵系统冗余的可能影响。通过不同专家分别为数字式计算机开发具有相同功能的软件，可以极大地降低控制通道中编程错误的影响。同样，在计算机系统中使用冗余备份软件进行自我监控也被证明是有效的手段。

F-8C DFBW 验证机大约运行了 13 年，期间，NASA 利用这架技术验证机开展了大量的飞行试验，尤其是它首次通过实飞展示了无须机械备份的综合数字飞行控制系统的优势。美国航天飞机轨道器采用了在该系统基础上发展的数字式电传操纵飞行控制系统，并于 1977 年 8 月 12 日在大气层内成功飞行。1985 年 12 月 16 日，F-8C DFBW 验证机完成了它的最后一次飞行试验，截止到此，它共进行了 211 次飞行试验[32]。

6.2.2.9 麦克唐纳·道格拉斯 YF-4E SFCS/CCV（1972—1979 年）

1969 年，为评估电传操纵应用于高性能战斗机的潜在优势，在美国空军 SFCS（Survivable Flight Control System，生存飞行控制系统）项目支持下，一架麦克唐纳·道格拉斯（McDonnell-Douglas，简称麦·道）公司的 YF-4E "鬼怪"（AF 62-12200）原型机被改装为电传操纵技术研究飞机（图 6.37）。YF-4E SFCS 飞机旨在验证具有分散、冗余架构的电传操纵系统对战斗损伤具有更强的鲁棒性，它可以进一步改善飞行控制系统的性能，提高总体任务效能。

该研究飞机采用了一套基于四冗余模拟式计算机的三轴电传操纵系统，带有集成液压伺服作动器组件，并在驾驶舱前后席位上加装了侧杆操控装置。飞机滚转通道仅通过电传操纵系统进行控制，没有机械备份，而在初期试验中，俯仰通道和偏航通道的机械飞行控制系统作为安全备份被保留下来。飞机改造后在外形上最明显的变化包括可自动偏转的前缘缝翼和位于发动机进气口上方的水平鸭翼，它们用于前移气动中心，改变飞机飞行动力学的基本特性（图 6.37）。

图 6.37 麦·道 YF-4E CCV 验证机（AF 62-12200）

1972 年 4 月 29 日，YF-4E SFCS 进行了首飞，飞行员在起飞阶段采用机械飞行控制系统进行操控，在爬升过程中切换到电传操纵控制，飞机随后飞行至爱德华兹空军基地进行各种附加试验，包括低空超声速飞行。在完成包括 23 小时三轴电传操纵飞行的 27 次飞行试验后，飞机的机械飞行控制系统被停用。1973 年 1 月 22 日，YF-4E SFCS 飞机进行了纯电传操纵配置条件下的第一次飞行，整个飞行试验包含 100 多次电传操纵飞行。

此外，该技术验证机还用于 PACT（Precision Aircraft Control Technology，精确飞机控制技术）

项目研究，用以证明电传操纵系统和 CCV 技术的优势和可靠性，项目有力地支持了将这些技术作为未来飞机设计中重要组成部分的计划。1974年4月29日，YF-4E 验证机进行了 PACT 项目的首飞，在经过34次飞行后于1979年完成该项目工作，后来它被移交给美国空军博物馆。SFCS 和 PACT 项目为 YF-16 这款全球第一种采用电传操纵飞行控制战斗机装备的成功研制奠定了坚实基础[8]。

6.2.2.10 沃特 YA-7D DIGITAC（1973—1991年）

除了 NASA 德莱顿飞行研究中心（现为阿姆斯特朗飞行试验中心）外，美国赖特帕特森空军基地的飞行动力学实验室（Flight Dynamics Laboratory，FDL）也是数字式飞行控制系统的早期支持者之一，他们同样认为现有的模拟式计算机笨重、低效，而且功耗高。为证明通过数字技术可以更快地对飞机的硬件和软件进行系统升级，DIGITAC（Digital Flight Control for Tactical Fighter Aircraft，战术战斗机数字飞行控制）项目被启动。DIGITAC 项目成功验证了数字飞行控制技术的概念，该项目分三个阶段进行。

在第一阶段（DIGITAC I），研究人员为一架沃特 A-7D "海盗"攻击机（Vought A-7D Corsair II，AF 67-14583）配备了霍尼韦尔航空电子系统公司的一套双通道数字飞行控制系统，该系统的机载计算机具有自我监控的内置测试功能（Built-In Test Function，BIT function），系统相关的电子设备和数据记录设备被安装在右侧机翼下方的一个外置机箱中，改装后的飞机被命名为 YA-7D DIGITAC（图 6.38）。1975年2月，YA-7D DIGITAC 验证机在爱德华兹空军基地进行了首次飞行。为减少飞行员的工作量，研究人员针对编队飞行、目标攻击、着陆进场等不同飞行任务，对相应的飞行控制律进行了测试，期间总计进行了92次飞行。从1976年以来，美国空军试飞员学校（Air Force Test Pilot School，AFTPS）也利用这架飞机进行飞行员培训，使候选试飞员也能够获得操纵新式数字式飞行控制系统的经验。

图 6.38 沃特 YA-7D DIGITAC 验证机
（约翰·贝内特（John Bennett）提供）

1979年，在项目第二阶段（DIGITAC II），技术人员对该飞机进行了再次升级，重点是集成了一套数字多路复用系统（digital multiplex system）。通过这套系统，机上所有子系统都通过铜缆或光缆数据总线进行连接，每路信号都被分配了一个时间段，在这个时间段内，信号通过数据总线，可以同时被所有子系统读取。这种数据总线的应用使大量的连接电缆变得多余，这不仅减轻了飞机的重量，而且大大减少了维护工作量。利用升级后的飞机开展的飞行试验一直持续到1981年，之后，这架试验验证机再次提供给 AFTPS 教学使用。1982年3月24日，这架验证机进行了采用光传数据链路数字飞行控制系统后的首次飞行，试验结果表明该系统非常可靠。

项目第三阶段（DIGITAC III）始于1988年，技术人员为这架飞机安装了一台功能更加强大的机载计算机，它采用标准编程语言 Ada[①]进行开发。随后 YA-7D DIGITAC 被送到 AFTPS 用于教学和培训，并一直在 AFTPS 使用到1991年7月。

6.2.2.11 通用动力 YF-16 CCV（1975—1977年）

1975年12月，美国空军飞行动力学实验室将一架通用动力（General Dynamics）YF-16 原型机（AF72-1567）的模拟式电传操纵控制系统更换为数字式系统。为测试飞行条件下数字 CCV

---

① Ada 是 Honeywell Bull 公司参与开发的一种结构化编程语言，在关键系统开发方面的性能得到了验证。

技术的性能优势（见 6.1.2 节），这架飞机发动机进气口下方安装了垂直鸭翼（图 6.39），用以提供直接侧力控制。基于直接升力 / 侧力控制，YF-16 CCV 飞机在机动飞行中可以实现航迹 - 姿态的"解耦"控制，即飞机可以在保持俯仰或滚转姿态不变的同时，实现垂直平面或水平面上的航迹变化（如无滚转的水平转弯）。

图 6.40 波音 YC-14 验证机（AF72-1873）

图 6.39 通用动力 YF-16 CCV 验证机（AF72-1567）

1976 年 3 月 16 日，YF-16 CCV 成功首飞，在完成总计 125 小时的 87 次飞行后，该机承担的飞行试验任务在 1977 年 7 月 31 日的一次硬着陆（hard landing）后终止。

6.2.2.12 波音 YC-14（1976—1979 年）

1976 年 8 月 9 日，美国空军波音 YC-14 喷气式运输短距起降（Short Take-Off and Landing，STOL）技术验证机首飞（图 6.40）。当时波音公司共制造了两架这样的原型机，第二架飞机稍后于 1976 年 10 月进行了试飞。需要特别指出的是，YC-14 是第一架采用多通道冗余容错数字式电传操纵飞行控制系统的飞机。

YC-14 飞机安装了由英国马可尼公司（British Marconi Company）研制的全权限三重冗余数字式电传操纵系统，同时飞机上的机械飞行控制系统作为备份被保留下来。电传操纵系统解算俯仰、滚转和偏航指令，这些指令将分别驱动升降舵、副翼和方向舵作动系统。飞控计算机系统采用可重构的体系架构，其中基本控制通路包括三台功能相同的计算机，可以提供容错能力。内部元件冗余管理功能可以检测和隔离故障元件，并进行必要的重新配置。技术人员发展了输入信号的选择方法，旨在保证三台飞控计算机使用相同的输入数据，进而产生相同的输出指令。在飞机正常飞行期间，飞控系统将采用三台计算机计算结果的平均值作为系统输出值。如果一台计算机发生故障，系统将采用其余两台计算机计算结果的平均值作为输出。如果其余两台计算机的输出结果也不一致，则两者都会被禁用，此时飞机将改由备用机械控制系统进行手动控制。

此外，YC-14 技术验证机还使用光传数据链路实现三重冗余计算机之间的数据交换。选择光纤通信可以消除电磁干扰现象、电路接地问题以及信道之间潜在的电子故障传播问题。为保持通道间的完整性，控制系统采用光耦合（optical coupling）技术，每个传感器的输出都耦合到其他通道，因此每台计算机都可以获得其他传感器的数据。三台计算机使用相同的算法处理数据，实现输入信号的均衡、检测和隔离。计算机在运行时会进行同步以避免采样时间误差，确保所有计算机接收到相同的数据输入。几乎在同时期，德国 VFW 614 ATTAS 空中飞行模拟器也采用了类似的、具有光传数据链路的计算机架构（见第 9 章）。

电传操纵系统设计中要求所有计算机使用相同的传感器输入数据，从而产生相同的输出指令。然而，在一次 YC-14 验证机的飞行试验中，飞行控制数字软件发生了一个在地面实验室测试过程中未曾遇到的重大故障，该软件故障导致三个飞行控制通路中对控制律计算指令都进行了错误的跟踪。事后分析原因为每个通路在不同的数值上进行信号选择，这使得三个通路的输入数据存在细微差别，虽然这个差异很小，但是积分累积效应导致飞行中不同控制通路中产生了较大的跟踪误差。

6.2.2.13 通用动力 F-16 AFTI（1982—1983 年）

为进一步研究 F-16 CCV 技术，并对包含航空电子设备的飞行器综合系统进行测试，美国空军推出了 F-16 的改型飞机（AF75-0750）——F-16 AFTI（Advanced Fighter Technology Integration，先进战斗机技术集成）。这架试验飞行器安装了已经在 YF-16 CCV 项目中使用过的垂直鸭翼，机身背部装有航空电子设备和三冗余数字式飞行控制系统（图 6.41）。1982 年 7 月 10 日，F-16 AFTI 飞机成功进行了首飞。

员可以通过头部偏转将雷达或红外传感器指向目标。

截止到 1983 年 7 月，F-16 AFTI 共进行了 108 次飞行，最后一次飞行试验是在拆除鸭翼的条件下对飞机机电作动系统进行测试（图 6.42），之后该飞机被移交给位于赖特帕特森空军基地的美国空军博物馆。

图 6.42　无鸭翼的通用动力 F-16 AFTI 验证机

6.2.2.14　波音 JUH-60A "光鹰" ADOCS（1982—1989 年）

为了验证全权限数字式光传飞行控制系统的可行性与性能，20 世纪 80 年代初，应美国陆军要求，波音公司研制了 JUH-60A "光鹰"（Light Hawk）直升机技术验证机 ADOCS（Advanced Digital Control Optical System，先进数字控制光传系统，图 6.43）。人们希望光传飞行控制系统可以减轻飞机重量，有效抵抗电磁干扰影响，在提高直升机飞行品质的同时减少飞行员的工作量[33]。

图 6.41　通用动力 F-16 AFTI 验证机（AF-75-0570）

F-16 AFTI 除了开展在 YF-16 CCV 项目中已经进行过的直接力控制试验（即在保持姿态不变的前提下，实现特定方向的航迹机动）外，还重点应用于减少飞行员工作量的航空电子设备测试。基于语音输入系统 VCID（Voice-Controlled Interactive Device，语音控制交互设备），飞行员可以通过语音启动航空电子设备。VCID 系统最长可以识别 256 个字符的命令。此外，F-16 AFTI 还对头盔瞄准系统（Helmet-Mounted Sighting System）进行了测试，利用这种设备，飞行

图 6.43　波音 JUH-60A "光鹰" ADOCS 验证机

ADOCS验证机的飞行控制架构由主飞行控制系统（Primary Flight Control System，PFCS）和自动飞行控制系统（Automatic Flight Control System，AFCS）两部分组成。作为传统机械飞行控制的替代，PFCS在飞行员和旋翼驱动系统之间直接建立了高度可靠的数字信号连接（称为直接律）。而AFCS采用模型跟随控制原理，可以为不同的飞行任务（如悬停、高速飞行或低能见度下的飞行）提供最佳的飞行控制。通过光纤数据总线，控制器可以高效处理与飞行状态相关的各类传感器数据，如位置、姿态、旋转速率和加速度。

除了用于偏航控制的脚蹬和用于主旋翼桨距（pitch）控制的总距操纵杆外，ADOCS验证机的操控设备还包含一根位于右侧驾驶员座椅旁边、可编程设定功能的4轴侧杆。出于安全原因，UH-60A型号直升机的机械飞行控制系统被保留，作为左侧安全飞行员的备用操控系统。在项目试验中，技术人员测试了不同的侧杆控制模式，研究表明"3+1"操控设置很受欢迎，所谓"3+1"操控设置，是指右手侧杆用于俯仰、滚转和偏航姿态的控制，左手总距杆进行主旋翼桨叶的总距控制，用以实现直升机的爬升或下降。

利用可重构数字式光传飞行控制系统，ADOCS验证机在可选飞行任务和环境条件相关控制律开发方面发挥了重要作用，得到了许多有价值的结果。1987年4月至9月期间，通过75名客座飞行员长达126小时的飞行试验，形成了对ADOCS技术验证机的总结评估，结论是在所有飞行任务中，相对于UH-60A基本型直升机，ADOCS验证机的可控性与稳定性都得到了显著改善，尤其是对俯仰、滚转和偏航三个通道的控制[34]。

ADOCS技术验证机的飞行控制架构为后来的波音-西科斯基RAH-66"科曼奇"（Comanche）项目奠定了基础。1996年到2004年，两架"科曼奇"原型机进行了大量的飞行试验，然而，该项目在花费了大约70亿美元后，于计划批量生成前夕下马。原因一方面是由于成本上涨、飞机重量以及运输等问题，另一方面则是由于随着冷战后全球形势的演变，美国陆军进行了军事战略调整，更为注重未来对无人机系统的需求。

从1989年开始，JUH-60A"光鹰"直升机在美国陆军/NASA艾姆斯研究中心开启了担任直升机空中飞行模拟器JAH-60A RASCAL的第二段职业生涯（见5.2.2.17节）。

6.2.2.15　格鲁曼X-29（1984—1991年）

前掠翼飞机在高速飞行中具有与后掠翼飞机相同的减阻优势，但与后掠翼飞机相反的是，前掠翼飞机低速飞行时在横航向上还具有足够的运动稳定性，这个优势极具吸引力。早在第二次世界大战期间，在大量风洞试验的基础上，容克斯公司就开展了前掠翼布局飞机的研究。1944年8月16日，采用前掠翼布局的Ju-287成功首飞（图6.44），这是航空史上第一次前掠翼布局飞机的飞行。第二次世界大战后，在德国航空工业的重建阶段，德国还生产制造了少量机翼稍微前掠的HFB-320汉莎喷气式飞机，HFB-320飞机于1964年4月21日首飞，该型飞机具有良好的飞行品质，其中一架样机被改装为空中飞行模拟器FLISI，并在布伦瑞克的DFVLR长期使用（见第7章）。

图6.44　容克斯Ju-287飞机，摄于1944年

然而，几十年来，相对于后掠翼布局的大量应用，前掠翼布局却没有取得显著的成功，这是因为机动飞行过程中该种布局飞机结构的气动弹性变形和扭转难以控制，容易发生气动弹性发散（aeroelastic divergence）。直到40年后，研究人

员才通过使用更硬、更轻的部件和碳纤维增强材料制造工艺克服了机翼变形的问题。

1984年，随着两架格鲁曼X-29技术验证机的研制，格鲁曼公司与美国国防高级研究计划局（Defense Advanced Research Projects Agency, DARPA）、美国国家航空航天局（NASA）合作，启动了一项技术研究项目，该项目的目的是为未来具有复杂机翼和组合操纵面的飞机构建一个关于先进复合材料结构集成和计算机辅助电传操纵飞行控制系统应用的数据库，该项目一直持续到1991年。X-29飞机具有一对非常坚硬的前掠翼，机翼上带有内侧和外侧襟翼，在主机翼前方、发动机进气口附近，安装了一对气动紧密耦合的鸭翼，在飞机机身后部还安装了襟翼，称为后机身边条襟翼，这种独特的机翼-控制舵面组合赋予了飞机很强的机动灵活性。X-29飞机是世界上静不稳定性最强的飞机之一，它的静不稳定度高达35%MAC（Mean Aerodynamic Chord，平均气动弦长）（图6.45（a），NASA 003）。因此，X-29飞机上安装的这套高度复杂和可靠的三冗余数字式飞行控制系统对实现飞机的人工稳定是必不可少的。机载电传操纵系统包含三台数字式计算机，每一台都有相应的模拟式计算机备份。飞行中当一台数字式计算机发生故障时，另外两台数字式计算机将继续工作。若有两台数字式计算机发生故障，此时控制系统将切换到模拟式计算机系统，在一台模拟式计算机发生故障时，其余的两台模拟式计算机将继续运行。

1984年12月14日，第一架X-29飞机（编号NASA 003）在美国空军爱德华兹空军基地飞行试验中心（AFFTC）成功进行了首飞。四年半后，第二架X-29飞机（图6.45（b），编号NASA 049）于1989年5月23日进行了首飞，该架飞机的试验重点是在存在气流分离的60°大迎角条件下，通过控制实现飞行包线的拓展。在马赫数1.7的飞行状态下，得益于前掠翼，飞机飞行中减阻高达20%，在没有推力矢量控制的情况下，即使飞行中存在流动分离，飞行试验结果也验证了飞机具有出色的飞行品质。在经过436次飞行后，

X-29项目于1991年9月30日结束。现在，这两架飞机分别陈列于美国空军莱特帕特森空军基地和爱德华兹飞行试验中心的博物馆，以供展览。

(a) 第一架原型机

(b) 具备反尾旋装置的第二架原型机

图6.45 格鲁曼X-29技术验证机

6.2.2.16 洛克希德NC-141A EMAS（1985—1986年）

洛克希德公司（Lockheed）为其生产的一架NC-141A试验机安装了一套桑斯川特公司（Sundstrand）研制的机电作动器系统（Electro Mechanical Actuator System, EMAS），用于飞机的左副翼控制（图6.46），改装的目的是考察飞行试验中，这种机电传动装置替代主控制系统中传统电液作动器（electro hydraulic actuator）的可行性。驱动副翼的EMAS包含一套带有独立电源的双电机（dual electrical motor）系统和双通道监控/控制电子设备。试验结果表明该系统与右侧未经改装的常规副翼作动系统相比，两者在性能上只存在很小的差异[35]。

图 6.46　洛克希德 NC-141A EMAS 技术验证机（AF61-2775）

NC-141A EMAS 试验机由位于赖特帕特森空军基地的美国空军第 4950 测试联队维护和运营，在 1986 年 2 月期间，这架试验机持续开展了近 13 小时的飞行试验，由于长时间的工作，试验中传感器测量到高达 12.5 安培的峰值电流，这直接导致了 EAMS 中一个故障的发生，并造成了相应的损失。因此事件，该项目也被中止。

即使在今天，机电作动器（electro mechanical actuator）仍是国际航空领域研究的重要主题，如"功率电传"[①]（Power-by-Wire）和"全电飞机"（All-Electric Aircraft，另见 6.2.2.20 小节）。

6.2.2.17　罗克韦尔/DASA X-31A EFM（1990—1995 年）

参见第 6.3.6 节。

6.2.2.18　波音 B-757 ARIES（1992—2006 年）

为替代航空电子设备与飞行导引试验机——波音 B-737-100 TSRV（Transport Systems Research Vehicle，运输系统研究飞机），1994 年，NASA 兰利研究中心采购了一架波音 B-757-200 飞机[②]并对其进行了改造，该试验飞机名称的英文缩写为 ARIES（Airborne Research Integrated Experiments System，机载研究综合实验系统）。与 B-737-100 飞机（NASA 515）不同的是，B-757 飞机（图 6.47）在 1992 年夏天加装了电传操纵设备，用于开展波音 B-777 数字式电传操纵系统开发的相关研究，这套电传操纵设备安装在飞机驾驶舱右侧副驾驶座位处，可以与原有的机械控制系统并行运行。在 B-777 飞机首飞前，研究人员已经通过 B-757 ARIES 对电传操纵系统中几乎所有的输入、控制律与输出响应进行了测试和优化。

图 6.47　波音 B-757 ARIES 验证机在雪地上开展滑跑试验

6.2.2.19　通用动力 F-16D MATV（1993—1994 年）

1993 年 7 月至 1994 年 3 月，超声速空中飞行模拟器 F-16D VISTA（AF86-0048，见 5.2.1.15 节）被改装为 MATV（Multi-Axis Thrust Vectoring，多轴推力矢量）技术验证机，用于开展基于推力矢量控制技术的大迎角机动飞行试验。为此，技术人员临时拆卸了由数字式飞行模拟计算机和可编程控制杆组成的可变稳定性系统（variable stability system），并将其更换为 MATV 项目的试验设备。MATV 项目的主要试验设备是通用电气公司（General Electric）研制的推力矢量喷管 AVEN（Axis-Sysmmetric Exhaust Nozzle，轴对称矢量喷管），该喷管的技术成熟度基本已达到可批量生产的状态。推力矢量控制中，通过喷管唇口的环形控制，可以实现推力沿任意方向的偏转（图 6.48）。

[①]　功率电传（Power-By-Wire，PBW）是随着多电全电飞机设计概念的出现而提出的，是指利用电功率代替飞机上的其他能源来驱动机上各种作动系统，其中包括飞行控制系统中的作动器、起落架收放装置、防结冰装置、刹车装置、环境控制发动机和燃料泵等。有人认为电传操纵控制加上功率电传就是全电飞机。

[②]　B-757-200 是 B-757 系列中的一个特定型号，它也是其中最为常见的型号之一。

图 6.48 通用动力 F-16D MATV 验证机，尾部有防尾旋装置

图 6.49 麦·道 NF-15B ACTIVE 验证机

F-16D MATV 采用的量产型飞行控制计算机是 F-16 飞机四通道数字式飞行控制系统的核心组件，这套飞控系统保证了静不稳定飞机的人工稳定控制。为了在大迎角分离气流条件下进行飞行，它可以通过"增益呼叫"（Dial-a-Gain），即选择预先设置的控制器增益，来实现对控制律的快速修改。这架技术验证机在爱德华兹空军飞行试验中心进行了推力矢量技术飞行演示验证。MATV 项目是美国空军以高优先级启动的重点项目，通过该项目，证明了推力矢量控制技术在准作战条件（quasi-operational condition）下的战术效果[36]。

6.2.2.20　麦·道 NF-15B ACTIVE（1994—1999 年）

在 ACTIVE（Advanced Control Technology for Integrated Vehicle，综合飞行器先进控制技术）项目的支持下，NASA 德莱顿飞行研究中心（2014 年后改称为阿姆斯特朗飞行试验中心）针对协调利用气动力控制和发动机喷流偏转推力矢量控制手段，提高综合数字式飞行控制系统的性能开展了研究。显然，实现飞机一体化设计的推力矢量控制及相关技术也需要通过飞行试验进行改进与验证。为此，研究人员为一架美国空军的麦克唐纳·道格拉斯 F-15B 飞机装备了一套数字式电传操纵飞行控制系统和一台具有轴对称推力矢量控制功能的强大发动机，该试验机被称为 NF-15B ACTIVE（图 6.49，编号 NASA 837）。NF-15B ACTIVE 安装的这台发动机可以通过调整喷管实现任意方向上的推力矢量控制功能。

1996 年至 1998 年期间，通过推力矢量综合控制技术，NF-15B ACTIVE 技术验证机实现了马赫数 2 的超声速飞行以及高达 30° 的大迎角低速飞行。为实现这些飞行中的偏航稳定，推力矢量被用于提供相应的偏航力矩。在机载电传操纵系统计算机的辅助下，通过气动控制舵面和推力喷管的优化偏转组合可以降低飞机总阻力。举个具体例子，飞机在海拔约 10000 米、马赫数 1.3 飞行时，减小的阻力大致与飞机空速增加 0.1 马赫对应的阻力增量相当。

6.2.2.21　NASA F-18 SRA（1996—1997 年）

1997 年，NASA 德莱顿飞行研究中心对 NASA F-18 SRA（Systems Research Aircraft，系统研究飞机，编号 NASA 845，图 6.59）技术验证机上安装的单台电静液作动器进行了飞行测试评估，该 NASA F-18 SRA 飞机是研究中心为开展试验，向美国海军租借的。

图 6.50　NASA F-18 SRA 技术验证机

这台电静液作动器由美国空军提供，它取代了 F-18 飞机左副翼先前的标准作动器。研究人

员在飞机最高速度达到马赫数 1.6 的整个飞行包线内对这台电静液作动器进行了全面评估，期间飞机完成了许多试验任务，包括一系列特技飞行。在 1997 年 1 月至 7 月期间，F-18 SRA 上的电静液作动器累积工作时长达到 23.5 小时。

运营期间，F/A-18 SRA 技术验证机试验过的创新关键技术包括功率电传（Power-by-Wire）、光传操纵、电动作动系统以及先进飞行控制软件。功率电传和电动作动机构通过采用多功能的电缆和光缆传送指令信号，可以淘汰飞机作动系统中笨重的液压管路[37]。

6.2.2.22 洛克希德·马丁 C-141A "电动运输星"（1996—1998 年）

在 1986 年 NC-141A EMAS 项目中止后，经过 10 年时间，随着数字电子和磁性材料技术的发展成熟，美国空军再次在洛克希德 C-141A 飞机上使用机电作动器取代传统的电液副翼作动器，该项目称为"电动运输星"（Electric Starlifter）项目。在 NC-141A EMAS 项目中，当时只有飞机左副翼作动装置被桑斯川特公司（Sundstrand）的机电作动系统取代，而在 C-141A "电动运输星"项目中，洛克希德·马丁公司①在专门设计的数字式电传操纵飞行控制系统中对两个副翼均进行了电气化改造与集成：由卢卡斯航空公司（Lucas Aerospace）研制的集成作动系统（Integrated Actuation Package，IAP）不仅取代了液压作动器，还取代了连接中央液压系统的液压连接管路。在 7 千瓦的电力供应下，两套双余度集成作动系统可以分别独立地驱动左右副翼进行偏转。

"电动运输星"项目的目的是获得关于功率电传技术（Power-by-Wire）在成本节省与飞行可靠性方面的经验。为此，在 1996 年至 1998 年 7 月期间，爱德华兹空军基地第 418 飞行试验中队使用 C-141A 验证机（编号 AF 61-2776，图 6.51）开展了长达 1000 多小时的飞行试验。

图 6.51　洛克希德·马丁 C-141A "电动运输星"验证机（AF 61-2776）

同样的在德国，在 VFW 614 ATD 项目的支持下（见 6.3.7 节），利渤海尔公司（Liebherr Aerospace）也研制并测试了用于未来功率电传飞行的集成作动系统。

6.2.2.23 波音/EADS X-31 VECTOR（1998—2003 年）

参见 6.3.8 节。

6.2.2.24 麦·道 NF-15B IFCS（1999—2008 年）

麦·道 NF-15B IFCS（Intelligent Flight Control System，智能飞行控制系统）项目采用 6.2.2.20 节介绍的 NASA-ACTIVE 项目中使用过的同一架试验飞行器 NF-15B（图 6.52，编号 NASA 837），该项目在 NASA 阿姆斯特朗飞行研究中心开展，主要目标是改进正常和故障条件下电传操纵飞行控制系统的性能。研究人员设计了一种基于神经网络的新型自适应容错控制器，以提高民用和军用飞机的空中安全性和生存概率。这种采用自适应和自学习神经网络的控制程序可以实时检测飞机的

图 6.52　麦·道 NF-15B IFCS 验证机

---

① 洛克希德·马丁公司，全称洛克希德·马丁空间系统公司（Lockheed Martin Space Systems Company，LMT），前身是洛克西德公司（Lockheed Corporation），创建于 1912 年，是一家美国航空航天制造商，该公司在 1995 年与马丁·玛丽埃塔公司合并，并更名为洛克希德·马丁公司，总部位于马里兰州蒙哥马利县的贝塞斯达。

飞行动力学行为特性和控制系统故障，如果发生异常，它将对飞行控制系统进行重新配置，从而将飞机恢复到稳定和可控的飞行状态。

6.2.2.25 西科斯基X2 TD（2005—2011年）

西科斯基X2 TD（Technology Demonstrator，技术验证机）是一种共轴旋翼布局直升机（图6.53），它由西科斯基子公司施瓦泽飞机公司（Schweizer）制造。直升机的两个共轴旋翼反向旋转，其采用共轴旋翼布局的目的是为了实现良好的悬停性能和高达250节（约460千米/小时）的巡航速度。除速度指标外，飞机的关键性能指标还包括低振动特性、低驾驶工作量和低声学特征。

图6.53 西科斯基X2 TD直升机

X2 TD技术验证机中使用的新技术包括具有高升阻比的同轴刚性桨叶设计、主动振动控制和带先进飞行控制律的电传操纵系统，其中电传操纵系统将周期变距控制、总距控制与脚蹬控制进行了集成。X2 TD直升机采用传统总距操纵杆、SAC（Side-Arm Controller，座侧控制器）周期变距杆以及脚蹬进行控制，该直升机的偏航控制通过增加一个旋翼的桨距并同时减少另一个旋翼的桨距，由此产生差动扭矩来实现的。在高速飞行状态下，直升机上的方向舵还可用于增强偏航控制能力。X2 TD采用的飞行控制律具有良好的操纵品质，这有利于减少飞行员的工作负担并实现单个飞行员的独立驾驶。

在X2 TD直升机首飞前，为提前对X2 TD电传操纵系统的基本功能进行充分验证和评估，研究人员在一架施瓦泽333直升机上安装了X2 TD直升机的电传操纵系统，该系统采用先进的飞行控制律，其控制信号直接作用于主旋翼以及尾桨发动机以实现基本的机动能力。2005年11月4日，施瓦泽333直升机进行了首飞，随后的飞行试验主要用于对机载三余度控制系统进行可靠性测试。

X2 TD直升机于2008年8月27日完成首飞。2010年9月15日，这架直升机的设计目标成功实现，它的水平飞行速度可以达到250节（约460千米/小时）。2011年7月14日，X2 TD完成最后一次飞行后退役，在服役生涯内，它总计完成了23次飞行试验，累计22小时。随着X2 TD项目的成功完成，X2 TD直升机将发展为其第一个型号产品——S-97"袭击者"（Raider）高速侦察攻击直升机。

6.2.2.26 湾流G550 AFC技术验证机（2006—2008年）

湾流航空航天公司（Gulfstream Aerospace）负责了一项名为先进飞行控制（Advanced Flight Control，AFC）的项目，该项目的目的是对诸如电传操纵、光传操纵、无线操纵[①]（Fly-by-Wireless）以及新型作动系统等创新飞行控制技术进行验证，并评估下一代商用飞机采用这些技术后在功能、性能、可靠性与成本方面的优势。

在AFC项目支持下，一架湾流G550飞机（编号N532SP，图6.54）被改装为专用技术验证机。改装后飞机的驾驶舱右侧安装了电传操纵系统，左侧保留了基本的机械控制系统，机载飞行控制计算机由泰雷兹公司（Thales）研制。2006年9月26日，这架验证机使用派克航空公司（Parker Aerospace）研制的旋转机电作动器（Electro-Mechanical Actuator，EMA）驱动外侧机翼扰流板系统，开展了首次电传操纵控制飞行演示验证，试验结果表明飞机的高速稳定性能、滚转性能和乘坐舒适性得到明显提升。稍后，飞

---

① 无线操纵（Fly-by-Wireless）是指飞机控制信号通过无线技术进行传输，而不是采用传统有线连接方式的一种先进控制技术。

机机翼内侧和中段的绕流板也采用由史密斯航空航天公司（Smiths Aerospace）生产的 EMA 设备。2007 年 5 月 16 日，这架飞机进行了针对派克公司研制的电动液压升降舵控制装置的首次飞行试验。2007 年 10 月 8 日，该机又进行了采用电动备用静液压作动器（Electrical Backup Hydrostatic Actuator，EBHA）的升降舵控制飞行试验。

图 6.54　湾流 G550 AFC 验证机
（普雷斯顿·A. 亨尼（Preston A.Henne）提供，2008）

2008 年 2 月 27 日，G550 技术验证机开展了针对光传操纵技术的飞行演示验证，机上安装的光缆成功将飞行员控制指令从飞行控制计算机传输到位于机翼中段的扰流板。通过这次试验，研究人员对光电连接器技术、电磁屏蔽技术以及相关设备的制造和安装方案进行了深入评估。

2008 年 9 月 18 日，湾流航空航天公司首次对民用或军用飞机主飞行控制系统中的无线操纵（Fly-by-Wireless）技术进行了演示。该技术采用无线信号进行通信，无线控制系统包括一个内部无线总线发射器和一个位于翼中扰流板 EMA 接口处的外部接收机，它们通过"直接序列扩频调制和编码技术"进行通信，无线信号传输提供了额外的交互信道，有利于增强系统的安全性。

6.2.2.27　西科斯基 S-76 SARA（自 2013 年起）

西科斯基创新集团[①]（Sikorsky Innovation Group）致力于发展旋翼机无人驾驶或可选有人驾驶（optionally piloted）自主飞行控制技术。在一个名为 MATRIX™ 的项目中，该机构研制了较之前更为先进、具有自主飞行能力的第二代飞行控制系统。MATRIX™ 项目的目标是开发 MATRIX™ 技术，具体包括一套软件应用程序和一个包含软硬件系统的"平台"（pallet）。2013 年 7 月 26 日，该项目在一架配备了电传操纵控制系统和态势感知传感器的 S-76 直升机上进行了首次飞行试验。这架 S-76 技术验证直升机被称为 SARA（Sikorsky Autonomous Research Aircraft，西科斯基自主研究飞机，见图 6.55）。

图 6.55　西科斯基 S-76 SARA 验证机
（西科斯基公司提供）

利用 MATRIX™ 技术，西科斯基公司设计、开发和测试了新型飞控软硬件系统，显著提高了可选有人驾驶和有人驾驶垂直起降（VTOL）飞机的性能。MATRIX™ 技术具有较强的通用性和适应性，容易"移植"或集成到现有飞机或其他新型飞机上。后来，西科斯基公司在一架电传操纵可选有人驾驶的 UH-60MU 直升机上装备了 MATRIX™ 技术。

在另一个由 DARPPA 资助的 ALIAS（Aircrew Labor In-cockpit Automation System，机组乘员驾驶舱自动化系统）项目中，研究人员发展了可将现有的军用和民用飞机自动化程度提升到新水平的飞行控制技术，可以实现减少机组乘员情况下旋翼机的安全飞行。ALIAS 项目的目的是利用自主飞行控制技术减少飞行员的工作量，改进任务性能，同时提高飞机的安全性和可靠性。

ALIAS 项目第一阶段任务于 2016 年 5 月 24

---

① 西科斯基创新集团（Sikorsky Innovation Group）是西科斯基飞机公司（Sikorsky Aircraft Corporation）的一部分，是其研发和创新部门，而西科斯基飞机公司 2015 年被洛克希德·马丁公司收购。

日完成，技术人员使用西科斯基 S-76 SARA 技术验证机实现了一次 30 英里的全自主飞行，这次试验验证了飞行员通过平板设备（tablet device）规划和执行不同阶段自主任务的能力，试验中，地面站的一名工作人员全程监控了 S-76 SARA 直升机的飞行过程。

ALIAS 项目第二阶段任务重点关注 ALIAS 系统的发展和完善，通过开展补充飞行试验、改进人机界面功能以及增强到其他类型旋翼机的可移植性，不断提高 ALIAS 系统的易用性与成熟度。

6.2.3 俄罗斯

6.2.3.1 介绍

为了对俄罗斯或苏联在电传操纵技术领域的发展进行准确的调查和可靠的研判，需要综合利用过去 20 年间才公开的书籍资料、网络信息以及通过像 DLR 和俄罗斯飞行研究所（俄文缩写 FRI，2012 年前为格罗莫夫飞行研究所）①之间的双边合作档案等资源[38]。参考文献 [39-41] 是三本较好地介绍相关历史的英文技术书籍，本书 12.2.2 节也详细介绍了关于 DLR 与 FRI 合作的细节。

6.2.3.2 米格 YE-6/3T（1961—1962 年）

20 世纪 50 年代末到 60 年代初，米高扬设计局（Mikoyan）利用米格 YE-6/3T 技术验证机（图 6.56），开展了通过使用更多附加气动控制舵面来提高飞机飞行性能的研究。YE-6/3T 由一架米格 -21F 飞机改装得到，技术人员在它的机身前部安装了一对可旋转的三角形鸭翼面，称为减稳器（Destabilizer），该翼面可自由运动，飞行中会根据来流条件自行确定偏转量，但是只能在纵向俯仰运动中实现临界失稳（marginal destabilization）。利用 YE-6/3T 技术验证机，研究人员共开展了 56 次飞行试验[41]。

图 6.56 米格 YE-6/3T 验证机

6.2.3.3 米格 YE-8（1960—1963 年）

1962 年，利用同样是由米格 -21 飞机改装的 YE-8 技术验证机，苏联航空在超声速飞行方面的能力得到显著提升。YE-8 验证机的鸭翼在亚声速飞行时自由偏转，在超声速飞行时则会被锁定。但是，与米格 YE-6/3T 技术验证机一样，米格 YE-8 技术验证机仍然未配备主动电传操纵控制系统。

技术人员共改装得到了两架 YE-8 技术验证机，其中第一架 YE-8-1（图 6.57）于 1962 年 4 月 17 日进行了首飞，第二架 YE-8-2（图 6.58）于 1962 年 6 月 29 日进行了首飞，它们共进行了 13 次飞行。1963 年，YE-8-1 验证机在进行马赫数 1.7 飞行时因发动机爆炸而在空中解体，该项目也因此中止。

---

① "俄罗斯飞行研究所"（Russian Flight Research Institute）和 "格罗莫夫飞行研究所"（Gromov Flight Research Institute）是同一家机构的不同名称。2012 年之前，该机构被称为 "Gromov Flight Research Institute"，以纪念苏联飞行员和设计师——谢尔盖·伊万诺维奇·格罗莫夫（Sergei Ivanovich Gromov）。2012 年后，该机构更名为 "Russian Flight Research Institute"。俄罗斯飞行研究所专注于飞行器设计、测试和研究，为俄罗斯航空航天工业的发展做出了重要贡献。

第6章 电传/光传操纵技术验证机

图 6.57　米格 YE-8-1 验证机

图 6.58　米格 YE-8-2 验证机

6.2.3.4　苏霍伊 100LDU（1968—1974 年）

作为苏霍伊（Sukhoi）T4 大型超声速飞机电传操纵系统研发项目的一部分，一架双座超声速苏-7U 教练机被改装成电传操纵技术验证机苏霍伊 100LDU（图 6.59）。苏霍伊 T4 是俄罗斯第一款配备了模拟式四余度电传操纵飞行控制系统的飞机，其同时保留有机械备份控制系统，于 1972 年 8 月首飞。在 1968 年至 1971 年间，苏霍伊 100LDU 技术验证机飞行试验的重点是研究机上主动控制减稳鸭翼（destabilizing canards）的影响。

需要指出的是，苏霍伊 100LDU 电传操纵技术验证机后来（1973—1974 年）还为苏霍伊 T-10 原型机的研制提供了技术支撑。苏霍伊 T-10 是俄罗斯第一架没有机械控制备份的电传操纵飞机，它于 1977 年 5 月 27 日成功首飞。T-10 飞行试验项目为苏霍伊苏-27 战斗机的研制奠定了良好基础。在对之前的电传操纵系统进行重大改造的基础上，苏-27 飞机装备了俄罗斯第一款军用的电传操纵系统。如今，一架苏-27 空中飞行模拟器仍服役于俄罗斯飞行研究所（见 5.6.2 节）。

图 6.59　苏霍伊 100LDU 验证机

6.2.3.5　苏霍伊 L02-10（1968—1984 年）

为实现基于直接力控制的飞机非常规横向精确机动，除方向舵外，飞机还需要额外的横侧向主动控制面。为此，俄罗斯研究人员在一架苏-9 飞机上尝试了不同的控制面布局方案，改造后的飞机被命名为苏 L02-10 研究飞机，图 6.60 中该飞机安装了 2 个垂直控制面，图 6.61 中该飞机安装了 1 个垂直控制面。1972 年至 1979 年期间，苏霍伊 L02-10 研究飞机服役于格罗莫夫飞行研究所。

图 6.60　带有两个附加垂直控制面的
苏霍伊 L02-10 验证机

图 6.61　带有一个附加垂直控制面的
苏霍伊 L02-10 验证机

6.2.3.6 苏霍伊苏–15 CCV（1980—1982 年）

苏霍伊设计局（Sukhoi）对一架苏–15 飞机（S/N 1115328）进行了改造，通过随控布局（CCV）技术使其能通过调整控制系统来改变飞行特性。利用这架飞机（图 6.62），格罗莫夫研究所研究了可变稳定性和侧杆控制特性。在服役 12 年后，这架电传操纵研究飞机在 1982 年 11 月 11 日不幸坠毁[41]。

图 6.62　苏霍伊苏–15 CCV 验证机
（罗伯·施莱弗得（Rob Schleiffert）提供）

6.2.3.7 苏霍伊 T10–24 CCV（1982—1987 年）

20 世纪 80 年代初，作为第一批苏霍伊苏–27 量产型飞机中的一架，T10–24 飞机被改装为 CCV 技术验证机（图 6.63）。飞机主机翼前方安装了一对鸭翼，用于提高飞机在大迎角下的机动性。飞行中鸭翼会随着迎角的增加自动调整偏转角度，以提高飞机的最大升力。

通过鸭翼控制，还可以降低飞机的着陆速度，这对于航母舰载机的着舰具有十分重要的意义（图 6.64）。

图 6.63　苏霍伊 T10–24 飞机进行 CCV 改造
（杰菲姆·戈登（Jefim Gordon）提供）

1985 年 5 月，著名试飞员维克多·G. 普加乔夫（Victor G. Pugachov）驾驶 T10–24 CCV，使用鸭翼进行了飞行试验，他是第一位完成"眼镜蛇"机动的飞行员，1989 年 6 月在巴黎航展上，普加乔夫驾驶苏–27 飞机第一次在全世界面前表演了"眼镜蛇"过失速机动，震惊全场。苏–27 的其他衍生型号，比如苏–27M 以及之后出现的苏–35，都配备了标准的鸭翼。另一个型号苏–37，除鸭翼外还加装了推力矢量系统。在完成多次试验后，1987 年 1 月 20 日苏霍伊 T10–24 不幸在飞行中失事[40]。

图 6.64　苏霍伊 T10–24 舰载机
（杰菲姆·戈登（Jefim Gordon）提供）

6.2.3.8 米里米–8T FBW（1985—1990 年）

在米里直升机设计局（Mil）研制的 12000 架米–8 直升机中，有一架米–8T（Hip C）型直升机被改造装备了电子飞行控制系统，用于测试电传操纵技术在旋翼机中的应用潜力，这架直升机被称为米–8T FBW（图 6.65）。虽然米–8T FBW 试验直升机上的 VUAP-1 标准自动驾驶仪的控制权限有

图 6.65　米里米–8T 直升机
（来自 Military-Today.com 网站）

限，但通过地面站的数据链路可以改变控制器设置，从而对飞行器的最佳飞行品质进行研究和评估。在 1989 年开展的飞行试验结果表明，通过使用位于试飞员座椅左右两侧的两个侧杆，可以显著降低飞行员在精确机动操控过程中的工作量[41]。

6.2.3.9　苏霍伊苏 –47 "金雕"（1990—2008 年）

俄罗斯的这款最初被称为 S–37 的技术验证机对应于美国的 X–29 验证机，它于 1997 年 9 月 25 日成功实现了首飞（图 6.66），比 X–29 晚了 13 年。2002 年，这架俄罗斯试验飞机更名为苏 –47。俄罗斯人在这架飞机的机翼中采用了一种特殊排列的复合纤维结构，将 45° 前掠翼的危险失稳扭转削弱为可接受的机翼弯曲，这项技术在美国被称为气动弹性剪裁（aeroelastic tailoring）。苏 –47 技术验证机具有一套复杂的数字式电传操纵飞行控制系统，可以实现不同飞行条件下的有效控制，"它" 为三翼面布局（鸭翼、主翼和尾翼）飞机的控制提供了重要的技术参考，在极端飞行条件下，机载电传操纵系统在确保飞机具有充分的人工稳定性的同时，还实现了飞行品质的优化，即使在大迎角分离流动条件下，前掠翼的副翼也可以提供足够的控制能力。

图 6.66　苏 –47 "金雕" 验证机

6.2.3.10　米格 1.44（1994—2000 年）

1999 年 1 月 12 日，米格 1.44 技术验证机（图 6.67）正式亮相，揭开了该项目多年来的神秘面纱。该机安装了留里卡 – 土星公司（Lyulka Saturn）[①] 带有圆形三维矢量喷管的 AL–41F 涡扇发动机，具有俯仰和偏航方向的推力矢量控制能力，可以实现大迎角过失速机动飞行和无须加力条件下的超声速巡航。米格 1.44 净形飞机（clean aircraft，即起落架和襟翼未伸出）状态时的推重比超过 1.33，飞机采用近距耦合全动鸭翼的三角翼气动布局，其在大迎角机动过程中产生了有益的涡流相互作用，有效延迟了大迎角状态下通常会发生的边界层分离（失速）和涡核破裂。

图 6.67　米格 1.44 技术验证机
（泰勒·罗戈韦（Tyler Rogoway）提供）

米格 1.44 飞机机翼前缘安装了几乎沿整个翼展分布的铰接襟翼，机翼后缘安装了大型的内侧襟翼和外侧襟副翼（flaperon）。该机没有采用传统的尾翼布局，而是在机翼后面的结构梁上安装了向外倾斜、带有嵌入式方向舵的 V 形垂尾，同时在机腹下方安装了带有附加微型方向舵的垂直腹鳍，飞机横梁和相邻发动机之间布置了辅助升降舵，机身前部下方为形状可调的矩形发动机进气口，进气口上唇完全可变，用以实现超声速飞行，进气口下唇为铰链式结构，在大迎角飞行时候可以向下张开，保证大迎角条件下进气顺畅。

米格 1.44 技术验证机上安装了先进的 Avionika KSU–142 数字式电传操纵飞行控制系统，可以驱动飞机上多达 16 个的操纵舵面，在亚声速飞行条件下，该控制系统在为飞机提供人工稳定性的同时，还使飞机具有高度的机动灵活性。此外，这架飞机还采用了先进的玻璃驾驶舱设计。

实际上米格 1.44 飞机在 20 世纪 90 年代初就

---

① 留里卡 – 土星公司前身是 1946 年 3 月成立的留里卡发动机设计局，1982 年改组为留里卡 – 土星联合企业，1984 年改名为留里卡 – 土星设计局，2001 年，留里卡 – 土星设计局与雷宾斯克发动机联合公司合并，组建成为当今俄罗斯最具实力的航空发动机设计制造企业——俄罗斯联邦直属留里卡 – 土星科研生产联合公司。

被制造出来，在经过长时间的地面试验后，1994年底，由米高扬设计局（Mikoyan）的首席试飞员罗曼·塔斯卡耶夫（Roman Taskayev）驾驶，这架飞机进行了第一次地面高速滑跑试验，但在飞行试验项目启动之际，由于米高扬设计局没有足够的经费购买验证机上仍然缺失的剩余部件，该项目不得不被搁置，这也成为该项目在未来几年内被无限期推迟的主要原因。

1998年初，莫斯科米格航空工业联合公司在筹集了少量资金的情况下，又重新启动了米格1.44飞机的研制工作。2000年2月29日，弗拉基米尔·戈尔布诺夫（Vladimir Gorboonov）驾驶米格1.44飞机进行了首次飞行，在18分钟的飞行中，飞机最大高度达到了1000米（3300英尺），速度达到了600千米/小时。

2000年4月27日，米格1.44飞机进行了第二次约22分钟的飞行试验，在这次试验中，研究人员和工程师可能发现了一些问题，此后这架飞机没有再报道过任何飞行，该项目也被取消。米格1.44技术验证机被长期存放在格罗莫夫飞行研究所的机库里。15年后，在2015年8月25日，退役的米格1.44罕见地在莫斯科航展上进行公开展览（MAKS 2015，见图6.68）。

图6.68　退役的米格1.44，现在：Blue 144（Max FOXBAT Bryansky Russian APT 提供）

米格1.44的布局设计特征在中国歼-20隐身战机中得以延续，一些分析人士甚至认为，歼-20的发展可能直接得益于米格1.44的设计和研发。这两架飞机确实存在一些非常相似的设计比例和布局特征，例如风格相似的三角翼鸭式布局和与发动机近距安装的V形尾翼。

6.2.4　法国

6.2.4.1　达索"幻影"IIING（1982—1984年）

一架达索"幻影"IIIR战斗机经过改造后用作电传操纵系统和航空电子设备的技术验证机，它被命名为"幻影"IIING（NG为法语Nouvelle Generation的缩写，意为"新一代"）。这架飞机采用改进的三角翼鸭式布局，其机身发动机进气口上方安装了一对鸭翼。1982年12月21日，该机成功进行了首飞。通过改进气动性能和配备电传操纵系统，这架独特的"幻影"IIING飞机在性能方面是"幻影"III系列中最好的。图6.69为"幻影"IIING飞机的近照，其外观比较"凄凉"，结构几近拆解，但从图中仍然可以清晰地看到安装在机身发动机进气口上方的鸭翼。

图6.69　达索"幻影"IIING 01 验证机

6.2.4.2　A300B FBW 验证机（1983—1985年）

为探索电动液压飞行控制技术，早在1978年，法国宇航公司（Aerospatiale）就利用一架"协和"超声速飞机开展了飞行试验。虽然当时A310飞机的扰流板、着陆襟翼和缝翼已经可以通过数字式计算机给出的指令进行电动驱动，但通过"协和"飞机的飞行试验，进一步验证了升降舵和副翼电传操纵控制的方案及其优点。同时，结合升降舵和方向舵电动液压控制系统，飞行试验中还对安装在驾驶舱左侧驾驶员座椅上的侧杆进行了测试，它用于替换安装在座椅中间、通过双手进行操作的控制杆。"协和"飞机机载数字式计算机采用C*控制律（参见6.2.2.4节），可以实现精确的飞行航迹控制。飞行试验结果表明即使在湍流空气条件下，该控制律依然能够保证飞机具有最佳的飞行性能。

当时，利用"协和"飞机获得的研究与试验结果还没有应用到具体的飞机项目中。此外，未来商用民机拟采用的气动布局与"协和"超声速飞机的关系并不密切。尽管如此，该试验项目还是初步建立了一个具有一定应用前景、采用侧杆装置进行操控的未来电传操纵飞行控制系统的数据库。

随着A320项目的启动，采用侧杆装置的数字式电传操纵飞行控制系统方案变为现实。为此，空中客车公司（Airbus）将一架A300飞机（S/N 3）改装为电传操纵技术验证机A300B FBW，在飞机两名飞行员的座椅上分别安装了左右侧杆。在1983年和1985年利用这架验证机开展的两次飞行试验中，电传操纵控制的特殊优势，如飞行包线保护（包括低速进场时的迎角限制，图6.70），让人们印象深刻[42]。

图6.70 空中客车A300B电传操纵技术验证机

在两年后的1987年2月22日，A320飞机成功首飞，该机型后来在商业上取得了巨大成功。实践证明，C*类型标准飞行控制律非常便于飞行员操控飞机。到目前为止，尽管空中客车A319/320/321/330/340/350/380系列飞机中不同型号间的重量差异很大，但它们几乎都具有相同的飞行品质。正因如此，这也大大简化了航空公司对飞行员的培训程序。

6.2.4.3 法国宇航公司SA.365N1"海豚"2 FBW直升机（1989—2001年）

1989年，采用传统机械控制系统的法国宇航公司（Aérospatiale）SA.365N1"海豚"（Dauphin）2 C/N 6001（F-WZJJ）直升机原型机升级加装了电传操纵飞行控制系统。直升机驾驶舱中，右侧试飞员座椅处配备了一个侧杆，而左侧安全飞行员座椅处保留了机械备份操纵装置。1989年4月6日，该机进行第一次电传飞行，飞行试验的重点是对不同通道的解耦控制以及各种角速率和姿态控制律进行测试，从而获得良好的飞行品质，实现所谓的无忧虑操纵（carefree handling）。后来欧洲NH-90直升机的研发过程中吸纳了该项目取得的经验，NH-90直升机是全球第一架装备了量产型电传操纵系统的直升机。

1992年，法国宇航公司（Aérospatiale）与梅塞施密特-伯尔科-布洛姆（Messerschmitt Bölkow Blohm，MBB）的旋翼机部门合并，成立了欧洲直升机公司（Eurocopter S.A.）。不久之后，"海豚"2 FBW直升机获得了新的F-WQAP注册（F-WQAP是法国航空工业中使用的飞机注册号）。后来，技术人员又在"海豚"直升机的电传操纵系统中增加了两个额外的主动气动控制舵面：水平安定面和方向舵。通过此改进，提高了飞机的方向稳定性，降低了尾桨的作用，并增加了可搭乘的有效载荷重量。2001年3月，"海豚"2 FBW直升机进行了最后一次飞行。如今，这架试验直升机在英国"直升机博物馆"进行展出（图6.71）。

图6.71 "海豚"电传操纵直升机
（彼得·克拉克（Peter Clarke）提供）

在1993年欧洲直升机与DLR达成的协议备忘录（Memorandum of Agreement，MoA）合作框架下，2004年，双方同意，今后主要采用布伦瑞克DLR新开发的光传操纵直升机DLR EC 135

FHS（Flying Helicopter Simulator，飞行直升机模拟器）开展电传/光传操纵控制的飞行试验。同期，空中客车直升机公司（欧洲直升机公司于2014年更名为空中客车直升机公司）采用FHS直升机模拟器成功进行了第一个飞行试验项目：ACT-IME项目（见10.4.1节）。

6.2.5 日本

6.2.5.1 三菱T-2 CCV（1983—1986年）

应日本防卫厅（Japanese Defense Agency，JDA）及其下属技术研究与开发研究所（Technical Research and Development Institute，TRDI）的要求，一架三菱T-2超声速教练机装备了一套三冗余数字式电传操纵实验飞行控制系统，并加装了三个额外的控制舵面，分别是机身下方的腹鳍和两侧发动机进气口上方的两个水平鸭翼面（图6.72），改装后的飞机被命名为T-2 CCV（图6.73），主要用于开展随控布局技术研究。1983年8月9日，该机成功进行了首飞。据统计，截止到1986年，它共进行了183次飞行，但是关于飞行试验结果的相关报道很少。

图6.72 三菱T-2 CCV验证机

图6.73 带附加控制面的三菱T-2 CCV验证机

6.2.5.2 川崎BK-117 FBW（自1994年起）

为提高单旋翼、动态不稳定直升机飞行的安全性，使它们在盲飞条件下更容易驾驶，日本通勤直升机先进技术研究所（Advanced Technology Institute of Commuter helicopter，ATIC）采用电传操纵技术，改装了一架伯尔科-川崎（Bolkow-Kawasaki）BK-117直升机（图6.74）。除了安装一套三重冗余数字式电传操纵系统外，这架直升机还配备了一个主动侧杆和一台便于飞行员获得最佳飞行信息的可编程座舱显示器。BK-117 FBW的安全性能很高，即使机上三台数字式计算机同时发生故障，一套异步运行的模拟式飞行控制系统仍然可以作为备份进行使用。飞行员驾驶中可以选择三种默认控制律，即速率指令姿态保持（Rate Command-Attitude Hold，RCAH）、姿态指令姿态保持（Attitude Command Attitude Hold，ACAH）和姿态指令速度保持（Attitude Command Velocity Hold，ACVH）。通过改装，BK-117 FBW直升机可以执行恶劣目视和天气条件下的飞行任务。1999年9月，该机成功进行了首次电传操纵飞行[43]。

图6.74 川崎BK-117直升机

6.2.5.3 三菱ATD-X"心神"（2008年至今）

为开展技术研究，日本防卫厅技术研究与开发研究院（Technical Research and Development Institute，TRDI）研制了一架三菱ATD-X"心神"（Shinshin）技术验证机（图6.75），飞机名称中的ATD-X是Advanced Technology Demonstrator-X（先进

技术验证机-X）首字母的缩写（图6.75）。作为一架技术验证机和研究原型机，ATD-X被用来评估第五代隐身飞机的先进技术，它具备三维推力矢量控制能力，因此具有比其他隐身飞机更强的机动性。类似于罗克韦尔/DASA X-31验证机（见6.3.6节和6.3.8节），ATD-X验证机的推力矢量控制也是通过发动机喷管上的三片叶片实现（图6.76）。

图6.75 三菱ATD-X"心神"验证机
（Getty Images网站提供）

图6.76 ATD-X验证机的双引擎推力矢量桨叶
（来自AFP截屏）

2016年4月22日，ATD-X验证机进行了首飞。ATD-X验证机，官方军事代号为X-2（JAF 51-0001），应用的最重要的技术之一是光传操纵技术。机载控制系统采用光缆代替电缆，可以实现更加高效的数据传输，同时具有良好的抗电磁干扰能力。ATD-X验证机的另一个重要特征是所谓的"自我修复飞行控制能力"，即自己修复飞行（fix it myself flight）。基于该功能，飞机可以自动检测飞行控制系统和气动操纵舵面的故障或损坏情况，根据故障情况，计算机会将控制指令重新分配到其余的控制舵面，保持飞机的受控稳定飞行。

6.2.6 中国

6.2.6.1 沈阳歼-8 ACT（1977—1990年）

中国的电传操纵控制技术研究最早始于1977年，1988年，一架歼-8I飞机在沈阳被改装成电传操纵技术验证机，并被命名为歼-8 ACT，其中ACT为Active Control Technology（主动控制技术）首字母缩写。据了解，该机在1990年6月24日进行了首飞，但是没有任何关于该飞机的可靠信息和图片资料。

6.2.6.2 沈阳歼-8Ⅱ ACT（1990—1999年）

作为歼-6 BW-1空中飞行模拟器和歼-8 ACT验证机的继承者，20世纪90年代中期，中国航空工业部门对一架歼-8Ⅱ基本型战斗机进行了改装，研究人员在飞机发动机进气口上方安装了一对鸭翼，用以降低飞机的气动稳定性并提高飞机的机动性。飞机上安装了数字式三轴四冗余电传操纵系统，配备了两套MIL标准的1553B数据总线接口用于计算机通信，改装后的飞机被命名为歼-8Ⅱ ACT（图6.77）。从1996年12月29日进行第一次飞行到1999年9月21日完成最后一次飞行期间，歼-8Ⅱ ACT共进行了49次飞行试验，它为中国下一代战斗机的研制发挥了重要作用。

图6.77 沈阳歼-8Ⅱ ACT验证机
（魏蒙（Weimeng）提供）

6.3 德国的技术验证机

6.3.1 道尼尔 Do 27 DFBW 与珀西瓦尔 - 彭布罗克 DFBW

约翰内斯·特施特根（Johannes Tersteegen）

6.3.1.1 引言

20世纪60年代早期，英国皇家航空研究院[①]（英文 Royal Aircraft Establishment，简称 RAE）对模拟式电动液压控制系统开展了研究并对其可行性进行了验证，"阿芙罗"（Avro）707C 飞机（见 6.2.1.2 节）和协和超声速飞机就采用了该种系统。然而，为了应对飞行中可能出现的紧急情况，保留一套机械备用控制系统仍然十分必要。模拟式控制系统所需的可靠性只能通过冗余，即采用多个并行通道来实现。由于信号传输中不可避免地存在漂移，模拟式电传操纵系统难以通过多数表决的方式来管理冗余信道。此外，它还无法达到控制律解算中要求的信号分辨率。

数字式电子系统可以克服模拟式电子系统的这些常见问题。数字式系统中的信号传输仅在两个可明确区别的状态中以增量形式进行，因此冗余管理和多数表决的实现被大大简化，其中不再需要模拟式系统中必要的复杂补偿处理和稳定措施。特别地，数字式系统中数据分辨率的粒度取决于驱动系统的量化输出，它可以提供高分辨率的数据。在20世纪60年代由卡尔·海因里希·德奇（Karl-Heinrich Doetsch）和沃尔特·梅茨多夫（Walter Metzdorff）领导的德国联邦航空航天研究试验院[②]（德文：Deutsche Forschungsund Versuchsanstalt fr Luft-und Raumfahrt，简称 DFVLR）飞行制导研究所中，发展具有高可靠性的数字式控制系统是当时的主要研究重点之一。

6.3.1.2 飞机数字式电液控制设备研制

数字式电液飞行控制设备主要包括：

（1）作为模/数（A/D）转换器的数字式位置传感器；
（2）数字式信号处理与传输系统；
（3）故障检测系统；
（4）数控电动液压驱动系统以及液压动力增强系统。

1. 电子系统

除了在可靠性、冗余、错误或故障检测方面的理论工作外，DFVLR 最初的工作重点是研制数字式控制系统运行的基本部件，比如机械-电气转换器（将飞行员操纵杆运动转换为数字电信号的编码器）之类的设备。此外，由于无法在市场上获得相应的部件，DFVLR 还需要开发信号处理/传输系统以及故障检测系统。早在1962年，作为模/数（A/D）转换器的增量位移传感器就被研制成功，该设备通过离散递增方式来生成信息内容。后来，根据电刷脉冲和磁心矩阵开关的原理，研究人员进一步研发了一种可生成二进制信息的编码器（图 6.78）。

图 6.78 数字式机电位置传感器（编码器）

[①] 英国皇家航空研究院前身为成立于1908年的皇家飞机制造厂（Royal Aircraft Factory），1918年改称皇家航空研究院。第二次世界大战初期，海军陆战队飞机实验研究所（Marine Aircraft Experimental Establishment）被合并到航空研究院。1988年，皇家航空研究院改称皇家航空航天研究院（Royal Aerospace Establishment）。1991年4月，研究院被并入国防研究机构（Defence Research Agency，DRA），成为英国国防部下辖的一个研究单位。

[②] DFVLR 在1997年更名为德国航空航天中心（German Aerospace Center，DLR），是德国主要的航空航天研究机构。

这项新技术直接促进了新型电子控制设备的开发和制造，包括传感器时钟发生器、脉冲存储/检测/监控电子设备以及带有自动诊断和故障检测功能的通道切换装置。由于缺乏实践经验，当时针对数字式电子部件的可靠性评估技术尚不完善，因此在20世纪60年代末，DFVLR发展了一项系统设计技术，允许在飞机飞行过程中通过手动更换部件来对系统进行维修，称为空中维修（in-flight repair）。

2. 液压系统

显然，一套全数字式电传操纵控制系统不仅需要编码器等电子元件，还需要液压作动器作为动力系统。为了开展液压动力的相关研究，需要建造相应的实验设备。由于缺乏资金，1962年，德国空军回收了坠毁和报废飞机（主要是F-86"佩刀"飞机）上的所有液压部件。此外，德国空军还提供了配备液压动力的F-86"佩刀"教练机，用于帮助飞行员熟悉飞机的液压操控。利用德国空军回收的这些液压部件，DFVLR技术人员制造出了第一台小型液压动力装置，并组装了一个用于测试的电动液压作动器。完成这些工作后，DFVLR第一次建立了一套完整的数字式电液控制链路：一个针对升降舵的单自由度简单实验模拟设备。

3. 电液驱动系统

电液驱动系统的研究需要确定模/数信号转换的最佳位置，其研究的重点是电液开关阀，它是连接数字信号处理电子设备和模拟式液压功率放大器的纽带。有了这个装置，不仅像数字扭矩电机这样的设备可以成为纯机械设备（活塞串行切换通过二进制加权冲程实现），而且流体动力解决方案和脉冲调制作动器系统也可以同样地进行驱动。然而，当时还没有满足这些新型设备需求的快速开关阀装置，需要研究人员进行研制开发。

德国航空实验室（DVL）前员工、法国著名专家康拉德·R.希姆勒（Conrad R. Himmler）受邀协助开发用于飞行试验的适航电液作动系统。根据康拉德·R.希姆勒的意见和德国航空研究所（德文 Deutsche Forschungsanstalt für Luftfahrt，简称 DFL，该机构于第二次世界大战后解散，1953年在布伦瑞克重建）规范，由他主管的"巴黎液压和电子技术中心"公司（Centre de Recherches, Hydrauliques et Électriques, Paris）制造了具有机械反馈的电液作动器，这些作动器随后被安装在 Do 27 飞机（参见6.3.1.3节）和后来的 HFB 320 飞机（见第7章）上[44]。

图6.79给出了该电动液压作动器的结构示意图，作动器采用机械反馈设计，在这种反馈模式中，扭矩电机本身并不在控制回路内，然而由于采样过程中的摩擦作用，整个作动器的静态特性会发生恶化，技术人员通过引入额外的"抖动"（小幅高频信号），有效地解决了这个问题。与电反馈相比，机械反馈简化了系统设计，提高了系统可靠性，在突发电源故障的情况下，因为驱动活塞将会自行移动到安全的中立位置，具有机械反馈的作动器将表现出"故障中性"（fail neutral）的良好行为特性。相反，在电反馈系统中，失去电源后活塞可能移动到最大行程位置，这会引起控制舵面满偏的"满舵故障"（hardover）。在 Do 27 试验机的初期试验中，技术人员采用一个电气数/模（D/A）转换器来产生模拟式扭矩电机的输入信号，而在 Do 27 试验机的后续飞行试验以及后来 HFB-320 飞机的飞行试验中（见第7章），研究人员研制了一种具有线圈绕组二进制加权的数字式扭矩电机，通过施加合适的电压到该二进制线圈电路，可以生成驱动电机所需的二进制编码扭矩值。

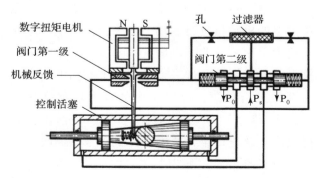

图6.79 带数字扭矩电机数/模（D/A）转换器和机械反馈的电液作动器

6.3.1.3 道尼尔 Do 27 试验机

德国航空研究所（DFL）的 Do 27 试验机（YA913）为数字式电传操纵系统中的部件样机提供了一个合适的飞行测试平台。通过飞行试验，研究人员可以在实际飞行条件下，研究数字控制器中的量化和采样性能对包括飞行员输入、信号处理环节以及飞机平台在内的整个闭环系统控制性能的影响。Do 27 是由德国道尼尔公司制造的一款轻型单引擎短距起降（Short Take-off and Landing，STOL）多用途飞机。作为一种具有 4 到 6 个座位的上单翼飞机，它主要被德国联邦武装部队部署用于军事任务。从 1956 年首飞到 1965 年期间，德国共制造了 600 多架 Do 27 飞机，它是德国在第二次世界大战后大规模生产的第一款飞机（图 6.80）。

图 6.80　Do 27 试验飞机

1. 液压系统

Do 27 飞机没有配备液压动力源，并且因为资金短缺和没有可用现成产品的缘故，液压动力组件是由 DFL 自己研制的。其中一台自动调节的轴线柱塞泵可以产生 3000 磅/英寸^2（210 巴，即 2.1×10^6 帕）的恒定液压，该泵通过机载电源供电的电动机进行驱动。需要指出的是，最初实验中采用的并非该轴向柱塞泵，而是一台固定排量泵，该设备通过一个限制上下阈值的两点压力开关进行控制，可以产生的最大压强变化约 435 磅/英寸^2（30 巴，即 3×10^5 帕）。前文已经提及由于缺乏资金，德国联邦武装部队回收了废弃或报废的 F-86 "佩刀" 飞机的部件，因此该液压动力组件的许多部件就是来自于这些回收的部件，此外，该液压动力组件中还使用了现成的工业用旁通球阀，以及技术人员新研制的带有堵塞指示器和旁通阀的新型液压过滤器。由于空间限制，液压系统必须安装在飞行员座位后方的机柜中。机柜上安装有液压监测装置和电气控制面板。此外，技术人员还可以利用一个通过电缆插入机柜的"中央控制面板"进行远程控制和监控。副翼和升降舵的液压回路是分开的，它们分别通过高压软管和关闭球阀连接到液压系统。由于设计非常紧凑，工作中液压系统会在较短的时间内迅速升温，因此系统内部的通风设计十分重要。即便如此，由于可耐受的最高液压油温大约仅为 70℃，这给飞行试验的时长带来了严重限制。

这种液压系统得到了较为广泛的应用，它被应用于 Do 27 飞机、彭布罗克（Pembroke）飞机（YA 558）和 DFL/DFVLR 的 HFB-320 飞机（见第 7 章）中，后来还用于荷兰代尔夫特理工大学的 DHC "海狸"（Beaver）飞机。此外，该系统还用于柏林技术大学开展的相关地面试验以及 DFL/DFVLR 开展的相关飞行试验。

2. 电传操纵系统安装

在经过 1967 年大量的地面试验后，德国航空研究所的 Do 27 飞机（YA 913）的升降舵和副翼上安装了一套双轴单余度电传操纵系统（图 6.81 和图 6.82）。

图 6.81　Do 27 飞机的数字电液控制，从右到左：控制装置、控制电子设备、副翼和升降舵的电液作动器、带切换机构的液压系统

3. 电传操纵控制装置

为进行电传操纵控制，飞机驾驶舱右侧试飞

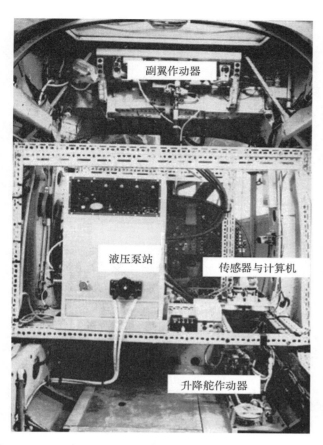

图 6.82　Do 27 飞机机舱中的数字式电传操纵控制组件

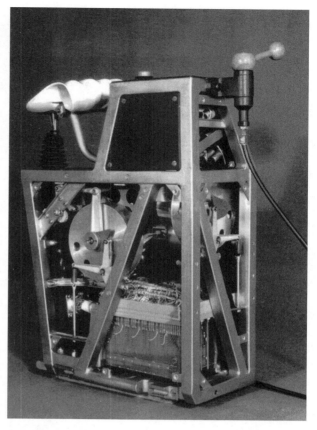

图 6.83　带控制力模拟的侧握手柄操控装置，箱体中包含侧力编码器和信号处理单元

员座椅处的传统机械控制系统被拆除，改而安装了电传操纵控制装置。试飞员的控制杆运动通过软轴鲍登（Flexball Bowden）缆索传输到编码齿轮，编码齿轮上装有连接编码器和电子部件，它安装在一个固定于飞机结构底板的盒子中。控制杆上安装有用于力感反馈的可调弹簧阻尼器系统，它可以模拟作用在控制舵面上的气动力。

图 6.83 给出了安装在 Do 27 飞机和彭布罗克飞机中的改进试飞员操控装置，在这个所谓的"侧握手柄"（sidegrip）控制装置中，控制输入通过一个位于手腕下的万向环轻敲产生。侧杆装置可在俯仰通道和滚转通道上进行操控，运动幅度为 ±45°范围。因为飞行员可以将手臂放在扶手上，通过手掌运动操纵飞机，"手动接触飞行"（德文 Fliegen durch Handauflegen，英文 Fly by manual contact）这个术语就是为描述通过侧握手柄进行操控而引入的。

"侧握手柄"采用带特殊凸轮的自定心（self-centering）弹簧阻尼系统为每个通道产生力反馈，这种设计在中立位置提供了刚性预加载，而在弹簧偏转时具有更加柔和的特性，阻尼装置采用与凸轮盘同轴、流量可调节的液压叶片泵。侧握手柄、编码器和电子信号处理单元一同构成了图 6.83 所示的紧凑操控装置。

4. 电动液压驱动

6.3.1.2 节对电动液压作动器的设计进行了介绍，如图 6.84 所示，该设备安装在飞机底板，其活塞行程输出通过两个绳环和一个可切换的磁力齿轮联轴器连接到 Do 27 飞机的基本机械控制装置，基于该设计，作动器实验系统可以与飞机的基本机械控制系统断开连接。此外，每个齿轮联轴器中都安装了安全剪切销装置（见图 6.85）。为避免过载，这些剪切销被设计成仅当作动器施加的力达到固定的最大值时，才能传递到控制舵面的绳缆。

图 6.84 带磁力齿轮联轴器的电动液压作动器

图 6.85 电传控制与机械控制之间的安全剪切销连接点

5. 实验电传操控控制的启动

在启动电传操纵控制之前,将电传操纵控制系统与机械控制系统进行同步和匹配对平衡安全飞行员输入装置和试飞员输入装置的控制行程至关重要。当两名飞行员都将操纵设备置于中立位置时可以实现两套控制系统间的匹配。当两名飞行员同时操纵他们的切换指令开关时,电传操纵控制可以通过磁力齿轮联轴器切换到基本机械控制。

6. 安全方案

"安全方案的设计原则是安全飞行员可以在任何时候通过基本控制系统接管飞机的控制权,例如,在试飞期间出现危险操作或实验电传操纵系统发生故障时"。

当电传操纵系统启动后,飞机由位于驾驶舱右侧的试飞员进行控制,此时驾驶舱左侧的安全飞行员仍然可以随时监控试飞员的控制输入,通过飞机的基本机械控制系统,他可以从操纵杆上获得操控运动的反馈。在正常断开程序失败或电传操纵系统发生故障的情况下,安全飞行员能够破坏(overrun)安全剪切销,将电传操纵控制与基本机械控制断开,破坏安全销所需的力约为基本机械控制极限负载的 10%。

正常断开程序是通过控制杆上的开关启动,断开指令发出后,电动液压作动器的活塞室通过旁通阀发生短路。这两个活塞室之间的旁路,确保了即使在连接装置发生罕见故障的情况下,机械控制也能保持运行。安全飞行员只需施加更大的控制力就可以从试验系统中夺得飞机控制权。

DLR 试验直升机 Bo 105-S3 的控制系统也采用了类似的安全方案,该直升机配备了并行数字式电传操纵系统(见第 8 章)。然而不同于紧急情况下这里是采用安全剪切销和磁力齿轮联轴器将实验电传操纵系统与基本控制系统的连接断开,Bo 105-S3 直升机中电动液压作动器的活塞是旁通的,因此控制舵面很容易通过机械控制装置进行驱动。

另外,若飞行中液压系统中的压力开关检测到压力过大,或者液压软管发生破裂并且作动器中的限位开关检测到舵偏到达满足舵位置,此时电传操纵系统将自动断开。

7. 飞行试验

1967 年 6 月 12 日,Do 27 试验机(YA 913)进行了世界上首次使用数字式电动液压主控系统的飞行试验(图 6.86)。飞机上的电传操纵系统被称为 DPFS(德文 Digitale Flugzeug Primär Steuerung,英文 Digital Aircraft Primary Control,中文意为数字式飞机主控)系统。在 Do 27 飞机的飞行试验与演示验证中,通过对标准机动中 DPFS 系统的参数进行测量,飞行员确定了机动飞行中可接受和可察觉的最大时延。在数字系统中,量化(quantization)是指将连续的信号或数据按照一定的规则和精度转换成离散的值或数字表示的过程,这一过程涉及将连续信号的幅度或数值舍入到最接近的离散级别,以便用有限数量的位数来表示,量化的目的是将连续信号或数据转换成数字形式,以便于数字信号处理、存储和传输。量化过程中的精度决定了数字表示的质量和准确度。因此,量化精度是数字式控制系统设计中的一个重要参数。飞行试验中,Do 27 试验机上的控制系统能够改变量化精度参数,从而评估不同粒度离散增量值的影响。但是需要指出的是,这种评估只能视为一种初步的尝试,因为整体控制性能还受到飞机基本机械控制系统部件柔性、摩擦和死区等因素的影响。

图 6.86 约翰内斯·特斯泰根(Johannes Tersteegen)在 Do 27 试验机上通过侧握手柄进行控制

Do 27 飞机机舱的内部空间有限,有效载荷搭载能力不足,机上可用电能也受限,难以支持飞行中更加深入的研究以及相关测量工作的开展。

但是,在首个数字式电传操纵系统以及相关数字电子元件研制经验、数字控制可靠性理论研究的基础上,研究人员为下一小节中将要介绍的彭布罗克试验飞机研发了另一个技术更为先进的系统。

6.3.1.4 彭布罗克试验验证机

彭布罗克飞机(Pembroke)是英国制造商珀西瓦尔飞机有限公司(Percival Aircraft Ltd.)生产的双引擎多用途轻型运输机。1952 年到 1959 年期间,珀西瓦尔公司共生产了 136 架彭布罗克系列飞机。彭布罗克飞机是一种上单翼飞机(图 6.87),它的主起落架安装在两个发动机短舱中,机上有两台 9 缸星形发动机(radial engine),每台发动机功率为 540 马力。由于彭布罗克飞机的机舱较大,它可以搭载更多的有效载荷,同时还可以容纳一名额外的试飞工程师(图 6.87)。

图 6.87 珀西瓦尔 - 彭布罗克试验机(YA 558)

1968 年,技术人员在一架珀西瓦尔 - 彭布罗克飞机(YA 558)上安装了一套三冗余数字式电动液压主控制系统,用于升降舵的操控(图 6.88)。数字信号处理 / 传输系统以及故障检测系统组成了一个具有三重冗余子系统的中央单元(图 6.89)[45]。这些功能子系统基于对潜在可靠性模型的研究和可靠性计算分析的结论开发,其中考虑了所有机械和电子部件的随机故障。子系统可以通过自诊断系统进行检测,若发生部件故障可以手动进行更换。三个并联子系统都由铰链机构通过导轨与安全装置连接,它们可以接收到相同的机械和电气信号。

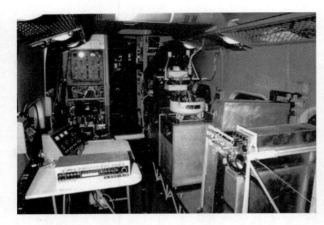

图 6.88　彭布罗克飞机舱内的数字电传控制组件
（右：数字计算机、两个液压系统、LN3 惯性平台，
左：数字计算机输入控制台、液压系统中央操作台、
三工作动器驱动）

图 6.89　具有故障检测功能、可手动更换的
三余度电子子系统；另外两个子系统被移除

该试验系统支持数字控制器的信号输入，而机载数字控制器由一台霍尼韦尔 H316 通用数字式计算机和一套飞行数据采集系统组成[46]，它支持通过编程进行功能开发。

飞机升降舵操纵采用位于英国伍尔弗汉普顿的霍布森有限公司（H. M. Hobson Ltd., Wolverhampton, England）生产的三冗余电动液压系统提供动力（图 6.90）[47]。德国航空研究所（DFL）为每个通道开发了双余度扭矩电机，作为输入信号的数/模（D/A）转换器。飞机副翼操控动力由 6.3.2.1 节中描述的单余度作动器提供。总的来说，这架彭布罗克验证机上的实验电传操纵系统与原基本机械控制系统之间的耦合与 6.3.1.3 节中 Do 27 试验飞机的设计类似，它们使用了相同的切换程序和装置。

图 6.90　采用电磁齿轮联轴器的
升降舵电液三工作动系统

彭布罗克试验机最初试验的重点是控制系统的安全性和可靠性，以及飞机对数字信号传输的响应特性。通过地面试验与飞行试验，确认了在飞机运行中，数字系统每次检测和修复的故障在控制信号中产生的差异不超过 0.3%，这验证了系统的安全性与可靠性。

彭布罗克试验机后续飞行试验主要是研究飞行员操纵情况下，将模拟量转换为数字量的量化精度对整个飞行器系统可控性的影响[45]。此外，技术人员还详细研究了仪表着陆系统（Instrument Landing System, ILS）进近中下滑道量化表征精度的影响。基于统计学方法的试验结果分析表明，对于最精确的量化，即以 127 个不同的级别对信号进行量化时，飞机的控制性能可以媲美基本机械控制系统，这一结果也与许多试飞员的主观感受相一致。在对彭布罗克飞机安装可编程数字控制器后，技术人员进一步开展了改变试验验证机飞行品质的试验，相关试验结果对数字飞行控制领域正在进行的研究具有重要的指导意义，特别是在具有一系列不同飞行品质新型飞行器系统的试验评估方面（见第 7 章）。

6.3.1.5 后记

1968 年，在安装数字式电动液压主控制系统后，彭布罗克试验验证机完成了首次基于数字式电传操纵系统的着陆飞行。

许多客座飞行员、科学家甚至政治家都驾驶过 Do 27 试验机和彭布罗克试验机，其中包括德国著名的控制工程专家温弗里德·奥佩特（Winfried Oppelt），德国下萨克森州前首席部长格奥尔格·迪德里希斯（Georg Diederichs），以及第一位登上月球的宇航员尼尔·阿姆斯特朗（Neil Armstrong）（图 6.91 和图 12.11）。在对 DFL 进行访问期间，尼尔·阿姆斯特朗表示难以想象德国仅凭如此少的研究和技术人员，竟然成功在试验飞机上实现了数字式电传操纵控制。

明了基于数字信号处理的电液飞行控制系统的可靠性是有保障的，现在需要进一步通过耐久性（endurance）试验来证明可靠性概念的理论及方法是有效的。为此，在经过大量的改造后，研究人员将这些为数字式电传操纵飞行控制系统研发的设备应用到德国海军海洋学研究中心的"行星"号（Planet）试验船的舵桨控制中，"行星"号（Planet）试验船是在 1967 年由位于汉堡的诺德韦夫特造船厂（Norderwerft）建造，注册总吨位为 1950 吨，它于 2004 年退役。耐久性试验十分成功，结果表明该数字式控制设备可以提供船舶 24 小时持续运行的可能性[48]（图 6.92）。

图 6.92 "行星"号研究船
（弗兰克·贝林（Frank Behling）提供）

6.3.2 道尼尔 Do 28D "空中仆人"研究飞机

冈瑟·舒泽尔（Gunther Schänzer）

6.3.2.1 BGT Do 28D FBW（1968—1978 年）

地处柏林根（Überlingen）的博登湖仪器技术公司（德文 Bodensee-Gerätewerk，简称为 BGT）是 20 世纪 60 年代至 70 年代德国领先的飞行控制系统研发和制造商，德国所有的三种 VTOL 飞行器（Do 31、VJ 101、VAK 191）的原型机都是该公司与制造商道尼尔公司（Dornier）、梅塞施密特 - 博尔科 - 布洛姆公司（Messerschmitt-Bölkow-Blohm，MBB）以及德国不来梅联合航

图 6.91 彭布罗克验证机飞行试验后的一次交流
（左起：试飞员梅耶（"HaLu" Meyer）、
电传操纵控制专家 K. H. 德奇（K. H. Doetsch）、
宇航员尼尔·阿姆斯特朗（Neil Armstrong））

从深入的理论研究到试验系统及部件的研发制造，从实验室实验到实际飞行试验的实践证

空技术公司（VFW Bremen）联合开发、制造和测试的[19]。应德国汉莎航空公司（Deutsche Lufthansa，DLH）的要求，BGT 设计、制造和测试了一种用于速度控制的自动油门系统，该系统被安装在汉莎航空公司的波音 707 机队，满足了在恶劣天气条件下进行可靠进近的要求，符合二类盲降标准（CAT 2）[19]，这些工作帮助 BGT 后来成功赢得了欧洲多功能"狂风"战斗机（Tornado）和空中客车 A300 飞机的飞行控制项目招标。

为了更有效地测试飞行控制方案及相关设备，1967 年，BGT 决定购买一架双引擎试验飞机。这架新飞机计划用于多种任务，它应配备可灵活拆装的设备，允许对设备进行快速改装和购置，并具有运营成本优势。

研究人员设想了一种双引擎飞机，它应支持仪表飞行，具备较大的机上空间，允许搭乘足够的有效载荷并进行灵活改装，同时还要具有较好的飞行品质。其他指标如最大空速、飞行高度和航程相对而言是次要的。道尼尔 Do 28D "空中仆人"（Skyservant）飞机基本满足了这些要求（图 6.93），该机的宽大机身提供了较大的空间。由于最大飞行高度较低，增压舱不是必需的。机身蒙皮上容易打孔，可以用于安装天线，同时这也与改装后飞机的重新认证相关。该飞机具有所有要求的民用认证证书。

除了基本的机械控制外，飞机上还安装了机电作动器，用于升降舵、方向舵、副翼和推力的控制。此外，为补偿非对称单引擎飞行和拉飘机动操纵中过大的控制杆力，飞机上安装了为升降舵、方向舵和副翼提供自动配平功能的电动配平马达。为保证飞行安全，飞行员可以通过具有特定滑动力矩限制的可调滑动离合器断开与所有配平电机的连接，此外，他还可以通过控制杆上的紧急开关断开离合器。在离合器断开时，飞行员实际上在驾驶一架经过适当配平的飞机，机电作动器直接连接到控制系统中的传动杆，随操纵杆一起运动。飞行员能够实时掌握操纵杆的运动，从而监控飞行控制系统的运行。基于这个简单可

图 6.93　Do 28D "空中仆人"飞机
（带机头吊杆和气流传感器）

靠的安全方案，改装飞机的民用认证得以相对容易地取得。

由于 Do 28D 飞机周围的气流存在强烈的螺旋桨滑流效应，因此只能在有限的范围内实现对飞机静压和动压的精确测量。Do 28D 基本型飞机在垂尾顶端安装了两个相邻的普朗特（Prandle）静压管，它们的测量精度满足正常飞行的要求，但是不满足飞行试验的测试要求。在交付 BGT 公司 Do 28D 试验飞机前，道尼尔公司在飞机头部安装了一个包含精密普朗特管的机头吊杆，该吊杆的指向与空气流动方向恰好相反，利用这个特殊的气动数据传感器，可以实现对飞机真实空速矢量的精确测量（图 6.93）。

为了在不对控制系统进行重大改动的情况下对不同的飞行控制律进行测试，技术人员在飞机上安装了各种传感器，这些传感器设备连同一台模拟式计算机被安放在一个经过认证的机柜中（图 6.94）。通过适当的信号转换器，这台模拟式计算机可以访问所有的传感器数据。

由于 Do 28D 飞机的重量相对较轻，而且最大空速较低，因此舵面操控时不需要强力的液压

图 6.94　带电子设备和模拟式计算机的机柜

作动器。机载模拟式多通道墨水记录仪可以记录飞行数据。事实证明,这种简单的"全电飞机"作为试验飞机已经能够满足试验要求。在常规飞行试验中,试验飞机上除驾驶飞机的两名飞行员外,还包括一名飞行试验工程师。

飞行控制和制导系统所需的其他传感器包括:①飞机三个轴的固定式角速度陀螺仪;②三个轴的固定式线加速度计;③三轴惯性参考平台;④气压高度计和雷达高度计;⑤无线电导航接收设备,包括甚高频全向信标(VHF Omnidirectional Range,VOR)、距离测量设备(Distance Measuring Equipment,DME)和仪表着陆系统(Instrument Landing System,ILS)[49]。

利用这套基本设备,Do 28D 飞机成功完成了第一个试验项目,该项目的目的是证明 SEL 公司的军用微波着陆系统 SETAC(SEctorTA Can and TACAN(Tactical Air Navigation)of the company SEL 的缩写,意为 SEL 公司的 SEctorTA Can 和战术空中导航系统)可以实现飞机的航迹自动跟踪[50]。

试验前首先需要在模拟式计算机上实现由阻尼器、自动驾驶仪和自动油门组成的常规飞行控制系统(图 6.95)。采用传统方法设计飞行控制器,为对其进行验证,基于气动手册和附加的飞行试验数据确定飞机的特性和气动导数[49],建立飞机动力学模型,然后在实验室中将飞行控制器与飞机动力学模型一起,使用地面飞行模拟器进行模拟和优化。由于 Do 28D 飞机具有较大的推

力矩,飞行控制器在地面模拟和飞行试验中都能圆满完成任务。基于标准仪表着陆系统(ILS),飞机以 3°下滑角沿跑道中心线进近过程中与标称值的偏差可以在传统的十字指针仪表上进行显示(图 6.96),它可以通过手动操控或自动控制修正。对于 SETAC 系统,飞行员可以使用 SETAC 操作台上的旋钮手动选择所需值。

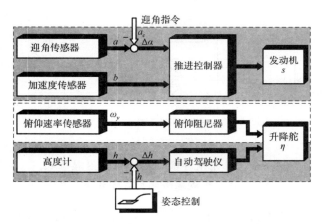

图 6.95　飞机常规飞行纵向运动控制框图

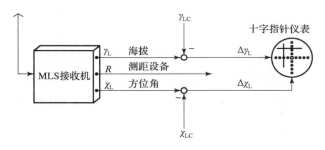

图 6.96　微波着陆系统(Microwave Landing System,MLS)的标准显示

例如,在自动控制模式下,飞机进近中将航向和高度偏差作为指令信号输入(图 6.96)。而在 SETAC 模式下,进近路径可由飞行员在允许边界内任意选择(图 6.96)。如果 SETAC 系统的中心线指定为目标方位角,目标路径下滑角指定为 3°,则手动进近和自动进近的条件与传统 ILS 方法几乎相同(SETAC 具有更好的信号质量和更高的测量精度)。如果在简单轨迹跟踪装置中使用传输的距离信号(图 6.96),则 SETAC 甚至可以生成具有期望倾角和方位角的飞行航迹。该航迹跟踪装置最初采用的是模拟式器件,其中包括运算放大器和非线性元件。由于"空中仆人"飞机机身中

没有安装空调,剧烈的温度波动会导致模拟式电子器件生成的目标航迹出现无法接受的不连续现象(如弯曲、跳跃),因此每次飞行前,技术人员都需要对模拟式航迹跟踪装置进行仔细地校准。这个问题可以通过采用适航的可编程数字式计算机解决,它可以很快计算出简单非线性函数的结果。

题。技术人员通常采用基于传递函数和特征根的方法进行飞行控制器的设计,但考虑到飞机上大量的状态和反馈,这些标准方法不再实用。

最优状态反馈理论提供了这样一种理论方法,即通过最小化代价函数来实现最优的飞行控制。通过在飞行试验和计算机仿真之间进行多次迭代,研究人员得到了代价函数 Q(选取为品质准则)中各种因素的特殊分布,其中,目标轨迹变化:3%,指令迎角变化:3%,风切变:10%,大气湍流:84%[51]。代价函数 Q 包含四个指标项,它们分别为:与目标航迹的偏差项、与期望速度的偏差项、降低油门控制项和乘客舒适度项。由于不可能同时最小化这些指标,实际控制器设计中必须对这些因素进行折中。在优化之前,需要回答 1 米/秒速度偏差或 1 米高度偏差存在多大影响的问题。显然,答案取决于当前飞机的飞行条件,例如飞机在什么高度飞行。基于"高度误差和速度误差引起的能量变化同样令人不适"的假设,技术人员由此开发的控制逻辑在飞行中效果良好[51]。此外,指标设置中要重视飞行员对低油门运动、驾驶舱可接受的加速度以及低俯仰/偏航运动的偏好,给予这些指标更高的权重。在良好的视觉条件下,俯仰和偏航运动对飞行员的影响甚于天气干扰的影响,但在能见度低的情况下,

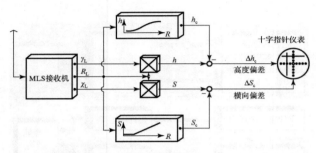

图 6.97 带有航迹跟踪装置的 MLS 接收机,用于生成地面弯曲飞行路径

传统的飞行控制系统由阻尼器、自动驾驶仪和推力控制器等独立组件组成(图 6.95),当飞机航迹倾角超过 4°且空速较低时传统控制系统会存在操作限制。惯量耦合引起的巨大力矩变化会导致飞机不再可控,这些耦合效应也必须在飞行控制器设计时进行仿真考察(图 6.98)。

全状态反馈是 20 世纪 70 年代初发展起来的一种新型控制方法,它有望解决上述飞行控制问

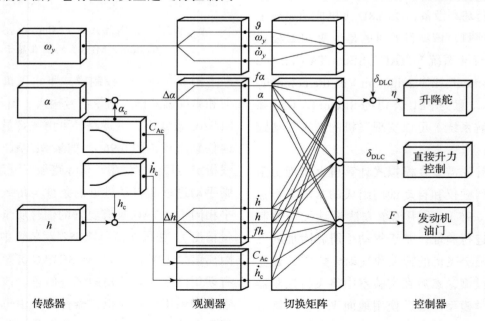

图 6.98 综合飞行控制系统

这一标准将不再适用。

在无风的大气条件下，使用多变量耦合飞行控制系统，可以几乎零误差地实现指定的飞行航迹和速度指令，此时代价函数的数值几乎为零。为了在飞行控制律优化时考虑飞行试验结果，需要选择性地调整反馈。由于代价函数 Q 只包含四个基本指标，因此只需要评估三个加权因子。飞行试验中，飞行误差以及油门活动信息容易获得，而飞行员主观舒适度和乘客舒适度需要在试验后才能进行评估。经过入门培训之后，飞行员和飞行试验工程师能够很好地提出代价函数加权因子的定量变化规律，在飞行模拟器中采用这些修改后的加权系数调整飞行控制律，可以使代价函数进一步优化。优化后的参数值被加载到试验飞机的模拟式计算机上，基于新的参数，又可以开展新的飞行试验。通过数轮迭代，参数可以很快收敛。在耦合式自动驾驶仪中，那些对总代价函数值影响小于1%的部分会被忽略。

图 6.98 给出了综合飞行控制系统的控制器架构，其中没有直接测量的状态通过观测器进行估计，控制量最初只包括升降舵、升降舵配平调整片（elevator trim）和油门，后来进一步增加了直接升力控制。图 6.99 给出了图 6.98 所示控制系统的开环控制系统环节，其将指定的飞行路径和空速转化为所需的作动器运动指令，注意图中并没有单独显示开环非线性控制。推力大小与飞机重量密切相关，它是指令航迹倾角和升阻比 C_L/C_D 的函数。升降舵偏转以及由此产生的俯仰力矩取决于指令升力系数 C_L，此外推力变化产生的推力矩也通过升降舵进行补偿。

横向运动控制的传感器设备主要包括滚转轴和偏航轴上的两个角速度陀螺仪、一个侧滑角传感器（飞行记录传感器的一部分）以及一个固定在机身上的横向加速度计。这些传感器的信号被馈送到控制逻辑中生成副翼指令和方向舵指令。横向加速度信号主要用于倾侧转弯时的无侧滑飞行。在转弯飞行中，由于倾侧角（即绕速度矢的滚转角）的增加导致飞机纵向升力减小，为精确保持飞机高度，需要在控制器中考虑升力补偿。

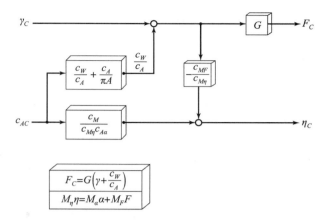

图 6.99　针对图 6.98 的开环控制系统

在不深入讨论更多细节的情况下，可以说飞行控制器模拟了飞机的逆向动力学行为，至少就飞行性能而言是如此。

技术人员采用航迹跟踪装置（图 6.97）和综合飞行控制系统（图 6.98 和图 6.99），开展了航迹倾角高达 8°的陡坡进近飞行试验。图 6.100 给出了飞行试验结果，从图中可以看到，为了与固定在地面上的标称飞行航迹剖面相会，飞机飞行中的初始航迹倾角约为 −2°，然后弯曲过渡到 −7°的阶梯进近。在最后一次拉飘之前，垂直速度须根据另一条弯曲飞行航迹剖面中 3°的参考航迹倾角，在一定的时间内减小到要求值。在"空中仆人"飞机的短距起降（STOL）模式下，典型的进近速度只有 70 节（约 129.6 千米/小时），由于速度很慢，几乎难以看到飞机的拉飘飞行。如图 6.100 所示，该次进近是通过常规的自动着陆程序完成的，在高度和速度控制方面没有出现可疑的超调，进近中遭遇到最大 7 节/100 英尺（约每 100 米增加 11.81 米/秒）的强风切变，此风切变的影响完全被飞行控制器的控制补偿。

在短距起降进近中，必须精确地控制气流条件。研究人员在飞行试验中分别基于动压（常规方法）、迎角 α 和升力系数 C_L 发展了三种不同的方法。升力系数可以利用机翼上侧的压力孔来确定，首选的位置位于螺旋桨滑流影响之外的机翼四分之一弦线处。通常飞行记录传感器的振荡频率随空速线性增加，它可能激发机头吊杆的振荡，从而引起结构振动。三种控制气流条件的方法都

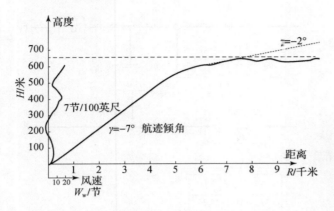

图 6.100　沿弯曲飞行路径的自动陡坡进近
（包括自动着陆）

取得了令人满意的结果，即使是道尼尔飞行记录传感器几乎无阻尼的振荡，也没有给综合飞行控制器造成严重的不良影响。

对飞机空速矢量（即飞机相对于运动大气的速度矢量）的精确测量对于飞行控制律设计、参数辨识、风切变、尾涡、最优滑翔等各种研究都具有重要意义。因此，所有空气数据相关的信号，包括标准空气数据传感器信号、飞行日志、静压、机翼压力，都在空气数据计算机中进行了最优估计。

虽然所有与微波着陆系统 SETAC 相关的 STOL 进近试验任务都已成功完成，但还需要消除飞行操纵中的两个缺陷：

（1）在不同飞行阶段的切换期间，例如从长距离巡航飞行过渡到陡坡进近飞行阶段，飞行控制系统的操控不方便，增加了飞行员的工作量。

（2）航迹标称值偏差信息和气流条件偏差信息的显示设计存在局限，例如用于 ILS 进近的十字指针仪器，其设计仅适用于具有固定标称值的传统线性（非弯曲）进近。

对于飞行员来说，重要的问题是知道飞机在飞行航迹中的精确位置，以及如何改变推力来维持飞机在曲线飞行中的平衡，其中尤其重要的是飞机降落拉飘阶段中如何增加推力以降低下沉速度。理论上飞机降噪延迟进近不会给飞行控制系统带来任何问题，但在低能见度情况下可能会给飞行员带来操控上的困难。与 DLR 和 VDO 航空公司合作（今为代傲航空电子公司），BGT 开发了一种包含符号发生器的电子显示屏，该设备显著提高了飞行员在动态进近过程中的舒适度。在 20 世纪 70 年代早期，研制这种电子显示器及符号发生器还是一个相当大的挑战（图 6.101）。

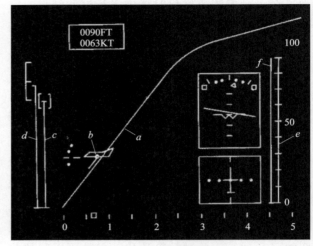

图 6.101　曲线进近显示

为了提高飞行导引系统的易用性，Do 28D 飞机的两个控制杆都配备了传感器，用来记录飞行员操控过程中施加的控制力，并将其作为指令输入到综合飞行控制系统。与其他电传操纵项目一样，滚转通道的控制输入为滚转速率指令，它同时被集成到实现指令滚转角的滚转姿态保持模态。在满足纵向运动平衡的前提下，如果飞行员不再施加控制力，则飞机将会保持给定的滚转角进行曲线飞行。如果指令滚转角减小到零，则飞机会保持固定航向飞行。为了减少飞行员飞行中的操控，特别是在湍流大气条件下的操控，飞行中一旦飞机指令滚转角低于某个预定的阈值，自动驾驶仪就会固定航向进行飞行。

类似地，技术人员也实现了飞机纵向运动的电传操纵控制功能。通常，自动驾驶仪认为控制杆力信号代表俯仰速率指令，并将其集成到俯仰姿态保持控制模态中。如果控制杆力信号变为零，则指令俯仰姿态保持不变。这是高机动飞机驾驶盘操控（Control Wheel Steering, CWS）的标准方法，它相当于 C* 方法（见 6.2.2.4 节）。

然而，在综合飞行控制系统中，根据图 6.98，控制杆力信号被认为是指令垂直加速度，它被整合到控制回路以产生指令垂直速度。一旦指令垂直速度小于设定的阈值，此后飞机将进入高度保持模式。对于兼容的边界条件，飞机可以通过指令高度和指令垂直速度，平滑地过渡到目标航迹。

当飞机在综合飞行控制系统作用下沿预定航迹自动飞行时，其相对于空气的气流角（如迎角）并未预先定义，需要根据实际配平飞行条件来确定。同时，飞机俯仰姿态不能由飞行员直接控制，飞行员在操控中需要习惯这种方式。特别地，在短暂的熟悉阶段后，飞行员还需要接受另一现象，即飞机的响应存在"非最小相位效应"。比如飞机在下降飞行航迹逐渐拉平时，飞行控制器会相应地减小推力（图 6.98），如果飞行员要给出在下降方向上增加垂直速度的指令，则他需要前推控制杆（注意该飞机配备了直接升力控制），由于增大垂直速度需要减小推力，但是推力变化会导致飞机产生较大的诱导俯仰力矩，需要通过升降舵对俯仰力矩进行补偿，而这会导致飞机升力的变化，引起垂直速度的减小，这就是一种典型的"非最小相位效应"：增大物理量的控制伴随着初始阶段的物理量减小的现象。通常认为这种效应难以控制，不过飞行员认为这一过程很自然，因为在这一过程中，未受控飞机的行为与受控飞机的行为完全一致。

关于直接升力控制（DLC）系统是否有用的问题在 20 世纪 70 年代早期就被讨论过。通过与道尼尔合作，BGT 技术人员为 Do 28D 飞机的着陆襟翼配备了更快的作动器，以实现 DLC 功能[52]。在正常模式下，襟翼会在最大为 52°的偏转范围内工作，并像之前一样可被锁定在三个固定位置。由于 Do 28D 飞机上没有液压供应设备，为实现 DLC 襟翼的偏转控制，技术人员为其安装了由利尔西格勒公司（Lear Siegler）研制的机电作动器，它将襟翼偏转速度从 2.3°/秒提高到 15°/秒。出于飞行安全考虑，在 ±10°襟翼范围内，襟翼的偏转速度会被限制。襟翼偏转引起的升力系数 C_L 的最大变化可达 0.6，基本上可以实现对阵风引起的垂直加速度的抑制。当襟翼位于 10°的固定位置时，它主要引起升力变化，阻力变化相对较小；当它位于 42°的固定位置时，主要带来阻力变化，升力变化相对较小（见 9.2.5 节）。

在对综合飞行控制系统的优化过程中，研究人员分别使用了包含或不包含 DLC 影响的代价函数。基于 Do 28D 飞机的参数，与不考虑 DLC 时的结果相比，考虑 DLC 时的代价函数值降低了 40%（图 6.102）。这一改进不可忽略，但其通常出现在设计中不直接考虑的区域。代价函数改进的原因首先是因为发动机的油门活动有了实质性改善，由于襟翼对垂直和水平阵风扰动反应迅速，因此利用其产生的阻力变化来调节速度使得高频的推力控制变得不再必要。其次是采用 DLC 后降低了多余的俯仰速率，它对代价函数的影响次之。值得注意的是，Do 28D 飞机中 DLC 系统的阻力变化作用明显比升力变化更重要。

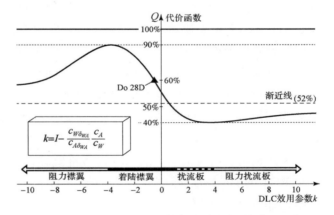

图 6.102　优化控制器中直接升力控制（DLC）对归一化代价函数的影响（数值 100% 代表无 DLC），参数 k 为襟翼升阻比的测量值

这些影响可以通过 DLC 效用参数 k 来表述，如图 6.102 所示，假设飞机的 DLC 效用参数 k 在 $-10 \sim +10$ 的范围内变化[52]，扰流板偏转会导致飞机阻力增加，同时升力降低，当使用扰流板时控制效果最佳，效用参数值为 $k \approx 4$，此时代价函数仅为不考虑 DLC 情形时代价函数值的 40%。对于典型的着陆襟翼偏转，它会引起升力增加，同时阻力也略有增加，此时对应的效用参数值为 $k \approx -3$，在这种情况下，代价函数为无 DLC 情形代价函数值的 90%。由于改进较小，此时的 DLC 收益并不明显。对于非常大的 k 值，代价函数逐

渐逼近于52%的取值，在这些情况下，与阻力变化相比，升力变化相对较小。扰流板的性能（升力随阻力增加而减小）总体上优于升力襟翼（升力随阻力增加而增大），尤其纯阻力扰流板具有非常好的效果，它通常更容易安装，并且其故障产生的不利影响较小。

对比陡坡进近的飞行航迹，Do 28D 飞机在有无 DLC 时的控制精度几乎没有明显差异。但是相比之下，额外的 DLC 显著提高了飞行员和乘客的舒适度。因为它改善了发动机的推力控制，而推力控制是否平稳是飞行员最重要的评估标准，BGT 早在 DLH 的波音 707 飞机上测试推力控制器时，就已经吸取了这一教训[19]。

6.3.2.2 ITB Do 28D GPS 自动着陆（1980—1992 年）

在完成综合飞行控制系统的研制并成功进行验证后，从 1976 年开始，BGT 越来越难以获得足够的合同来维护它的飞机及团队。

布伦瑞克工业研究所（Institute of Technical Braunschweig, ITB）的飞行力学研究所承担了一项名为"风和湍流"的课题，风、风切变和湍流是飞行力学工程师和气象学家们的主要研究对象，因而风测量精度的提高对相关研究具有重要意义。由于 BGT 的 Do 28D "空中仆人"飞机上配备的传感器非常适合于测量空气的运动，ITB 与 BGT 签订了"空中仆人"飞机的租赁合同，利用该机收集风和湍流的测量数据，在这之中，提高测量精度是一项具有挑战性的任务。

要实现 10 厘米/秒的风速测量精度指标，要求地面速度和空速的测量精度也要达到 10 厘米/秒。要实现该要求，意味着在飞行试验期间传感器的测量精度不能低于"空中仆人"飞机速度（约 70 米/秒）的 0.15%。研究人员很快实现了大约 1 米/秒的测量精度，对于许多任务来说这个进展是令人满意的。随着德国下萨克森州布伦瑞克工业大学（Technical University of Braunschweig, TU-BS）在德国研究基金会（Deutsche Forschungs-gemeinschaft-DFG）的财政支持下部署了越来越多的飞机，Do 28D "空中仆人"飞机的所有权于 1980 年从 BGT 移交给布伦瑞克工业大学。飞机上过时的模拟式计算机已无法满足预期的应用需求，其被升级替换为高度复杂的数字式计算机系统。

为了提高测量精度，研究人员建立了一定的误差模型来描述测量误差。通过假设误差在测量时期内保持恒定，研究人员首先使用平稳维纳滤波器（Wiener filter）进行去噪，取得了较好的结果。基于高速数字式计算机，研究人员进一步采用卡尔曼滤波器（Kalman filter）进行时变互补滤波，显著地提高了测量精度。卡尔曼滤波需要进行实时计算，虽然计算机的运行速度很快，但由于计算能力的限制，在飞行试验期间，只能对重要的误差状态进行估计。尽管在飞行试验中存在这些实际限制，但数据的测量精度仍得到了明显提升。

除了实现更高精度的风运动测量外，飞行航迹测量也朝着实现更加精准定位的方向发展。在德国联邦研究与技术部（英文 German Federal Ministry for Research and Technology，德文简写 BMFT）的支持下，一套 Delco Carousel 4 型惯性导航平台被采购并集成到 Do 28D 飞机上。随着 1989 年以来 GPS 全球定位系统在飞机跟踪定位中的推广使用，飞机的定位精度也在不断提高。1987 年，在 BMFT 的支持下，Do 28D 飞机再次加装了两台塞赛尔公司（Sercel）研制的高精度的卫星定位接收机，这种定位接收机最初是用于大地测量任务。在这些设备的支持下，利用差分方法和 GPS 相位测量，飞机可获得优于 1 米的实时定位精度。由于通常只有少数卫星可见，而且 GPS 电磁信号强度很低，高精度的差分 GPS 信号非常容易受到干扰。研究人员通过将精确但易受干扰的 GPS 信号和具有短期高精度但长期漂移特性的惯导平台定位信号相融合，发展了互补融合滤波技术，实现了令人满意的高精度定位功能。另外，在 GPS 信号足够准确可靠的条件下，还可以利用卫星定位信息对惯性平台进行标定与校准。

事实证明，相对于先前使用的微波着陆系统（MLS）、SETAC 定位方法和基于 DME 的着陆系统（DME-based Landing System, DLS, DME 英文全称为 Distance Measuring Equipment，指测距设备），具有相位测量功能的实时差分 GPS 系统不仅定位精度更高，而且使用方便。从 1989 年初开始，随着 GPS 系统的发展完善，很少会出现在大约 30 分钟的时间内连续看不到四个 GPS 卫星的情形，有了 GPS 精确定位的保障，开展基于 GPS 定位的曲线陡坡进近飞行试验成为可能。1989 年 7 月，德国导航学会（英文 German Society of Navigation，德文简写 DGON）在布伦瑞克举行"卫星导航方法"研讨会期间，公开展示了两种进近方法，即常规进近和弯曲飞行路径的陡坡进近，每种进近都可以实现自动着陆，这表明卫星导航具有替代无线电导航的应用潜力。由于当时全世界都对这一结果提出了严重质疑，1991 年 9 月，国际导航研究所协会（International Association of Institutes of Navigation）在布伦瑞克举行的"第一届全球定位系统实时差分应用国际研讨会"上再次开展了基于 GPS 定位导航的飞行演示验证。

最终，这些研究促进了欧洲"伽利略"卫星导航系统的发展。在接下来的几年里，德国进行了包括飞行试验在内的深入研究，目的是进一步确定卫星定位替代可靠但不灵活的传统无线电导航（如 VOR、DME、ILS、RADAR）是否可行。在这些飞行试验中，综合飞行控制系统都发挥了重要作用，但是它并不是试验的主要对象，试验中很少需要对其进行改进或调整。

除了基于卫星的精确定位外，研究人员还进一步开展了提高飞机空速矢量（飞机相对于运动大气的速度）测量精度的研究，利用激光风速计等传感器的测量信息，通过改进互补滤波方法，进一步提高了测量精度。例如，在转弯飞行中存在许多误差因素，通过假定风速分量独立于飞机的飞行路径，可以在很大程度上补偿这些测量误差。为校准风速测量系统，Do 28D 飞机专门进行了转弯飞行试验，结果表明测量系统可以达到 10 厘米/秒的空速测量精度。高精度的风速测量引

起了气象学家们的兴趣，他们与布伦瑞克工业大学签订了许多合作协议，为飞行试验的开展提供了经费支持，其中主要的客户是阿尔弗雷德·韦格纳极地和海洋研究所（Alfred Wegener Institute for polar and marine research，AWI）。由于 Do 28D "空中仆人"飞机不适合在极地地区使用，AWI 管理层鼓励布伦瑞克工业大学的飞行制导研究所成立一家商业公司对相关技术进行转化，专门在极地地区提供科研用途的飞行测量服务。作为技术转化计划的一部分，该公司成立于 1985 年，名为航空数据飞行测量技术有限公司（Aero Data Flight Measurement Technique，Ltd.），简称为航空数据公司。

利用通过"空中仆人"飞机开发的精确定位方法，航空数据公司建立了无线电导航系统的校准程序。基于精确的定位方法和信息处理技术，该程序可以大大减少无线电导航系统校准的时间和工作量。航空数据公司开发并生产了完整的飞行测量系统（飞行校准系统），这些系统已交付给德国联邦航空交通管制局（BFS）和瑞士航空交通管制局。如今，航空数据公司生产的飞行检查系统（Flight Inspection Systems，FIS）占全球市场 70% 的份额。

作为 AWI 管理运营的三架飞机之一，极地 1 号是一架配备了 PTL 发动机[①]的 Do 128-6 "空中仆人"飞机。与 AWI 的密切合作带来了接管极地 1 号的可能性，在 BMFT、德国联邦下萨克森州的资金资助下，布伦瑞克工业大学接管了这一架飞机。极地 1 号飞机上配备了大量的传感器、强大的实时数字数据处理系统和数字数据记录设备，主要用于精密风测量和精密导航。出于成本原因，飞机上没有安装综合飞行控制系统。由于获得了足够的合同经费，在 1986 年至 1992 年期间 Do 28D 和 Do 128-6 这两架试验飞机经常共同开展飞行试验（图 6.103）。

在德国武装部队部署了 Do 28D "空中仆人"飞机后，该种飞机的维护就不再是问题。在成功进

---

① PTL 是德文 Propeller-Turbinen-Luftstrahltriebwerk 的缩写，PTL 发动机中文意指"涡轮螺旋桨发动机"，英文中一般称为 Turboprop engine 或 Propeller turbine jet engine。

图 6.103　布伦瑞克的 Do 28D 试验机（前）和 Do 128-6 试验机（后）

行了长达 24 年的飞行试验后，Do 28D "空中仆人"飞机停止了飞行。由于重新认证的限制，飞机上功能齐全的设备只能部分回收用于其他项目。由于为 Do 128-6 飞机的自动着陆飞行进行重新登记是不现实的，因此针对该飞机的随控布局飞机（Control Configured Vehicle，CCV）改造计划也被终止。自 1992 年以来，包括整套设备在内的 Do 28D 飞机一直陈列在沃尼格罗德（Wernigerode）的航空博物馆进行展出（图 6.104）。

图 6.104　向沃尼格罗德航空博物馆运送 Do 28D "空中仆人"试验机

6.3.3　道尼尔 Do 128 TNT OLGA

伯纳德·克拉格（Bernd Krag）和霍斯特·温恩伯格（Horst Wünnenberg）

6.3.3.1　引言

20 世纪 60 年代末至 70 年代初，NASA 和美国航空工业部门在新一代战斗机研发工作中开展了广泛的合作，新一代战斗机将具有一系列优异的特性，例如高机动性、放宽的静稳定性、大迎角下的受控飞行，以及在湍流中或接近地面飞行时结构振动的人工阻尼（地形跟随）。新一代飞机被称为"随控布局飞机"（Control Configured Vehicles），简称 CCV 飞机。根据电传操纵技术以及飞行控制技术的最新发展，相关研究机构与工业部门开展了针对特定任务的飞机布局优化研究，其中飞机的飞行品质将通过自动飞行控制来保证。

在德国的民用组件计划（Ziviles Komponenten Program，ZKP）[①]中，工业部门和研究机构也在积极推广 CCV 设计理念并启动了相应的研发项目。对于控制器创新功能的验证，由于飞行试验存在风险，而仅通过计算机进行仿真模拟的结果又不够准确，DFVLR 飞行力学研究所发展了第三种手段——"风洞动态模拟"试验技术（也称为风洞自由飞试验技术），即在风洞中使用可控的飞行器模型进行试验[53]。

风洞动态模拟的主要目标不是开发新的飞机布局，而是针对未来电传操纵飞行器可能的控制器功能开展研究。有了这项新的试验技术，从传感器、控制算法到作动器的整个链条都可以在风洞中进行研究和优化。此外，不同控制模块之间的相互作用及其对飞机飞行行为的影响也是研究的主题之一。由于地面风洞试验与空中真实飞行之间仍然存在差别，在采用"风洞动态模拟"技术进行研究的时候，还需要分析试验结果能在多大程度上反映飞机的真实飞行。

在提出的创新控制器功能中，其中一项重要的工作是"阵风减缓"控制，该控制的目的是使飞机在湍流大气中的飞行更加平稳。对于小型运输飞机来说，这一功能非常有吸引力，因为这些飞机在中等高度的空中飞行，其中常常伴有明显的湍流。当时道尼尔公司正在开发轻型运输飞机 Do 228 和 Do 328，他们对阵风减缓技术也非常

---

① 民用组件计划（ZKP）是 20 世纪 80 年代德国政府资助的一项多年度航空研究计划，涉及大学、研究机构和工业部门。

感兴趣，由此道尼尔公司与DFVLR双方联合启动了一项技术项目——"开环阵风缓解"（Open Loop Gust Alleviation，OLGA）。

6.3.3.2 风洞动态模拟

1. NASA研究中心

在讨论德国OLGA项目前期开展的风洞动态模拟之前，首先简要介绍NACA及其后续机构NASA开展的大量研究项目。早在20世纪40年代初，NACA兰利研究中心就已经使用特殊的自由飞风洞，研究了自由飞可控飞机模型的动力学性能，这些模型可以保持稳定的飞行状态，研究人员将风洞试验的结果与飞行试验的结果进行了对比分析。

这种方法被证明是非常成功的，它被广泛应用于20世纪50年代之前几乎所有的飞机项目中。随着对控制舵面和速率陀螺增稳控制要求的不断提高，试验模型变得越来越复杂。此外，远程遥控技术的引入使得激发模型动态特性并进行稳定性分析成为可能。这项技术可应用于先进飞行器布局研究，如飞翼布局、三角翼布局和后掠翼布局。

由于对高升力飞机研究的大量需求，NASA兰利和艾姆斯研究中心进一步在30英尺×60英尺（约9米×18米）和40英尺×80英尺（约12米×24米）的大型全尺寸风洞中发展了自由飞试验技术，为尺寸更大、外形更复杂的模型试验提供充裕的空间。这些试验模型装备了动力和仪表，可以由一名外部飞行员进行控制。飞行控制律通过电缆连接，在风洞外面的计算机上实现。特别的，VTOL和倾转机翼飞机的成功试验清楚地说明了从垂直飞行到水平飞行过渡阶段的稳定性问题（霍克P1127，LTV XC 142A）。技术人员还在风洞中研究了带外部吹气襟翼（Externally Blown Flaps，EBF）短距起降运输机的动稳定性问题（图6.105）。总之，风洞自由飞试验技术大大降低了飞机项目的研发风险。文献[54]对动态缩比自由飞模型在NASA航空航天项目中发挥的重要作用进行了详细说明。

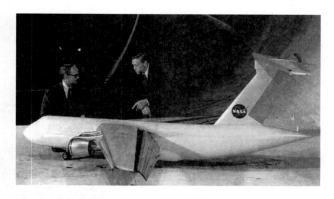

图6.105 外部吹气襟翼概念的发明者约翰·P.坎贝尔（John P. Campbell，左）和NASA总部的杰拉德·卡腾（Gerald G.Kayten，右）在兰利全尺寸风洞中STOL飞机通用自由飞模型前交谈（NASA提供）

2. DLR研究计划BASE

德国OLGA项目前期研究采用可控柔性飞行器模型在风洞中进行动态模拟，技术人员对试验技术进行了测试，并为所谓的BASE项目中描述飞行动力学的数学模型开发了验证程序（系统辨识）。BASE是"阵风缓解和弹性模式阻尼"的德语首字母缩写。

动态模拟装置于1972年开始建造，其尺寸依据布伦瑞克DFVLR的3米低速NWB（NWB为Normal Windkanal Braunschweig的缩写，意为布伦瑞克普通风洞）风洞确定。动态模拟装置的核心是一个稳定的管状钢架，其大小足以允许自由气流的通过（图6.106）。NWB运营管理部门在风洞喷管处开发了一个被称为"阵风发生器"的装置，它由两个可偏转的襟翼组成，采用电液伺服机构驱动。襟翼可以确保气流上偏或下偏。在信号发生器的驱动下，阵风发生器可以产生正弦阵风和随机湍流。试验中，奥托布伦MBB-UF公司的、被称为AVS（Advanced V/STOL Strike Fighter，先进V/STOL攻击战斗机）飞机的柔性（颤振）模型被DFVLR作为"飞行飞机"（flying aircraft）用于动态模拟试验，该飞机模型在BASE项目中被称为BASE模型。AVS项目是一项重要的跨大西洋航空技术合作项目[55]，柔性（颤振）模型是波音公司与奥托布伦MBB-UF公

图 6.106　对 BASE 模型进行动态模拟的 NWB 风洞试验设备

司[1]的前身合作开发的。

在飞行力学研究所，技术人员为风洞试验飞机模型安装了电动控制舵面，包括副翼、襟翼与升降舵。通过纵向滚珠轴承，模型可以绕垂直轴自由移动，实现有限的俯仰、滚动自由度运动以及沿杆的垂直（升降）运动。模型上安装的测量仪器包括速率陀螺仪、电位计和加速度计，机身处还安装有风标，可用于测量迎角（图6.107）。由于模型内部空间有限以及重量原因，电源通过中央电缆从外部提供。电缆除供电外，还用于模型与外部设备之间的信号传输。

通过在 NWB 风洞中的试验，试验人员获得了包括操纵面舵效在内的飞机完整的气动数据库，

图 6.107　风洞试验段处（带阵风发生器）处的 BASE 模型

并进一步基于相似准则对数据进行处理，确保风洞试验得到的结果适用于真实飞机。因为模型过重，BASE 模型的参考迎角与真实飞行飞机的

---

[1] MBB-UF（Messerschmitt-Bölkow-Blohm-Unmanned Flight）是 MBB 公司的无人机部门，专注于无人飞行器和先进航空技术的研究与开发。MBB 公司是德国航空航天领域的重要企业，其历史可以追溯到多家航空公司的合并，其中 Messerschmitt 公司成立于 1938 年，以其战斗机和民用飞机闻名。Bölkow 公司成立于 1955 年，专注于航天和无人机技术。Blohm 公司成立于 1960 年，涉及飞行器和航天器的设计。1980 年，这三家公司合并成 Messerschmitt-Bölkow-Blohm（MBB），MBB 公司在 20 世纪 90 年代被德国航空航天公司 Daimler-Benz Aerospace（DASA）收购。

迎角不匹配。针对此问题，技术人员开发了一种"减轻重量"（weight relief）的方法，采用一根缆绳以恒定的拉力作用于模型。力传感器安装在缆绳上，其测量信号通过控制器传送到伺服电机，伺服电机确保力传感器始终测量到相同的垂直力，并与模型的移动无关。试验过程中所有必要的信号处理都在模型外进行。

该研究的主要目的是开发一种阵风减缓系统，使飞机在湍流空气中飞行得更加平稳。突然的垂直阵风和令人烦恼的垂直加速度都会给乘客带来不适的体验。因此，合理的处理方法是测量垂直加速度并以一定的方式将其反馈给对称偏转的襟翼，从而产生直接作用力。但这种具有加速度反馈的飞行反馈控制系统也会削弱飞行员控制指令产生的加速度，影响飞行员的操控。

针对此问题，研究人员开发了被称为"干扰补偿"的程序，可以避免阵风缓解控制对飞机操控性能的影响[56]。该程序考虑从传感器到作动器的整个系统的动力学特性，将阵风迎角（gust angle of attack）及其变化率馈送到襟翼和升降舵，实现使阵风沿模型机体产生的垂直加速度最小的控制目的。"干扰补偿"中，根据风标测量信号准确确定阵风迎角信息十分重要，同时还需要考虑由于风标位置位于机翼之前而产生的风标信号超前相位裕度，该相位裕度可用于补偿由伺服电机导致的延迟。

1974 年，飞行力学研究所技术人员使用 BASE 模型对另一个用于弹性振动阻尼的控制器（称为弹性模态控制（Elastic Mode Control））进行了测试。该控制器的原理是利用副翼对称偏转抑制机翼的弯曲变形模态振动，进而消除机翼和机身结构的材料疲劳。根据 ILAF 原理（Identically Location of Acceleration and Force Application，加速度和作用力位置相同），具有准确相位角的翼尖微型加速计测量信号被直接馈送到邻近的副翼。1975 年，技术人员在 BASE 模型机头位置进一步安装了一对主动控制鸭翼（图 6.108），通过这对额外的控制面后，可以有效抑制机身的第一阶弯曲模态振动，文献 [57] 介绍了相关研究工作。

图 6.108　带鸭翼的 BASE 模型，其中鸭翼用于机身弯曲模态振动的阻尼

6.3.3.3　OLGA 项目

20 世纪 70 年代和 80 年代，在 Do 28 飞机（图 6.109）的基础上，DFVLR 改装发展了 Do 128 TNT（德文 Tragflügel Neuer Technologie，机翼新技术）研究飞机。该飞机被用于多个由德国联邦研究与技术部（BMFT）资助的工业项目研究，这些项目支持了 Do 228 和 Do 328 支线飞机的初步研发工作。

图 6.109　道尼尔 Do 28 TNT 试验飞机（道尼尔公司提供）

短途支线飞机通常在较低的大气中飞行，大气中湍流程度更高，这会影响乘客的乘坐舒适性。在 Do 128 TNT 研究飞机参与的项目中，其中有一个项目致力于改善支线飞机飞行中乘客的舒适度。项目研究内容是开发一种阵风减缓系统，它可以在阵风抵达机翼之前测量阵风，通过一定的控制逻辑，将副翼作为襟翼进行对称偏转施加控制，

从而减弱阵风对机翼的影响，削弱飞机的垂直运动响应。

从美国的相关研究中可以看到，在飞机颠簸时，主要是0.3赫左右的低频响应容易导致乘客的呕吐（图6.110）。不幸的是，飞机的短周期模态频率也位于0.3~1.0赫频率区间，因此可以预想到飞行中受到干扰以及控制作用的影响时，这些模态会被激发并增强。

图 6.111　TNT 试验飞机的风洞模型（1976）

与 BASE 模型相同，Do 128TNT 飞机模型的所有控制舵面均由电动伺服电机驱动。除风标外，测量设备还包括速率陀螺仪和姿态陀螺仪，机身内的电子盒中包含电源和信号处理单元（图 6.112）。

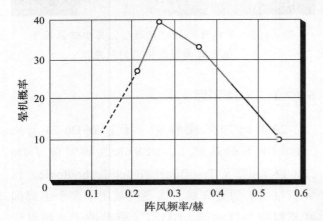

图 6.110　不同阵风频率下乘客的晕机概率
（道尼尔公司提供）

图 6.112　风洞模型上的作动器和信号处理设备（右侧为吕迪格·卡尔曼（Rüdiger Karmann），1976 年）

在使用 Do 128 TNT 研究飞机进行昂贵而复杂的飞行试验之前，首先必须回答一系列问题，包括阵风减缓系统的有效性问题与控制算法的设计问题等。DFVLR 利用 BASE 模型成功开展的阵风减缓试验为与道尼尔（Dornier）合作的 OLGA（Open Loop Gust Alleviation，开环阵风减缓）项目提供了坚实的研究基础。OLGA 项目中，DFVLR 承担的任务有两项：首先是用 TNT 飞机模型在风洞动态模拟设施中验证阵风减缓系统的功能，其次是开发相应的控制算法，这些算法将应用于之后的飞行试验中。

1976年，DFVLR 飞行力学研究所首次使用了当时最先进的碳纤维技术（质量7千克，见图6.111）制造了 Do 128TNT 试验飞机的风洞模型。安装在机头上的风标提供了阵风迎角的测量值，对称偏转的副翼用作襟翼以产生升力，全动尾翼用于控制俯仰运动，内侧襟翼则用于调节模型在风洞中的"飞行"状态。

同样，Do 128TNT 模型中安装了用于减轻模型重量的控制器，用以建立正确迎角下的稳定配平飞行条件。准确的飞机气动力变化规律对阵风减缓系统的正确设计十分重要，在1977年的第一次风洞试验中，技术人员采用了一种特殊的系统辨识方法来确定飞机的气动参数（见第3章）。在1978年和1980年分别开展的两次风洞试验中，技术人员又对 OLGA 系统进行了优化，并成功验证了其原理（图6.113）[58]。

值得注意的是，在此背景下，DFVLR 和法国 ONERA（法国航空航天实验室）之间也开展了合

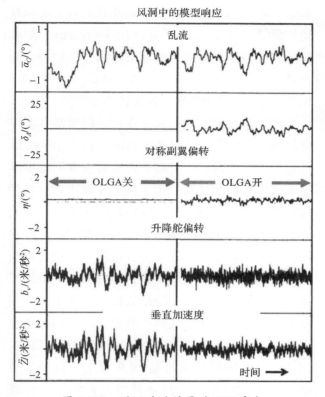

图 6.113　风洞试验结果（1980 年）

图 6.114　副翼机电作动器（1981，伯纳德·克拉格（Bernd Krag）提供）

技术人员将"阿尔法喷气"飞机（Alpha-Jet）的迎角传感器用作 Do 128TNT 验证机的阵风传感器。此外，技术人员还为试验飞机开发了相应的数字信号处理和操作控制台，并将其集成到试验机中（图 6.115）。在飞行前，试验飞机上的全部装置都必须经过飞行认证。

图 6.115　Do 128TNT 试验飞机中的信号处理设备（伯纳德·克拉格（Bernd Krag）提供）

作，在 ONERA 的弹射自由飞风洞中制造和测试了第二个 OLGA 模型。特别地，在弹射自由飞行风洞中，模型是在垂直风场中飞行，试验结果同样验证了 OLGA 系统的有效性。

在风洞试验的基础上，DFVLR 进一步启动了 Do 128TNT 验证机的飞行试验项目。为此，必须对试验飞机进行一定的改装，以便能对阵风减缓系统进行测试。改装中的一个技术挑战是采用刚性杆连接机构代替绳索连接机构来进行副翼控制，否则，阵风减缓中的高频分量将被弹性绳索吸收。用于产生直接力的对称副翼偏转必须以适当的优先级集成到正常的副翼控制中，同时水平尾翼须对副翼对称偏转引起的俯仰运动进行补偿，平尾控制采用伺服电机与现有水平尾翼微调电机串联的伺服驱动方案。由于电液作动器过于复杂和昂贵，因此技术人员选择了高动态的机电作动器——钴-钐（Cobalt-Samarium）伺服电机来驱动控制飞机的舵面，电机通过控制螺纹杆的伸缩实现舵面的偏转。整个驱动系统的带宽为 1 赫，足以满足系统要求（图 6.114）。

由于这些改装，OLGA 风洞试验的理想条件难以达到，只能安装可认证的硬件组件。为了对阵风减缓系统进行调优，研究人员将 Do 128TNT

试验飞机的计算机数值仿真模拟与阵风减缓装置相结合，开展了"硬件在环仿真"。在此之前，技术人员首先进行了通过脉冲控制激励飞机动态运动的飞行试验，通过系统辨识方法，获得了试验飞机的精确数学气动模型。通过"硬件在环仿真"，可以验证阵风迎角解算方法的有效性，并研究各种硬件部件对阵风减缓效果和飞行安全的影响。除此之外，飞行试验中还须确保在控制系统发生故障的情况下，可以安全关闭试验系统，同时不影响飞机的可控性。在完成这些工作之后，飞机上的整个作动系统通过了飞行操作的认证。

最初的几次飞行试验用于考察待测试系统是否会影响飞机的飞行性能。开启阵风减缓系统的首次飞行试验表明，与预期不同，飞行中只有频率为3赫的机翼弯曲模态被激发，分析表明这是由于测量的迎角和操纵面偏转之间存在过大的时间延迟造成的。通过将计算周期从20赫提高到40赫，并引入陷波滤波器以抑制机翼的弯曲振动，阵风减缓系统达到了预期效果（图6.116）。然而，由于作动器响应缓慢，期望的令人感官一新的"哇喔"（wow）效应未能出现。该系统很好地缓解了"呕吐频率"（spitting frequency）附近较低频率的阵风干扰，但道尼尔试飞员迪特·托马斯（Dieter Thomas）反对说：在更高的频率带，他有一种飞过"鹅卵石"的失控感觉[59]。

由于涉及到额外的成本支出，同时潜在客户缺乏兴趣，将阵风减缓系统推向产品应用的后续研究被中止。因此，受颠簸影响的乘客不得不继续等待，直到在最新一代客机上才能体验到这种系统带来的好处。在OLGA技术项目中，研究人员首次实现了从风洞试验、系统辨识、硬件在环仿真到飞行试验的完整验证链路。虽然在风洞中进行动态模拟的成本很高，但投资还是得到了回报，因为它提供的试验结果证明了基于开环控制原理的阵风减缓在实践中确实是有效的，它也表明了工业界对探索新技术的投资是有价值的。OLGA技术项目被认为是DLR和工业部门（道尼尔）之间研究互补良好共生关系的一个体现（图6.117）。自2012年以来，Do 128 TNT OLGA飞机风洞试验模型在腓特烈港的道尼尔博物馆进行展出。

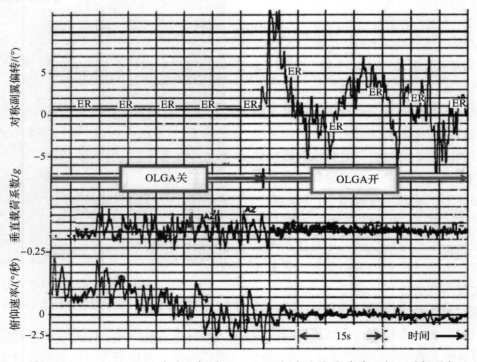

图6.116 Do 128 TNT 试验飞机的OLGA飞行试验结果（道尼尔公司提供）

图 6.117　TNT 试验飞机和 TNT 风洞模型
（飞机前面；项目经理伯纳德·克拉格
（Bernd Krag），1982 年）

6.3.4　洛克希德 F-104 CCV（1977—1984 年）

赫尔曼·霍费尔（Hermann Hofer）

1974 年，为了测试随控布局飞机（Control Configured Vehicle，CCV）技术，梅塞施密特-伯尔科-布洛姆公司（MBB）启动了一项试验计划。这项工作的目的是开发和测试先进的高带宽、多冗余电传操纵飞行控制系统，实现气动特性不稳定超声速飞机在整个飞行包线内的稳定飞行。

具有固有稳定性的经典飞机被设计为重心在气动焦点（飞机气动力增量的作用点）之前，当飞机抬头时自然会产生向下的俯仰力矩，这种特性对于气流分离后，飞行员手动恢复飞机的可控性也是必要的。然而，使飞机抬头的俯仰力矩需要升降舵的向上偏转来实现，这会导致飞机的总升力降低。为维持平飞，机翼升力必须相应增加（迎角增大），这会导致气动阻力显著增加。

相反，如果气动焦点位于重心之前，则平尾配平时候产生的气动力将直接促进飞机整体升力的增加，使得气动（诱导）阻力减小，这是有益的一方面。但是，具有这种气动特性的飞机将失去固有的稳定性，仅通过人工驾驶难以实现飞机的稳定操控，只能通过 CCV 布局实现安全飞行。

由于冗余电传操纵飞行控制系统集成中不需要再考虑飞行力学和结构动力学方面的一些传统稳定性要求，由此带来的自由度允许仅从性能的角度出发设计飞机（另见 6.1.2 节）。与传统布局相比，CCV 布局可以实现以下方面的显著改进：

（1）飞机起飞重量减少 10%~20%；
（2）机翼面积减少高达 35%，从而减少阻力，节省燃料；
（3）几乎完全抑制颤振，尤其是在可变外部载荷飞行时；
（4）机动性和敏捷性得到显著提高；
（5）降低对低空阵风的敏感性。

为开展 CCV 相关试验，一架洛克希德 F-104G 被选为试验机（图 6.118）。技术人员通过发动机进气口上方、座舱后面的鸭翼气动翼面（图 6.119）和机身后部的附加质量（配重），将飞机的气动中心移到重心之前。在紧急情况下，飞机可以通过丢弃配重来恢复飞机的可控性。F-104G 飞机鸭翼的结构与 F-104 飞机水平安定面的结构相同，它被固定安装在机身上。试验机通过加装四余度（quadruplex）电传操纵系统，对传统的液压机械作动器进行了扩充。电传操纵系统的主要部件有：①安装在天线罩后面、机身下方的四重备份空气数据传感器；②测量飞行员操控输入的驾驶舱传感器；③实现控制律的四余度中央计算机；④作动器控制回路的电子设备；⑤由利勃海尔航空技术公司（Liebherr Aerotechnik，LAT）研制的，用于副翼、升降舵和方向舵控制的三余度（triplex）作动器。在电传操纵模式下，作动器通过液压致动离合器与控制杆相连。此外，通过在机身前部下方呈对角布置的四余度冗余风标，可以实现飞行迎角和侧滑角的测量。对于气动中心在重心之前的静不稳定布局，飞机完全在中央计算机给出的指令下进行电传控制飞行。

图 6.118　洛克希德/MBB F-104 CCV 飞机

飞行员通过激活冗余的液压致动离合器，可以在 CCV 飞行模式和正常操作模式之间进行

图 6.119　F-104 CCV 飞机的鸭翼

图 6.121　F-104 CCV 飞机垂尾中的作动器

切换。利勃海尔航空技术公司（Liebherr Aerotechnik，LAT）研制的三余度作动器集成了切换机构和三个作动器模块（图 6.120），三个作动器模块可以驱动具有预定义弹性的公用控制杆，切换机构通过一个冗余的电液致动离合器，与各个控制舵面助力器的控制连杆连接或分离。每个作动器模块由两级伺服阀、旁通阀、线性柱塞和柱塞位置传感器组成。图 6.121 给出了安装在垂尾上的方向舵作动器。

图 6.120　F-104 CCV 飞机的三余度作动器

该项目首次应用了一种创新的作动器运行"电子监控"技术，该技术中，作动器和伺服阀的电子模型在中央计算机中进行了编程实现。模型计算出的期望位置将与实际测量值进行实时比较，如果超过设定极限值则将被视为故障，由此受影响的作动器模块会被关闭。在剩余健康模块的支持下，伺服机构的整体功能仍然能够保持。"电子监控"技术取代了迄今为止复杂且不灵活的液压对比器，允许构建适用于现代电子飞行控制系统的紧凑型容错作动器。由于空间限制，回路闭合和监控所需的作动器电子器件被安装在中央机载计算机上。

1980 年 11 月 20 日，通过鸭翼改变了固有稳定性的 F-104G CCV 布局飞机进行了第一次飞行试验。截止到 1984 年，该机共进行了 176 次飞行试验（图 6.122）。在尾部装有 660 千克配重的情况下，当速度达到马赫数 1.3 或 650 节时，飞机的静不稳定度高达 20%MAC（Mean Aerodynamic Chord，平均气动弦长）[60]。F-104G CCV 验证机的飞行试验结果对欧洲"台风"战斗机（Typhoon）的研制以及两个 X-31 试验项目的开展都有很大的帮助（见 6.3.6 节和 6.3.8 节）。

图 6.122　正在进行飞行试验的
F-104G CCV 飞机（WTD-61 提供）

6.3.5 道尼尔/达索"阿尔法喷气"验证机（1982—1985 年）

霍斯特·温恩伯格（Horst Wünnenberg）

6.3.5.1 任务说明

20 世纪 80 年代初，道尼尔启动了一项军事技术研究项目，目的是使用新的控制技术来提高战斗机的机动敏捷性和操控灵活性。该项目主要与空对地任务相关，飞行员必须在很短的时间内完成姿态和航迹的精确修正，当他通过"弹出式"（pop-up）机动脱离低空掩护飞行时，可以迅速拉起飞机并追击目标。通过这种方法，可以最大程度地避免暴露在敌方火力下。

通过额外的直接力控制（Direct Force Control，DFC）可以加快飞机精确瞄准的过程，DFC 直接作用在飞机的重心上，可以在不改变飞机姿态的情况下改变飞行航迹。传统的航迹控制是通过操纵面（升降舵、副翼和方向舵）产生力矩使飞机姿态发生变化，进而引起气动力的改变来实现期望的航迹变化，这种机动过程需要较长的时间，相较采用直接力控制可以大大加快航迹的调整过程。

这种新的控制方式通常被称为直接升力控制（Direct Lift Control，DLC）、直接侧力控制（Direct Side Force Control，DSFC）和阻力控制（Drag Control，DC）。利用它们，飞机可以实现如图 6.123 所示的新型机动模式。

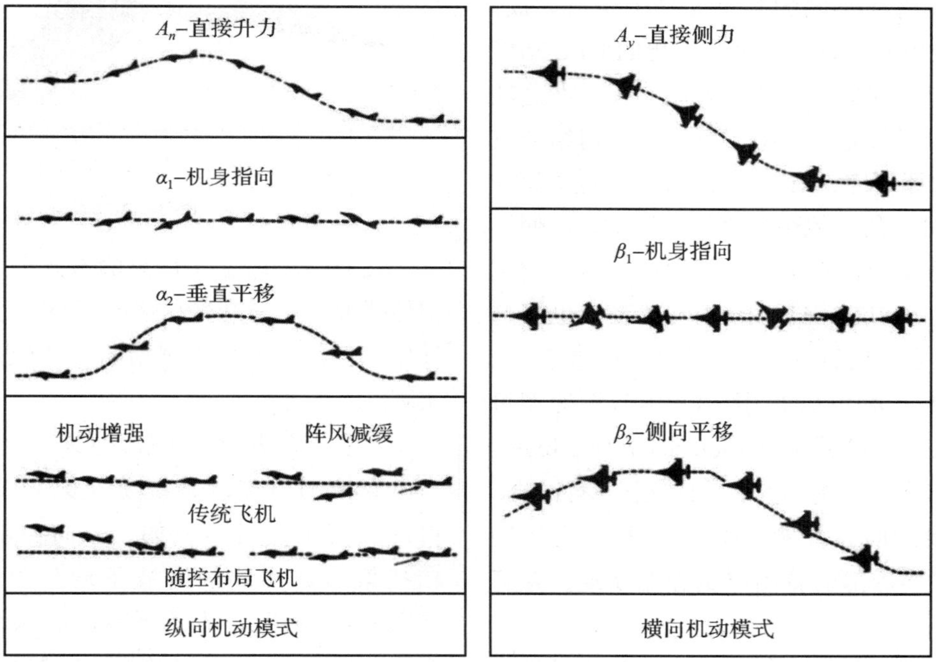

图 6.123 DFC 飞行机动模式

在一项利用道尼尔/达索"阿尔法喷气"飞机（图 6.124）开展的预研项目中，道尼尔公司研究人员证明了直接力控制可以显著提高飞行品质，降低危险飞行阶段的操控难度。因此，德国联邦国防部（FMoD）指定道尼尔公司继续开展相关研究，在"阿尔法喷气"原型机上实现 DFC 功能。飞行试验将与德国空军飞行测试中心（WTD 61，前身为 E-61）和德国联邦国防技术和采购办公室（BWB）的 LG IV 空军基地合作开展。

图 6.124 道尼尔/达索"阿尔法喷气"验证机

"阿尔法喷气"原型机上的DFC设计具体包括：①通过操控机翼上的襟翼实现DLC；②通过挂架上附加分离控制面的对称偏转实现DSFC；③通过挂架上附加分离控制面的同步偏转实现DC。

此外，为了补偿阵风干扰和非线性耦合效应，技术人员开发了一种具有姿态保持模式的单通道三轴阻尼器。在与德国航空航天中心（DLR）的进一步合作中，道尼尔公司计划将该验证机改装为空中飞行模拟器的主机，用于试验研究和飞行员培训，不过该计划最终未能实现。

6.3.5.2 项目实施

项目分为几个阶段开展，前述DFC设计方案中的不同功能将在不同的阶段安排中予以完成，但是由于资金限制，将所有最初设想的DFC功能特征都集成到验证机中的计划未能实现。在这项历时数年的技术研究项目中，道尼尔公司结合飞行试验和模拟器研究，对DFC的特性进行了深入考察，并对DFC的作战优势进行了评估，以便为未来战斗机的设计建立可靠的数据库，德国空军飞行试验中心（WTD-61）的多名试飞员也参与到该项目研究中。项目研究具体涉及方面包括：

（1）针对这架特殊的"阿尔法喷气"原型机的超临界跨声速机翼（Transonischer Tragflügel, TST）设计机动襟翼，并对其有效性进行飞行试验；

（2）直接侧向力控制（DSFC）和阻力控制（DC）通过挂架后部的分离襟翼控制实现，并开展飞行试验；

（3）利用道尼尔"阿尔法喷气"验证机进行模拟器研究，研究"阿尔法喷气"飞机上DFC综合系统的可能操作模式及其操作效能；

（4）基于"阿尔法喷气"验证机的空中飞行研究与训练模拟器方案研究（CASTOR项目，与DLR和WTD-61合作）。

6.3.5.3 直接力控制的结果和结论

1. 直接升力控制

"阿尔法喷气"验证机的直接升力控制通过机动襟翼实现，这些襟翼是在一项关于跨声速机翼设计项目的支持下研制的。机动襟翼由前缘缝翼和后缘襟翼组成。由于成本原因，襟翼不能连续偏转，而是在地面上被预先固定在一定位置。根据这种设置，技术人员在所需的飞行包线内开展飞行试验（图6.125），研究结果为直接升力控制系统的设计提供了依据。

图6.125 跨声速机翼（TST）试验飞机，带机动缝翼和襟翼

飞行试验验证了襟翼的有效性，在之后的模拟器研究中，增升襟翼被纳入DLC系统的方案设计中。但是，项目中规划的自动襟翼控制并没有实现。

2. 直接侧力控制和阻力控制

直接侧力控制系统是在另一个技术研究项目的支持下进行研究的，侧向控制力通过安装在挂架后部两侧的电液驱动分裂式襟翼产生。如图6.126所示，当襟翼不对称偏转时，它们将产生侧向力；对称偏转时，它们像空气阻力板一样仅产生阻力。基于该装置，飞行员可以实现如图6.127所示的特殊机动模式。此外，直接侧力控制时产生的干扰力矩可通过具有姿态保持模式的单通道三轴阻尼器进行补偿，飞行试验中，技术人员还对阻尼器的有效性进行了研究。

1982年3月22日，"阿尔法喷气"验证机成功进行了首飞，飞行试验最初的目的是扩展飞行包线和进行系统优化。通过试验，在所有操作模式下DFSC装置的功能都得到了验证（图6.128）。

该项目后续进一步开展了包括武器射击方法在内的操控测试，WTD-61 主持了相关工作。1984 年，飞机分别在梅彭的射击场和曼兴的多光靶设施 GRATE（Ground Attack Test Equipment，地面攻击测试设备，由 DLR 开发，另见 12.3.2 节）进行了测试。试验结果表明了基于挂架分裂式襟翼的 DSFC 系统的可行性。研究人员在试验中还发现了关于这种控制装置的一个有趣现象：在使用 DSFC 装置时，飞行员瞄准误差显著减少，但在允许飞机侧滑，仅使用三轴控制器的情况下也可以取得类似的有益效果[61-62]。

3. 直接力控制综合系统

在通过之前的技术项目研究工作确定了"阿尔法喷气"原型机 DFC 系统基本组件的可行性后，技术人员接着对"阿尔法喷气"验证机的 DFC 综合系统进行了设计和测试，这之中包括所有 DFC 组件，如直接升力控制、直接侧力控制和阻力控制以及相应的控制器。

该研究的主要目的是通过进一步开展飞行试验，为"阿尔法喷气"飞机作战效能提高以及未来战斗机空地作战任务系统设计提供参考数据。

4. 空中飞行模拟器提案

这项提案是由道尼尔、DLR、BWB LG IV 空军基地和 WTD-61 共同酝酿的一项联合项目，目的是在包含 DFC 组件的"阿尔法喷气"验证机基础上开发空中飞行模拟器。为此，这些机构联合向德国联邦国防部提交了缩写为 CASTOR（Combat Aircraft Simulator for Training, Operations, and Research，用于训练、作战和研究的作战飞机模拟器）的项目建议书（另见 11.2 节）。然而，由于欧洲战斗机研制项目导致德国国防部的采购理念发生了变化，该提案最终被放弃。

6.3.6 罗克韦尔 / 达萨 X-31A EFM（1990—1995 年）

彼得·哈梅尔（Peter Hamel）

X-31A EFM（Enhanced Fighter Maneuverability，增强战斗机机动性）是第一个跨大西洋

图 6.126 电动液压驱动的挂架分裂式襟翼

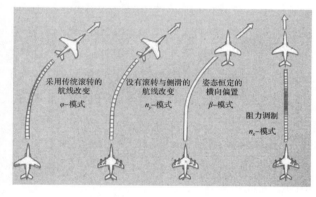

图 6.127 采用挂架分裂式襟翼的 DSFC 操作模式

最重要的是，"无侧滑航向改变"（侧向过载 n_y 模式）操作模式显著提高了目标跟踪精度，同时"阻力控制"（n_x 模式）操作模式也被证明非常有效，该模式下飞机减速高达 0.75g，飞机通过采用更陡的恒速俯冲和更低的拦截高度，提供了发展新型战术的可能性。WTD-61 也参加了这些试飞工作。

图 6.128 带挂架分裂式襟翼的 DSFC 试验飞机

的 X 系列飞行器研究项目，该项目旨在证明飞机可以实现在过失速状态下的安全机动，并研究过失速机动在空战任务中的效用。为达到研究目的，研究人员设想制造一架三角形鸭式布局的"低成本验证机"，其布局尽可能与计划中的欧洲战斗机相似。

实现这一目标的先决条件是开发一个高度可靠的数字式电传操纵飞行控制系统，用于推力矢量控制器的集成和试验。该项目的重点是研究飞机过失速状态下的机动飞行。在过失速飞行状态下，飞机升力减小，操纵面舵效降低，同时由于气流分离，阻力也会增加，而推力矢量控制有可能补偿大迎角时气动控制效率的损失。

为节约成本，该项目使用了许多其他飞机的组件和子系统，但这也给系统的集成带来了不少问题。即使是机身上微小的几何不对称，也有可能导致在极端飞行条件下试验机的不同飞行性能。为消除这些不对称性，技术人员采用了安装机头边条的措施，这样可以保证在大迎角下，前机身上的涡旋脱落总是对称出现在两侧的相同位置[63]。推力矢量由三个耐热石墨复合材料桨叶提供（由 MBB/DASA 设计，SGL/SIGRI 制造），它们被安装在靠近发动机喷管处的机身上，可以在大迎角飞行状态下产生足够大的俯仰和偏航力矩。此外，除了机翼后缘襟翼和方向舵外，机身前部的鸭翼操纵面也可进行主动控制（图 6.129）。在配平飞行中，这些鸭翼操纵面允许在空气中自由浮动，不会产生任何力矩。因此，在 1995 年的巴黎航展飞行表演中，即使是外行人士也能很容易通过鸭翼的偏转，判断出 X-31 EFM 验证机的实际迎角。

项目中最大的挑战是对该新型数字式综合推力矢量控制系统的硬件和软件进行检查与验证，其中 MBB/DASA 负责飞行控制系统的开发。这一过程中，他们可以借鉴和利用在 F-104 CCV 项目[64]中获得的数字式飞行控制系统开发经验（见 6.3.4 节）。控制系统硬件包括一套三余度系统（含三台计算机）和第四台未配备 CPU 的计算机，这台计算机可以在数字仲裁器发生故障时接替其功能。需要指出的是，飞机上并没有提供模

图 6.129　罗克韦尔-MBB X-31 EFM 验证机
（NASA 提供）

拟式控制系统或机械备份控制系统。1990 年 10 月 11 日，第一架 X-31A 原型机（S/N 164584）在美国加州罗克韦尔公司（Rockwell）的帕姆代尔飞行试验中心成功进行了首次飞行，1991 年 1 月 19 日，第二架原型机（S/N 164585）也进行了试飞。1991 年 2 月 14 日，X-31A 飞机成功进行第一次使用推力矢量控制的飞行试验。截止到 1991 年底，两架验证机合计完成 108 次飞行试验，飞行中的最大迎角高达 52°。

1992 年 1 月 20 日，两架 X-31A 飞机被转移到 NASA 德莱顿飞行研究中心（自 2014 年起称为阿姆斯特朗飞行研究中心）。1992 年 4 月 23 日，卡尔·海因茨·朗（Karl-Heinz Lang）担任飞行员，进行了第二架 X-31A 原型机在 NASA 的首飞。1992 年 9 月 18 日，第一架 X-31A 原型机首次以 70°迎角和 45°滚转角进行飞行（图 6.130）。在迎角越来越大的情况下，飞行动力学中的建模误差需要控制器来进行补偿，依托机载飞控计算机的强大能力，这些计算可以快速完成。位于布伦瑞克的 DLR 飞行力学研究所（自 1999 年起称为飞行系统研究所）利用其在系统辨识领域的方法和经验，通过引入所谓的单一舵面激励（Single Surface Excitation，SSE）方法，或又称为独立舵面激励方法[65-66]，成功参与并完成了 X-31A 飞机动力学模型的确定和验证工作。SSE 方法中所有操纵面都可独立偏转，从而消除控制器带来的操纵面耦合，只有通过这些独立的输入信号激励，才能准确地确定飞机的动力学参数。

图 6.130　X-31A EFM 验证机进行过失速飞行演示

以升降舵舵效参数和上反角效应参数（即横向稳定性参数）辨识为例，从图 6.131 和图 6.132 中可以清楚看到，采用 SSE 方法后，辨识结果的精确度得到了明显改进。

上反角效应参数 $C_{l\beta}$，即侧滑角引起的滚转力矩，是评价飞机横向稳定性的一个重要参数。本例中，通过风洞试验得到的 30°~45° 迎角范围的最大上反角效应参数 $C_{l\beta}$ 难以在实际飞行结果中得到验证。另外，通过开展各种不同的机动飞行，

可以清楚地辨识出大迎角变化时非定常气动力的滞后效应，图 6.133 给出了飞机进行 29 次上拉/下俯机动后的非定常气动力估计结果[67]。

1992 年 11 月 6 日，X-31A 验证机首次成功进行了 70° 迎角下绕速度矢量的滚转机动。1993 年 4 月 29 日，第二架原型机在 70° 迎角下完成了一次航向 180° 改变（J 转弯）的壮观机动，这个被称为"赫伯斯特"（Herbst）机动的动作是以德国工程师、过失速机动的倡议者沃尔夫冈·赫伯斯特（Wolfgang Herbst）的名字来命名的。

在成功完成过失速机动飞行试验后，X-31A 技术验证机还进一步开展了战术飞行试验，试验主要针对 F-18 飞机，此外也包括 F-14、F-15、F16 等飞机，这些战术试验甚至比之前许多人在环路的地面模拟试验更为成功。

特别在 1994 年，基于推力矢量，无尾飞行概念（例如没有尾翼和方向舵）的可行性也通过飞行试验进行了演示。通过专用软件，在方向舵的帮助下，飞机的横向运动逐渐失稳，进而模拟了准无尾布局（quasi-tailless configuration）飞机的飞行（图 6.134）。显然，无尾布局飞机有利于减少飞机的阻力、重量以及雷达探测性。需要指出的是，无论是超声速飞行（Ma=1.2）还是低速飞行条件下，推力矢量控制系统的有效性都

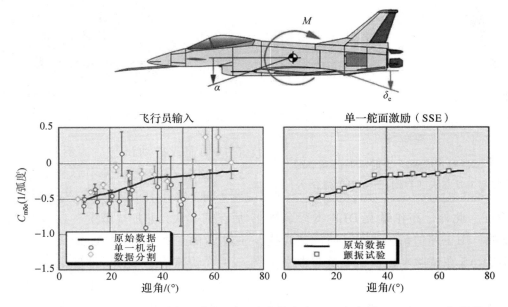

图 6.131　X-31A 飞机襟翼舵效参数辨识（德特勒夫·罗尔夫（Detlef Rohlf）提供）

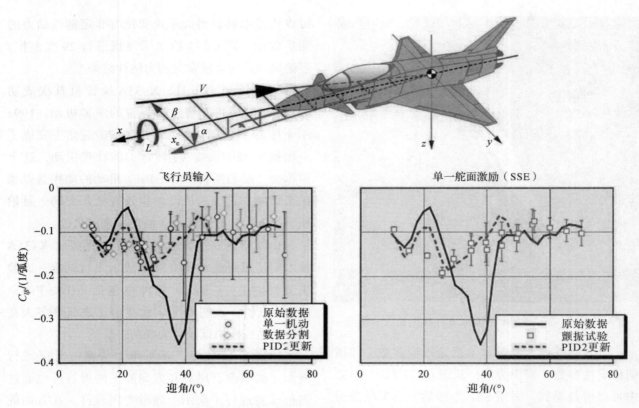

图 6.132 X-31A 飞机横向稳定性参数辨识（德特勒夫·罗尔夫（Detlef Rohlf）提供）

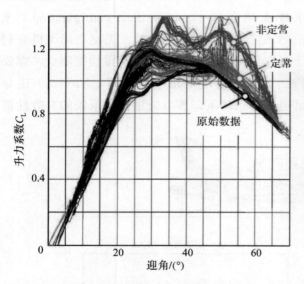

图 6.133 X-31A 飞机升力时滞特性辨识
（德特勒夫·罗尔夫（Detlef Rohlf）提供）

得到有效验证。此外，布伦瑞克 DLR 飞行系统研究所开发的、用于评估精确飞行品质的试验技术 GRATE/ATLAS 在试验中也被证明是非常成功的[68]（另见 12.3.2 节）。

1995 年 1 月 19 日，第一架 X-31A 原型机

图 6.134 带加长减速板的准无尾 X-31A 验证机

在成功完成机动试验后，不幸在返回基地时坠毁，德国空军飞行试验中心的飞行员卡尔·海因茨·朗（Karl-Heinz Lang）安全弹射并跳伞落地。后续调查认为非加热型空气数据传感器结冰是这起事故的主要原因（参见 6.1.1 节和图 6.1）。

在快速清点库存备件后，技术人员决定进一步改进完善第二架 X-31A 验证机的飞行控制系统，并按计划在 1995 年 6 月的巴黎布尔歇航展上

向业界和公众展示这架独特的飞机。航展上,这架原型机成功地完成了壮观的演示飞行,它还赢得了"巴黎航展之星"的称号。

在 EFM(Enhanced Fighter Maneuverability,增强战斗机机动性)项目和准无尾试验中,两架 X-31 飞机共计完成了 559 次飞行试验。在 1995 年巴黎航展期间,它们进行了 21 次演示飞行。罗马尼亚甚至为 X-31 验证机专门发行了一枚邮票(图 6.135),上面有其著名科学家亨利·康达(Henri Coanda,1886—1972 年)的头像,正是他提出了流体推矢的重要原理:"科恩达效应"。

图 6.135　罗马尼亚发行的 X-31 验证机纪念邮票(1994)

3 年后,X-31 验证机将在 VECTOR 项目中重新启用(见 6.3.8 节)。

6.3.7　VFW 614 ATD(1996—2000 年)

哈特穆特·格里姆(Hartmut Griem)和赫尔曼·霍弗(Hermann Hofer)

6.3.7.1　整体系统

德国另一架称为 ATD(Advanced Technologies Demonstrator,先进技术验证机)的技术验证机也值得进行介绍。在国家层面上,德国航空工业一直致力于为迎接新一代民用飞机数字式电传操纵飞行控制领域的挑战做好准备,并推动了相关研究项目的开展,目标是积累现代飞行控制系统技术的开发与实践经验。在 20 世纪 90 年代中期,德国启动了一项名为"电子飞行控制系统"(Electronic Flight Control System,EFCS)的研究项目,该项目得到了德国联邦研究和技术部(BMFT)的财政支持。

EFCS 项目针对全电子飞行控制系统,考虑飞机运营的所有认证需求,开展研发、鉴定和飞行试验的相关工作。该项目由欧洲宇航防务集团[①]空中客车公司(EADS Airbus)领导,博登湖仪器技术公司(BGT,也即后来的代傲航空航天公司)、利勃海尔航空技术公司(LAT)和德国布伦瑞克航空航天中心(DLR)参与。

新的 EFCS 系统包括:①用于替换两名飞行员控制杆的侧杆;②具有足够冗余的飞行和惯性数据传感器系统(三重迎角传感器备份,三重 ADIRS 备份),ADIRS 指空气数据和惯性参考系统(Air Data and Inertial Reference System);③新的飞行控制计算机,它是主飞行控制单元(Primary Flight Control Unit,PFCU)的核心组件;④用于升降舵、副翼、方向舵和扰流板控制的新型作动系统;⑤升级的动力系统,包括在机尾安装新开发的液压动力组件(Hydraulic Power Package,HPP),它们用以实现冗余功能,提升控制性能;⑥针对 EFCS 系统定制的驾驶舱显示器,包括主飞行显示器。

为推进项目工作,欧洲宇航防务集团空中客车公司(EADS Airbus)购买了阿尔萨斯航空公司(Air Alsace)运营了三年的 VFW 614 飞机(S/N G15),随后这架飞机被转移到位于不来梅的空客工厂,并被改造至适航状态。因为这架飞机曾被用作 ATTAS 空中飞行模拟器的备机以及学员培训,所以改造任务十分艰巨。1996 年 2 月 28 日,VFW 614 进行了第二次"首飞"(图 6.136),迪特

[①]　欧洲宇航防务集团(European Aeronautic Defence and Space Company,EADS)成立于 2000 年,是一个由法宇航、德国 Dornier 和 DASA、西班牙 CASA 组成的大型航空航天工业公司。空客公司最初成立于 1970 年。2000 年,EADS 收购了空客公司的控股权,将其整合为旗下的一个核心业务部门(即 EADS Airbus)。2014 年,EADS 更名为空中客车集团(Airbus Group),其子公司空中客车(简称"空客")公司名称保持不变。

马尔·森格斯佩克（Dietmar Sengespeik）担任飞行员，斯特凡·塞德尔（Stefan Seydel）担任副驾驶，博多·克诺尔（Bodo Knorr）担任飞行试验工程师。

图 6.136　G15 飞机第二次"首飞"

EFCS 项目中，EADS 空中客车公司的主要工作是对新开发的电传操纵系统进行集成并负责控制律的开发，该系统要求具有类似于空客 A320 型飞机的成熟飞行品质，其中需要技术人员根据 VFW 614 飞机的飞行动力学特性进行相应的修改。这项工作的技术重点是使用基于模型的方法，实现飞行控制律开发过程的自动化。除了负责所有与电传操纵系统相关的飞机改装外，EADS 空中客车公司还需完成其他相关的工作，其中包括：飞机的重量和能量平衡、结构完整性、载荷极限值检查、无颤振证明（包括完整的地面振动测试）以及可靠性和安全性证明、飞行许可/维护和整个系统运行的认证工作，这些工作对改装后的试验飞机开展飞行试验是必需的。最后，空客公司还为飞机安装了所有的机载测试设备以及一个紧急出口，测试设备主要包括飞行模拟器、系统试验台（图 6.137）、机载和地面遥测系统（图 6.138）以及用于采集、记录和显示试验数据的机载设备。此外，EADS 空中客车公司还负责

EFCS 飞行模拟器/通用模拟器　　EFCS 飞行模拟器/ATD 模拟器

EFCS 系统试验台/试验控制计算机　　EFCS 系统试验台/作动器模型

图 6.137　模拟器和试验台

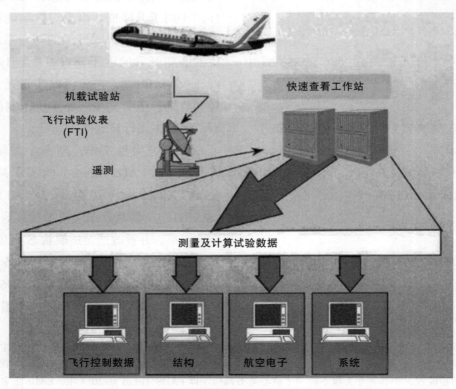

图 6.138　测量和遥测设备

实验室试验、地面试验和飞行试验的开展以及试验结果的分析,并承担相关的认证工作。

6.3.7.2 主飞行控制单元(PFCU)

BGT负责为主飞行控制单元(Primary Flight Control Unit,PFCU)研制中央飞行控制计算机。该计算机是整个系统的核心,它负责实现控制逻辑,利用测量的气动、惯性和雷达数据,根据飞行员的指令生成升降舵、副翼、方向舵和扰流板的运动控制指令,并且负责控制系统的冗余和故障管理。整个系统的PFCU接口和冗余结构分别如图6.139和图6.140所示,其中,ISM/OSM(Input Signal Management/Output Signal Management)是监控信号完整性的输入/输出信号管理模块,RM(Redundancy Management)是监视切换到备用控制通道的冗余管理模块,RA(Radio Altitude)是由雷达高度计提供的无线电高度,综合空气数据惯性参考系统(Air Data Inertial Reference System,ADIRS)向驾驶舱电子飞行仪表显示系统以及发动机、自动驾驶仪、飞行控制系统等其他飞机系统提供飞行数据(空速、迎角和高度)和惯性参考(位置和姿态)信息。

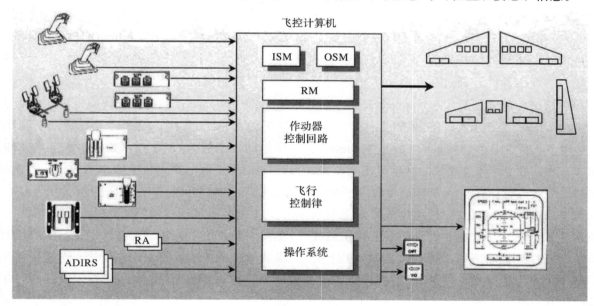

图6.139 系统的PFCU接口

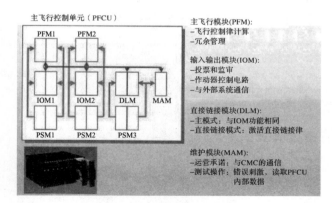

图6.140 PFCU冗余结构

VFW 614 ATD飞机包含两种控制律模式,分别是:①直接控制律,其中操纵面偏转与飞行员操控输入的位移成正比;②正常控制律,其中飞行员操控输入被视作改变飞行状态的指令。例如,飞行员横向输入代表滚转速率指令,俯仰输入代表过载指令。

自1987年2月22日A320飞机首飞以来,电传操纵技术已成为最先进的民用飞机飞行控制技术,侧杆(sidesticks)也代替了飞机之前的传统操控设备。根据JAR/FAR/CS 25.1309的认证规定,任何具有灾难性影响的错误组合的概率必须是"极不可能",所谓"极不可能",是指每飞行1小时发生故障的概率不高于10^{-9}。

对于飞行控制系统,JAR/FAR/CS 25.671进一步要求,任何单个故障不能导致灾难性的后果,这种定性要求是对定量要求的补充。空中客车A320飞机的飞行控制系统满足上述要求,EFCS项目中

ATD 验证机的飞行控制系统也符合此要求。

AR/FAR/CS 25.1309 的认证要求只能通过采用高度冗余的系统才能满足。由于复杂数字系统中存在大量的系统状态，因此不能排除即使进行了仔细的验证测试，但仍存在设计错误未被发现的可能性。在冗余通道具有相同结构的情况下，由于所有通道都会产生同样的错误，基于多数规则的故障检测系统不会检测到这些共性错误。这种情况下，控制系统会发出错误指令，进而导致操纵面"故障"，造成飞机损失。但是即使这样的错误也应该得以解决，对于这种情况，应该通过非相似余度结构（dissimilar redundant structure）来消除这一问题。所谓非相似余度结构，是指冗余通道的结构是两两不同的。对于飞控系统，这种相异性是通过在冗余通道中采用具有不同存储结构的处理器（Transputer T805/T400 和 Powerpc mpc505）来实现的。

如果主飞行模块 1（Primary Flight Module 1，PFM 1）通道对中的两个通道之间信号出现差异，则该通道对会自行钝化（passivate），所谓钝化是指在某种条件下，故障安全模块用故障安全值取代正常输入/输出值。为了在通道发生钝化后控制系统仍能保持控制能力，技术人员在飞机上安装了第二个主飞行模块，即 PFM 2，其中具有相异的通道对，PFM 2 通道对将在 PFM 1 发生故障时被激活。但是，飞机安全性的提高是以可用性的降低为代价的，因为飞机需要使用大量的部件，这就要求设计团队和认证机构采用一个系统的、严谨的工作流程。

PFCU 是第一个用于关键安全应用的模块化航空电子设备装置，与传统结构相比，它减少了飞行控制系统和环境交互的外部接口数量，这不仅减少了开发工作量、材料成本以及维护成本（例如布线），还降低了故障概率。此外，飞机采用的模块化设计概念也有利于其他功能模块的集成，例如自动驾驶仪功能。

BGT 的任务包括以下几个方面：①制定 FFCU 硬件和软件的实现方案；②研发和制造协议规定的设备；③实现要求的软件功能，包括 EADS 空中客车公司交付的控制律和 LAT 交付的作动器电子设备控制逻辑；④开展设备的功能性测试；⑤完成所有所需负载条件的兼容性证明；⑥完成可靠性证明；⑦飞机地面试验期间的技术支持和指导；⑧飞行试验保障，以及飞行试验期间的后勤工作。

6.3.7.3 作动器和液压动力源

LAT 承担的工作是综合使用不同的作动器技术，开发、生成和认证俯仰、滚转和偏航三个通道的作动器系统。飞机副翼采用并联布置的线性电液作动器，扰流板采用了带集成信号和电力电子设备的机电旋转作动器，所有用于滚转控制的作动器都被设计成带有集成电子设备的智能单元，升降舵和方向舵保留了传统的伺服作动器，由中央液压系统驱动。控制回路电子设备以单个 IMA（Integrated Modular Avionics，集成模块化航空电子设备）模块的形式安装在 PFCU 独立机柜中，滚转控制的智能作动器通过 ARINC 429 数据总线直接与 PFCU 进行通信。因此，在相同的操作条件下，可以对不同的信号传输和能量供应方案进行比较。

作动器技术通过两个主要步骤进行开发：①控制回路和监控功能集成到副翼（图 6.141）、扰流板装置（图 6.142）的作动器中。此处所采用的技术被称为"智能"（smart）技术，它通过串行数据总线与更高级别计算机相连。②开发一种能够执行所有扰流板偏转功能的机电旋转驱动装置，用来取代传统的扰流板液压驱动装置。

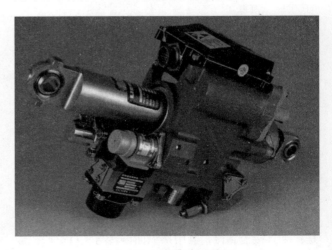

图 6.141　副翼作动系统

图 6.142　扰流板作动系统

对于横向和纵向控制（图 6.143 和图 6.144），技术人员对作动器的机械结构进一步进行了改进，使其在液压阀块中实现更高的功能密度，并扩展在切换功能中的访问接口。升降舵作动器具有额外的回中功能，允许在发生电气故障时通过机械控制对伺服阀进行调零。冗余备份的第三个液压供应系统由电力电源组提供（图 6.145），电源组只为位于尾部的升降舵和方向舵作动器提供电力，它们以分散局部系统的形式提供了一种新的功率电传[①]（Power-by-Wire）解决方案。PFCU、作动器系统和液压动力组件（Hydraulic Power Pack，HPP）的所有新开发部件都必须经过严格的鉴定测试程序，以证明这些设备满足飞行操控的要求。

图 6.144　升降舵作动系统

图 6.145　液压动力装置

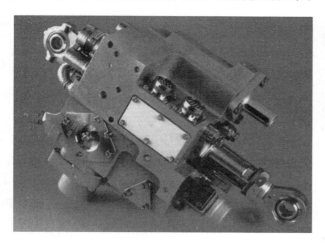

图 6.143　方向舵作动系统

6.3.7.4　地面和飞行试验

1998 年 8 月 10 日，在德国联邦研究和技术部长在场的情况下，伴随着"瓦格纳音乐"，这架改装后的 VFW 614 技术验证机穿过蒸汽从机库中缓缓驶出（图 6.146 和图 6.147）。经过一系列地面检查后，第三次"首飞"于 1999 年 8 月 13 日进行。飞机现在被命名为 ATD，注册号为 D-ASAX，格特·赖纳·塞莱斯克（Gert Rainer Selleske）和阿克塞尔·维德曼（Axel Widmann）担任试飞员，乌维·克罗姆（Uwe Krome）担任试飞工程师。

2000 年 10 月 13 日之前，该验证机通过 12 次飞行试验进行了充分的测试。图 6.148 展现了在

---

① 功率电传是指利用电功率代替飞机上的其他能源来驱动机上各种作动系统。

图 6.146　VFW 614 技术验证机驶出机库

图 6.147　VFW 614 验证机与德国联邦部长伯纳德·诺伊曼（Bernd Neumann，在楼梯上）及 ATD 项目经理胡贝图斯·施米特莱因（Hubertus Schmidtlein，右 3）

图 6.148　飞行试验成功后返回
（左起：G·R.塞莱斯克（G·R.Selleske）、马丁·莱普勒（Martin Läpple）、尤韦·克罗梅（Uwe Krome）、克劳斯·迪特里希·弗拉德（Klaus Dietrich Flade））

飞行试验工程师马丁·莱普勒（Martin Läpple）的陪同下，第一批机组人员在飞机某一次飞行着陆后返回的场景。

6.3.7.5　结果

VFW 614 ATD 的新型控制系统在地面试验中被证明是非常有前景的。在大量严格开展的飞行试验中，技术人员可以检查控制系统在各种条件下的状态，对发现的错误进行及时纠正，并在必要时更换系统或设备。1999 年 8 月 16 日，德国联邦航空管理局颁发了 VFW 614 验证机的初步适航性认证书。尽管飞行试验的时间很短，但技术人员采用正常控制律和直接控制律，在整个飞行包线和各种状态下对飞行控制系统进行了充分测试，其中包括发动机故障以及飞机失速等极端条件。新型侧杆的可控性和操纵品质在两种控制律模式下均被评价为良好。

EFCS 系统按计划开展了相关试验，包括故障模拟刺激下的重新配置、监控阈值的正确解释、模式切换、保护功能，如迎角限制、空速限制和过载限制等。试验结果表明 EFCS 系统以及整个飞机都具有良好的可靠性，所有模拟故障都不会对系统功能的完整性产生任何不可接受的影响，并且它们都容易消除。

6.3.7.6　对未来项目的影响

来自项目各参与方的约 100 名技术人员在这项艰巨的任务中锻炼和证明了他们的能力，并且通过在电传操纵飞行控制系统开发中新获得的经验，他们可以为未来的空客产品做出更大贡献。辅助飞行控制（secondary flight control）的安全关键问题研究可以通过 ATD 项目，在国家层面得到有力的支持，这对德国不来梅（Bremen）"高升力中心"（High Lift Center）的发展至关重要，该中心的建立是基于空气动力学、结构设计以及机翼装配领域取得的大量创造性成果，后来它发展成为了辅助飞行控制研究的系统工程中心。另外，欧洲宇航防务集团空客不来梅公司则承担了所有空客飞机液压系统研发制造的主要职能。

ATD 项目中的数据采集系统、传输系统、显示系统和分析系统主要使用商业产品进行开发设计，它们在功能性、灵活性和应用范围方面都令人满意，而且成本适中。DLR 的 ATRA（Advanced Technologies Testing Aircraft，先进技术测试飞机）也采纳了这一概念的重要部分。最主要的是，ATD 验证机作为一个高效且经过验证的平台，承担了不来梅基地空客系列飞机机翼试验台（test bench）的重任。同期，A380、A400M 和 A350 的试验台（图 6.149）也已经建成并投入使用，如果没有 ATD/EFCS 项目的研究基础，这些令人印象深刻的一流技术是不可能实现的。

图 6.149 机翼系统试验台

BGT（现为代傲航空航天公司）事先被选定为空客系列飞机副飞行控制计算机（Secondary Flight Control Computer，SFCC）的供应商，通过在 ATD 项目中发挥的积极作用与取得的成就，BGT 巩固了其作为空客公司未来合作伙伴中的优势地位。空客 A380、A400M 和 A350 飞机选择了 BGT 研制的 SFCC，而 A340-500/600 飞机的 SFCC 中采用了 BGT 为 PFCU 开发的电子电路，在 A330/A340 飞机 SFCC 的重新设计中，采用了 BGT 在 PFCU 开发过程中改进的、处理非相似冗余的精简软件。

LAT 为 ATD 项目开发的技术现在被广泛应用于包括空客 A380 飞机在内许多飞机的主/辅飞行控制系统中。LAT 为 VFW 614 ATD 飞机提供了用于缝翼驱动的旋转作动器以及四个扰流板作动器，所有这些作动器都配备了集成的电子和液压组件，能更好地应对电源故障。

作为 ATD 项目的衍生工作，LAT 获得了一份为俄罗斯超级喷气式 S-100 支线飞机开发电传操纵飞行控制系统的合同。超级喷气式 S-100 飞机是由苏霍伊设计局设计和制造的一种双引擎、单通道（即飞机机舱只有一个中央过道）、中短程飞机，可搭载 95 名乘客。在激烈的国际竞争中，苏霍伊设计局选择了基于 ATD 技术的 LAT 方案。双方签订的研发和生产合同包括整个主控系统、高升力系统、控制装置、所有系统的计算机，以及飞行软件集成包。全电子飞行控制系统包括：①作为驾驶舱控制设备的侧杆和方向舵脚蹬；②所有电动液压和机电作动器的控制回路；③电力电子设备以及用于控制律计算的飞行控制单元。系统中，所有的电子设备都是多重冗余的，并且使用非相似冗余原理进行设计，以防止出现共性的故障。由于这些系统的高度冗余特性，飞控系统中可以省去机械控制备份。苏霍伊 S-100 飞机在 2008 年 5 月 19 日实现首飞，在 2012 年 2 月获得了欧洲航空航天局颁发的欧洲型号认证，从而为其在俄罗斯以及全球的商业服务中铺平了道路。

通过 ATD 项目开发的技术是迈向"多电飞机"（more electric aircraft）的第一步，它的重要性在波音"梦幻"客机（Dreamliner）上可见一斑。在这些技术的基础上，下一代飞机将完全配备电传操纵和功率电传控制系统，具有分散信号和电子元件的机电式和电液式作动器将取代传统的液压和气压动力供应系统。LAT 利用这些新一代作动器成功参与了空客 A380 和 A400M 飞机的研发。基于 ATD 的智能机翼（smart wing）概念，LAT 还开发了一个标准化的远程电子装置（remote electronic unit），并使其达到了满足生产要求的技术成熟度。这项技术适用于下一代飞行控制系统，其中采用了越来越多的数字式数据总线作为通信媒介。

生产技术的进步以及高度集成微处理器的发展使电子设备的小型化达到了一个新的水平。作动器中包含了具有特定功能的电子设备，不但可以增强功能、降低成本，而且还提高了可靠性。LAT 利用自己的资源广泛参与了各种国家航空研究项目，在公司长期战略的指导下，LAT 已经成为包括综合飞行控制系统在内的完整飞机系统（从机头到机尾）研发的全球重要参与者。

与 ATTAS 项目一样，通过技术研究机构和工业制造部门之间的合作交流，BGT、LAT 与布伦瑞克 DLR（飞行系统研究所）联合开展的 ATD 项目再次取得了成功。DLR 深度参与了 ATD 项目工作，包括提供测量和遥测系统、为 10 名科学家在不来梅和布伦瑞克提供资助职位以及指派试飞员承担飞行驾驶任务。此外，通过 SAFIR（Small Airliner Flight Control Laws Investigation and Refinement，小型客机飞行控制律研究和修正）项目，DLR 还在 ATTAS 空中飞行模拟器上对 ATD 的飞行控制律进行了预测试，这些工作为 ATD 项目的成功做出了重要的贡献（见 9.2.6 节）。

总之，ATTAS（第 9 章）和 ATD 这两个项目，以及相应的直升机测试验证机 ATTheS 项目（第 8 章）和 FHS 项目（第 10 章），对德国航空工业和军事工业中具有国际竞争力产品的研发起到了很大的促进作用，这是一项有价值的投资。还需要强调的是，上述项目为德国发展航空系统设计制造能力提供了充足的机会，而这些能力是在当今全球竞争中生存的必要先决条件。

6.3.8 波音/欧洲宇航防务集团 X-31 VECTOR（1998—2003 年）

彼得·哈梅尔（Peter Hamel）

本书第 6.3.6 节中介绍的过失速飞行试验的成功为德美重启第二架 X-31 原型机（S/N 164585）研究奠定了良好基础。X-31 技术验证机的研究目标是将推力矢量控制作为数字式飞行控制系统的一个组成部分，在低速条件下实现全自动的极短距进近着陆，即 ESTOL（Extreme Short Take-Off and Landing，极短距起飞和着陆）。因为降低飞机的进近速度可减少飞机动能，这对保护飞机结构并减少磨损意义重大，尤其是对飞机在航空母舰上着陆的场景。这也是 20 世纪 70 年代初 MBB 开展过失速飞行研究的起因和动机。这个经过 X-31 飞机验证的概念目前正应用于 X-47B 飞机上，该机是一种能够从航空母舰起飞和降落的无人机。

1998 年底，波音公司承担了 X-31A EFM 技术验证机的改装工作，其中飞机的推力矢量控制系统得到保留。推力矢量控制系统中，三个耐热石墨复合材料桨叶安装在靠近发动机喷管的机身上（图 6.150）。在机头前端，技术人员安装了来自欧洲战斗机的高精度微型空气数据系统 FADS（Flush Air Data System，嵌入式空气数据系统），它可以精确地测量迎角和侧滑角。为使 FADS 良好工作，需要将安装在机身下方的吊杆重新安装到机身上方位置。FADS 的测量数据将被记录下来并提供给飞行控制系统。除 FADS 的测量数据外，飞行控制系统还会获得安装在吊杆和机身上的 ADS（Air Data System，空气数据系统）数据。

图 6.150 波音-EADS X-31 VECTOR 验证机的推力矢量石墨复材偏转片（来自 www.456fis.org 网站）

改装飞机上还配备了一套基于 GPS 的导航系统（IntegriNautics），该系统可以提供精确的飞机位置。技术人员为飞机开发了新的自动驾驶仪，用于大迎角下的自动着陆。X-31 验证机仍然安装了三重数字式电传操纵飞行控制系统和一台额外的"仲裁计算机"，但是没有安装模拟式控制系统或机械应急备用控制系统。

VECTOR 项目（Vectoring, Extremely Short Takeoff and belonged Landing, Control and Tailless Operation Research，带矢量推力的超短距起降控制和无尾飞行研究）由美国海军航空系统司令部（NAVAIR）和联邦德国国防技术和采购办公室（BWB）联合发起。飞行试验团队成员来自这两个组织、波音公司、EADS（欧洲宇航防务集团）和 DLR 飞行系统研究所（1999 年前称为飞行力学研究所）以及机器人和机电一体化研究所。在进行飞行试验的同时，DLR 飞行系统研究所建立了一个适用于整个飞行包线的非线性全局飞行动力学模型，并利用系统辨识方法验证了其正确性[69-70]。

2001 年 2 月 24 日，X-31 验证机进行了第二次"首飞"（图 6.151）。截至 2001 年 4 月底，它已经完成了初步的飞行试验，这些试验主要是为了检查推力矢量控制系统的功能，并让飞行员熟悉这架特殊的电传操纵技术验证机。

图 6.151　X-31 VECTOR 验证机着陆进场
（来自 www.456fis.org 网站）

2003 年 4 月 29 日，改装后的 X-31 验证机在帕图森特河海军航空基地完成了最后一次飞行，借助于推力矢量控制，它以 24°迎角自主着陆（正常情况下迎角约为 10°~12°），接地速度仅为 220 千米/小时（正常情况下接地速度约 320 千米/小时）。为了实现精确的着陆控制，飞行中采用了高度改进的 GPS、IBLS（Integrity Beacon Landing System，完整性信标着陆系统）以及 3 个惯性平台的组合导航系统，其定位精度可以达到厘米量级。从图 6.152 中可以看到，飞机接地着陆所需的下俯（Pitch Down）发生在最后一刻，当时飞机距地面仅大约 60 厘米[71-73]。

图 6.152　X-31 VECTOR 验证机进行 ESTOL 着陆
（美海军提供）

自 2003 年 8 月以来，这架特殊的飞机与许多其他有趣的飞机（如 DLR 的 ATTAS 空中飞行模拟器）一起陈列在德国奥伯施莱厄姆的国家博物馆分馆进行展出（图 6.153）。

6.3.9　斯泰默 S15 LAPAZ（2007—2013 年）

罗伯特·卢克纳（Robert Luckner）

在机载侦察和监视应用市场不断增长的推动下，德国飞机制造商斯泰默公司（Stemme AG）研究了在其生产的多用途飞机斯泰默 S15（现在称为 Ecarys ES15）上应用 FBW 技术带来的优势。斯泰默 S15 飞机为大展弦比布局，采用单座、单引擎配置，起飞质量约 1.1 吨，可承载 100~300 千克的有效载荷，是一款经济高效的高性能轻型飞机。该型飞机专门针对商业应用进行设计，它

图 6.153　美德两国的 X-31 VECTOR 研究团队合影（德国奥伯施莱厄姆（Oberschleißheim）博物馆提供）

根据 FAR 第 23 部分内容进行了认证：飞机翼展 18 米，最大巡航速度 270 千米/小时，续航时间为 8 小时，通过安装副油箱可进一步提高续航时间。图 6.154 所示为斯泰默 S15 飞机[74]。

图 6.154　飞行中的斯泰默 S15 LAPAZ 飞机

在飞行员必须同时驾驶飞机和操作有效载荷的任务中，需要利用自动飞行控制系统（Automatic Flight Control System，AFCS）来辅助飞行员。针对极其困难、长航时或危险的任务，斯泰默公司的目标是将 S15 飞机发展为一种可选择驾驶飞行器（optionally piloted vehicle），用 AFCS 取代飞行员进行驾驶，并最终成为一架无人驾驶飞机，这样驾驶舱空间也可用于放置有效载荷，实现这一目标的关键是研发一套具有完全控制权限和高可靠性的自动飞行控制系统。

根据 EASA CS-23 或 FAR 第 23 部分内容，以具有竞争力的成本，开发、认证和生产如此复杂且重要的飞控系统及其软件是一项重大的挑战。为此，LAPAZ 项目应时而生，其中发展的技术很好地战胜了这一挑战。LAPAZ 为德文"Luft Arbeits Plattformfürdie Allgemeine Zivilluftfahrt"的首字母缩写，意为"通用民用航空的空中多用途平台"。LAPAZ 项目的内容是为 S15 飞机开发满足要求的 AFCS。

LAPAZ 项目中有三个合作伙伴：斯泰默公司、斯图加特大学飞机系统研究所（Institute of Aircraft Systems，德文缩写 ILS）和柏林技术大学的飞行力学、飞行控制和气动弹性系（Department of Flight Mechanics, Flight Control and Aeroelasticity，德文缩写 FMRA），其中斯泰默公司是项目协调方，它提供飞机，负责 AFCS 的集成以及硬件在环（hardware-in-the-loop，HIL）模拟器的测试和飞行试验。ILS 负责为

AFCS研制容错电传操纵飞行控制计算机平台，其中将考虑机载系统所需的冗余机制。FMRA负责开发飞行控制律、飞行动力学仿真模型、HIL飞行模拟器与飞行员界面，此外还负责飞行控制律功能软件认证的相关工作。

LAPAZ项目成功的关键因素包括模块化设计和可扩展系统架构、现代标准电子飞行控制部件的使用、AFCS功能及相应软硬件的流水线开发，而LAPAZ项目研究人员成功地验证和确认了这一开发过程以及AFCS的架构和功能。

凑巧的是，ILS与FMRA的负责人莱茵哈德·雷切尔（Reinhard Reichel）和罗伯特·卢克纳（Robert Luckner）曾分别作为代傲航空航天公司和EADS空中客车公司的首席工程师参与了VFW 614 ATD验证机电子飞行控制系统（Electronic Flight Control System，EFCS）的开发（见6.3.7节），并为该项目的成功完成做出了重要贡献。

机械飞行控制系统通过连杆和绳缆将飞行员的操控装置与操纵舵面连接起来（图6.155）。通过机电作动器，AFCS的指令可以叠加到机械控制系统中。如果出现故障，AFCS的冗余管理功能将断开相应的离合器，从而隔离发生故障的作动器。作为安全措施，AFCS中安装了快速隔断功能（Fast Decoupling，FaD），它可以通过切断电源，迅速将所有作动器与飞机的主控制系统断开，飞行员可以随时利用FaD来接管飞机的控制权。

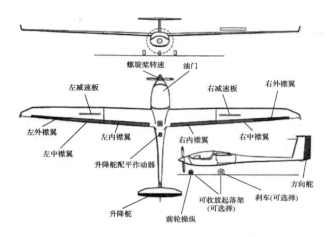

图6.155 S15飞机的操纵面

为满足机载测量和监视任务期间的高精度航迹控制要求，AFCS在横向和垂直方向的飞行航迹控制精度可以达到数米量级。此外，当S15飞机在大气湍流中飞行时，AFCS还可为机上的有效载荷传感器提供稳定的飞机姿态控制。

AFCS中飞行控制律（Flight Control Law，FCL）采用基于模型的方法开发，控制律源代码通过软件自动生成，技术人员通过地面飞行模拟对其进行了测试。如图6.156所示，FCL被集成到ILS开发的灵活航空电子平台（flexible

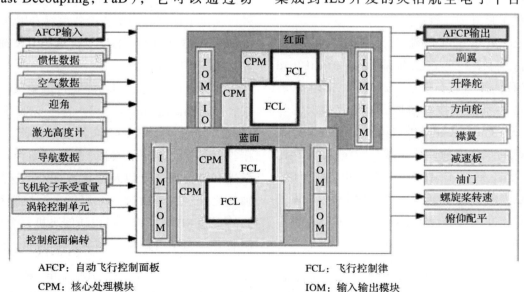

图6.156 集成到自动飞行控制系统（AFCS）中的FCL

avionics platform）中（见6.3.10节）。

2012年3月22日，S15飞机在德国新哈登贝格机场首次使用GPS完成自动着陆，实现了一个具有重大里程碑意义的项目目标。尤其在试验中，通过欧洲地球同步卫星导航增强服务[①]系统（European Geostationary Navigation Overlay Service，EGNOS），机载GPS的定位精度得到进一步提高。S15飞机的AFCS可以实现两种不同的自动着陆模式，分别是：①发动机着陆模式，该模式下气动减速板将被固定在特定位置，飞机利用推力和升降舵实现进近着陆控制；②滑翔式着陆模式，在该种着陆模式下，发动机推力处于怠速状态，飞机使用气动减速板和升降舵偏转控制下滑路径。2012年11月23日，S15飞机在施特劳斯贝格开展了从起飞到着陆的全自主飞行试验。试验期间，飞机在各种天气条件下，在包括草地和混凝土材质的不同跑道上成功进行了100多次起降飞行。

当S15飞机进行离地700米的空中扫描模式（scan pattern）飞行时，它使用固定安装的普通摄像机拍摄航拍照片。试验中飞行航迹控制非常精确，平均高度偏差仅为0.11米，横向偏差仅为0.187米，试验结果表明飞机具有良好的监视性能，飞机稳定的姿态（俯仰角和滚转角的控制误差均方根值分别为0.202°和0.082°）为获得清晰的照片提供了良好的条件。

图6.157展示了在湍流飞行期间，AFCS中三种不同控制律对垂直载荷系数（vertical load factor，又称为垂直载荷因子）的影响，图中，黑色曲线代表标准俯仰控制结果，虚线代表反馈阵风载荷减缓（Gust Load Alleviation，GLA）控制结果，灰色曲线代表前馈阵风载荷减缓控制结果。在湍流干扰频率低于1.5赫（9.5弧度/秒）时，反馈GLA与前馈GLA使载荷系数分别降低了3分贝和6分贝；当干扰频率高于1.5赫时，载荷系数变化与预期一致，逐渐增加。

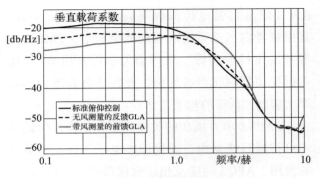

图6.157 垂直载荷系数谱

6.3.10 DA42 MNG FBW 研究飞机（2008年至今）

拉斯·彼得（Lars Peter）

2008年，在巴伐利亚州经济事务部的支持下，慕尼黑技术大学（Technical University of Munich，TUM）飞行系统动力学研究所（Flight System Dynamics，FSD）启动了电传操纵多功能研究飞机平台的研制，多家公司和研究机构参与到该项目中。在对多款飞机进行全面评估后，最终钻石飞机工业公司（Diamond Aircraft Industries）的DA42 MNG（Multi-purpose platform New Generation，新一代多用途平台）飞机被选为基础飞机[75]。DA42 MNG飞机具有独特的限制型号合格证、可用的外部机头和机腹有效载荷吊舱，此外，飞机上还可以为试验设备提供专用的2.8千瓦电源。2015年9月，DA42 MNG FBW研究飞机成功首飞（图6.158）。

作为专门开发的多功能飞行试验仪器（Flight Test Instrumentation，FTI）的一部分，DA42 MNG飞机上安装了多个高精度传感器，如GNSS接收机、空气数据传感器、导航级惯性导航系统、激光和雷达高度计以及通信数据链。这架飞机的独特之处，在于通过一个用于飞行控制和导引试验的实验FBW系统，可以访问飞机每个通道的控制装置，包括升降舵、副翼、方向舵、油门和配

---

① 欧洲地球同步卫星导航增强服务（European Geostationary Navigation Overlay Service，EGNOS）系统是欧洲自主开发建设的星基导航增强系统，它通过增强GPS和GLONASS两个卫星导航系统的定位精度，来满足用户的需求。它是欧洲GNSS（Global Navigation Satellite System）计划的第一步，是欧洲Galileo卫星导航系统计划的前奏。

图 6.158　DA42 MNG FBW 研究飞机

平舵面。在实验 FBW 控制系统的设计和开发过程中，对飞机最重要的要求是确保飞机在任何情况下都能安全飞行。与所有小型通用航空飞机一样，DA42 飞机也装有机械飞行控制系统，该系统利用推杆驱动升降舵和副翼、采用钢索连接方向舵、利用鲍登线[①]连接配平舵面。通过确保数字式飞行控制系统的安全断开，以及在实验系统出现故障后可以恢复到手动控制，机上安装的多级安全系统允许在试验部件及功能算法的早期开发阶段就可以对它们进行飞行测试。

实验 FBW 控制系统采用机电旋转作动器，它反向驱动包括 EECU（Electronic Engine Control Unit，电子发动机控制单元）油门杆在内的机械控制装置。主飞行控制作动器是专门为 DA42 飞机设计的，可以完全反向操作，它们采用双冗余电机绕组、冗余电源和冗余控制电子设备，以及极低齿隙的双级行星齿轮系统。作动器的输出扭矩和速度可以通过电机控制设备进行限制，同时这些参数也可以通过 MIL-COTS DC-DC 转换器加以调节。可更换的模拟式微调电阻器能够限制作动器速率（电压）和扭矩（最大电流），实现从自动驾驶仪模式下的缓慢动态特性到全权限控制中舵面速率超过 60°/秒的可变性能。可调安全分离离合器还可以独立地限制变速箱的最大扭矩，确保在传动过程中不发生打滑，并在驱动系统发生机械故障时充当备用断开机构。可调作动器内部的硬止动器（hard stop）可以限制作动器在高带宽工作期间的行程，防止高权限作动器发生失控。

飞机通过机电离合器来接通和断开电传操纵飞行控制系统，离合器设计中考虑了安全因素，在电力中断时它能够在全负载条件下打开。所有机组成员都可以使用多种独立且与软件无关的方法断开离合器和作动器的电源，包括现有的 AP（Autopilot，自动驾驶仪）断开按钮和紧急停止开关。离合器的关闭由机组人员采用机电控制方式进行，如果满足啮合条件，则可由名为"ENSURE"的安全计算机执行。通过一台数据集中器（data concentrator）装置，"ENSURE"持续监控作动器运行参数、运行啮合标准、飞行控制计算机（Flight Control Computer，FCC）状态和预定义的飞行包线限制（如过载限制），如果监测到异常或违反约束的现象，它将及时切断系统电源。

在使用实验 FBW 控制系统进行飞行时，DA42 飞机通常由三人乘员的机组操作。在实验控制系统未启动或需要断开时，位于驾驶舱左前座椅的机长担任安全飞行员，他将使用机械中央操纵杆等操控设备控制飞机。试验或评估飞行员位于驾驶舱右前座椅上，他旁边的机械控制侧杆已被拆除。对于飞行员在环的飞行试验场景，试验或评估飞行员可以使用一个可拆卸的、带被动弹簧阻尼器的控制杆来向 FCC 输入指令，或者使用一个具有自由可编程动态加载功能的主动中央杆来操纵飞机。除了这些杆式输入，他还可以将一台可拆卸的实验显示器以及自动驾驶模式控制面板连接到机舱的前部或后部。两名飞行员都可以使用小型驾驶舱控制面板启动或断开 FBW 系统，并通过 LED 指示灯监控系统的运行。其他与实验相关的信息，如控制器模式、航迹状态、传感器数据和飞行导引信息，都可以显示在安装有遮光板的较小显示器或驾驶舱多功能显示器（Multi-Function Display，MFD）上。

飞行试验工程师（Flight Test Engineer，FTE）

---

① 鲍登线（Bowden cable）是一种常用于飞机和其他机械设备中的传动线缆，它由外部管套和内部钢丝组成，主要用于机械部件之间的运动传递。

位于驾驶舱左后座,他的旁边是一个19英寸(约0.48米)高的设备机架,该机架占据了第四个驾驶舱座椅的位置(图6.159)。除了管理试验系统配电、监控传感器及实验设备外,飞行试验工程师还可以对FBW控制系统的配置进行设置,例如选择将要接通的飞机控制通道、通过直流微调电阻器确定FBW权限、使用扩展操作面板选择有源电机绕组等。控制面板为所有安全相关操作提供监控和状态灯指示,通过座椅前永久安装的平板电脑,飞行试验工程师可以访问与控制系统相关的所有信息、传感器数据以及飞机的状态信息。只有当所有的预定标准都得到满足,并且FBW控制系统正常工作时,飞行试验工程师才会允许飞行员进行操纵。

图6.160 与地面控制站一起开展的飞机在环仿真

是逐步接通的,技术人员首先使用预先编程的指令信号验证内回路控制器的功能,然后进一步考察更为先进的外环功能,如自动驾驶仪和航迹控制器。试验结果表明直接控制律工作正常,系统的稳定性和安全断开机制的可靠性得到验证。

依托高可信度的飞行动力学数值仿真以及通过HILS和AILS进行的全系统测试,研究人员设计的飞行控制算法性能良好,它们在试验期间表现完美,试验中不需要重新调整控制器增益。在连续两天的四次飞行试验中,技术人员对控制器进行了初步测试,成功验证了自动驾驶仪的功能。本轮试验中,技术人员还首次开展了完全从地面站远程遥控飞机的飞行试验。项目后续任务主要是围绕可选驾驶飞机技术的开发和验证展开,正如在2015年巴黎航展上钻石飞机(Diamond Aircraft)的飞行演示,相关工作包括更远的远程控制实现和具有STANAG(Standardization Agreement,北约标准化协议)兼容接口的自动航路点飞行,其中STANAG是北约为实现无人机互操作而制定的无人机控制站的统一标准协议。

图6.159 试飞工程师工作站和飞行控制系统电子设备

作为DA42 MNG研究飞机的一部分,技术人员发展了硬件在环模拟(Hardware-In-the-Loop-Simulation,HILS)技术,建立了试验台和地面驾驶舱模拟器,通过这些手段,可以对新开发软件进行各种测试。当软件安装在飞机上后,其所有功能和控制系统元件将通过飞机在环仿真(Aircraft-In-the-Loop-Simulation,AILS)进行评估,作为飞行试验前的最终验证(图6.160)。

经过近6年的技术开发和部件安装,DA42 MNG研究飞机及其电传操纵控制系统的调试工作于2015年开始。技术人员使用直接控制律软件,通过飞机在环仿真和地面滑跑试验对控制系统进行了广泛的测试,并对控制系统部件及其控制权限开展了初步的飞行验证。试验中控制器的信号

DA42研究飞机已经被证明在无人机飞行控制技术的研究与验证方面可以发挥巨大作用,比如可以在地面控制站通过数据链路对飞机进行远程遥控操作。因为飞机上一般会配备一名安全飞行员,他可以随时监控系统性能并在必要时进行控制,因此DA42飞机甚至可以在不需要隔离空域和封闭机场的情况下,实现包括自主起飞、自动任务执行和自主着陆在内的全自主飞行。2015年至2016年期间,DA42飞机累计进行电传飞行约50小时。

为支持通用航空先进飞行控制技术的认证，美国联邦航空管理局选择 DA42 MNG FBW 研究飞机作为验证平台来开发符合性方法（methods of compliance）。为 DA42 MNG 飞机开发的控制技术已成功移植到一架电动单座飞机和一架 19 座通勤飞机的实验数字式自动驾驶仪上，由于效果良好，DA42 MNG 项目参与方因此获得了良好的声誉，他们从无人机制造商以及更新的美国联邦航空规章第 25 部分内容（FAR Part 25）中的商业航空运输制造商处获得了新的开发合同。

6.3.11 钻石 DA42-FLySmart FBW23[①]（2012—2015 年）

莱因哈德·雷切尔（Reinhard Reichel）

对小型飞机点对点运输的巨大需求为航空产业提供了巨大的发展潜力。这些新型小型飞机预计将属于欧洲航空安全局 CS-23 类别（I+II 级），并被归为所谓的"易驾驶飞机"（Easily Piloted Aircraft，EPA），这意味着在恶劣天气条件下，例如无法目视飞行的 IMC（Instrument Meteorological Condition，仪表气象条件），即使由水平较低和缺乏经验的飞行员驾驶，飞机也具有很高的安全性。这就要求飞行控制系统能够实现从起飞到着陆的全自动/自主飞行（automatic/autonomous，a/a 模式），期间飞行员可以在安全飞行或航线范围内的任何时间接管飞机控制权，如果飞机接近或超过这些安全限制，则飞行控制系统会进行干预，防止越过安全包线，若干预不成功，则飞行控制系统会自动返回 a/a 模式，确保飞机沿安全路线抵达目的地机场。飞行包线保护可以防止飞机进入不安全的飞行状态，而航线包线保护可以防止飞机进入未经许可的地区、管制空域或恶劣天气区域，它还可以保护飞机免受空中交通碰撞甚至预防燃油耗尽。

在这种方式中，a/a 模式代表飞机的基本控制模式，而手动控制模式代表"顶层模式"（on top mode），这代表了一种驾驶理念的改变。这种全

[①] 数字 23 表示该飞机属于欧洲航空安全局 CS-23 类别。

新的理念要求飞机具有全权限的 FBW 系统，为整个飞行任务提供完全可靠的 a/a 模式。而且，飞控系统不允许退化到所谓的"直接律"模式，甚至不允许因故障而恢复到传统的机械备用控制。因此，必须确保针对 1 小时任务，机载 FBW 系统"丢失" a/a 模式的概率低于 10^{-7}，其设计保障等级（Design Assurance Level，DAL）需达到 B 级（当局仍在制定涵盖这些安全特性的规定）[76]。

具备 a/a 模式 FBW 系统的设计和开发是一个巨大的挑战，原因包括：①它代表了一个功能高度集成的系统；②即使在由复杂冗余电传操纵架构引起的故障情况下，也不接受 a/a 模式的降级；③高度集成和复杂的冗余 FBW 系统带来了高昂的开发和验证成本；④FBW 系统应适用于成本较低的 CS-23 类别飞机。

为了应对这些挑战，斯图加特大学飞机系统研究所（Institute of Aircraft Systems，ILS）发展了一种航空电子设备设计方法，为开发、鉴定和制造复杂的、高度集成的低成本 FBW 系统提供了可能。这个被称为"灵活航空电子平台"（Flexible Avionics Platform）的设计方法的特征如下：

（1）灵活平台：任何 FBW 系统都被构建为灵活平台的实例（具体系统）[77]。

（2）分布式架构：FBW 系统采用一种基于通用硬件模块的分布式架构，通过冗余网络（双 FlexRay 配置）进行通信。

（3）平台管理/中间件：FBW 系统的管理，即冗余模块内部、非冗余和冗余模块之间、冗余传感器、冗余和非冗余作动器之间的通信、故障检测、集成和一致性生成（副本控制），与任何控制函数（cybernetic function）严格隔离，例如，与被称为系统函数（System-Function）的控制律严格隔离。FBW 系统（平台管理）的管理以中间件的形式实现，FBW 系统的任何模块都必须提供平台管理的实例。

（4）具有单一系统思维的控制律设计：任何系统函数都嵌入到几乎不冗余、非分布式的 FBW 架构中。因此，系统函数（控制律）可以按"单

一系统思维方式"进行设计。

（5）平台管理/基本服务：平台管理的任何实例都是通过选择合适的基本服务（通用软件服务）、具体化每个基本服务实例、建立所有基本服务实例的数据和控制耦合来生成。

（6）Axx进程：所有平台管理实例的生成都是通过执行Axx进程的工具集（Tool-Suite）自动进行[78]。系统工程师设计通过从GUI（Graphical User Interface，图形用户界面）构建高级系统特征模型开始。接下来，工具集将分析此模型，并将其转换为表示软件高级设计的更详细的模型。在后续步骤中，再次分析该模型，并将其转换为表示软件设计结果的最详细的模型，最后，则将其转换为平台管理实例的源代码。

（7）AAA进程：工具集生成的模型包含FBW系统的所有系统和软件特性，因此在设计完成后，再次逐步分析所有模型，自动生成可读格式的系统需求文档、软件需求文档和软件设计文档（xAx进程）。根据这些需求，自动生成相应的测试用例或测试脚本（xxA进程）。Axx进程、xAx进程和xxA进程的组合产生AAA进程，即自动设计和代码实例化、自动生成需求和设计文档、自动进行验证。

通过欧盟的SAFAR（Small Aircraft Future Avionics Architecture，小型飞机未来航电体系结构）项目和德国航空研究计划（LuFo）的FlySmart项目，EPV（易驾驶飞机）的开发向实用化迈出了一大步。在SAFAR项目结束时，一架钻石DA42飞机上配备了采用灵活平台设计的FBW系统，并实现了基本的系统函数（图6.161）。在FlySmart项目中，研究人员对DA42飞机的FBW系统进行了升级，斯图加特大学飞行力学和飞行控制研究所开发了包括自主起飞和着陆（Automatic Takeoff and Landing，ATOL）在内的自动飞行所需的所有系统函数。在与Aviotech GmbH公司合作的HIL（hardware-in-the-loop，硬件在环）试验台上，完成了飞行许可所需的大部分验证工作。2015年7月，装备FBW系统的DA42 FlySmart飞机的飞行试验在维纳·纽施塔特（Wiener Neustadt）开展，2015年9月，DA42 FlySmart飞机开始进行自动起飞和着陆的飞行试验（图6.162），试验结果令人满意，飞机相对于规划航迹的平均横向和垂直偏差分别小于4米和2米。这两个项目中的研究飞机是由奥地利钻石飞机工业有限公司（Diamond Aircraft Industries GmbH）提供、改装和运营，此外，对项目作出重要贡献的其他合作伙伴还包括Airbus DS Airborne Solutions GmbH公司（负责项目协调）和SET GmbH公司（负责硬件开发）。

图6.161　FlySmart飞行控制系统集成

图6.162　钻石DA42 FlySmart飞机

参考文献

1. Hamel, P.: Challenges of Flight Systems—A View from the Past to the Future. In German, Invited Paper, TUHH, 19 Apr 2010
2. Croft, J.: Problematic Probe—Inaccurate Airspeed Readings Due to Ice Crystals Prompted Unnecessary Dives on a United Flight, AW&ST, pp. 32–33, May 23–June 5, 2016
3. http://www.historynet.com/lawrence-sperry-autopilotinventor-and-aviation-innovator.htm
4. Sutherland, J.P.: Fly-by-Wire Flight Control Systems, Joint Meeting of Flight Mechanics and Guidance and Control Panels of AGARD, Oslo, Norway, 3 Sept 1968

5. Tomayoko, J.E.: Helmut Hoelzer's fully electronic analog computer. Annals of the History of Computing **7**(3), 227–240 (1985)
6. Bollay, W.: Aerodynamic stability and automatic control. Annual Wright Brothers Lecture, December (1950)
7. Milliken, W. Jr.: Dynamic stability and control research. In: Proceedings, 3rd Anglo-American Aeronautical Conference, Brighton (1951)
8. Schmitt, V. R., Morris, J. W., Jenney G. D.: Fly-by-Wire—A Historical and Design Perspective. SAE International (1998)
9. Tomayko, J. E.: Computers take Flight: a history of NASA's pioneering digital fly-by-wire project. NASA SP 2000–4224 (2000)
10. McRuer, D., Graham, D.: A flight control century: triumphs of the systems approach. AIAA J. Guidance Control Dyn. **27**(2), 161–173 (2003)
11. Hamel, P.: The Birth of Sweepback—related research at LFA-Germany. AIAA J. Aircraft **42**(4), 01–813 (2005)
12. Meyer, H.U. (Hrsg.): Die Pfeilflügelentwicklung in Deutschland bis 1945, Die Deutsche Luftfahrt, Band 33, Bernard & Graefe Verlag, ISBN 3-7637-6130-6 (2006)
13. White, R.J.: Investigation of lateral dynamic stability in the XB-47 airplane. J. Aeronaut. Sci. **17**(3), 133–149 (1950)
14. Campagna, P.: Storms of Controversy: The Secret Avro Arrow Files Revealed. Dundurn Press (2010)
15. Holloway, R. B. et al.: Introduction of CCV Technology Into Airplane Design, Aircraft Design Integration and Optimization, AGARD CP-147, Paper 24, October 1973
16. Morris, A.: MDO—A tool for the future. Aerogram **9**(4), 19–24 (1999)
17. https://www.federalregister.gov/documents/2016/12/08/2016-29431/special-conditions-bell-helicopter-textron-inc-bhti-model-525-helicopters-interaction-of-systems-and#h-14
18. Tomayko, J. E.: Blind Faith: The United States Air Force and the Development of Fly-by-Wire Technology. In: Neufeld, J. et al. (ed.) Technology and the Air Force—A Retrospective Assessment, CreateSpace Independent Publishing Platform, pp. 163–185 (2012)
19. Reerink, H.P. (ed.): BGT—Die Geschichte eines Hochtechnologie-Unternehmens. Diehl BGT Defence GmbH & Co. KG, Überlingen (2006)
20. Schubert H. (Ed.): Die Deutschen Senkrechtstart-Flugzeuge EWR VJ 101C, Dornier Do 31 und VFW VAK 191B – Historische Nachlese und Bewertung, DGLR-Bericht 2000–01, Bonn (2000)
21. Campbell, L.: Project Morpheus—Flying a Test Bed for Future Landers, 11 July 2014. https://www.rocketstem.org/2014/07/11/project-morpheus-flying-test-bed-future-landers/
22. Matranga, G. J. et al.: Unconventional, Contrary, and Ugly: The Lunar Landing Research Vehicle. NASA SP-2004-4535 (2005)
23. Anon.: EWR VJ 101 – Alle Varianten, Teil 1, Klassiker der Luftfahrt, Flug Revue-aerokurier. http://www.klassiker-derluftfahrt.de. 23 May 2013
24. Smyth, R.: Vertikal startendes und landendes Aufklärungs- und Kampfflugzeug VAK191B Technologie-Träger, DGLR-Vortrag, Hamburg, 22 June 2007
25. Morgan, M.: Keeping the pilot happy—the contribution of research and development. Aeronaut. J. **75**, 630–647 (1971)
26. Hunt, G.H.: The evolution of fly-by-wire control techniques in the UK. Aeronaut. J. **83**(821), 165–174 (1979)
27. Anon.: RAE Electric Hunter, FLIGHT International, pp. 1010–1011, June 28, 1973
28. Warwick, G.: Fly-by-Wire Jaguar, FLIGHT International, p. 816, 12 Sept 1981
29. Moxon, J.: One-Eleven Trail Blazers, Flight International, pp. 32–36. 7 Sept 1985
30. Mcloughlin, A.: Smart fly by light, lucas aerospace flight control systems. Presentations at the Institution of Electrical Engineers (IEE) and British Computer Society (1994)
31. Landis K. H. et al.: Advanced flight control technology achievements at Boeing helicopters. In: Tischler M. B. (ed.): Advances in Flight Control. CRC Press, pp. 103–141 (1996)
32. Picirillo, A. C.: Fly-by-Wire: making the electric jet. In: NASA's Contributions to Aeronautics. NASA SP 2010-570 **1**, 631–733 (2010)
33. Landis, K.H., et al.: Advanced flight control technology achievements at Boeing helicopters. Int. J. Control **59**(1), 263–290 (1994)
34. Terry, J. L. et al.: The Advanced Digital-Optical Control System (ADOCS) User Demonstration Program, USAAVSCOM TM-89-D-2, September 1989
35. Norton, W. J.: Advanced Electromechanical Actuation System (EMAS) Flight Test, 4950th Test Wing FTR-86-4, June 1986
36. Linch, N.: Dream Machine—Thrust Vectoring in the F-16, AcesAero.com (1995)
37. Jensen, S. C., Jenney G. D., Raymond, B., Dawson, D.: Flight test experience with an electromechanical actuator on the F-18 systems research aircraft. NASA TM-2000-209015 (2000)
38. Boris, S.: Flying Testbeds and In-Flight Simulators—An Efficient Instrument for Joint Research within European Projects. EU-Russia Aeronautics Research Cooperation Workshop, Moscow, Russia, 20–21 Oct 2003
39. Belyakov, R.A., Marmain, J.: MiG—Fifty Years of Secret Aircraft Design. Naval Institute Press, Annapolis, Maryland (1994)
40. Gordon, Y., Gunston, B.: Soviet X-Planes. Midland Publishing (2000)
41. Gordon, Y., Komissarov, D.: Soviet and Russian Testbed Aircraft. Hikoki Publication Ltd. (2011)
42. Chatrenet, D.: Use of ground-based simulators and in-flight simulation for the development of the A320 flight control system. In: Flight Research at Ames—Fifty Years of Development and Validation of Aeronautical Technology, NASA SP-1998-3300, Paper 19 (1991)
43. Kubo, Y. et al.: The development of FBW flight control system and flight management system for ATIC BK117 experimental helicopter. In: American Helicopter Society 57th Annual Forum, Washington, DC, 9–11 May 2001
44. Metzdorff, W.: Elektro-hydraulische Stellglieder für die digitale Steuerungs- und Regelungstechnik, VDI-Bericht Nr. 107 (1966)
45. Metzdorff, W.: Neuere Arbeiten zur Flugzeug-Primärsteuerung am Institut für Flugführung der DFL, DFL-Mitteilungen, Heft 8, Seiten 393–404 (1968)
46. Metzdorff, W.: Zuverlässigkeit digitaler elektronischer Flugzeug-Primärsteuersysteme, DLR-FB 73–85 (1973)
47. Hobson, Engineering Proposal: Triplex Electro-hydraulic Actuator. Report No. ED/357/2/EP-1, 25. Wolverhampton, September (1964)
48. Tersteegen, J.: Einbau einer digitalen elektrohydraulischen Flugzeug-Primärsteuerung in das Forschungsschiff "Planet" zur Langzeit-erprobung, DFVLR-IB 082-72/15, April 1972
49. Hartmann, U.: Übertragungsverhalten des STOL-Flugzeuges Do 28D Skyservant, BGT TB 000D350/68 (1968)
50. Böhret, H., Schänzer, G.: The influence of microwave landing systems on guidance and control. In: AGARD Guidance and Control Panel Symposium on Night and All Weather Guidance and Control Systems for Fixed-Wing Aircraft, Cheltenham Spa, 3–6 May 1976
51. Schänzer, G.: Auslegung von Autopiloten durch Zustandsrückführung, Regelungstechnik, 26. Jahrgang, Heft 3, Seiten 75–104 (1978)
52. Schänzer, G.: Direct Lift Control for Flight Control and Gust Alleviation. AGARD Guidance and Control Panel Symposium on Guidance and Control Design Considerations for Low Altitudes and Terminal Flight, Dayton, Ohio, October 1977
53. Krag, B., Subke, H.: Flugversuche im Windkanal zur Entwicklung und Erprobung eines Böenabminderungssystems. DFVLR Nachrichten, Heft 7, Seiten 561–562, Juli 1974
54. Chambers, J.: Modeling flight—the role of dynamically scaled free-flight models in support of NASA's aerospace programs. NASA SP 2009–575 (2010)
55. Heumann, G. W.: Das AVS-Projekt. Deutsch-amerikanisches Mehrzweck-VSTOL-Kampfflugzeug. FLUGREVUE 1967/4, S. 14–16

56. Krag, B., Subke, H.: Dynamic simulation in wind tunnels, part II. In: 46th Meeting Flight Mechanics Panel on Flight/Ground Testing Facilities Correlation, Valloire, June 9–13, 1975, AGARD CP 187, Paper 5 (1975)
57. Hoffmann, G.: Stabilisierung, Böenkom-pensation und Schwingungsdämpfung am elastischen, beweglichen Flugzeugmodell im Windkanal. Deutsche Luft- und Raumfahrt, DLR-FB 76-44 (1976)
58. Krag, B., Wünnenberg, H.: OLGA, a gust alleviation system for improvement of passenger comfort of general aviation aircraft. Vortrag auf dem 12. ICAS-Congress in München, Oktober (1980)
59. Böhret, H., Krag, B., Skudridakis, J.: OLGA—open loop gust alleviation system AGARD CP 384. Paper 13 (1984)
60. Löbert, G.: CCV Reglergestützte Flugzeuge, MBB-UF-Bericht, S. 84–91
61. Esch, P., Wünnenberg, H.: Direct side force and drag control with the aid of pylon split flaps. AGARD CP-262, Paper 10 (1979)
62. Jacob, D., Welte, D., Wünnenberg, H.: Experimental Flight Test Programs for improving Combat Aircraft Manoeuvrability by Manoeuvre Flaps and Pylon Split Flaps, AGARD CP-319, Paper 10, October 1981
63. Pletschacher, P.: DASA/Rockwell X-31A: Auf dem Absatz kehrt, Aerospace 1/95, S. 12-15 (1995)
64. Beh, H., Hofinger, G.: X-31A Control Law Design. AGARD CP-548, Paper 13, March 1994
65. Hamel, P., Jategaonkar, R.: Evolution of flight vehicle system identification. AIAA J. Aircraft **33**(1), 9–28 (1996)
66. Weiss, S., Friehmelt, H., Plaetschke, E. Rohlf, D.: X-31A system identification using single surface excitation at high angles of attack. AIAA Paper 95-3436, August 1995
67. Rohlf, D.: Direct Update of a Global Simulation Model with Increments via System Identification, RTO-MP-11. Paper No. 28, March 1999
68. Bosworth, J. T., Stoliker, P. C.: The X-31A Quasi-Tailless Flight Test Reults, NASA Technical Paper 3624 (1996)
69. Rohlf, D., Brieger, O., Grohs, T.: X-31 VECTOR System Identification—Approach and Results, AIAA-2004-4830 (2004)
70. Rohlf, D.: Global model approach for X-31 VECTOR system identification. J. Aircraft **42**(1) (2005)
71. Huber, P.: X-31 VECTOR Technologieprogramm – Der Ritt auf dem Strahl, Hochschule für Angewandte Wissenschaften Hamburg, 13 March 2003
72. Ross, H., Robinson, M.: X-31: 20 Jahre erfolgreiche internationale Zusammenarbeit zwischen Deutschland und den USA, DGLR-JT2003-053 (2003)
73. Grohs, T., Fischer, B., Heinzinger, O., Brieger, O.: X-31 VECTOR—ESTOL to the ground—flight test results and lessons learned. AIAA-2004-5029, August 2004
74. Luckner, R., Dalldorff, L., Reichel R.: A utility aircraft for remote sensing missions with a high-precision automatic flight control system. IEEE international conference on aerospace electronics and remote sensing technology 2014 (ICARES), Yogyakarta, Indonesia (2014)
75. http://www.fsd.mw.tum.de
76. Anon.: F3061, Standard Specification for Systems and Equipment in Small Aircraft. ASTM Committee F44 on General Aviation Aircraft, current edition approved August 1, 2016. Published September 2016
77. Goerke, S., Riebeling, R., Kraus, F., Reichel, R.: Flexible platform approach for fly-by-wire systems. IEEE/AIAA 32nd digital avionics systems conference (DASC), pp. 2C5-1–2C5-16, 25–29 Sept 2016
78. Mueller, P., Belschner, T., Lehmann, M., Reichel, R.: AAA-process—A New Approach to Affordable Fly-by-Wire Systems for CS23 Aircraft, DGLR Congress 2016, Braunschweig, Germany (2016)

作者简介

彼得·G.哈梅尔（Peter G. Hamel）是德国航空航天中心（DLR/DFVLR）飞行力学/飞行系统研究所的所长（1971—2001年）。他于1963年和1968年分别获得了布伦瑞克工业大学的航空航天工程硕士学位和博士学位，于1965年获得了麻省理工学院的硕士学位。1970—1971年，他担任汉堡梅塞施密特–伯尔科–布洛姆（Messerschmitt–Bölkow–Blohm, MBB）航空系统部门的负责人。自1995年以来，他是布伦瑞克工业大学的名誉教授，并且是该大学三个合作研究中心的创始成员。直到今天，他还是国家直升机技术工作组（AKH）的主席（1986—1994年）和国家航空研究计划（LuFo）的评审专家。他是DLR旋翼飞机技术研究计划的经理，以及前AGARD飞行力学/飞行器集成（FMP/FVP）小组的德国协调员。他是德国航空航天学会（DGLR）和美国直升机学会（AHS）的成员，也是AIAA的会员。他获得了AGARD科学成就奖（1993年）、AGARD/RTO冯·卡门奖章（1998年）、AHS冯·克列明博士奖（2001年）和著名的DGLR路德维希·普朗特奖章（2007年）。

第 7 章　HFB 320 FLISI 空中飞行模拟器

克努特·威廉（Knut Wilhelm）

本章得到沃克马尔·亚当（Volkmar Adam）、迪特里希·汉克（Dietrich Hanke）和汉斯·海因茨·兰格（Hans-Heinz Lange）的帮助。

7.1 HFB 320 FLISI 模拟器项目启动

20世纪60年代初期，在全球特别是在美国，变稳飞机被广泛应用于飞机的飞行品质研究。60年代中期，受到美国变稳飞机研发和使用的影响，德国也认识到了研制变稳飞机的必要性，位于奥伯法芬霍芬（Oberpfaffenhofen）的德国航空航天研究所（DVL）下属飞行力学研究所（负责人：格哈德·布鲁宁（Gerhard Brüning））制订了一项研究计划，目的是建造"一架具有可变飞行品质和可编程控制特性的通用空中飞行模拟器"。该计划起源于德国联邦国防部（Federal Ministry of Defense，FMoD）支持的一个项目，通过改造比亚乔（Piaggio）P 149D 飞机（项目负责人：皮特拉斯（A. Pietraß））实现变稳研究。比亚乔 P 149D 是一款四座的飞机，主要用于飞行训练、特技飞行和通信联络（图 7.1），根据许可协议，不莱梅福克－沃尔夫公司（Focke Wulf）共制造了 194 架这种飞机。

图 7.1　DVL 的比亚乔 P 149D 变稳飞机

最初，变稳飞行品质的概念仅应用于比亚乔 P 149D 飞机纵向通道的升降舵控制。为实现纵向通道的变稳飞行，技术人员将驾驶舱右侧的驾驶杆与升降舵分离，并将其替换为带有电动作动器的控制杆。为模拟人工力感，控制杆力由一个简单的弹簧提供。飞机上的模拟式计算机可以对飞行员给出的升降舵指令进行调整，从而获得不同的俯仰响应特性。1967年，DVL 利用比亚乔 P 149D 变稳飞机开展了相关的飞行试验[1-4]。

比亚乔 P 149D 变稳飞机的升降舵由德国 Bodenseewerk Gerätechnik 公司（BGT）研制的电动伺服电机驱动，电机通过一台电磁离合器，经由一根推杆连接到基本的升降舵控制系统。通过机载变稳控制系统对升降舵进行控制，可以使比亚乔飞机的俯仰响应真实再现被模拟飞机的飞行特性。被模拟飞机的俯仰响应特性预先编程实现在机载计算机上，飞行试验前，飞行员可以选择不同的俯仰响应特性，并由试飞员评估相关的结果。

比亚乔 P 149D 变稳飞机使用具有 20 个通道的机载测量系统记录飞行中主要的运动状态和控制变量，这些数据通过遥测系统同步传回到地面站。飞行中，位于驾驶舱左侧座位上的安全飞行员可以通过控制杆上的开关随时打开离合器，将升降舵与伺服电机分离，进而接管飞机。作为一项额外的安全措施，飞机上还安装了一个加速度开关，当飞行过载超过阈值时，加速度开关会自动操控离合器，限制过载。比亚乔 P 149D 作为 DVL 第一架用于飞行品质研究的试验飞机，在奥伯法芬霍芬服役到大约 1970 年。

为寻找合适的试验飞行器继续开展飞行品质研究，德国 FMoD 授权 DVL 在 1968 年购买一架 HFB 320 "汉莎"（Hansa）喷气式飞机，同时从该飞机的制造商——汉堡飞机制造厂（Hamburger Flugzeugbau，HFB）采购了性能良好的数据采集系统和地面支持设备。

1968 年 12 月 18 日，HFB 与德国航空研究和试验中心（DFVLR）签订了 HFB 320 飞机的销售采购合同，当时的购买价格为 260 万德国马克，此外还需要另外支付 11% 的增值税。

7.1.1　HFB 320 飞机

HFB 320 "汉莎"飞机是汉堡飞机制造厂（HFB，后来改名为梅塞施密特－伯尔科－布洛姆汉堡分部，Messerschmitt-Bölkow-Blohm-Unternehmensbereich Hamburg，MBB-UH）制造的一款双引擎商务飞机。HFB 共生产了两架 HFB 320 测试样机（原型机）和 45 架该系列型号飞机，最后一架制造于 1980 年。HFB 320 飞机是一款中单翼飞机，带有一个 T 形尾翼和两个安装在机身后部的喷气式发动机，该飞机的一个显著特点是采用 15°的前掠翼（图 7.2）。1964 年 4 月 21 日，HFB 320 V1 原型机进行了首次飞行。

图 7.2 HFB 320"汉莎"S1 飞机

HFB 320 飞机的机械飞行控制系统由带齿轮的转轴和无液压动力的推杆组成，方向舵和副翼采用电动驱动，水平安定面通过液压驱动，此外着陆襟翼、前缘缝翼和减速板也是由液压进行驱动。

1966 年 2 月 2 日，第一架 HFB 320 量产型飞机（序列号为 1021、注册号为 D-CARA）进行了首次飞行。由于 1965 年 5 月，第一架 HFB 320 V1 原型机在西班牙托雷洪进行失速试飞时不幸坠毁，作为 V1 原型机替代品，HFB 在第一架量产型飞机 HFB 320 S1（1021）上安装数据采集系统，并计划将其用于项目飞行试验。在完成测试和型号认证工作后，DVL 购买了 HFB 320 S1 飞机，并随后将其改装为布伦瑞克 DFVLR 研究中心的空中飞行模拟器。HFB 320 S1 空中飞行模拟器在开发和验证新概念新技术航空研究项目中发挥了重要作用，尤其是在 ZTL（德文 Zukunfttechnik Luft，未来航空技术）项目以及德国联邦国防部（FMoD）和美国空军合作的飞行试验项目中发挥了重要作用。

在可变稳定性试验飞机（Versuchsträger Variabler Stabilität，VVS）中期计划的框架内，1969 年 12 月，DFVLR、道尼尔有限公司（Dornier GmbH）和梅塞施密特-伯尔科-布洛姆公司（Messerschmitt-Bölkow-Blohm GmbH）三家机构联合认证并发布了该机型的适用性，具体如下[5]：

HFB 320"汉莎"空中飞行模拟器主要作为研究飞机，在飞行模拟、飞行品质评估和飞行控制研究领域开展试验工作。在规划与实施过程中，德国空军飞行试验中心（E-61）的利益也需得到特别考虑。

HFB 320 飞机尤其符合总体要求。飞机较大的尺寸提供了足够的设备安装空间、载重能力和电力供应储备。同时，飞机不存在严重的结构弹性振荡问题。作为一架喷气式飞机，它的气动外形"干净"，有利于对目标飞机特性开展模拟，考虑到它的布局，它特别适合于模拟水平起飞的战斗机和运输机。另外，对一架由德国自己设计和制造的飞机进行改装，会比对同等尺寸外国飞机的改装更加经济与方便。

飞机上功能强大的机载系统可以单独进行检测，这使得 HFB 320 空中飞行模拟器具有更大的灵活性。机载系统包括一套高性能电动驱动系统、一台可编程机载计算机、一套可编程控制器模拟系统和一套 125 个通道的 PCM 测量系统（PCM 为 Pulse Code Modulation 缩写，指脉冲编码调制）。

HFB 320"汉莎"飞行模拟器绝对适合于解决 7.2 节中提到的大多数问题，但根据规定的研究任务，它主要应用于基础研究和正在开展的国家重大项目，目前是多用途战斗机（Multi-Role Combat Aircraft，MRCA）项目。

7.1.2 空中飞行模拟器项目

1969 年 5 月 25 日，德国联邦航空局飞行员格尔德.普尔曼（Gerd Puhlmann）与 DVL 飞行员威尔肯斯（V. Wilkens）驾驶 HFB 320 S1 飞机从汉堡飞抵位于奥伯法芬霍芬的 DVL（图 7.3 和图 7.4）。同年，作为与德国联邦国防部签订合同工作的一部分[6-8]，DVL 开始了将飞机改装为空中飞行模拟器 FLISI（Fliegender Simulator，飞行模拟器）的工作。

图 7.3 试验飞行员普尔曼（Puhlmann）和威尔肯斯（Wilkens）驾驶 HFB 320 "汉莎" S1 飞机抵达奥伯帕芬霍芬（1969 年 5 月）

图 7.4 位于奥伯法芬霍芬 DVL 的 HFB 320 "汉莎" S1 飞机

第一项改装工作涉及推力和襟翼的电动作动系统，其中包括将着陆襟翼改装为 DLC（Direct Lift Control，直接升力控制）襟翼。根据 DVL 的协调与安排，HFB 320 飞机的制造商 MBB-UH 被委托开发推力作动系统，而位于奥托布伦（Ottobrunn）的梅塞施密特－伯尔科－布洛姆飞机设计制造部门（Messerschmitt-Boelkow-Blohm-Unternehmensbereich Flugzeuge，MBB-UF）承担了襟翼电动作动系统的开发工作，系统的最终集成将在 MBB-UH 进行。

1969 年，DFL、DVL 和 AVA 三家研究机构合并为 DFVLR，因此后续研究活动主要在布伦瑞克开展，包括空中飞行模拟有关的工作。按照德国联邦国防部（当时的主管领导为：V. 哈勒姆（V. Halem））的要求，1971 年 4 月，空中飞行模拟的研究工作被移交给位于布伦瑞克的飞行力学研究所（当时的负责人为：彼得·哈梅尔（Peter Hamel））。在接下来的几年里，基于 HFB 320 FLISI 空中飞行模拟器，以应用为导向的研究在布伦瑞克蓬勃展开，并发展成为一个特色的研究领域。飞机飞行力学系（当时的负责人为：克努特·威廉（Knut Wilhelm））的迪特里希·汉克（Dietrich Hanke）被任命为 HFB 320 FLISI 空中飞行模拟器项目的负责人。1972 年 2 月 22 日，DFVLR 飞行员 G. 普尔曼（G.Puhlmann）和 A. 布尔诺（A.Brünner）驾驶 FLISI 飞机从奥伯法芬（Oberpfaffen）飞抵布伦瑞克。三天后，普尔曼和汉斯·彼得·约恩克（Hans-Peter Joenck）又驾驶 FLISI 飞抵汉堡，在 MBB-UH 进行推力和襟翼作动系统的集成工作。

由于资金不足，在与行业部门和政府当局进行长时间的财务谈判后，飞机上重要的设备部件无法一次到位，只能逐步安装。通常情况下，项目的实施必须寻求财政上负担得起的简单和折中解决方案。为了促进研究工作的顺利开展，许多系统与功能，如液压动力系统、测量系统、杆力模拟、操作员控制台等子系统都需由 DFVLR 进行开发和集成，甚至最初开展的飞行试验中也要使用 DFVLR 自行开发的模拟式计算机。HFB 320 FLISI 飞机改造的首要任务是重新设计整个系统，并解决飞机的运营和认证问题[9]。

最初，技术人员计划为 HFB 320 飞机中的三个主要控制舵面（升降舵、副翼和方向舵）配备自动驾驶仪作动系统。但是，在汉堡开展的频率响应试验表明，这些作动系统的性能并不能满足要求，它们的响应太慢，而且动力也不足。作为数字电液飞行控制（DEHS）[10]研究工作的一部分，飞行制导研究所计划为 HFB 320 飞机的所有主要控制轴安装电液作动机构，同时在飞行模拟中也使用相同的系统，以减少开发时间和降低成本支出。

对于布伦瑞克的研究机构来说，这是第一架喷气式动力的实验飞机。由于汉斯·彼得·约恩克（Hans-Peter Joenck）是布伦瑞克唯一一名训练有素的飞行员,而试验有时需要更多的飞行员进行操作,因此需要向奥伯法芬霍芬的飞行员 A. 布尔诺(A.Brünner)和德国联邦航空局的机长 G. 普尔曼(G.Puhlmann)寻求支持。琼克在 1972 年取得了驾驶 HFB 320 的资格认证,飞行员汉斯·路德维希·梅耶(Hans Ludwig Meyer)在 1973 年也取得了驾驶资格。从 1973 年开始,迈耶接替赫尔曼·比格(Hermann Bieger)负责布伦瑞克 DFVLR 飞行试验中心的工作,图 7.5 展示了二人的一张工作合影。到 1977 年,负责人更换为了沃尔夫冈·贝杜(Wolfgang Beduhn)。

图 7.5　放置在走廊内的机头吊杆(左起:赫尔曼·比格(Hermann Bieger),梅耶("HaLu" Meyer))

在 HFB 320 飞机完成改造,正式成为一架空中飞行模拟器后接下来的 6 年里,即 1977 年至 1983 年,DFVLR 和德国航空工业部门大量使用该模拟器开展研究。

7.2　HFB 320 FLISI 模拟器系统的开发与安装

7.2.1　引言

空中飞行模拟是一种特殊的模拟技术,它可以提供视觉和运动感知信息,并在真实的条件下开展飞行任务。在 20 世纪 70 年代早期,用于地面飞行模拟器的视觉和运动模拟技术的逼真程度非常有限,因为视觉和动作信息不能正确地再现,飞行员操控过程中经常会感到不适应,这不利于研究的开展,尤其是飞行品质标准的制定。在飞行员评估中应当尽量减少视力和运动信息不足的影响,这样才能获得可靠的结果。空中飞行模拟提供的解决方案是通过主机(host aircraft)模拟真实的飞行,使用控制技术操控气动控制舵面改变飞行器的运动特性,使得主机的动力学行为接近于目标飞机(target aircraft),即被模拟的飞机。一旦实现了这一点,视觉和运动信息就可以完美关联,飞行任务也就可以真实地呈现出来。空中飞行模拟中,飞机和控制器协同实现了地面模拟器中视觉和运动系统的功能,而其他功能则与地面模拟的功能相对应。为了实现这一概念,需要一架合适的飞机担当主机,同时要求该飞机装备了与基本控制系统并行的、可自由编程的电传操纵飞行控制系统。此外,飞机上需有独立、足够的控制舵面来实现期望的 6 自由度运动模拟控制,这意味着除了通常的飞机操纵面外,还需要加装直接升力控制舵面(用于垂直运动控制)和直接侧力控制舵面(用于横向平移运动控制)。

为开展空中飞行模拟,需要在以下几方面满足飞行品质的特定要求,如图 7.6 所示,包括:①视觉、运动、加速度;②飞机动力学;③显示系统动态特性;④控制系统动态特性(操控设备的力/位移特性);⑤操控设备。除了特定的硬件设备外,空中飞行模拟的实现还与复杂的控制系统工程设计密切相关,即设计一套能够调整飞机 6 自由度运动,以匹配另一架飞机动力学特性的控制系统(见第 3 章)。

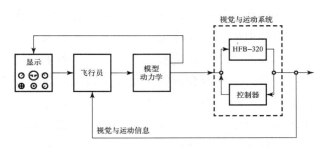

图 7.6　空中飞行模拟中的视觉和运动信息

图 7.7 给出了 HFB 320 FLISI 模拟器中试验设备配置的基本情况,这些设备是在 1972 年到

1977年期间逐步完成安装的，其中最重要的系统组件将在后续章节中进行详细介绍。此外，研究人员还建立了地面模拟设施，开发了模型跟随控制器，它们是开展空中飞行模拟的前提条件。

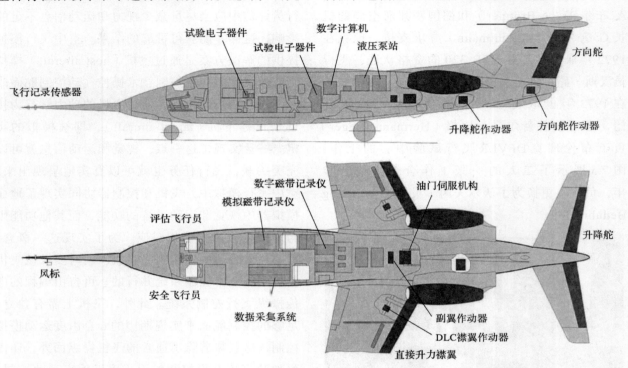

图 7.7　HFB 320 FLISI 模拟器试验设备安装概况

7.2.2　安全方案

飞行试验的安全至关重要，它是飞行试验开展的基本要求。为了实现这一目标，必须满足以下要求：①基本系统与试验系统两者可以分离；②试验设备不影响基本系统的正常运行；③安全飞行员能通过备用基本控制系统操控飞机；④安全飞行员可以快速关闭试验系统；⑤清晰显示系统的运行和故障状态；⑥可以通过设置最低安全飞行高度来防止地面碰撞；⑦预知的飞行操作顺序与熟晓的紧急接管流程。为了实现这些安全要求，首先，飞机所有试验系统及其电源与飞机原始的基本系统可分离；其次，安全飞行员（位于驾驶舱左侧座椅）可以随时从试验模式切换到正常操作模式。此时评估飞行员（位于驾驶舱右边座椅）的控制器与主机控制系统断开，失去对飞机的控制权限，飞机从飞行试验模式下由评估飞行员驾驶变为正常操作模式下由安全飞行员驾驶。

主电子飞行控制系统与备用机械飞行控制系统采用并行设计，两套系统通过连杆、磁性离合器和过载销相连。磁性离合器可以通过模式控制装置（mode control unit）进行控制。安全飞行员可以通过按下控制杆上的"紧急关闭"（EMERGENCY OFF）按钮关闭试验系统。该指令将同时打开磁性离合器，使伺服作动系统切换到被动状态，此时即使磁性离合器被阻断，安全飞行员也可以操纵基本控制装置。不过在这种情况下，他需要施加更大的控制力。

此外，还可以通过抑制控制器的运动来实现试验系统的快速关闭。安全飞行员通过施加更大的力来切断过载销，断开试验系统，弹簧可将耦合装置的元件隔开。此时，切换操作将自动执行并使磁性离合器断开，飞行员可以观察到系统的分离状态。

针对防止飞机发生地面碰撞的要求，在试验模式下，飞行高度被限制为离地至少500英尺（约152.4米）。

7.2.3 电气主控

为了将电控装置与升降舵、方向舵和副翼的基本机械控制装置分离，驾驶舱右侧由控制杆（control column）、方向盘（wheel）和方向舵脚蹬（rudder pedal）组成的控制装置作为一个单元被整体拆除，取而代之的是一套带有操控运动测量电位计和模拟控制力感机械弹簧的装置（见7.2.8节）。所有主控装置的机械杆中都装有连杆，通过连杆，可以通过电液作动器驱动控制舵面，通过这个原理，安全飞行员的操控设备同样也会根据电子信号指令进行相应的移动。因此，在任何时候，安全飞行员都可以掌握飞机所有操纵活动的准确信息，并可以在发生故障或危险的情况下立即接管飞机。1972年，作动系统、磁性离合器和带过载销的连杆被集成为一体（图7.8），安装在 HFB 320 飞机中（图7.9）。

电动液压作动器由电动液压泵单独驱动，泵系统安装在行李舱中的两个封闭铝制机箱中（图7.10），电液主控装置于1973年投入使用。

图7.10 机舱视图：位于磁带记录仪、H316 机载计算机和 LN3 惯性平台后面行李舱中的两个电动液压作动器动力组件

7.2.4 直接升力控制

为实现直接升力控制（Direct Lift Control，DLC），在 ZTL 子项目"可变飞行品质飞机"的支持下，研究人员对 HFB 320 飞机的着陆襟翼进行了改造。直接升力襟翼系统的研制在奥托布伦（Ottobrunn）的 MBB-UF 进行[11]，并于1971年9月21日完成了验收测试。随后，MBB-UH 在 HFB 320 飞机上安装了该系统（另见7.2.5节）。图7.11 给出了机上襟翼作动系统的示意图。

襟翼的驱动控制由两个相同的机电伺服系统提供，左右翼各装一个，它们直接安装在靠近襟翼液压伺服系统的旋转控制轴上。在没有伺服系统激励的情况下，它们通过基本机械系统随襟翼作动器旋转。驱动、同步和系统监控器件安装在一个电子箱中，它们提供一个与模式操作装置 BBG（德文全称 Betriebsarten-Bediengerät，意为操作模式控制面板）连接的接口（见7.2.11节）。

为满足飞行模拟的要求，在进行 DLC 操作时，通过电动旁通阀对液压节流阀进行调节，着陆襟翼的偏转速度可以从 2.5°/秒增加到 10°/秒。此外，着陆襟翼偏转范围可达 40°。

图7.8 载板上的两个电动液压作动器系统

图7.9 安装在飞机尾部的作动系统

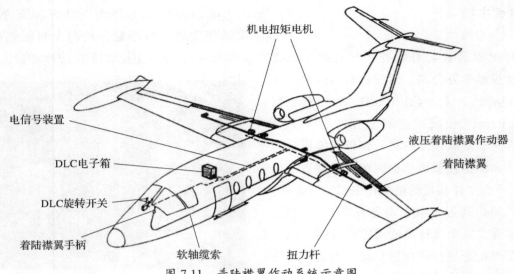

图7.11 着陆襟翼作动系统示意图

7.2.5 推力作动系统

HFB 320模拟器的推力作动系统如图7.12所示，为了对发动机进行电气控制，在发动机附近通过软轴缆索（flexball cable）建立了与伺服电机的并联连接，这些伺服电机是由Labinal公司（现为赛峰电气与电源公司）制造的。

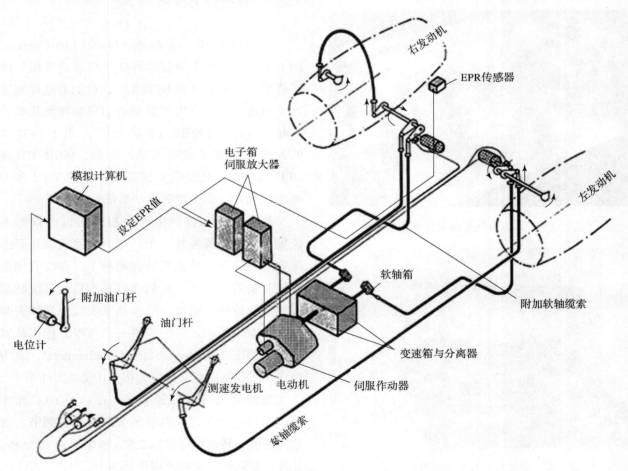

图7.12 推力作动系统示意图

伺服电机前面安装了带有分离离合器（磁齿和摩擦离合器）的变速箱，用以打开和关闭推力作动系统。由于发动机压力比（Engine Pressure Ratio，EPR）直接对应于发动机产生的推力，因此采用EPR电子信号，而不是燃料控制器（Fuel Control Unit，FCU）位置信号，作为发动机的控制输入指令。EPR可以通过主机自带的基本系统测量获得，用作发动机推力控制的反馈变量。摩擦离合器的额定值满足安全要求，即使在磁性齿轮发生故障的情况下，离合器也可以被基本油门杆推动。然而，在系统验收测试中，技术人员发现手动超控（override）阻塞系统所需的飞行员力量过大，为了解决这一问题，飞机油门杆被增长了三倍，从而更容易实现所需的扭矩（图7.13）。为开展飞行模拟，驾驶舱中增加了一个额外的推力杆，通过该推力杆，试飞员可以操控被模拟飞机的发动机模型。

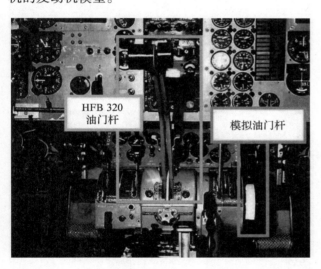

图7.13　油门杆改装（右边为飞行模拟油门杆）

试验中，由于从伺服机构到发动机的软轴缆索具有一定的柔性，技术人员观察到发动机油门可能会减小到怠速位置以下。为了防止这种情况发生，推力作动系统中引入了一个可磁力操作的止动器，其位置在驾驶舱中有明确标识，安全飞行员在飞行试验可以手动激活该止动器。

1972年和1973年，HFB 320 FLISI模拟器在MBB-UH进行了电动襟翼、电动推力和电动液压作动系统以及附加电源系统安装的验收测试[12-14]。

7.2.6　自动配平系统

升降舵自动配平是空中飞行模拟模式中要求的重要功能。飞行模拟阶段模型的配平变化可能导致主机升降舵的稳定偏转，而在安全飞行员紧急接管的情况下，升降舵将突然回到原来的配平状态，这会导致安全飞行员的控制杆跳变，引起飞机的剧烈运动。自动配平系统通过将升降舵铰链力矩调整为零来自动配平飞机，因此可以保证返回主机的控制过渡过程足够顺滑。

DFVLR为HFB 320 FLISI模拟器开发了自动配平系统并进行了集成[15-16]。在这一过程中，研究人员对飞机的电动配平系统进行了改进。升降舵铰链力矩或杆力由安装在升降舵至电液作动器推杆上的压电传感器测量，测量信号经过低通滤波器处理后被反馈至主机微调耦合器，该低通滤波器向微调电机提供相应的微调脉冲，直到杆力减小至零。

铰链力矩的值会显示在安全飞行员的驾驶舱仪表板上，飞行员可以监控其是否正常运行。出于安全考虑，飞机上定义了一个可处理的最大"失稳配平"（mistrim）时间参数，该参数是通过飞行试验确定的。如果"失稳配平"参数超过预先定义的时间阈值，那么自动配平系统将自行关闭。

7.2.7　扰流板直接升力控制

在DFVLR与MBB-UH合作开展的一项飞行试验项目中，双方关于在商用飞机上应用DLC达成一致，决定对采用机翼扰流板代替着陆襟翼进行直接升力控制的方案进行研究。与使用着陆襟翼时升力增加会导致阻力增加不同，在使用扰流板的情况下，升力增加会导致阻力减小。在民用组件计划ZKP（Ziviles Komponenten Program）中"飞行导引"项目的支持下，MBB-UH被委托开发和安装扰流板系统。工程师们增大了基本扰流板的表面积来提高操控效率，并通过在布伦瑞克DVFLR进行风洞试验，确定了扰流板的操纵效率[17]。DLC扰流板系统于1977年进行了飞行试验（图 7.14[18]），但是不幸的是，虽然扰流板采用了穿孔结构以方便气流流通，但是试验中扰流板仍然产生了不可接受的振动，因此该方案最终被放弃。

图 7.14　带直接升力控制扰流板的 HFB 320 模拟器

7.2.8　飞行员操控设备和模型配平

DFVLR 从 MBB-UH 采购了一台完整的 HFB 320 控制站，将其改造用于空中飞行模拟[19]。由于所有的操控设备，如驾驶杆（control column）、驾驶盘（control wheel）和脚蹬（pedals），都可以很容易地安装在底座上，因此人工杆力的可调弹簧组件和测量操控运动的电位计也相对容易安装。图 7.15 给出了实验飞行控制站系统的照片。为方便 DLC 相关的试验研究，驾驶盘上安装了一个可通过拇指进行控制的指轮（thumb wheel）控制装置（图 7.16），通过它可以直接控制 DLC 襟翼。通过 DLC 襟翼，无须对飞机的姿态进行调整，就可以实现对飞行轨迹的直接控制。为了在机载计算机上配平目示飞机的模型方程，技术人员为俯仰、滚转、偏航三个控制通道装备了微调电位计，它们被集成到一个盒子并安装在驾驶舱中，供试飞员操纵使用。

7.2.9　座侧操纵设备

为开展电传操纵飞行控制的相关研究（见 7.3 节），

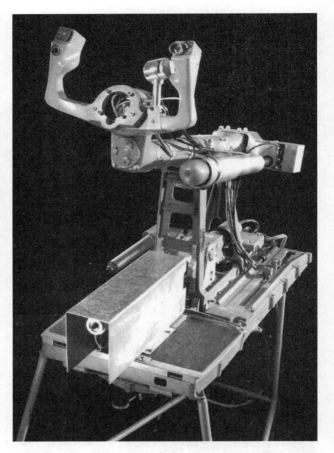

图 7.15　实验飞行控制站

图 7.16　用于直接升力控制的指轮控制装置

技术人员在飞机上安装了座侧驾驶杆（又称为侧杆控制器、侧握手柄（sidegrip）），它位于驾驶舱试飞员席位（图 7.17），用于俯仰、滚转和偏航控制。该设备是在"数字电子飞行控制"研究项目支持下开发的,它的手柄被安装在试飞员座位的两侧,方便试飞员同时使用左右手进行操控。1973 年,该设备首次在 HFB 320 飞机上使用[20]。

图 7.18　仪表板和安装有主飞行显示的右侧试飞员席位

7.2.11　操作模式控制面板

操作模式控制面板(BBG)是空中飞行模拟器的关键部件,该系统是由 DFVLR 在 1972 年设计、开发和集成[8]。

BBG 提供了飞行员、试飞工程师和整个飞行模拟系统之间的交互接口,它由一个开关板(处理逻辑信号)和一系列带有指示灯的控制按钮组成,按钮指示灯显示控制设备的当前状态。通过按钮(指示灯为白色),可以对单个作动系统和子系统进行选择。在选择之后,系统将检查故障信号。如果未遇到故障,系统会提醒已准备好启动作动系统(指示灯变为黄色),此时升降舵(HRS)、副翼(QRS)、方向舵(SRS)、襟翼(LKS)和推力(SS)控制子系统准备就绪,可以进入工作状态。此外,升降舵配平(HRT)、驾驶杆(PPS)以及机载计算机(BR)对应的子系统也被激活。如果出现故障,警告灯将点亮,阻止相应系统的开启。在没有系统故障的情况下,飞行员可以按下操作按钮(指示灯变绿色)打开所有选定的系统,这些系统也可以单独打开并操作。若操作过程中发生故障,驾驶舱将通过闪烁红灯进行警示。

通常,操作模式控制面板放置于驾驶舱中,地面试验时,它也可以被移放于机舱内,而飞行员面板置于驾驶舱的中控台上,图 7.19 显示了放置于机舱中的 BBG 控制面板以及附属电子装置。

图 7.17　用于俯仰和滚转控制的侧握手柄操控装置(飞行员梅耶("HaLu" Meyer)在驾驶舱)

7.2.10　飞行试验装置

飞行试验装置主要包括一台由机载计算机驱动的显示器,该显示器安装在驾驶舱右侧仪表板处,用于显示机载计算机内被模拟飞行器模型的运动变量,其中集成了以下显示系统(图 7.18):①带 ILS 和飞行指示仪(主飞行显示器)的航空地平仪;②十字指针仪器(测试型,另请参见后面图 7.41);③配平指示器;④发动机压力比(Engine Pressure Ratio,EPR)指示器;⑤作动器和舵面位置重合指示器。此外,在仪表盘顶部的中间,为自动驾驶仪控制装置预留了一个插槽。

图 7.19 带模式控制的操作员控制台

此外，在仪表板的上缘为每名飞行员提供了一排指示灯，它们清楚地显示了系统当前的状态。显示屏显示了当前处于激活状态的控制模式（基本模式或 FBW 模式）、飞行模拟启动或关闭状态以及故障情况下的告警信息（图 7.18）。

7.2.12 机载计算机

1. 机载模拟式计算机

DFVLR 在布伦瑞克接管 HFB 320 FLISI 空中飞行模拟器后，对交付的作动系统开展了飞行试验，包括电控着陆襟翼和发动机推力。

模拟式计算机模块被用于襟翼控制（作为升降舵偏转的函数）和速度控制，它安装在驾驶室内控制面板的左侧，靠近模式控制面板（图 7.20）。

图 7.20 模拟式计算机部件
（其左侧靠近操作员控制台）

2. 机载数字式计算机

1973 年，在 DEHS（Digital Electric Hydraulic Flight Control System，数字电液飞行控制系统）项目支持下，DFVLR 技术人员在 HFB 320 飞机上安装了一台霍尼韦尔 H316 数字式计算机并进行了测试。H316 计算机是一款机架式商用 16 位微型计算机，它是霍尼韦尔公司（Honeywell）在 1969 年专门为数据处理应用而开发的。H316 计算机被安装在飞机驾驶舱右侧的防震支座上（图 7.21）。

图 7.21 霍尼韦尔 H316 数字式机载计算机

7.2.13 数据采集和传感器系统

为了进行空中飞行模拟，模拟器需要获得大量的飞行状态和系统变量数据，HFB 320 模拟器采用独立的试验传感器系统来对相关数据进行测量，包括：①电位计测量的舵面偏转；②电位计测量的作动器位置；③计算机生成的定位指令；④系统提供的、作为逻辑信号的状态变量；⑤通过三轴陀螺仪测量的姿态角；⑥通过三轴速率陀螺仪测量的角速率；⑦通过三轴加速度计测量的线性加速度；⑧导航和 ILS 数据；⑨真空速（True Airspeed，TAS）和指示空速；⑩迎角和侧滑角。

飞机上装有一个道尼尔飞行记录传感器（图 7.22），它可以为飞机提供气流角信息（包括迎角和侧滑角），通过内置的一个小型螺旋桨装置，它还可以对真空速进行测量。但是飞行记录传感器对雨水和结冰非常敏感，不能在恶劣天气条件下使用。为解决这个问题，技术人员在前端吊杆上安装了一个额外的风标传感器（图7.23）。后来，由于风标叶片的动力学模态频率与机头吊杆的振荡频率（10赫）接近，风标因发生颤振而损坏，因此技术人员又设计安装了一个经过改进的道尼尔飞行记录传感器（图7.24）。

图 7.22　带有道尼尔飞行记录传感器的机头吊杆

图 7.23　带有迎角风标传感器的飞行记录传感器

图 7.24　改进的道尼尔飞行记录传感器

7.2.14　天线

除了用于导航、着陆进近和空中交通管制通信的天线外，HFB 320 FLISI 模拟器还安装了用于测量数据传输和通信的遥测天线——微波着陆系统 TALAR（Tactical Landing Approach RADAR，战术着陆进近雷达）。TALAR 是一个特殊的天线，它安装在飞机前部的机身中，主要用于降噪陡坡进近的飞行试验（见 7.3.4 节）。

7.2.15　数据记录

HFB 320 FLISI 空中飞行模拟器使用机载模拟式磁带（品牌为 Ampex），以数字形式记录数据（图7.25）。磁带记录的数据包括所有的测量值以及系统和程序的特定信息。此外，磁带还可以将程序加载到机载计算机中。

图 7.25　机载磁带记录仪

根据测量数据的频率特性，数据记录系统的采样频率可以相应地进行调整。主时钟频率为10赫，这是可达到的最高频率。对于缓慢变化的数据，系统可以采用较低的频率进行记录，这些频率是以基本时钟频率的倍数设置的。模拟器中共记录了79个测量变量和77个系统参数，其中

18个测量变量可以通过遥测系统实时传输到地面站,并以模拟量形式记录在地面设备中。

7.2.16 空中飞行模拟的控制方案

除了特殊的电传操纵硬件设备外,包括飞行模拟控制方案和实时数字程序在内的软件系统对空中飞行模拟也至关重要[21]。模拟器需要提供标准的程序及数据接口,方便用户实现他们开发的功能。此外,用户功能函数的实现和飞行试验流程应该遵循一定的规范,以便试验开展。

空中飞行模拟对控制方案提出下述要求:①可实时模拟飞机6个自由度的动力学运动;②适用于所有设计应用的统一控制律架构;③优化准则简单易懂;④控制参数鲁棒;⑤控制器采用数字式控制器,便于实现与调整。控制系统软件程序设计工作包括飞行器建模、控制律设计及优化、非线性地面模拟以及飞行试验评估几方面。

空中飞行模拟控制系统开发流程包括对象建模、基于Riccati优化的控制律设计、在地面模拟器中对控制器功能进行测试,以及真实飞行条件下的最终测试。控制器设计程序需要提前给定控制增益参数,包括前馈控制回路参数和反馈控制回路参数,这些参数的取值记录在穿孔卡片上,可以由EAI Pacer 600混合式计算机读取。在Pacer 600计算机上进行模拟的HFB 320飞机动力学是非线性的,其中考虑了作动系统的非线性因素,如间隙和滞环。针对非线性因素的影响,技术人员对控制器重新进行了优化,然后在H316计算机上利用FORTRAN IV语言和汇编语言分别对程序进行了编写和编译,最后通过磁带复制到机载计算机上。

为了验证控制精度,试验中考虑了阶跃输入信号和双脉冲(doublet)输入信号,模型和主机的响应通过遥测系统传输和交互,因此,即使在飞行期间也可以对输入信号或模型进行在线设置。

为了满足上述要求,HFB 320 FLISI空中飞行模拟器选择了一种具有显式模型表示和全状态向量反馈(多变量控制器)的模型跟随控制器。显式模型跟随控制的优点是控制器可以独立于模型特性进行优化,它广泛适用于各种目标飞机,不必针对不同试验飞机模型进行专门的修改。作动器的输出,以及飞机和模型的响应,均被用作状态变量进行反馈,控制器中通过引入积分控制可以使稳态误差逐渐收敛到零。

7.2.17 控制器优化

研究人员为HFB 320 FLISI模拟器开发了一种控制器优化方法,该方法一方面使用平方积分性能指标的Riccati优化,另一方面使用极点配置方法将闭环系统的极点移动到期望位置[22]。控制器优化基于线性二次型最优控制理论,它针对系统平衡点,假定系统为线性控制系统进行最优控制器设计。研究人员随后进一步采用HFB 320飞机地面实时非线性模拟手段,对控制器进行了重新优化。最后,根据飞行试验结果,研究人员对控制器进行了最终调整。

7.2.18 实时机载计算机程序开发

技术人员在霍尼韦尔H316机载计算机上对设计的模型跟随控制器进行了编程实现。H316计算机通过特殊接口连接到数据采集和驱动系统,它采用16位字长的处理器,核心内存为8千字节。因为基于浮点运算的程序不能满足计算速度的要求,该计算机中所有的代数运算都必须使用通过定点运算实现的基本函数。

因为这台四年前就已经过时的计算机性能不足,程序实现时需要进行一定特殊的处理,比如为了满足计算时间的要求,控制器中所有的计算都采用16位的缩放数据格式。为了保证被模拟飞行器模型动力学方程计算的准确性,需要对数据采用32位的双精度表示,但是由于机载模拟/数字(Analog/Digital,A/D)转换器的分辨率仅为12位(即数据存在±1/2048的不确定度),为保证计算精度,也需要对机载算法的程序实现进行一定的特殊处理。

计算机允许开展与真实时间同步的实时计算,程序序列由实时时钟(Real-Time Clock,RTC)

产生的中断进行控制,从而准确地描述模型的物理演化以及精准地实现离散控制程序的运行。

程序各部分的执行具体如下:主时钟运行的周期为 10 毫秒,数据采集程序和电传操纵控制程序在主时钟的第 2 个脉冲上执行。实际控制器程序每 100 毫秒接收一个新的数据集,在 26 毫秒内计算得到一组新的控制指令,并在规定的时间点输出。一旦控制器程序的计算完成,剩余的时间将用于执行驾驶舱中显示等任务。此外,为了最小化控制系统中非线性效应的影响,技术人员开发了补偿滞环和间隙影响的特殊功能程序。

7.2.19 飞行试验中的控制器性能

通过比较目标飞机模型和主机对阶跃输入和双脉冲输入激励的响应,研究人员对模型跟随控制品质进行了评估。图 7.26 给出了一个说明控制器性能的典型例子,针对阶跃函数输入,图中比较了被模拟飞机(大型空客运输机)模型和 HFB 320 主机之间空速、俯仰姿态和俯仰速率的响应曲线,它们随时间的变化趋势是一致的,其中存在的细微偏差通过白色区域进行标识。

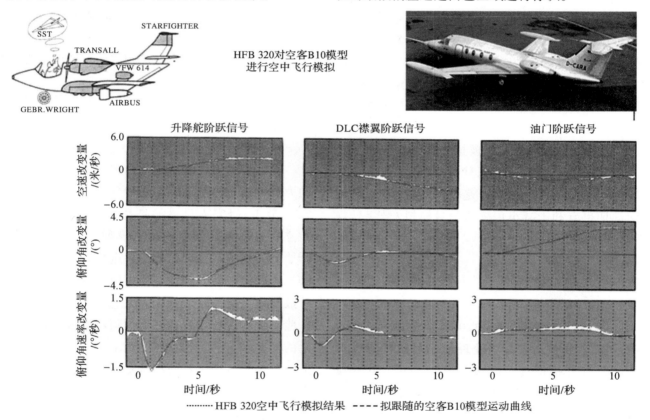

图 7.26　HFB 320 飞行模拟的阶跃响应控制品质

7.2.20 地面模拟

自从 1972 年模拟器改造工作开始以来,技术人员采用了一台 100 伏真空管 EAI 模拟式计算机开展地面模拟研究。这台机器后来被一台 EAI PACER600 混合式计算机取代,如图 7.27 所示。该混合式计算机由一台模拟式计算机和一台数字式计算机组成,其中模拟式计算机的所有电位计都由数字式计算机进行设置。Pacer 600 计算机综合了模拟式计算机与数字式计算机的优点,它主要用于非线性动力学模型的模拟计算以及霍尼韦尔机载 H316 计算机程序的开发。

模拟式计算的优点在于它的实时模拟能力,即它可以实时地对运动方程进行计算,而它的缺点则是难以对复杂的空气动力学模型进行灵活的表示。

图7.27 用于 HFB 320 实时模拟的 Pacer 100 模拟式计算机

在数字仿真中，由于数字均是离散表示，这要求被控系统的精度必须优于控制器本身的精度，即机载计算机程序的精度。为满足这个要求，需要采用减少计算周期时间和改进函数表示的手段。为此，一台当时最为先进和强大的计算机——应用动力（Applied Dynamics）公司的 AD10 被用于实现空气动力学函数的高效计算。

在 AD10 计算机上，模拟 HFB 320 飞机运动方程的时间周期仅为 2 毫秒，而机载 H316 计算机上的运行周期在 50~100 毫秒。此外，更短的时间周期也有利于减小传感器信号模拟/数字转换过程中产生的误差。

7.2.21　数据分析

在1971年接管 HFB 320 模拟器时，DFVLR 尚没有适用于大量数据处理和飞行试验数据评估的软件分析工具。针对此需求，DFVLR 计算机中心与美国客座科学家约翰·麦克拉肯（John McCracken）共同开展了数据评估分析程序的开发工作，建立了飞行模拟和飞行品质评估应用的相应程序[23]。该程序包括以下功能：①将 Ampex 格式的测量数据转换为西门子计算机支持的格式；②校准；③数据的快速查看和绘图；④数据的快速打印输出；⑤数据分析（平均值、方差、相关性、功率谱、互功率谱、频率响应、相干性、概率分布）；⑥数据分析结果的打印输出。该程序为后来面向对话的数据分析工具 DIVA（德文全称 Dialog Orientierte Versuchsdaten Auswertung）

的开发奠定了基础，而 DIVA 后来成功地应用于 ATTHeS 空中飞行模拟器和 ATTAS 空中飞行模拟器的飞行试验中（见第8章和第9章）。

7.2.22　遥测

地面技术人员可以通过遥测系统对飞行试验进行监测。试验中，HFB 320 FLISI 空中飞行模拟器上的18个测量信号被实时传送到地面站，记录在两台8通道的喷墨记录仪上。通过音频连接，地面工作人员可以与飞机上的飞行试验工程师或飞行员进行语音通信，在地面上指导试验的开展。此外，通过一个带有自动跟踪功能的大型碟状天线，地面还可以监听飞行员和空中交通管制部门之间的机上通信。

7.2.23　参数估计

准确了解飞机的动态行为和伺服作动系统的动力学特性是控制器优化设计的重要前提（另见7.3.2节）。研究人员最初是基于风洞试验数据，建立了 HFB 320 飞机的仿真模型，但从1971年开始，通过从飞行试验数据中进行参数估计的方法，仿真模型的准确性不断得以改进。为了获得参数估计需要的数据，DFVLR 进行了专门的飞行试验，在不同的飞行条件下，利用机载计算机产生的控制输入信号（阶跃、双脉冲），在所有通道上对飞机运动进行动态激励。基于试验获得的测量数据，研究人员利用专门开发的参数估计程序确定模型参数（另见7.3.2节）[24-25]。

7.2.24　运营和认证

布伦瑞克的飞行试验部门负责 HFB 320 FLISI 模拟器的维护和运营。在飞行试验期间，一名专业的技术人员将乘坐在飞机上为飞行员提供技术支持。飞机测试设备安装由 DFVLR 的检察员批准，部分设备的安装甚至需要得到德国联邦航空局的批准方可实施。

7.3 应用案例与结果

7.3.1 飞行试验概述

在 1984 年 5 月退役前，HFB 320 FLISI 空中飞行模拟器一直被用于飞行品质的研究以及新技术/新方法的试验。表 7.1 按时间顺序总结了从 1972—1984 年间开展的重要试验项目。下面将简要阐述几个具有代表性的项目，说明 HFB 320 模拟器在其中发挥的重要作用。

表 7.1　HFB 320 模拟器飞行试验项目统计

试验项目	时期	参与者
LKS、SS 和 BBG 功能测试	1972 年	DFVLR、MBB
利用 DLC 的降噪进近飞行	1972—1973 年	DFVLR
带故障检测的数字电传操纵控制	1973—1974 年	DFVLR
DLC 操纵品质	1974—1975 年	DFVLR、USAF
飞行航迹跟踪，飞行员 DLC 建模	1975 年	DFVLR、NLR
自动陡坡进近	1976 年	DFVLR
减速进近（自动襟翼/自动油门）	1976 年	DFVLR、NLR
带数字模型跟随的空中飞行模拟	1977 年	ZKP 项目合作伙伴
扰流板 DLC 试验和参数估计	1977 年	ZKP 项目合作伙伴
带 DLC 扰流板的 A310（B10）空中飞行模拟	1978 年	ZKP 项目合作伙伴
综合飞行导引系统	1977—1979 年	DFVLR、ZKP 项目合作伙伴
基于姿态保持和 DLC 的俯仰指令控制	1979—1980 年	DFVLR
MUC161 机载计算机的飞行导引系统	1979 年	DFVLR、ZKP 项目合作伙伴
降低静稳定性	1981—1983 年	DFVLR、USAF
航站楼管理区（Terminal Maneuvring Area，TMA）中的 4D 导航	1982—1983 年	DFVLR
电子飞行控制系统中的时延	1983 年	DFVLR、USAF
飞行员和飞行试验工程师培训	1984 年	DFVLR、IPTN

7.3.2　首次试验项目：降噪进近飞行（1972—1973 年）

1972 年底，在德国联邦航空局对着陆襟翼作动器、发动机推力作动机构、操纵设备以及某些测量设备进行测试和认证后，HFB 320 模拟器获批可以开展飞行试验（图 7.28）。1972 年 12 月，技术人员在模拟器上安装一定的试验设备后（图 7.29），启动了第一个飞行试验项目——利用 DLC（Direct Lift Control，直接升力控制）的降噪进近飞行，该项目通过在降噪陡坡进近飞行中

图 7.28　准备开展直接升力控制飞行试验的 HFB 320 模拟器（1972/1973）

图 7.29　HFB 320 FLISI 模拟器的设备状态（1972）

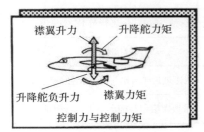

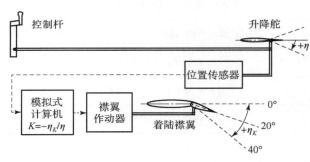

图 7.30　直接升力控制概念

应用 DLC 来改善飞行航迹的控制效果。

为进行 DLC 控制，机载模拟式计算机在升降舵和 DLC 襟翼之间进行了信号耦合，每当飞行员控制升降舵时，襟翼都会同步偏转。因此，在无须进行姿态调整的情况下，飞机上可以产生向上或向下的升力（图 7.30）。

升降舵与襟翼偏转耦合程度的增加意味着直接升力的作用将会增加。图 7.31 显示了在进近过程中分别采用常规控制和 DLC 控制时，飞机飞行航迹的区别。

在常规升降舵控制情况下，可以从飞行器状态的时间响应曲线中观察到非最小相位行为（即向目标指令运动的过程中，其在初始阶段会反向运动），导致飞行航迹指令的实现存在时延。这种效应是由于升降舵在上偏增加俯仰姿态角的时候，先于姿态的变化，飞机上会产生一个向下的升力。飞行员认为飞机的迟缓响应以及较大的下沉率是不可接受的。为了减少飞行员的工作量，需要飞控系统具有快速精确的航迹控制能力，尤其是在飞机着陆期间。通过引入 DLC，可以有效

第 7 章　HFB 320 FLISI 空中飞行模拟器

地解决这一问题。该次飞行试验的目的是证明通过直接升力控制，可以改善陡坡进近飞行中的航迹控制精度[26]。

为确定直接升力控制时最佳的升降舵－襟翼偏转比率，1971 年至 1972 年期间，研究人员首先开展了大量的地面模拟研究，然后又在汉诺威机场进行了许多 ILS 进近飞行模拟，其中对直接升力控制效果的评估是作为进近飞行模拟研究工作的一部分进行的。为了降低着陆进场过程中的噪声水平，飞机下降时增大了下滑坡度，以便增大噪声源和噪声敏感区域之间的距离。降噪飞行航迹包括两段：第一段是下滑角为 6° 的陡峭进近，第二段是 2.5° 的传统 ILS 进近（图 7.32）。直接升力控制在第一段飞行期间启动，出于安全原因，在转换到第二段进近飞行后，直接升力控制会被关闭。进近航迹是提前规划好的，在飞机降落过程中它将作为标称航迹来引导飞行员飞行。

技术人员采用一套精密的雷达系统来测量飞机的位置，在飞机进近飞行区域设置了 8 个测量点进行噪声测量。噪声测量结果表明，与传统 2.5° 坡度进近的方法相比，采用陡峭进近飞行的噪声传播显著减少（图 7.33）[27]。

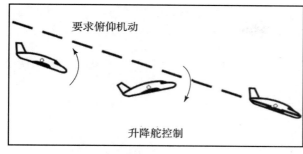
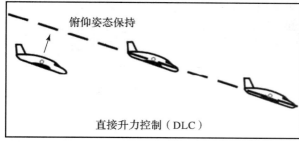
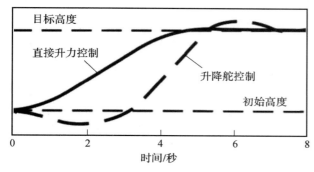

图 7.31　有直接升力控制和无直接升力控制时的飞机航迹变化

- Ⓐ　定位信标点
- Ⓑ　测量系统打开
- Ⓒ　6° 截入
- Ⓓ　2.5° 截入
- Ⓔ　复飞

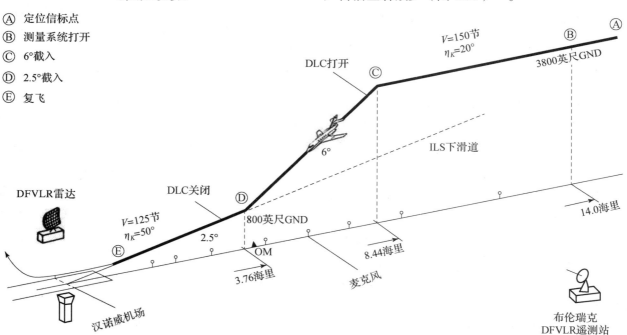

图 7.32　6° 陡坡进近航迹和噪声测量站

185

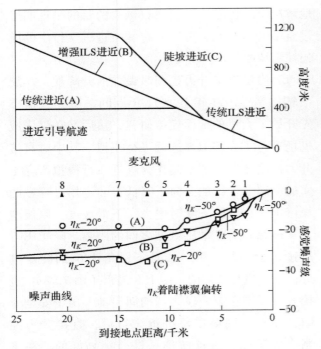

图 7.33 传统进近和陡坡进近的降噪潜力

图 7.34 试飞员汉斯·彼得·约恩克（Hans-Peter Joenck）在操纵双侧握手柄

7.3.3 具有故障检测功能的数字电传操纵控制（1973—1974 年）

高可靠性数字式电传操纵飞行控制的研究始于 20 世纪 60 年代中期。在 Do 27 飞机、珀西瓦尔 - 彭布罗克（Percival Pembroke）飞机和"行星"号（Planet）研究船（见 6.3.1 节）数字 FBW 试验系统研究的基础上，1972 年，研究人员研制了一套具有"失效安全"（fail-safe）特性的三轴主控制系统，并将其安装在 HFB 320 模拟器上进行测试。当时研究的重点是数字式飞行控制系统的设计和实现，尤其是 HFB 320 飞机的飞行航迹导引。

除了升降舵、副翼和方向舵的双余度（duplex）备用电传操纵控制外，改装后飞机的副驾驶座椅处还安装了两个带扶手的侧握手柄（sidegrip）操控设备，即双侧握手柄（twin sidegrips），如图 7.34 所示。这两个侧握手柄通过机械连接在一起，它们具有三个旋转自由度，可以对升降舵、副翼和方向舵进行 1:1 的直接操纵。

侧握手柄和电液作动器之间的电信号传输配备了故障检测系统，通过该系统可以检测到所谓的"睡眠错误"（sleeping error），即暂时未参与信号生成的部件的故障[28]。

飞行试验中，研究人员研究了双侧握手柄操控设备替代常规驾驶盘（control wheel）的可行性，以及采样时间和离散量化粒度对航迹导引精度的影响。例如，对于典型的精确高度保持飞行任务，研究人员通过改变升降舵偏转角的离散量化粒度，考察了不同空速下的高度保持精度。研究发现，对于 200 节的空速，升降舵采用 0.3° 的离散量化粒度会导致飞机高度控制精度下降，而在 260 节速度情形，即使升降舵采用 0.1° 的较小离散量化粒度，飞机的高度保持精度也会明显降低。

飞行员座椅右扶手上的人工反作用力可以模拟控制舵面的载荷，试飞结果的评估同时也阐明了侧握手柄中反作用力的重要性。侧握手柄控制的软固定（soft pinning down）措施可以减小飞机高度偏差的平均值，实现较高的控制精度。因此，对于力杆（极硬约束）和位移杆（不受反力约束）之间的比较，可以得出第一个结论，即恰当的人工反作用力有利于提高操控精度。特别地，研究人员还计划在飞行操纵中对故障检测技术进行验证，然而在总计约 30 小时的飞行试验期间，用于 A/D 转换的电子器件与机电部件并没有发生永久性的故障，因此试验并没有取得预期效果。

7.3.4 考虑直接升力控制的操控品质（1974—1975年）

1974年夏天，DFVLR执行了另一项与DLC有关的飞行试验任务，该任务是根据与美国空军的谅解备忘录（Memorandum of Understanding，MoU），与俄亥俄州代顿的美国空军飞行动力学实验室合作开展的[29]（另见12.3.2节），项目研究内容是在飞机6°陡坡进近期间，分析俯仰和垂直（升沉）运动耦合程度对人工导引精度和飞行员操控的影响，为此，研究团队提出了两种DLC方案（图7.35）。

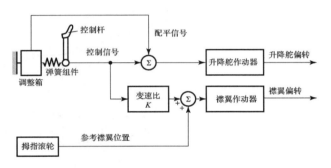

图7.35 直接升力控制原理框图

第一种方案是通过升降舵和着陆襟翼的配合偏转实现DLC，其中襟翼和升降舵偏转的比率是确定的，偏转比率的具体取值对试验效果影响很大，不同的比率会导致不同程度的升沉和俯仰运动。在第二种方案中，研究人员采用了直接航迹控制方法，这种方案仅通过操控襟翼控制升沉运动，而飞机的俯仰姿态（或迎角）由姿态控制器驱动升降舵进行保持，此时升降舵与襟翼偏转的比率是根据实际飞行自动变化和调整的。图7.36针对飞机对航迹倾角阶跃指令的输入响应，说明了第二种飞行航迹控制的原理与效果。

6度标称航迹由具有可变下滑路径能力的微波着陆系统 TALAR IV（Tactical Landing Approach RADAR，战术着陆进近雷达）提供，该设备是由美国空军根据谅解备忘录项目提供的。如图7.37所示，该设备可以引导飞机着陆。为使用该系统，HFB 320模拟器的机头中需要安装TALAR天线（图7.38和图7.39）。

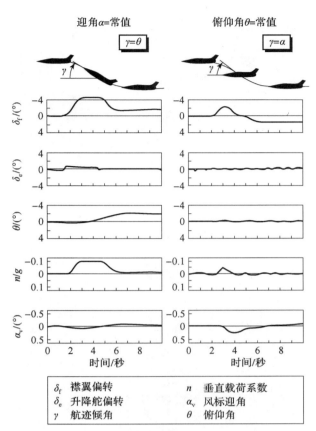

图7.36 采用直接升力控制的飞行航迹控制（左：恒定迎角，右：恒定俯仰姿态角）

图7.37 HFB 320模拟器在TALAR站上方着陆进近

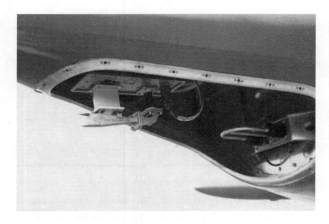

图 7.38 TALAR 天线安装

图 7.39 TALAR 天线罩

HFB 320 飞机共计进行了 54 次进近飞行试验，采用不同 DLC 配置的陡坡进近试验结果表明，无论采用俯仰运动与垂直运动耦合的第一种 DLC 方案，还是采用第二种保持俯仰姿态恒定的第二种 DLC 方案，都可以改善飞行航迹控制的效果。然而，在通过人工操纵保持飞行速度时，DLC 遇到了一些问题。襟翼作为直接升力装置，使飞机的升沉和速度响应之间产生了强烈的耦合，飞行员无法通过手动控制来消除这种耦合影响。因此，速度保持的困难在一定程度上削弱了 DLC 给飞机操控带来的有益效果[30-33]。

DFVLR 在 1975 年开展了另一个针对 DLC 对速度控制影响的飞行试验项目[34]。试验中，速度由推力控制器进行自动控制，保持恒定，飞机分别以 2.5°和 4°的下滑道进近，其中 2.5°进近采用传统 ILS 系统实施，而 4°进近则是通过 TALAR 系统进行。该项目共进行了 41 次进近飞行试验。

试验结果表明，与传统的升降舵控制相比，使用 DLC 结合俯仰姿态控制，可以提高控制灵敏度，显著改善飞行航迹的控制效果，飞行员认为采用 DLC 后的俯仰姿态操控体验令人舒适，图 7.40 的传递函数响应曲线也支持了飞行员的评价。同时，通过使用推力控制器，DLC 应用过程中的速度保持问题也得到了有效解决。

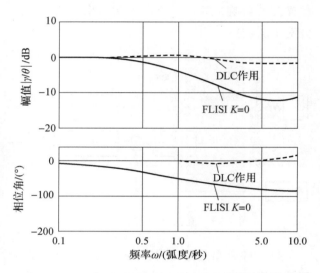

图 7.40 无 DLC（$K=0$）和有 DLC 时俯仰角到航迹倾角的传递函数（γ/θ）

7.3.5 直接升力控制的航迹跟踪试验（1975 年）

该飞行试验项目是 DFVLR 与荷兰国家航空航天中心（National Aerospace Center，NLR），也称为荷兰国家航空航天实验室（National Aerospace Laboratory），合作开展的，项目以运输机的飞行品质研究为背景，针对飞行航迹跟踪任务，开展基于飞行试验数据的飞行员模型辨识研究[35]，项目中专门考察了飞行中直接升力控制的影响。

为实现研究目的，在水平定高飞行中，模拟器驾驶舱向试飞员指示具有预定义频谱特征的不同飞行路径指令（强制功能[①]），飞行员必须通过手动操控来跟踪这些指令。期望航迹倾角和测量航迹倾角之间的偏差会显示在十字指针仪表（水平条）上，飞行员需通过手动控制将其调节至零（图 7.41）。

图 7.41 十字指针仪

强制功能通过模拟磁带进行显示，同时测量的试验数据也将存储在该磁带上。NLR 开发了通过飞行试验数据在频域中辨识传递函数的程序。试验任务由两名飞行员执行，在自动速度保持（自动油门）条件下，试验考察了不同 DLC 襟翼/升降舵偏转比率（混合 DLC）的结果，试验结果证实了飞行员的行为模式符合已知的交叉模型（crossover model），图 7.42 给出了辨识的飞行员传递函数模型。

同时试验还发现，襟翼/升降舵的比率为 7.5 时的 DLC 配置具有最高的带宽和最佳的稳定性，该配置下飞机航迹与期望路径的偏差最小。

7.3.6 采用直接升力控制的自动陡坡进近（1975—1977 年）

1975 年至 1977 年间，DFVLR 技术人员在布

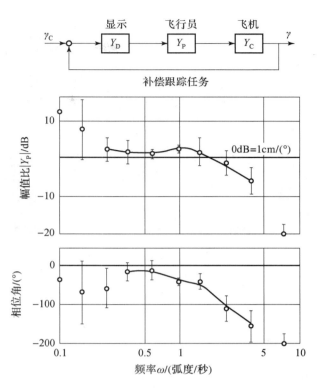

图 7.42 辨识的飞行员传递函数模型

伦瑞克机场对 DLS（DME Based Landing System，基于 DME 的着陆系统，DME 指测距设备，英文全称为 Distance Measuring Equipment）原型系统进行了测试和评估。DLS 是德国向国际民用航空组织（International Civil Aviation Organization，ICAO）建议的一种新型的飞机进场和着陆引导系统。

开展 DLS 飞行试验之前，研究人员在地面移动驾驶舱模拟器中对俯仰轴和滚转轴的指令控制进行了深入研究（图 7.43）[36]。飞机驾驶舱仪表盘上首次安装了电子陡坡着陆进近显示器。研究人员分别使用地面模拟器以及 HFB 320 空中飞行模拟器，开展了 3°、4° 和 5° 下滑坡度的进近试验。

为了沿着预定的标称路径精确地引导飞机，需要飞机当前位置的精确信息。混合导航系统（hybrid navigation system）综合使用来自 LN3 惯性平台、气压高度计和 VOR/DME 系统的数据（VOR 为 VHF omnidirectional radio range 缩写，指甚高频全向信标），通过 H316 机载计算机确定飞

[①] 强制功能（forcing function）是一个人机界面设计和人类因素工程领域常用的术语，它指的是通过物理或逻辑手段对人的行为或决策进行影响或限制的设计元素或特性。

图7.43 采用地面模拟器对不同陡坡进近控制方案进行研究（驾驶舱内为沃尔科马尔·亚奇（Volkmar Adam））

机北向、东向和垂直方向上的去噪位置数据。机载计算机上还安装了一个初步的实验性自动驾驶仪系统，除了默认的俯仰轴和滚转轴的指令控制器外，该系统还包括一些典型的自动驾驶仪功能，如定高、定航向、定速以及自动着陆[37-38]。

因为HFB 320模拟器试验系统没有冗余，出于安全原因考虑，数字式自动驾驶仪系统的测试必须在离地2000英尺（609.6米）以上的空中才能进行，安全高度能保证在试验系统发生故障的情况下，飞行员有足够的时间切换回基本的机械控制系统来保证飞机的安全。

飞机指向跑道的全自动进近从4000英尺高度、距离布伦瑞克机场DLS站西北约10海里（约18.52千米）的地方开始，最后在DLS站上方2000英尺（609.6米）的高度结束。在进近飞行的起始点，飞行员采用高度、航向和速度的自动驾驶仪模式驾驶HFB 320模拟器，然后打开自动着陆系统，飞机转向朝南飞行，空速降低到140节，此时襟翼设置为40°。在距离进近基线3千米的横向偏移处，飞机转向飞至与跑道中心延伸线呈25°角的交会航线。当导引系统给出自动着陆指令（AUTOLAND）后，机载计算机将根据具体的飞行条件，计算确定由抛物线过渡段和线性下降段组成的垂直参考轨迹，控制飞机根据选择的下滑坡度（3°、4°或5°）降落。

数字式综合飞行控制系统第一个阶段的飞行试验非常成功，它清楚地展示了数字式控制系统的优点，其大大简化了导航制导与飞行控制的计算，便于不同导航制导与控制策略的实现。

7.3.7 进近自动减速（1976年）

该飞行试验项目是DFVLR与荷兰国家航空航天中心（NLR）联合开展的另一个项目，项目的主要目的是确定是否可以通过持续降低进近速度、减小发动机推力以及缩短进近时间来降低飞机的噪声。其次，针对使用自动连续襟翼控制（自动襟翼）与速度保持的飞机进近程序，确定飞行员对此它们的接受程度，其中进近程序中的速度保持又分为自动油门控制或手动操纵实现两种方式。

该项目由两名飞行员进行驾驶和评估，在汉诺威机场共进行了37次着陆进近试验。数据分析中使用航向信标（localizer）和ILS的平均值以及标准差作为指标，并将其与飞行员评估进行关联。飞行试验中，HFB 320模拟器使用驾驶舱右侧的电传操纵模式进行飞行，同时打开机载计算机编程实现的自动襟翼和自动油门控制功能。

进近试验中，飞机速度从85米/秒（襟翼偏转为10°）减小到64米/秒（襟翼偏转为40°）。驾驶舱显示器中的十字指针仪（图7.41）的垂直方向显示了襟翼位置，水平方向表示手动速度保持的指令显示，代表与目标速度的偏差。试验结果表明，选择减速梯度为0.5节/秒（约-0.257米/秒^{2}的加速度）、最终高度为700英尺（约213.36米）时，使用该方法飞机进近飞行性能非常良好，并且两种方式（带自动速度保持和不带自动速度保持）对应的结果几乎相同，虽然手动速度控制中飞行员的工作负荷更高，但仍然可以接受[39]。

7.3.8 带直接升力控制的A310（B10）飞行模拟（1977—1978年）

作为BMFT负责的ZKP项目"飞行控制"中

的一部分工作,其中的飞行试验任务由 MBB-UH、BGT、DFVLR 和汉莎航空公司共同开展完成。该项目研究涉及空客 B10 飞机(后来被称为 A310 飞机)的气动布局设计。试验任务由两部分工作组成,第一部分工作始于 1977 年,具体针对 B10 气动布局开展空中飞行模拟,研究 B10 飞机的飞行品质(另见图 7.26)。为此,必须首先对 B10 飞机的纵向和横航向动力学进行建模[40],然后设计模型跟随控制器,并在地面模拟中进行测试[41],最后将开发的软件实现于飞机的机载计算机上,并通过飞行试验对整个系统进行验证[42]。

1978 年开展的第二部分工作侧重于直接升力控制(DLC)方案的研究。鉴于 DLC 意味着成本增加与重量增大,本部分试验工作的目的是确定:①与没有 DLC 的 B10 飞机相比,飞机采用 DLC 后的性能改进程度;②不同 DLC 参数对"飞行员–飞机系统"性能的影响以及相应的飞行品质评估;③控制系统设计中使用 DLC 时应采用的飞行品质标准。试验中,DLC 方案通过同时使用升降舵和机翼扰流板来实现俯仰通道的控制指令,其中扰流板控制通过降低来流的下洗效应(washout),从而改变飞机受到的气动力。

除了未使用 DLC 情形外,项目研究了四种不同 DLC 配置下飞机性能的改进,它们的区别在于升降舵和扰流板之间的耦合偏转比值(又称为传动比,用 K 表示)以及扰流板作动器的洗出时间常数(washout time constant)存在差异。两名试飞员共计进行了 63 次 ILS 进近试验。在这些试验中,要求下滑道与航向信标的偏差保持在 ±0.015° 以内,速度误差保持在 ±5 节(约 ±2.6 米/秒)以内。飞行员根据特定的工作负荷表对不同的 DLC 配置进行评估,工作负荷表的取值范围为 0~10,其中 0 代表无负荷,10 代表高负荷。此外,飞行品质评估中还使用了库珀·哈珀等级量表(图 2.6),以便更好地评估飞机性能与飞行员工作量之间的相关性。

如图 7.44 所示,飞行试验结果表明,DLC 中随着扰流板/升降舵耦合偏转比值 K 的增加,B10 飞机的飞行品质显著降低[43-44]。基于这一结果,研究人员为配备 DLC 的飞机定义了一个新的飞行品质标准[45-46]——内外环频率分离,它具体指俯仰姿态动力学(内环)和飞行航迹动力学(外环)之间的频率分离程度。之所以需要这种频率分离,目的是避免飞行员飞行航迹控制与姿态控制之间

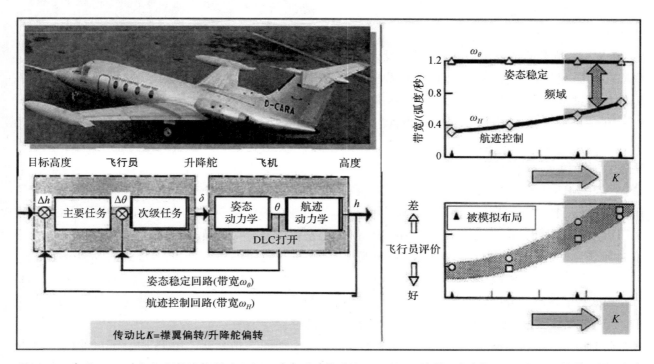

图 7.44 采用 DLC 进行飞行航迹控制的飞行品质准则(传动比 K = DLC 襟翼/升降舵,此处 DLC 襟翼指扰流板)

的耦合干扰。在短周期频率范围内，频率分离程度可用飞行航迹与俯仰姿态角传递函数的相位关系来描述。研究表明，随着 DLC 襟翼使用的增加，内外环的频率分离程度会减小，因此 DLC 可能会导致飞行品质降低。后来在 1979 年，研究人员发展了俯仰速率指令系统才较好地解决了这一问题，飞行中结合俯仰速率指令控制系统，才能更好地利用 DLC 的优点。

7.3.9 综合飞行导引系统（1977—1979 年）

20 世纪 70 年代，随着数字式计算机的性能越来越强大，飞机飞行控制系统的发展清楚地表明，下一代运输飞机将不再使用模拟式控制系统，而是配备数字式自动驾驶仪/自动油门系统。为了使德国工业界尽早获得数字式航空电子系统的开发经验，德国研究和技术部（BMFT）资助了名为"ZKP"（民用组件计划）的项目。DFVLR 及其工业部门的合作伙伴 BGT、MBB-UH 和 VFW 参与了该项目，承担的主要研究工作是研发一种适用于空客 B10 型新型运输飞机的综合飞行导引系统（Integrated Flight Guidance System，IFGS），并在 HFB 320 空中飞行模拟器上进行飞行评估。

DFVLR 负责的任务是对 IFGS 进行设计，其中需要为霍尼韦尔 H316 机载计算机开发软件代码，并通过地面模拟和飞行模拟对 IFGS 进行评估。BGT 负责为 IFGS 开发了一种称为 ADB（德文 Autonomes Digitales Bediengerät，意为自主数字控制单元）的数字式模式控制器。VFW 负责研制一台 MUC161 小型航空电子计算机，运行 IFGS 相关软件，它还具备 4 维导航功能，可以导引飞机按规划时间精确抵达机场。MBB-UH 开发了一种名为"延迟襟翼进近"的功能，用以降低飞机的着陆飞行中的地面噪声。

模式控制概念的分层结构如下所述：

（1）基本模式是通过驾驶盘（control wheel）进行俯仰通道和滚转通道控制的指令控制模式。

（2）较高级别的模式包括 ALT ACQ（高度获取，altitude acquire）、HDG ACQ（航向获取，heading acquire）、VOR NAV（VOR 导航，指利用 VOR 径向进近导航）、CAS ACQ（校准空速获取，CAS acquire）、VS（失速速度的因数）、VX（最陡爬升）、VY（最快爬升）。

（3）最高级别的模式包括 AUTOLAND（自动着陆）、GA（复飞，Go Around）、3D-NAV（三维导航，接近一系列航路点）和 4D-NAV（四维导航，指接近进场入口的时间精确导引）。

图 7.45 显示了模拟器驾驶舱改进后的仪表盘，试飞员座椅前面安装了姿态指示灯（attitude director indicator，ADI）和水平位置指示灯（horizontal situation indicator，HSI），在遮光板上加装了 ADB 模式控制器。

图 7.45　IFGS 试验驾驶舱设备

根据模式控制系统的层次结构，技术人员在耦合多变量反馈系统框架内对控制器逐步进行开发，在生成方向舵、副翼、升降舵偏转指令和油门指令时，控制器会用到飞机上所有基本的状态数据和指令输入。

技术人员选择了这样一种控制回路结构，其允许在确定指令前馈回路和干扰补偿回路后，对系统的不同特征模态分别进行控制器设计。对于不同飞行条件和不同 IFGS 模式的各种可能组合，技术人员都为控制系统设计了具有良好阻尼的特征值，从而提升了飞机在恶劣天气下的飞行舒适性。

如图 7.46 所示，IFGS 中，"指令模型"模块为反馈"控制器"模块以及升降舵和油门的"动态前馈控制"模块生成连续的导引指令,"干扰补偿"模块根据飞机的飞行动力学模型导出,其中考虑了飞机的结构变化,例如起落架的收放和着陆襟翼的偏转设置。

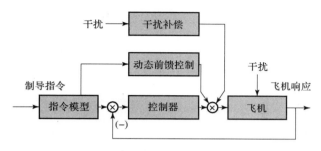

图 7.46　飞行导引指令实现架构

飞机导引精度在很大程度上取决于开环动态前馈控制所实现的气动舵面偏转的准度。一方面,"指令模型"给出的指令不能超过飞机的物理飞行极限;另一方面,在前馈控制回路设计时,必须考虑飞机在稳态飞行和机动飞行阶段的不同动力学特性,这对于油门控制尤为重要,因为飞行中希望发动机能以较小的油门变化幅度进行工作,否则会带来飞机总能量的较大波动,而这会影响飞机的控制品质。

IFGS 提供了一种同时对高度/垂直速度和空速进行控制的组合控制模式。1978 年,技术人员根据最新研究进展,对其进行了重新设计,首次发展了总能量控制系统[47-48]。总能量控制中,推力被用于控制总能量,而势能和动能的转换通过升降舵进行调节。目前,总能量控制在航空领域得到了广泛的应用。

通过开展针对 HFB 320 飞机系统的高置信度非线性数字仿真,技术人员在实验室对 IFGS 进行了全面的测试。实验室测试后,技术人员进一步开展了飞行试验,在总计为 95 小时的 66 次飞行中,对各种控制模式及它们的不同组合进行了充分测试。试验中,空速范围为 130~290 节(约 66.82~149.06 米/秒),襟翼偏转范围为 0~40°。

关于总能量控制的一些试验结果总结如下:
(1)爬升和下降飞行容易操控,速度控制误差较小(在未超过油门极限值的条件下,速度误差一般小于 1.03 米/秒),油门冗余足够;
(2)按 0°、10°、20° 和 40° 逐步偏转的着陆襟翼引起的速度偏差(小于 1.03 米/秒)与高度偏差(小于 4.6 米)均较小,油门冗余足够;
(3)在将飞机从 200 节(约 66.82 米/秒)加速到 290 节(约 149.06 米/秒)的过程中,只引起了高度的微小偏差(小于 4.6 米)。

关于其他控制模式的相关试验结果,读者可以查阅参考文献[49-50]。

7.3.10　带姿态保持和直接升力控制的指令控制(1979—1980 年)

该试验项目旨在研究自动姿态保持条件下,控制器辅助指令控制(controller-assisted command control)对飞机俯仰通道和滚转通道控制的影响。控制器辅助指令控制系统如今已成为空客系列飞机的标准系统,该系统给出的指令是基于垂直加速度,而非俯仰角速率。此外,项目还研究了直接升力控制对指令控制、自动航向保持,以及滚转通道倾侧角小于 2° 的机翼水平控制(又称机翼水平器,Wing Leveler)的影响。

项目采用 HFB 320 空中飞行模拟器进行试验。根据库珀-哈珀等级量表(图 2.6),两名飞行员对 85 次着陆进近的飞行品质进行了评估。图 7.47 左侧给出了俯仰通道的控制系统框图。飞行中,飞行员可以通过右手操纵一个 2 轴侧握手柄(sidegrip)来进行控制。图 7.47 右侧还给出了典型进近中飞机主要变量的时间历程图,由于飞机能够稳定跟踪预设的飞行航路,控制器会自动补偿飞行中的干扰,因此飞行员的操控指令曲线呈脉冲状并且波动幅度很小。

结果表明,该项目中飞行员的飞行操控与传统的飞行操控存在显著差异[51-53],这是因为所有干扰都由自动控制系统予以补偿,飞行员的操控更像是开环控制。特别地,飞行员在飞行中很快适应了侧握手柄的使用,作为一个新型的操纵指令输入设备,它在飞行中并没有引起任何异常情况。从系统的角度考虑,飞行员的评价实际上是

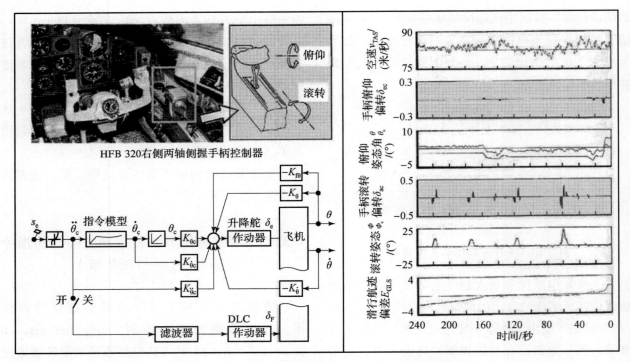

图 7.47 带侧握手柄的俯仰通道增稳飞行控制系统框图

针对包括控制系统在内的整个飞行器系统的行为，而不仅仅是针对飞机的固有动力学特性。图 7.48 给出了 DLC 对飞行操控活动的影响，如图所示，

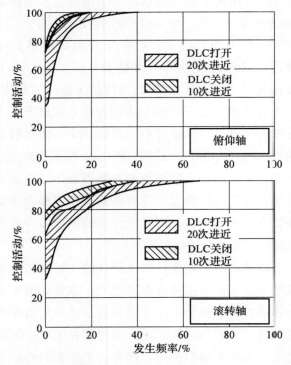

图 7.48 带 DLC 进近情形和无 DLC 进近情形侧握手柄的偏转频率

DLC 改善了飞行航迹控制的精度，同时减少了飞行员的工作量。飞行员认为自动航向保持和机翼水平器对巡航飞行有利，但不太适用于着陆进近，着陆进近中滚转姿态的微小修正是必要的，但这恰好是机翼水平器所阻止的。

7.3.11 MUC161 导引系统飞行试验（1979 年）

VFW 公司研制了一台紧凑型航空数字式计算机 MUC161，它可以为飞行器的飞行控制提供足够的计算能力。BGT 公司（今为代傲航空航天公司，Diehl Aerospace）为该计算机开发了相应的接口。DFVLR 技术人员将 MUC161 计算机及接口集成到 HFB 320 模拟器中（图 7.49），并在实验室对该设备连同 ADB 数字式模式控制器进行了初步测试。

在霍尼韦尔 H316 计算机上对自动飞行控制系统（Automatic Flight Control System，AFCS）的 Fortran 程序进行飞行测试后，VFW 和 BGT 用汇编语言重新编写了自动驾驶仪系统中的部分计算机程序，并将它们加载到 MUC161 计算机中。新

图 7.49 MUC 161 飞行导引计算机和
HFB 320 模拟器客舱的计算机接口

程序的集成影响了在此之前已经过测试的自动驾驶仪操作模式以及延迟襟翼进近（delayed flap appraoch）程序。该进近程序是由 MBB-UH 开发，进近中襟翼在计算机辅助下连续打开，同时飞机降低空速。在将一些控制模式功能迁移到 MUC161 计算机后，混合式导航程序仍然运行在机载霍尼韦尔 H316 计算机上。通过对 MUC161 和 H316 两台计算机进行功能分配，控制器的采样周期从 200 毫秒减少到 100 毫秒，有利于提升飞行控制品质。在经过 19 小时的 16 次飞行测试后，MUC161 计算机中编程实现的所有自动驾驶仪模式都得到成功验证。

7.3.12　降低静稳定度（1981—1983 年）

为了提高飞行性能，越来越多的运输飞机被设计为可在较宽的速域范围内飞行，这通常是通过降低纵向静稳定度来实现的。但是，当人工增稳系统（Stability Augmentation System，SAS）发生故障的概率过高时，飞行员必须能够在控制器发生故障后手动驾驶飞机[54]，这又要求飞机仍需要具备可接受的飞行品质。为解决这个矛盾问题，在 ZKP 研究项目 ACTTA（Active Control Technology of Transport Aircraft，运输飞机主动控制技术）的支持下，DFVLR 和 MBB-UH 合作开展了大量的飞行试验工作，主要研究纵向稳定性降低对飞机操纵品质的影响。为使飞机实现安全爬升、稳定巡航以及安全着陆，研究人员致力解决增稳控制系统发生故障后，飞机安全飞行所需的最低稳定性的问题。

该项目相关的基本实验最初是在法兰克福德国汉莎航空公司的 A300 训练模拟器上进行的。为验证相关结果，研究人员进一步使用 HFB 320 FLISI 空中飞行模拟器开展了飞行试验。由于飞机的不稳定响应是人为引入的，因此可以在无安全风险的情况下使用空中飞行模拟器进行试验。一旦飞机失去控制，安全飞行员可以通过按下紧急切换按钮来接管飞机控制，并使飞机恢复到稳定状态。4 名飞行员（其中 3 名来自 DFVLR，1 名来自 MBB-UH）共执行了 44 次任务，181 次进近飞行。

飞行模拟中，飞机使用"原始"ILS 数据在汉诺威机场进行 ILS 进近，要求飞行员尽可能精确地保持下滑航迹和速度。在空中交通管制部门（Air Traffic Control，ATC）的引导下，试飞员完成了 4 次进近的飞行任务。飞机进近高度为 2500 英尺，出于安全考虑，复飞高度为 500 英尺。根据试飞员的要求，机载计算机上的航向信标和下滑道显示进行了调整，以便在飞机水平状态下能够显示接地着陆条件。

飞行员在每次飞行后根据评估调查表对飞机的飞行品质进行评估。在完成一轮完整的任务后，飞行员根据飞行员评估卡，对不同配置条件下的操控行为、PIO（Pilot Induced Oscillations，飞行员诱发振荡）趋势等方面进行评估。同时，评估飞行员还需给出库珀-哈珀评级结果。

图 7.50 给出了项目某次试验中的结果[55-59]，根据图 2.6 所示的评价大型运输飞机飞行品质的

库珀-哈珀量表（Cooper-Harper scale），图7.50说明了飞机重心后移引起的静稳定性降低对飞行员评估的影响。事实证明，飞行员的评估结果在很大程度上还受到空气湍流水平的影响。对于较弱的湍流，即使是不稳定的气动布局（重心位置位于55%MAC（MAC：平均气动弦长））也可以飞行。对于较强的湍流，飞行员稳定操控的极限是重心位置接近焦点，即飞机为近中立稳定。飞行员对于重心位置位于59%MAC处的飞机飞行品质的评估结果为糟糕，这意味着此时飞机的可控性不可接受。从俯仰角和升降舵的时间历程图中可以观测到，对于不稳定的气动布局，飞行员在俯仰通道的控制活动持续增加，这意味着飞行员的操控越来越困难。

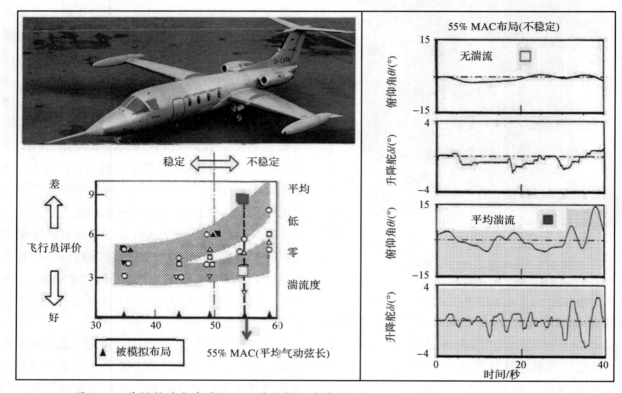

图7.50　降低静稳定度对操纵品质的影响（横坐标：%MAC（MAC：平均气动弦长））

7.3.13　电传操纵飞行控制系统中的时延（1983—1984年）

日益复杂的数字式电子飞行控制系统产生了不可忽视的动力学特征以及时间延迟，它们对飞机的任务效能和飞行品质有着明显的影响。为了研究这种影响，DFVLR使用HFB 320空中飞行模拟器开展了飞行试验研究，项目试验内容如下：

①评估飞行控制系统中的时延对商用飞机着陆进近期间飞行品质的影响；②确定俯仰和滚转控制中时延的最大容许值；③将试验结果与现有飞行品质标准进行比较。在这些研究中，HFB 320飞机的固有飞行品质并没有被改变。但是，研究人员在控制系统中引入了不同的时间延迟，评估了它们对飞机可控性的影响。项目对两种不同类型的控制进行了评估。

第一种类型为基本控制，它由HFB 320的传统控制系统组成，其中飞行员操控装置与气动舵面机械连接，基本控制中没有时间延迟。

第二种类型为电传操纵控制，在电传操纵控制系统中，时延可以通过不同的方式产生，如通过设定计算时间产生，通过信号转换方式产生，或者通过作动系统中的时延产生。HFB 320飞机中作动系统的时延约为150毫秒，除此外，试验中要求的时延通过机载计算机设定的方式产生。

图 7.51 给出了飞行试验结果，升降舵和副翼的控制设置时延从 0 毫秒增加到 1300 毫秒，多名飞行员在不同的大气条件（包括湍流条件）下进行飞行，并根据库珀-哈珀量表进行评级。从图中可以看到，随着升降舵或副翼控制通道中时延的增加，飞行员对飞机纵向或横向运动控制品质的评价明显降低。

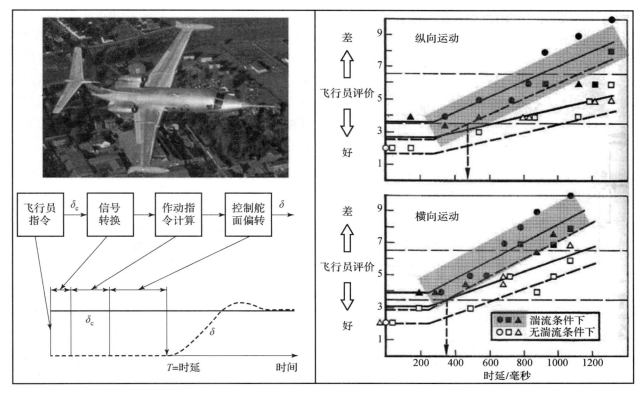

图 7.51　系统时延对操纵品质的影响

试验结果还指出，对于 HFB-320 类型飞机的飞行来说，着陆进场任务中横航向运动时延比纵向运动时延的影响更大[60]。在中等湍流水平下，在滚转通道的时延小于 250 毫秒，俯仰通道的时延达到 300 毫秒之前，飞机飞行品质的评价为 1 级（非常好，令人满意）。在评价为 2 级飞行品质（可接受）的控制中，在横滚通道飞行员可以容忍高达 800 毫秒的时延，而俯仰通道中的时延允许更大。

7.3.14　飞行员和飞行试验工程师培训（1984 年）

HFB 320 FLISI 模拟器参加的最后一个项目是作为变稳飞行验证机，用于印度尼西亚万隆的 IPTN 公司（Industri Pesawat Terbang Nusantara，今为：印度尼西亚航空航天公司）飞行员的培训活动。1983—1984 年，DFVLR 协助开展了 IPTN 印尼-西班牙 CN 235 联合通勤飞机的飞行试验认证，为该机的认证测试工作研制了移动飞行测试仪器系统 FTIS（Flight Test Instrumentation System，飞行测试仪器系统）。该系统包括一个"集装箱集群"（container city），它由 12 个带空调的标准集装箱和一个机载数据采集系统（On-Board Data Acquisition System，OBDAS）组成。自 1984 年以来，IPTN 在万隆独立地运行 FTIS 系统[61]。与此同时，DFVLR 在布伦瑞克向 CN 235 飞机的测试人员介绍了 FTIS 系统的设计以及飞行试验方面的理论和工程实践经验。

1983 年 6 月 11 日至 14 日，作为一个理想的培训设备，HFB 320 FLISI 空中飞行模拟器被用于印尼飞行员和飞行试验工程师的培训。印尼飞行员穆桑托（Cpt. Mursanto）、萨默索诺（Cpt. Somersono）和苏普里亚迪（Cpt. Supriadi）接受了针对特殊应用的试验技术培训，他们在CN-235模拟模型上进行了ILS进近训练，训练目标是最小化飞机航迹与驾驶舱上显示的目标航迹之间的偏差。通过修改模型参数，对CN 235飞机进近中的响应进行了模拟，根据试验结果，飞行员对不同进近下飞机的可控性进行了评估。

7.4 HFB 320 FLISI 模拟器项目结束

在HFB 320空中飞行模拟器运营的最后几年里，由于难以获得足够的资金和人员支持，采用HFB 320 FLISI模拟器开展飞行试验变得越来越困难。特别是1981年后，随着新的空中飞行模拟器——基于VFW 614飞机的ATTAS模拟器（见第9章）的立项与研发，许多之前为HFB 320模拟器工作的专家和研究技术人员投入到新模拟器的改装工作中（图7.52），这也使得HFB 320模拟器的维持越发艰难。

图7.52　HFB 320模拟器及其继任者VFW 614模拟器

在结束了飞行模拟生涯后，1983年秋季，HFB 320飞机进行了零重力（失重）条件下的实验研究和机动测试。通过飞行员的手动操纵，飞机在抛物线飞行轨迹中创造出持续22~23秒的失重环境。当达到零重力状态仅几秒后，由于机油泵排气口吸入了油箱中漂浮的机油与空气，发动机（GE CJ 610-5）发出机油压力告警。经交涉，发动机制造商通用电气公司（General Electric）回复，即使在机油压力不足的情况下，发动机也可以继续安全工作大约30秒。遗憾的是，后来HFB 320飞机没有再开展与空间失重环境相关的试验任务。

1984年5月25日，HFB 320 FLISI空中飞行模拟器结束了它的飞行生涯，正式退役。同年7月3日，德国联邦航空局（LBA）对它进行了注销。1986年6月12日13时20分，HFB 320 FLISI模拟器由一架陆军CH 53直升机从布伦瑞克运送到位于汉堡-芬肯韦德的前汉堡飞机制造厂（图7.53）。在这里，HFB 320 FLISI飞机的外观被恢复到公务机的原始状态，这架飞机现存放在芬肯韦德的空客公司工厂内（图7.54）。

图7.53　CH 53直升机正在运输HFB 320 FLISI模拟器

图7.54　安置于空客工厂的HFB 320 FLISI（D-CARA）模拟器（托本·古塞（Torben Guse）提供）

参考文献

1. Brünner, A., Kuper, H.-J.: Umrüstung einer Piaggio P 149 zu einem Flugzeug mit Modell gesteuertem Übertragungsverhalten, DVL TV 11/67 (1967)
2. Pietraß, A.: Bestimmung von Trägheits- und Reibungsmomenten des Piaggio-Landeklappen-systems aus Einschwingvorgängen, DVL TV 6/68 (1968)

3. Pietraß, A.: Konzept der Umrüstung eines Flugzeuges zu einem Fliegenden Simulator, DVL, Technischer Vermerk 1/69 (1969)
4. Pietraß, A., Uhrmeister, B.: Umrüstung eines Flugzeugs zu einem fliegenden Simulator, DVL-Nachrichten, Heft 38, Seiten 405-408, Januar 1969
5. N. N.: Versuchsträger Variabler Stabilität (VVS), Mittelfristiges Programm, 10. Dez. 1969
6. Brüning, G.: Simulation, an introduction and survey, AGARD CP-79-70, Paper 1, January 1971
7. Pietraß, A.: Fliegender Simulator HFB 320 Hansa, Stand und Planung, DFVLR IB 9/70 (1970)
8. Schott, J.: Fliegender Simulator HFB 320 HANSA, Betriebsarten-steuerung; Entwurf eines Bediengerätes, DFVLR Institut für Dynamik der Flugsysteme, ARNO 013-123/15 (1971)
9. N. N.: DFVLR Jahresbericht 1971, Institut für Flugmechanik, Seiten 101-116, 1971. Primärsteuerung am Institut für Flugführung der DFL, DFL-Mitteilungen, Heft 8 (1968)
10. Metzdorff, W.: Neuere Arbeiten zur Flugzeug Primärsteuerung am Institut für Flugführung der DFL, DFL-Mitteilungen, Heft 8 (1968)
11. Bestehorn, P.: Arbeiten zur Umrüstung des HFB 320 HANSA JET – Werk Nr. 1021 – zu einem fliegenden Forschungssimulator für Fluggerät mit wählbar veränderlichen Flugeigenschaften -3. Phase: Landeklappen-system, Anlage 1 zu UH-05-72 (1972)
12. N. N.: DFVLR Jahresbericht 1972, Institut für Flugmechanik, S. 106–107 (1972)
13. Hanke, D.: Erprobung der direkten Auftriebssteuerung beim Versuchsflugzeug DFVLR-HFB 320, DFVLR Nachrichten, Heft 7, S. 297-300 (1972)
14. Hanke, D.: Nachweis der Funktionstüchtigkeit des elektrischen Schubstellsystems der HFB 320 S1 im Fluge und Übergangsverhalten des elektrischen Schubstellsystems im Fluge, DFVLR Institut für Flugmechanik, ARNO 081-0147-F-3 (1973)
15. Hanke, D.: Systemspezifikation Höhenrudertrimmsystem für HFB 320 S1, ARNO 081-0417-E-2, DFVLR, Institut für Flugmechanik (1972)
16. Gartung, B., Schreier, A.: Automatisches Höhenrudertrimmsys-tem-Entwicklung und Konstruktion der Elekronik-Box, DFVLR IB 154-77/31 (1977)
17. Amtsberg, J.: Dreikomponentenmessungen an modifizierten Spoilern der HFB 320, DFVLR IB 157-76 C 11 (1976)
18. Anders, H., Hanke, D., Meyer, H.-L.: Flugerprobung des Spoilerstellsystems (SPS) der HFB 320 S1 im Rahmen des Forschungs-vorhabens Flugführung, Ergebnisbericht MBB-UH TN-HE 213-12/77 (1977)
19. Müller, M.: Steuerkraft-Simulationsstand für HFB 320 Hansa, DFVLR IB 154-74/34 (1974)
20. N. N.: DFVLR Jahresbericht 1973, Institut für Flugführung, S. 89-91 (1973)
21. Hanke, D., Lange, H.-H., Henschel, F.: Regelungstechnische Aspekte der In-Flight Simulation, 87. Wehrtechnische Symposium Regelungstechnik-Automation, Bundesakademie für Wehrverwaltung und Wehrtechnik, Mannheim, DFVLR IB 154-77/38 (1977)
22. Henschel, F.: The Determination of Flight-Tracking Controllers using Solheim's Pole Shifting Method, ZfW 1/1977
23. McCracken, J, Hempel, H.-D., Klingner, C.: Data Processing-Handling Qualities Investigation Project, DFVLR IB 154-75/20 (1975)
24. Rix, O.: Systemidentifizierung des DFVLR-Forschungsflugzeugs HFB 320 in der Längsbewegung mit besonderer Berücksichtigung der Steuerflächenwirksamkeiten, Institut für Flugmechanik, DFVLR-Mitt. 79-16, Nov. 1979
25. Rix, O., Hanke, D.: In-flight measured characteristics of combined flap-spoiler direct lift controls. In: AGARD Fluid Dynamics Panel Symposium on 'Aerodynamic Characteristics of Controls', Neapel, Italien, AGARD-CP 262, Paper 16 (1979)
26. Hanke, D., Lange, H.-H.: Flugmechanische Probleme beim Landeanflug mit direkter Auftriebssteuerung am Beispiel der HFB 320 Hansa, DGLR/DGON Symposium Neue Anflugverfahren, Düsseldorf, DGLR 73-024 (1973)
27. Hamel, P., Dahlen, H.W.: Erprobung lärmmindernder Anflugverfahren mit dem DFVLR-Forschungsflugzeug HFB 320, DFVLR-Nachr., Heft 10, Seiten 413-414, July 1973
28. Onken, R., Joenck, H.-P., Tacke, L., Gottschlich, M.: Digital fly-by-wire control system with self diagnosing failure detection. AGARD CP 173, Paper 22, Sept 1973
29. Wilhelm, K., Moorhouse, D. J. (USAFFDL): Summary of a joint program of research into aircraft flight control concepts, AFWAL TR-83-3057/DFVLR IB 111-83/21 (1983)
30. Hanke, D., Lange, H.-H.: Flugmechanische Probleme beim Landeanflug mit direkter Auftriebssteuerung am Beispiel der HFB 320 Hansa, DLR-Mitt. 74-28 (1974)
31. Hamel, P., Wilhelm, K., Hanke, D., Lange, H.-H.: Steep approach flight test results of a business-type aircraft with direct lift control, AGARD CP-160, Paper No. 21 (1974)
32. Lange, H.-H., Hanke, D.: Verbesserung der Flugbahnsteuerung durch direkte Auftriebs-steuerung (DLC), ZTL-Aufgabe 1974, Ber. f. Auftraggeber DFVLR- IB 154-74/41 (1974)
33. Wilhelm, K., Hanke, D.: Direct Lift Control From a Flight Mechanics Standpoint, Short Course "STOL Aircraft and the Community", Tullahoma/USA, Aachen/Deutschland (1974)
34. Hanke, D., Lange, H.-H., Henschel, F., Wilhelm, K.: Verbesserung der Flugbahn-steuerung durch direkte Auftriebs-steuerung, ZTL-Aufgabe 1975, Ber. f. Auftraggeber DFVLR IB 154-75/44 (1975)
35. van Gool, M.F.C., Hanke, D., Lange, H.-H.: Flight Path Angle Tracking Experiments in the DFVLR HFB 320 Equipped with Direct Lift Control, DFVLR IB-154-75/32 (1975)
36. Onken, R., Adam, V., Dierke, R.: The use of a flight simulator in the synthesis and evaluation of new command control concepts, AGARD CP 198, Paper 4 (1976)
37. Stuckenberg, N.: Entwurf eines Vorgaberegelsystems mit proportional-integralen Regler für den Steilanflug des Flugzeugs HFB320 Hansa nach der Theorie des optimalen Zustandsreglers, DFVLR FB 75-19 (1975)
38. Adam, V., Onken, R.: Evaluation of a new flight path control concept, 10. ICAS Kongress, Paper No. 76-56 (1976)
39. Hofmann, C.F.G., Lange, H.-H., Hanke, D.: In-Flight Investigation of Decelerating Approaches, DFVLR IB-154-76/10 (1976)
40. Schafranek, D.: Theoretische Untersuchung über den Einfluss der Spoilerdynamik auf die Fliegbarkeit eines Flugzeugs mit direkter Auftriebssteuerung, DFVLR FB 80-07 (1979)
41. Lange, H.-H.: Flugerprobung des Modellfolgereglers für die HFB 320 zur Simulation des Airbus A 310 im Fluge, DFVLR Mitt. 79-13 (1979)
42. Hanke, D., Lange, H.-H., Henschel, F.: Simulation der dynamischen Eigenschaften der B10 mit dem ‚In-Flight Simulator' DFVLR-HFB 320, Meilensteinbericht, ZKP-Aufgabe Flugführung, DFVLR IB 154-77/17 (1977)
43. Hanke, D.: Fliegbarkeitsuntersuchungen von DLC-Konfigurationen für den Airbus A 310 im Landeanflug mit dem In-Flight Simulator DFVLR-HFB 320, DFVLR FB 79-18 (1979)
44. Hanke, D., Lange, H.-H.: In-flight handling qualities investigations of various longitudinal short term dynamics and direct lift control combinations for flight path tracking using DFVLR HFB 320 variable stability aircraft, AGARD CP 260, Paper 21 (1978)
45. Hanke, D.: In-flight handling qualities investigations of A 310 airbus DLC-configurations on landing approach, using the DFVLR-HFB 320 in-flight-simulator (variable stability aircraft), ESA-TT-630, Translation of DFVLR FB 79-18 (1980)
46. Lange, H.-H., Hanke, D.: Use of DFVLR In-flight simulator HFB 320 Hansa for handling qualities investigations. In: 12th Congress of the International Council of the Aeronautical Science (ICAS), Munich, ICAS-80-9.4 (1980)
47. Adam, V.: Die Regelung von Fahrt und Höhe in einem integrierten Flugführungssystem, DGLR Fachausschuss-Sitzung, Hamburg (1978)
48. Adam, V., Leyendecker, H.: Erhöhung der Führungsgenauigkeit durch den Einsatz eines integrierten digitalen Flugführungssystems, DGLR/DGON Symposium "Fliegen im Flughafen-Nahbereich",

Vortrag Nr. 79-043 (1979)
49. Adam, V.: Flight control modes for control of aerodynamic state parameters, 12. ICAS Congress, Paper No. 22.5 (1980)
50. Adam, V., Leyendecker, H.: Control law design for transport aircraft flight tasks, AGARDO graph 251, Paper 7 (1981)
51. Hanke, D., Wilhelm, K., Lange, H.-H.: Handling qualities aspects of CTOL aircraft with advanced flight controls, AGARD-CP-333, Paper 10, June 1982
52. Hanke, D.: Flying Qualities Experiments of Rate Command/Attitude Hold Systems in the HFB 320 In-flight Simulator, DFVLR FB 83-25 (1983)
53. Altenkirch, D.: Untersuchungen des Pilotenverhaltens bei Flugversuchen mit einem Rate-Command/Attitude-Hold Steuerungssystem, DFVLR FB 84-25 (1984)
54. Hanke, D., Schafranek, D.: Literaturstudie zum Thema "Fliegbarkeit von Flugzeugen mit reduzierter Längsstabilität", DFVLR IB 154-79/30 (1979)
55. Wilhelm, K., Schafranek, D. (DFVLR), Trosky, B. (MBB Hamburg): Flugeigenschafts-untersuchungen von Verkehrsflugzeugen mit reduzierter statischer Längsstabilität, DGLR Symposium "Leistungssteigerung von Flächen-flugzeugen", Frankfurt, November 1982
56. Wilhelm, K., Schafranek, D.: In-flight investigations of landing approach handling qualities of transport aircraft with relaxed static stability, preliminary analysis and results, DFVLR IB 111-83/24 (1983)
57. Wilhelm, K., Schafranek, D.: In-flight investigation of landing approach flying qualities of transport aircraft with relaxed static stability, DFVLR FB 84-11 (1984)
58. Wilhelm, K., Schafranek, D.: In-flight investigation of the influence of pitch damping and pitch control effectiveness on landing approach flying qualities for statically unstable transport aircraft, DFVLR FB 84-12 (1984)
59. Wilhelm, K., Schafranek, D.: Landing approach handling qualities of transport aircraft with relaxed static stability. J. Aircr. **23**(10), 756–762 (1986)
60. Wilhelm, K., Altenkirch, D.: In-flight investigation of the effects of time delay in control system on flying qualities in landing approach, DFVLR FB 84-35 (1984)
61. Hamel, P., Karmann, R., Klewe, H.-J., Freese, R.: Technical Assistance Agreement (TAA) between PT. Nurtanio and DFVLR on the development of a flight test instrumentation system (FTIS), DFVLR IB 111-84/16 (1984)

作者简介

克努特·威廉（Knut Wilhelm） 是柏林技术大学飞行力学和飞行控制系教授（1993—2001年），在加入该大学之前，他是布伦瑞克DLR飞行力学研究所的科学家（1966—1993年），1972年至1993年期间担任固定翼飞机飞行力学部门主任，从1979年到1990年，他还担任美德飞机飞行控制谅解备忘录的项目经理。威廉在布伦瑞克技术大学获得了机械/航空工程硕士学位（1966年）和博士学位（1968年）。他的研究方向包括飞行品质评估、飞行动力学建模分析、飞行控制系统设计、飞行试验、风洞模拟和固定翼飞机的空中飞行模拟。

第 8 章
Bo 105 ATTHeS 直升机空中飞行模拟器

伯纳德·格梅林（Bernd Gmelin）

DLR Bo 105 ATTHeS

8.1 引言

直到第二次世界大战结束前夕的直升机发展早期阶段，人们通过开展理论研究（如空气动力学、旋翼动力学）以及设计新的布局结构，逐步实现了直升机重要部件或系统（如旋翼、发动机、飞行控制）的工程应用。

在接下来的几十年里，技术的进步发展使直升机具备了更高的速度、更高的机动性和更高的效率，同时人们也萌生了许多将直升机用于其他用途的想法。由于对更好飞行品质的要求往往服从于对更好飞行性能和更复杂任务能力的要求，通常处于不稳定状态的直升机驾驶起来十分困难，这一点在恶劣视觉条件或恶劣天气条件下进行仪表飞行时尤为明显。

降低直升机驾驶难度的一种方法是利用创新的飞行控制技术。只有当人工操纵机械/液压控制被数字式电传操纵（Fly-by-Wire，FBW）控制技术取代时，直升机才有可能做到这一点。FBW不仅可以使用增稳和控制增稳技术降低直升机的操控难度，同时它还可以降低机械复杂性、减轻重量、简化维护工作和提高可靠性。电传/光传操纵（Fly-by-Wire/Light，FBW/L）技术的引入是直升机走向成功的关键一步，利用这些技术对直升机进行全权限控制增稳，可以在减少飞行员工作量的同时，实现更精确的机动飞行和飞行包线扩展。

本章首先介绍 Bo 105-S3 直升机改装为 ATTHes 空中飞行模拟器的情况与过程，然后介绍 ATTHes 空中飞行模拟器在解决直升机 FBW/L 发展过程中遇到的各种问题的应用。

8.2 Bo 105 直升机历史

布洛姆 Bo 105 是德国飞机制造商梅塞施密特-伯尔科-布洛姆公司（德文 Messerschmitt-Bölkow-Blohm，简称 MBB，该公司后来合并为欧洲直升机公司，2014年更名为空客直升机）研制的一种轻型多功能直升机。它的研发始于1961年，其原型机 V2 在1967年2月16日进行了第一次飞行（图8.1）。直到今天，这种直升机仍被大量部署用于政府公务执行，包括警用、军用、民防、灾害控制、空中救援以及其他各种民用应用。Bo 105 直升机首次在2吨级的民用直升机中采用了两台燃气轮机进行推进的方案，并率先使用了纤维增强塑料（Fiberglass Reinforced Plastic，FRP）桨叶的无铰链旋翼头。

图8.1 Bo 105 直升机首飞（空客集团提供）

Bo 105 直升机上的波尔科夫（System Bölkow）4叶片旋翼采用刚性钛转子轮毂，它通过位于旋翼桨叶根部的弹性 FRP 组件实现旋翼桨叶的强制性挥舞和摆振运动，而这在其他直升机中是通过单独的旋翼铰链实现的。该型直升机的旋翼不需要任何超前滞后阻尼器，其中包含的部件数量比以前的旋翼少得多。Bo 105 直升机独特的旋翼结构能够实现高控制功率、快速控制响应和高效能，从而使直升机具有非常好的机动性。

从1970年开始，Bo 105 直升机陆续发展了不同的改型机型，截至2001年，德国共有1404架该系列的直升机[1]，这款直升机也在西班牙、菲律宾、印度尼西亚和加拿大获得了制造许可，除德国外，全球其他地区总共制造了1640多架 Bo 105 直升机，其中许多至今仍在使用。

1971年7月，MBB 在曼钦生产了作为 A 系列产品的 Bo 105-S3 直升机，它被注册为 D-HEBV（图 8.2）。在常规测试完成后不久，Bo 105 被运输到美国，由波音·伏托尔公司（Boeing Vertol）运营，注册号为 N1149B。MBB 与波音·伏托尔当时的合作目标如下：①支持 FAA（联邦航空管理局）对 Bo 105 的型号认证（1972 年 4 月）；②向美国展示无铰链旋翼技术的优点，并为美国陆军的 UTTAS（Utility Tactical Transport Aircraft System，通用战术运输机系统）项目推荐该技术。

图 8.2　Bo 105-S3 D-HEBV 直升机（空客集团提供）

然而在采购过程中，波音·伏托尔公司在 Bo 105 旋翼技术基础上开发的 YUH-61A 原型机方案被竞争对手西科斯基公司的 YUH-60 原型机击败，后者获得了美国陆军标准运输直升机 UH-60 的研制合同。

1972 年 7 月，Bo 105-S3 从美国返回到 MBB 位于奥托布伦的分部，在那里，技术人员对它的控制装置和驾驶舱进行了大量改进（见 8.3.1 节），并将其升级到 C 系列的 C23 版本。改装后的 Bo 105-S3 配备了 2 台 Allison 250-C20 发动机，它从 1974 年开始飞行，总重量为 2.3 吨。这架直升机由 MBB 运营，军事编号为 98+08，该编号代表联邦国防技术和采购办公室 BWB（今天为联邦国防部设备、信息技术和在役支持办公室（BAAINBw））。作为 HSF（德语：Hubschrauber Schlechhtwetter Führung，直升机恶劣天气导引）项目的一部分，在接下来的几年里，这架所谓的可变稳定性直升机被部署用于直升机飞行控制与导引系统的设计和试验。1980 年底，BWB 决定通过联邦销售及市场营销部（VEBEG）出售该直升机。

基于飞行力学和飞行试验设施研究所的倡议，德国航空航天研究机构 DFVLR（今天为德国航空航天中心 DLR）收购了这架直升机，该直升机于 1982 年首次抵达布伦瑞克，根据联邦航空局（Vorläufifige Verkehrszu-lassung，VVZ）的许可，它以原始注册的 D-HEBV 身份进行飞行。在随后的几年里，Bo 105-S3 被改造为直升机空中飞行模拟器 Bo 105 ATTHeS（Advanced Technologies Testing Helicopter System，先进技术试验直升机系统，见图 8.3）。ATTHeS 模拟器在 DFVLR/DLR 的众多研发项目中累计飞行超 1300 个小时（见 8.4 节）。1995 年 5 月 14 日，这架直升机在斯坦达尔附近进行转场飞行（ferry flight）时，由于尾翼疲劳断裂而坠毁，试飞员克劳斯·桑德斯（Klaus Sanders）和飞行工程师于尔根·齐默（Jürgen Zimmer）不幸丧生。

图 8.3　Bo 105 ATTHeS 直升机空中飞行模拟器

8.3 改造与设备

1969年底,DFVLR、道尼尔公司(Dornier)和MBB联合向德国联邦国防部提交了一份名为《可变稳定性试验台,一项中期计划》的项目建议书[2]。除了固定翼飞机项目外,本文件还提出基于Bo 105的可变稳定性直升机实现方案。DFVLR的理论研究表明,在低速状态下,具备垂直/短距起降能力(V/STOL)的飞机可以使用直升机进行空中飞行模拟[3]。由于Bo 105直升机具有较高的灵活性和灵敏的操纵性,它特别适合这项任务的要求[4]。

8.3.1 控制系统

在德国联邦国防部的支持下,Bo 105-S3直升机于1973年至1974年期间在MBB装备了非冗余电传操纵飞行控制系统,该系统拥有主旋翼和尾桨控制的全部权限。试验飞机采用双乘员设计,机上可搭乘一名模拟飞行员和一名负责指挥操纵的安全飞行员。安全飞行员坐在驾驶舱的左后方,通过带有液压助力器的机械控制来驾驶直升机,该机械控制系统与型号生产的Bo 105直升机上安装的系统几乎完全相同。模拟飞行员坐在驾驶舱前部(图8.4),他的控制输入以及来自控制计算机的附加信号被一同转换为电子信号,通过电静液作动器输入到主旋翼和尾桨。

图8.4 ATTHeS模拟器中飞行员的座位安排

电传操纵系统中作动器的运动通过机械传动装置被反馈到安全飞行员的控制系统,因此安全飞行员始终清楚旋翼的控制输入,可以监控模拟飞行员的控制行为并评估其控制操纵的合理性。飞行中,安全飞行员可以通过关闭FBW系统或手动超控(override)执行机构,使用机械控制系统接管直升机的控制。在非冗余电传操纵系统重要部件发生故障的情况下,安全飞行员同样可以通过切换到手动控制来确保飞行安全。此外,直升机上还安装了自动安全系统(automatic safety system),该系统可以监测主旋翼轴的弯矩和超前-滞后力矩。图8.5给出了Bo 105-S3直升机主旋翼控制的改造方案。

在MBB的基础技术手册的介绍中[5],控制系统开发工程师汉斯·德施密特(Hans Derschmidt)将设计原则描述如下:

Bo 105直升机应被改造为对V/STOL飞行制导和着陆流程进行测试的试验飞机。因此,为了提高模拟飞行的品质,应针对要研究的V/STOL飞机,尽可能准确地再现其飞行品质和驾驶舱设备。这架试验直升机由两名飞行员进行模拟操作,被模拟飞行器的微分运动方程模型在机载模拟计算机中进行实现。模拟飞行员使用与被模拟飞行机相同的控制设备来操纵直升机,但仅通过标准Bo 105电传操纵控制计算机进行连接。机载计算机控制液压作动器,使Bo 105直升机的运动尽可能与预先编程的被模拟飞行器模型运动相一致。

与Bo 105直升机飞行品质的偏离可以通过控制模拟系统来实现,其中控制输入被转换为电信号。控制输入信号连同传感器测量的飞行状态等信号,将由专用的模拟计算机和控制器转换为Bo 105直升机的控制指令,进而改变被模拟飞机的飞行行为。安全飞行员,同时也是"流程管理员",监控机载计算机的运行,他可以通过机械控制直接干预Bo 105直升机,防止出现危险的飞行条件或限制控制器故障的影响。因此,机上飞行控制系统的计算机和液压作动器不需要冗余。

1974年7月16日,改装后的Bo 105-S3直

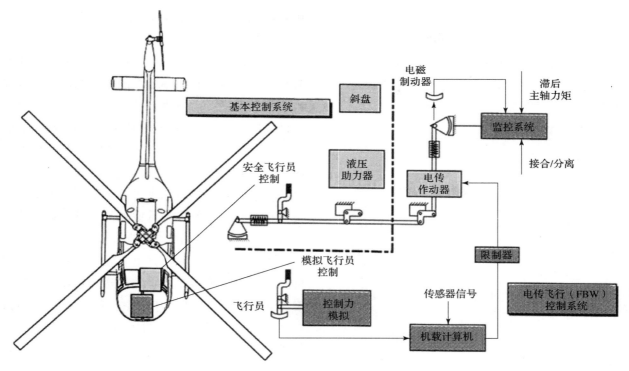

图 8.5　主旋翼控制改造方案

升机在奥托布伦恩进行了第一次飞行，1974 年 8 月 22 日，它又成功实现了 FBW 模式下的飞行[6]。该试验直升机可在三种模式下飞行：

（1）基本模式：FBW 系统关闭，仅由安全飞行员驾驶直升机；

（2）1:1 电传操纵模式：模拟飞行员以完全控制权限驾驶直升机主机；

（3）飞行模拟或 VSS（Variable Stability System，可变稳定性系统）模式：模拟飞行员通过机载计算机，以完全控制权限驾驶被模拟直升机。

在 1:1 电传操纵模式和飞行模拟模式下，直升机在悬停时的飞行包线限制在离地至少 50 英尺的高度，在前飞时限制在离地至少 100 英尺的高度。

1982 年，这架制造于 1971 年的 Bo 105-S3 改装直升机被 DFVLR 收购，开始了它作为 ATTHeS 直升机飞行模拟器的生涯。

下一代民用和军用直升机应能执行更高精度和机动性的飞行任务，在 ATTHeS 模拟器开发中，研究人员专门考虑了这些要求。空中飞行模拟器的性能严重依赖于基本飞行器的动态性能，而 Bo 105 直升机的无铰链旋翼具有高效控制能力和对控制输入快速响应的优良性能，这是它被改造为空中飞行模拟进行使用的重要原因。

8.3.2　基于光纤信号传输的尾桨控制

从 1986 年起，OPST1（Optical Control Phase 1，光传控制第一阶段）项目作为德国联邦国防部技术研发计划的一部分启动[7]。Bo 105-S3 直升机尾桨的 FBW 控制系统被光传操纵（Fly-by-Light，FBL）控制系统取代，相应的飞行试验由 MBB、LAT（利勃海尔航空技术公司，今为利勃海尔航空）和 DFVLR/DLR 三家单位共同开展（图 8.6）。在现有的双余度作动器基础上，LAT 设计了一种带有集成控制电子设备的光传智能（smart）作动器，其中采用的双余度电子技术可以实现软件的所有功能，同时它可以在不修改硬件的情况下进行更改。除了进行控制逻辑计算外，电子设备的剩余计算能力还将用于冗余管理和自诊断。因此，与采用中央布置方式的作动器电子设备相比，这种作动器不仅电磁兼容性得到了改善，并且电缆数量也大大减少。

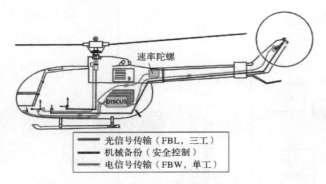

图 8.6　偏航轴的光传操纵控制

在前期设计工作基础上，LAT 进一步开发和制造了该智能作动器，它由具有三重冗余的计算机驱动（见 8.4.3 节）。在三余度计算机中生成的控制指令被转换为光纤信号，并通过光缆传输到尾梁中的电动液压作动器（图 8.7）。光纤信号传输的优点是其具有良好的抗电磁干扰能力，即使在地面附近和靠近发射机这些电磁干扰比较严重的地方，光纤信号也不易受到干扰，而这是直升机部署中关注的一个重要方面[8-9]。

图 8.7　尾梁中的光传控制作动器

1988 年至 1989 年期间，研究人员对光传智能作动器以及同期开发的航线保持控制器进行了测试，它们后来被成功应用到后续的多个其他研究项目中[10]。

8.3.3　模型跟随控制系统

由于被模拟飞行器的飞行品质一般不同于直升机主机（host helicopter）的飞行品质，对被模拟飞行器的飞行品质进行模拟最有希望、也是最具挑战性的方法是开发模型跟随控制系统（Model Following Control System，MFCS）。在这个过程中，控制器强迫直升机主机跟随机载计算机中通过数学形式表征的目标飞机显示指令模型的动态飞行行为，因而使飞行员像在驾驶具有被模拟飞机特性的直升机（另见 3.3 节）。

机载计算机实时计算由驾驶员控制输入引起的指令模型的响应，并将其馈送到控制系统。动态前馈控制器包含直升机主机的逆模型，通过"反演"解算直升机主机的作动器输入，使直升机主机的响应与指令模型计算的响应一致。

图 8.8 给出了显式模型跟随控制系统的基本结构。理论上，通过动态前馈可以实现完美的飞行模拟。然而在实际实现中，除了状态反馈之外，还需要一个比例积分调节器（PI 反馈控制器）来补偿指令模型响应与直升机主机之间由于外部干扰而导致的偏差，包括阵风、模型误差或信号的长期漂移。前馈控制器和 PI 反馈控制器独立于指令模型和直升机的当前飞行条件。当指令模型需要高度灵活性的时候，这种方法十分有效，而这对于模拟器来说尤其重要。实际上，为实现不同飞行条件下的最佳飞行品质，在配备 FBW/L 控制的现代作战飞行器中，这种类型的控制系统得到越来越多的使用[11]。

显式模型跟随控制的发展始于 1983 年至 1984 年美国 NASA 艾姆斯研究中心的垂直运动模拟器（Vertical Motion Simulator，VMS），（图 8.9），它是美国陆军、NASA 和 DFVLR 之间的跨大西洋联合研究项目《美国/德国直升机飞行控制谅解备忘录》（见 12.3.3 节）的一部分[12]。这个模拟器的初步试验结果表明，模型跟随品质对指令模型的动力学模型有很强的依赖性，模型带宽（模型响应的频率范围）的增加导致对控制器性能的更高要求。因此，需要特别考虑作动器

第 8 章 Bo 105 ATTHeS 直升机空中飞行模拟器

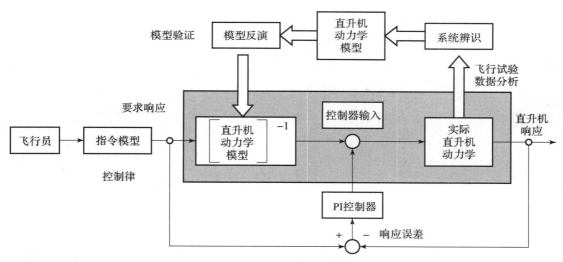

图 8.8 显式模型跟随控制结构框图

的动态响应以及它的位置和速率限制。研究人员为 Bo 105 直升机和 UH-1H V/STOLAND 直升机（图 8.10）开发了控制系统，并在模拟器中对它们进行了测试[13]。结果显示，在减少飞行员工作量的情况下，对于特定的动态机动飞行，如飞越障碍物和绕过障碍物，这两种直升机的性能都得到了显著的改善。

图 8.10 UH-1H V/STOLAND 试验直升机（NASA 733）

在 NASA 的 CH-47 可变稳定性研究直升机（图 8.11）[14]（另见 5.2.3 节）和 DFVLR 的 Bo 105 ATTHeS 直升机模拟器（图 8.12）的应用和评估中，研究人员意识到有必要对最初的 MFCS 设计进行进一步的改进。由于高阶动力学效应，包括旋翼动力学、传感器滤波和计算机中的时间延迟，在控制输入和直升机响应之间存在很大的延迟。研究表明模型跟随控制系统的效率和精度在很大程度上取决于直升机主机数学模型的精度。对直升机主机及其系统的动力学（尤其是在短时间内的响应）掌握得越清楚，就越能精确地计算出前馈增益矩阵的相关元素[15]。此外，其他一些因素对于整个系统的性能表现和精度水平也很重要，这些因素包括驾驶员控制装置的动态特性、驾驶员控制输入的形状、作动器和传感器的动态

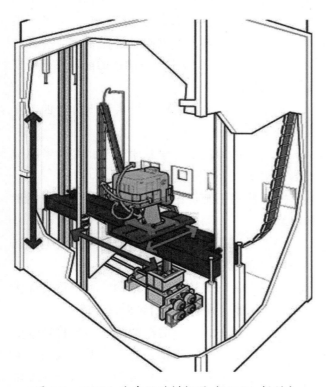

图 8.9 NASA 垂直运动模拟器（NASA 提供）

特性以及电信号的处理。

图 8.11 CH-47B 试验直升机（NASA 737）

图 8.12 NASA 试飞员郎·格迪斯（Ron Gerde，左）和飞行试验专家埃德·艾肯（Ed Aiken，右）（1984 年 5 月拍摄于曼城）

图 8.13 给出了未建模旋翼动力学的影响，图中顶部的三个时间历程图比较了 ATTHeS 空中飞行模拟器中指令模型要求的运动和飞机滚转轴上测量得到的实际运动，其中指令模型要求的运动是基于横向操纵杆（lateral stick）输入，通过直升机主机（即 Bo 105 直升机）的 6 自由度刚体模型计算得到的，从图中可以看到计算结果与实际运动之间存在一定的偏差。对此，研究人员通过在直升机主机模型中考虑旋翼动力学的影响，由此得到了一个 8 自由度运动模型，其中包括刚体 6 自由度运动与 2 个自由度的俯仰角加速度和滚转角加速度状态方程（这两个状态与旋翼的挥舞运动有关），同时对前馈增益矩阵进行相应调整，显著降低了期望响应和测量响应之间的偏差，相应结果如图 8.13 中下方的三个子图所示[16]。

研究人员进一步采用高效的系统辨识方法，

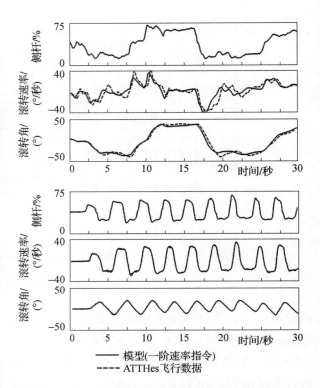

图 8.13 旋翼动力学建模对模拟精度的影响
（上：6 自由度刚体模型，下：考虑旋翼动力学的 8 自由度模型）

通过飞行试验数据提高了模型的准确度。在辨识模型的基础上，研究人员为 ATTHeS 空中飞行模拟器设计了一个显式模型跟随控制系统，并针对悬停飞行和 40~100 节空速范围内的前进飞行对控制器参数进行了调优[17-20]。

模型跟随控制系统的设计大体上可分四个步骤，分别是：

（1）主机运动动力学数学建模，其中考虑旋翼的高频动力学特性；

（2）使用系统辨识方法或仿真程序确定模型的参数；

（3）通过推导主机模型的逆模型，确定控制器前馈结构；

（4）定义反馈控制器的结构，利用仿真优化系统整体性能，并通过飞行试验进行确认。

飞行模拟中，较差的模型跟随品质将导致空中飞行模拟器的实际运动与指令模型要求的运动之间存在较大的差异。图 8.14 给出了 ATTHeS 模拟器优化后的模型跟随控制品质结果，从图中可以看到，飞行中测量的旋转速率以及滚转和俯仰姿态角都与指令模型结果匹配较好。图 8.15 对比了模型跟随控制系统关闭与开启情形 Bo 105 直升机的控制曲线，从图中可以清楚看到，与模型跟随控制系统关闭情形相比，采用模型跟随控制后滚转通道与俯仰通道响应明显解耦，这说明了控制器的良好性能[21]。

为了评估模型跟随控制品质，研究人员提出了一个频域准则，该准则基于飞行员不能感知到的飞行动态（不可察觉的动态）定义。例如，图 8.16 给出了描述 ATTHeS 模拟器滚转速率与指令模型中滚转速率关系的误差传递函数的幅值响应曲线与相位响应曲线，如果是理想的模型跟随，那么在整个频率范围内，该误差传递函数的幅值应为 0 分贝（即比值为 1），相位角应为 0°。图 8.16 中的边界曲线表示飞行员能明显辨别飞行品质差异的范围。为了获得良好的模型跟随性能，滚转速率误差传递函数必须落在由边界曲线定义的飞行员不能明显感觉到飞行品质差异的区间中。从图中可以看出，在包含旋翼动力学的 9 自由度模型①上开发的模型跟随控制器满足这一要求[22]。

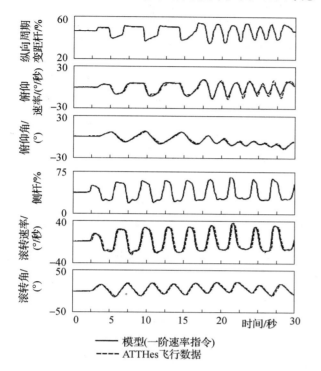

图 8.14 ATTHeS 模型跟随品质

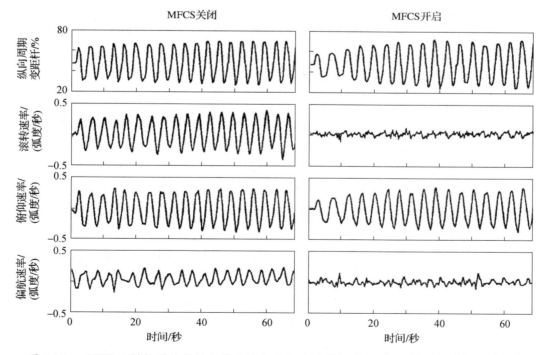

图 8.15 ATTHeS 模拟器俯仰轴和滚转轴之间的运动解耦（MFCS：模型跟随控制系统）

---

① 不同于图 8.13 中 8 自由度模型，这里的 9 自由度模型进一步考虑了偏航角加速度状态方程，它与旋翼入流动力学有关，但是旋翼入流动力学在与操控品质相关的频率范围内对直升机整体动力学的影响很小。

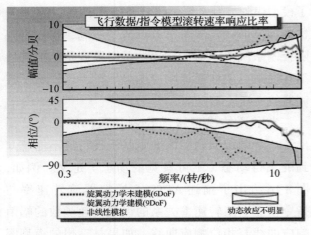

图 8.16 建模误差对模型跟随效果的影响

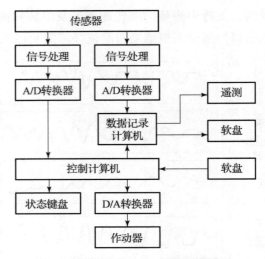

图 8.17 用于数据记录和飞行控制的机载计算机系统

8.3.4 机载计算机和测量系统

研究人员为 Bo 105 直升机设计安装了一台机载计算机和一套数据采集系统,用以实现飞行模拟的控制。考虑到 1980 年及其后几年期间技术的局限性,机载计算机和测量系统的设计安装过程中必须考虑到以下要求:①直升机的可用空间非常有限;②控制系统的软件变更必须在地面的主机计算机(host computer)上进行;③只有在与机载系统兼容的地面系统模拟验证后,才允许在飞行控制系统中引入软件修改;④机载系统的控制器任务和系统性能评估必须明确分开;⑤飞行试验将在地面站上进行跟踪和管理。图 8.17 给出了机载系统的结构框图,两台被加固安装的计算机(分别是控制计算机和数据采集计算机)在飞行试验期间分别执行控制/调节任务和数据采集任务,这两种任务允许进行独立的数据传输。控制计算机中,模拟飞行员的控制输入和控制系统所需的状态变量通过对传感器信号进行采样得到,采样频率为 25 赫。指令模型生成和控制律计算的总时间为 7 毫秒。数据采集计算机配备有 64 通道的模拟/数字转换器,所有的传感器信号都以 100 赫的频率进行采样。与控制计算机相比,数据采集计算机使用了更高的采样频率,这样做的目的是能够更精确地评估整个系统的性能。

数据采集计算机的高采样频率还有一个好处,它可以消除在过低采样频率下对较高频率的数据进行采样而产生的混叠误差。控制计算机和数据采集计算机通过一个带有两个输入端的存储器(双端口存储器)进行连接,通过该存储器,所有的数据都被收集并记录到一张机载软盘上。此外,数据还可以通过遥测设备传输到地面站,便于地面站工作人员的快速查看(quicklook)。地面站提供了一台与机载控制计算机兼容的计算机,在该计算机上可以对所有软件进行修改,然后通过软盘复制到机载计算机。

控制计算机软件由系统级软件和用户级软件两部分组成。为减少计算时间,系统级软件采用汇编语言进行编写,它具有实时控制、输入输出操作和驾驶员信息记录功能,用户级软件采用 Fortran 语言和 C 语言进行编写,它包括控制器所需的控制律、指令模型和信号调节逻辑功能[23]。

8.3.5 地面模拟器和地面站

控制计算机的软件在飞行应用之前,必须在地面上进行实时测试,确保系统兼容性并避免过大的控制幅值。为此,技术人员为整个 ATTHeS 系统开发了一台地面实时模拟器,其中包括作动器和传感器,其架构如图 8.18 所示,非线性直升机仿真程序在专用仿真计算机(型号为 Applied

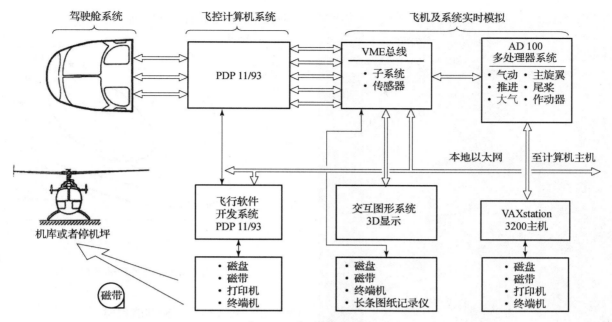

图 8.18 实时地面模拟

Dynamics International AD100）上运行，该计算机在 2.5 毫秒的周期内完成所有模型相关的运算，进而产生传感器和作动器的仿真信号，这些信号将输入到与机载控制计算机完全相同的一台计算机中，其中运行了与机载计算机上相同的软件。

地面模拟器主要用于飞行模拟器软件的功能测试。因此，带有常规直升机操控设备和显示设备的简单驾驶舱可以满足测试要求[24]。通过地面模拟，工程师和飞行员可以练习飞行模拟器的操纵，并检查软件的正常功能。在地面试验成功之后，方可进一步开展飞行试验。

由于 Bo 105 直升机的内部空间有限，为开展飞行试验工作，需要为工程师们建造一个移动地面站，作为 ATTHeS 模拟器系统的一个重要组成部分。地面站包括以下设施：

①一台机载系统主机计算机（host computer）；

②一台连续记录遥测数据并在本地显示直升机位置的工作计算机；

③两台用于信号展示用的工作计算机，每台计算机上可快速查看 10 个信号；

④基于遥测数据的直升机运动三维可视化展示显示器；

⑤根据激光跟踪数据，实时显示直升机地面位置的终端显示器；

⑥显示安装在跟踪天线上的摄像机图像的显示器；

⑦用于飞行数据离线分析的计算机。

通过这些设备，工程师们能够在地面站实时观察、分析试验结果，并指挥飞行试验的开展。此外，移动地面站设备也有助于在 DLR 之外的其他地方开展飞行试验[25]。

从 1983 年起，DLR 分几个连续阶段进行了地面设施的建设。根据这些设施的建设状态，DLR 规划并实施了不同的试验方案，通过这些方案，DLR 取得了第一批重要成果，这些成果也是 ATTHeS 模拟器系统进一步发展的基础。1991 年 7 月，DLR 在布伦瑞克举行了空中飞行模拟国际专题讨论会，与会专家们分享了他们的经验，介绍和讨论了各种试验飞机及其应用[26]。由于当时德国重新完成统一，在此背景下，会议期间 ATTHeS 空中飞行模拟器进行了第一次飞越哈尔茨山脉的布罗肯的飞行表演（图 8.19），这也是会议中的一个特别亮点。

图 8.19 在哈尔茨山脉布罗肯上空飞行的 ATTHeS 模拟器

8.4 试验项目

8.4.1 飞行品质研究

8.4.1.1 控制特性的变化

在为 Bo 105-S3 空中飞行模拟器配备必要的传感器、数据处理设备和用于作动器控制的数字式计算机（见 8.3 节）后，从 1983 年 3 月开始，该直升机进行了第一次数字控制飞行。在后续的某些飞行任务中，技术人员研究了控制特性对飞行员工作负荷的影响。例如，针对所谓的障碍飞行任务（slalom task），通过改变滚转轴的阻尼和控制灵敏度，评估直升机在接近地面障碍物附近飞行时的动态特性。图 8.20 给出了与之前研究工作对比的评估结果[27]。在此之前，直升机还没有高控制灵敏度下的试验数据。

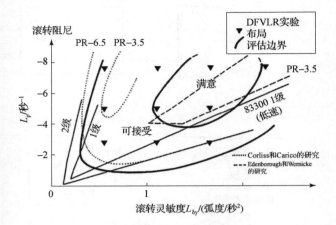

图 8.20 滚转控制灵敏度的评估

8.4.1.2 对飞行品质标准的贡献

飞行力学研究的一个重要目标是为飞行品质规范的制定提供可靠的数据。民用直升机的认证标准，例如欧洲航空安全局（European Aviation Safety Agency，EASA）的 CS-27 和 CS-29 文件，包含了与控制和稳定性有关的一般性要求，这些要求用于确保在所有飞行条件下飞机的飞行安全。在目前的军用直升机标准中，例如美国陆军的 ADS-33E-PRF[28]，还定义了完成特定工作或任务的详细的定量和定性标准，即所谓的面向任务的飞行品质标准。它们还对现代驾驶舱设备和控制系统的集成，以及低能见度条件下的飞行提出了规范要求[29]。

大约从 1980 年起，美国陆军、NASA 一直在研究制定新的飞行品质准则，他们对自 1952 年以来应用于军用直升机的 MIL-H8501 飞行品质要求的缺点进行了充分讨论。要建立新的飞行品质标准，一个基本的先决条件是提供一个充分的、系统的和可靠的数据库。为实现这一目标，美国陆军、NASA 寻求与其他研究组织或机构合作，这之中包括加拿大国家研究委员会（National Research Council，NRC）的飞行研究实验室（另见 5.3 节）、英国皇家飞机研究所（Royal Aircraft Establishment，RAE）和 DFVLR 飞行力学研究所，在随后几年，这些机构通过飞行试验和科学研究为新标准的制定做出了积极贡献[30]。

ATTHeS 空中飞行模拟器的飞行试验极大地促进了美德两国航空研究的合作[31]。为验证和优化新的飞行品质标准，DLR 与美国陆军合作，开展了系统的飞行试验。合作期间，NASA 地面飞行模拟器 VMS（Vertical Motion Simulator，垂直运动模拟器）和 DLR 的空中飞行模拟器 ATTHeS，根据需要相互部署于对方的试验中心（另见 12.3.3 节），它们为新的航空设计标准 ADS-33 的制定提供了重要的试验数据和支撑研究。

由于控制计算机中的计算时间开销或控制系统的运行时间消耗，会导致直升机对飞行员控制输入的响应存在一定的时延，这可能引起机动过程中飞行员操纵与直升机响应之间出现不期望的危险境况，即旋翼机 - 飞行员 - 耦合（Rotorcraft-Pilot-Coupling，RPC）[32]。为了研究这些影响，研究人员设计了专门的飞行试验，试验中，飞行员将驾驶空中飞行模拟器沿着回转航线进行飞行（图 8.21），具体是根据地面标记确定的航线，在穿越 3 米宽通道跟踪飞行与通道间过渡飞行间不断进行调整，其中需要相当低频的控制输入。技术人员通过激光跟踪系统，测量了实际飞行航迹相对于指定飞行路径的偏差。根据标准化的库珀 - 哈珀量表，飞行员对该特定任务下直升机的飞行品质进行了评估。在每个评估阶段之后，技术人员将对 ATTHeS 空中飞行模拟器的特性进行调整。

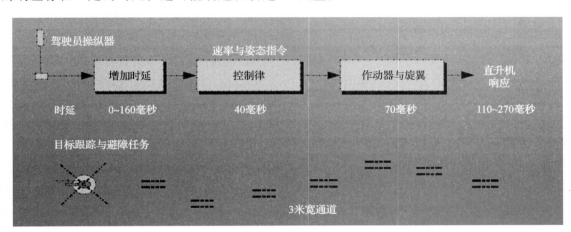

图 8.21　目标跟踪与避障任务路线

通过对控制器进行设置，直升机响应时延最高可达 160 毫秒。图 8.22 给出了姿态指令控制器中带有 160 毫秒人为添加时延的飞行试验滚转控制曲线，从飞行员的控制输入和滚转姿态角响应中可以清楚地区分不同飞行阶段，在经过宽度为 3 米的通道时，可以观察到控制输入中存在由于 RPC 导致的强烈振荡。飞行员对这次飞行作了如下评价："滚转通道出现驾驶员诱发振荡"和"非常差的配置"，他认为飞机的飞行品质令人不适，但它的缺陷是可以容忍的，也就是说，需要飞行员进行相当大的补偿操纵，才可能完成要求的飞行任务。

对于高精度跟踪飞行任务，例如在降落期间

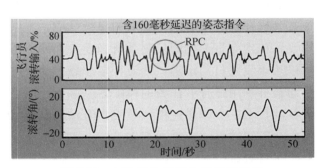

图 8.22　160 毫秒时延飞行试验结果

或目标跟踪期间，有两个参数尤其重要，即直升机对飞行员控制输入响应的相位延迟和带宽。这两个参数的相关性可以通过 ATTHeS 空中飞行模拟器开展系统飞行试验来确定。图 8.23 给出了 DLR 试验数据和飞行品质等级之间的变化边界曲线[33]，其中等级1代表"满意而无改进"，等级2代表"可接受的、需要改进"，图中最左边的虚线代表"不可接受的、需要改进"。根据这些结果，研究人员对航空设计标准ADS-33进行了相应的修改。

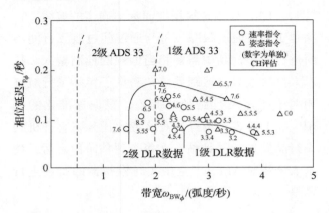

图8.23 支持新飞行品质标准制定的飞行试验数据

Bo 105直升机具有良好的性能，同时由于机上灵活的模型跟随控制系统以及模块化的硬件设备架构，Bo 105 ATTHeS空中飞行模拟器在新飞行品质标准的制定和验证中发挥了重要作用，新标准在世界范围内被广泛应用于军用和民用直升机面向任务的飞行品质评估[34-35]。

8.4.2 其他类型直升机的飞行模拟

模拟器具有多方面的用途，例如，它可以验证直升机在设计阶段或改装后的飞行品质，可以用于优化现有直升机的控制系统和设备部件，还可以用于飞行员的培训。针对特定任务，研究人员通常会利用适合该任务的模拟器。尽管开展了大量的技术工作以增进模拟效果，但在地面模拟器中并不能够真实地再现真实飞行，尤其是再现危险飞行阶段中飞行员的操纵压力。空中飞行模拟器在真实飞行条件下进行试验，它可以解决地面模拟器难以应对的问题。但需要指出的是，由于在飞行包线边界的飞行试验十分危险，这种试验最好先在地面模拟器中开展，然后再通过飞行试验进行最终评估。

为了使用ATTHeS空中飞行模拟器对不同直升机进行模拟，研究人员开发了一种特殊的线性数学模型，其参数可以由通用仿真模型确定，或基于飞行试验数据应用系统辨识方法予以确定。对于实际飞行中的非线性因素，研究人员考虑了飞行状态存在较大变化的连续飞行中涉及的非线性项，并在计算机中进行了编程实现，这些非线性项包括协调转弯项、重力项、航迹变化项以及确定直升机姿态的欧拉角等。此外，研究人员还编程实现了一个4自由度的飞行控制器——稳定性指令增强系统（Stability Command Augmentation System，SCAS），通过飞行试验，可以对SCAS中的故障进行研究。

举一个例子，比如对韦斯特兰公司（Westland）"山猫"（Lynx）直升机的飞行模拟。从顶部看，"山猫"直升机旋翼的旋转方向为顺时针方向，这与Bo 105 ATTHeS直升机主机的旋翼旋转方向相反，因而两架直升机具有不同的耦合特性。图8.24给出了恒定高度和恒定航向条件下直升机加速/减速机动飞行模拟的运动状态曲线，飞行中速度的改变通过改变俯仰姿态来实现，从图中可以看到，除总距操控外（图8.24），模拟飞行员的控制输入和ATTHeS作动器的运动（等同于MFCS的输出）存在明显偏差，偏差的原因是因为"山猫"直升机和Bo 105直升机上总距操控引起的耦合俯仰角速率恰好相反。虽然如此，ATTHeS模拟器所有的飞行状态都与"山猫"直升机模型的运动一致（图8.24）。通过ATTHeS模拟器的飞行模拟，飞行员可以对"山猫"直升机的飞行性能进行评估[36]。

图8.25给出了被模拟"山猫"直升机发生控制系统故障的相关结果，在右转飞行10秒后，如图8.25所示，纵向SCAS发生故障，就像大多数直升机一样，此时直升机俯仰运动不受控制，直升机运动变得不稳定，又经过10秒后，模拟飞行员在纵向控制中的控制活动明显增强，"山猫"直升机开始绕俯仰轴发生振荡。通过ATTHeS空中飞行模拟器，即使这种故障飞行情况也可以被准确地模拟，它被飞行员等同为真实飞行案例的代表进行评估。

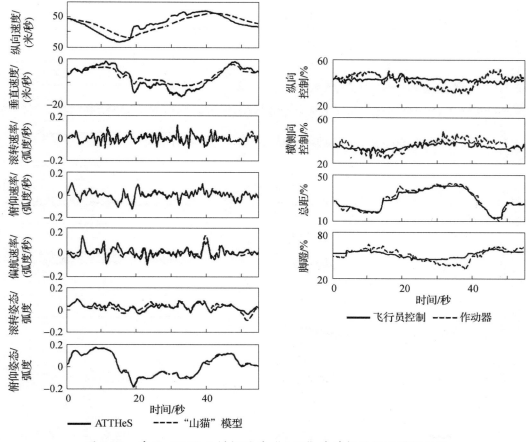

图 8.24 采用 ATTHeS 模拟器对"山猫"直升机的飞行模拟结果

8.4.3 容错计算机系统

未来直升机不断拓展的作战任务范围要求综合数字飞行制导/控制系统具有完全的控制权限，这就要求该系统必须具有与常规机械－液压控制系统相同或更高的操纵安全性。对于电子系统，安全性意味着容错能力。为实现故障检测和消除的目的，可以通过复制具有相同功能的软硬件，采用余度管理技术来实现。在 DISCUS（英文 Digital Self-healing Control for Upgraded Safety，提升安全性的数字自愈控制）项目中，MBB、利勃海尔航空技术公司与 DLR 一起开发了具有容错功能的控制系统，并通过 ATTHeS 空中飞行模拟器进行飞行测试[37]。

容错控制系统的重要组成部分之一是 DISCUS 计算机，这是一个具有容错功能的模块化多处理器系统（图 8.26）。计算机采用三余度结构来实现第一次故障检测、隔离、显示以及消除的功能，这称为一次故障操作能力（One-Fail-Operational capacity）。每个计算机通道都有一个独立的外壳，故障检测通过三个通道进行表决来实现（图 8.27）。并行计算机通道之间的数据交换通过光纤进行传输，从而有效消除电磁信号可能引起的干扰[37]。

在当时（1990 年以前），具有所需冗余度的飞行控制计算机 DISCUS 的研发以及飞行测试，开创了飞行控制系统研发的新局面，它对深入认识关键飞行系统的冗余结构、实现容错与故障检测功能具有重要意义[9]。

8.4.4 飞行控制器设计

8.4.4.1 减少驾驶员负荷的偏航控制器

利用项目 OPST1 中的改进尾桨控制（见

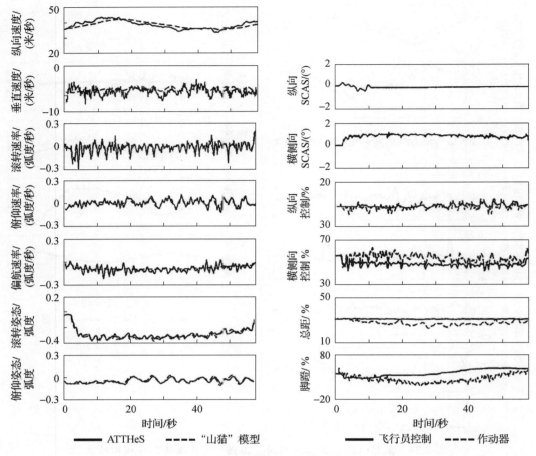

图 8.25 "山猫"直升机模型中的 SCAS 故障

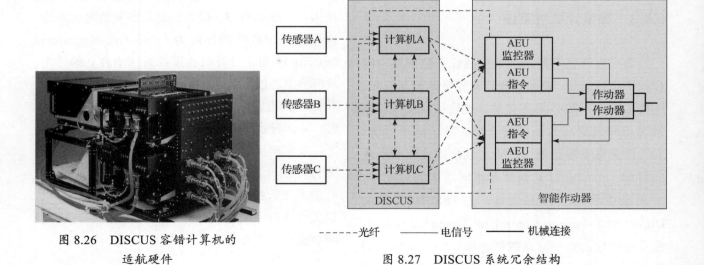

图 8.26 DISCUS 容错计算机的适航硬件

图 8.27 DISCUS 系统冗余结构

8.3.2 节），MBB、LAT 和 DLR 在 DISCUS 计算机上（见 8.4.3 节），联合开发、集成和测试了一个偏航控制器。此项工作的目标是：

① 提高直升机操纵精度；

② 减少外界干扰影响，例如由强阵风引起的干扰；

③ 最小化飞行员总距控制输入和直升机偏航运动之间的耦合。

因此，该控制器可以大大减轻飞行员飞行中的工作负担，尤其是危险飞行任务和恶劣天气条件下飞行的工作负担。

为了实现这些目标，偏航控制器必须具有较高的控制权限，这就要求整个偏航控制系统具有足够的容错能力。图 8.27 给出了控制器系统的冗余结构，除了作动器和液压能源供应系统外，偏航控制通道中所有部件的数量都增加为 3 倍，它们包括用于主旋翼总距桨角控制的操纵杆位置编码器、用于尾桨控制的脚蹬位置编码器、用于测量偏航速率的速率陀螺仪、实现控制逻辑的控制计算机以及相应的电源。

1989 年，研究人员在布伦瑞克对该控制系统开展了测试和优化的飞行试验，多名飞行员根据危险机动飞行期间工作量的减少，对飞行品质进行了评估。直升机驾驶舱配备了电子显示器，可以方便地显示指令，试飞员需根据指定任务执行这些指令（图 8.28）。

图 8.29 给出了某次航向保持悬停飞行的试验数据，试验中存在来自左侧的侧风（190°方向，风速 17 节），为保持直升机的航向，从图中可以看

图 8.28　带有主飞行显示和 NAV 显示的 ATTHeS 驾驶舱

到飞行员进行了大量的脚蹬操控。与之对比的是，在打开偏航控制器后，飞行员不再需要进行脚蹬输入。该控制器可以最小化航向偏差，并降低由干扰引起的偏航角速度。试验后飞行员的评价也证实了该系统的确实现了减少飞行员工作量的目标[38]。

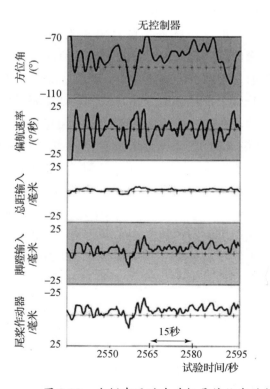
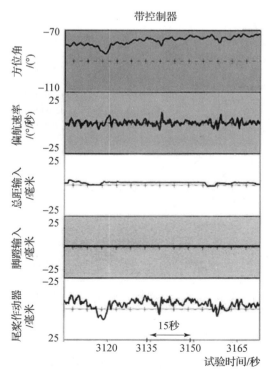

图 8.29　左侧有风时直升机悬停状态的航线保持（左：无控制器，右：带控制器）

8.4.4.2 自动驾驶仪功能

具有自动驾驶功能的控制系统被越来越多地安装在现代直升机，特别是大型直升机上。ATTHeS空中飞行模拟器在自动驾驶领域的研究中同样发挥了重要作用。为开展相关研究，技术人员预先设定了相应的导航任务，即飞机在恒定高度和空速下沿一定的航线自主飞行，航线通过航路点进行定义。

研究人员对ATTHeS模拟器控制系统的功能进行了拓展，除前飞时的速度控制和姿态保持，显式指令模型中进一步增加了高度、空速和航向控制功能。此外，技术人员开发了一个新的软件模块，并将其集成到机载计算机中，该软件模块使用当前位置、期望位置以及风场信息计算航向指令，其中真实的风场信息通过风向估计器和GPS数据进行计算。自动驾驶仪飞行试验于1993年进行，图8.30给出了设置在布伦瑞克附近的飞行试验航路点和试验中直升机的飞行航迹，这次恒定高度和空速的飞行是在安全飞行员监控下，全程由控制系统自动实现，期间安全飞行员除了按下按钮使系统初始化外，没有进行其他干预[39]。

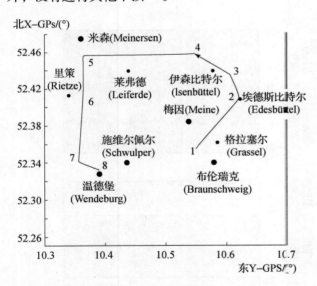

图8.30 自主飞行航迹控制（航路点和航线）

8.4.4.3 位置保持

为直升机的悬停或低速飞行设计适当的控制器，是扩大其任务能力的必要先决条件，需要考虑的任务包括警务行动、救援飞行或海上补给等，其中一个特殊的任务场景是在存在风干扰的环境中，保持直升机在固定目标或移动目标上方的位置，这类场景常出现在暴风雨中直升机在船舶甲板或救生艇上空的飞行。

在这些研究中，为实现在目标上空的精确悬停飞行，技术人员为ATTHeS模拟器配备了一套新型的测量系统，摄像机和处理光学信息的计算机被整合为一个集成传感器，用来确定直升机相对于目标的位置。根据位置保持的要求，研究人员对ATTHeS模型器现有的模型跟随控制系统进行了改进。在悬停状态下，纵向和横向加速度可以通过俯仰和滚转姿态的变化来调节。在位置保持中，模型跟随控制系统中的方程需要考虑一定的附加项，它们描述了总距指令和横滚姿态变化、直升机相对于目标的位置以及相应速度之间的关系。

在直升机位置保持模式的首次飞行试验之前，研究人员首先在地面模拟器中开展了实时模拟，对相关的软硬件进行了集成和测试（见8.3.5节）。如图8.31所示，飞行试验中的目标是一辆移动的汽车，直升机上的摄像机镜头向下，捕捉目标。

集成传感器中的计算机对摄像机拍摄的图像信息进行处理，通过一定的算法解算得到汽车的位置数据发送给控制计算机，控制系统操纵直升机飞抵目标上方，并以恒定高度跟踪汽车的运动。在这一过程中，飞行员不需要进行任何干预（图8.31）。该飞行试验于1994年3月期间展开，并于当月16日进行了公开演示，部分试验是在暴风雨天气条件下进行的（平均风速15节，短时突风可达30节，见图8.32）。试验中，地面上的汽车以恒定的速度在半径约40米的圆圈中行驶，飞行员打开位置保持系统后，ATTHeS直升机将自动跟踪目标，飞行中跟踪精度在1.6米以内。图8.33给出了直升机x和y方向的位置坐标以及飞行员对位置改变量dx和dy的操纵历程，从图中可以看到，位置保持系统开启后，飞行中飞行员不需要再进行手动操控[40]。在这次试验之前，自主飞行试验并不广为人知，而在这次ATTHeS

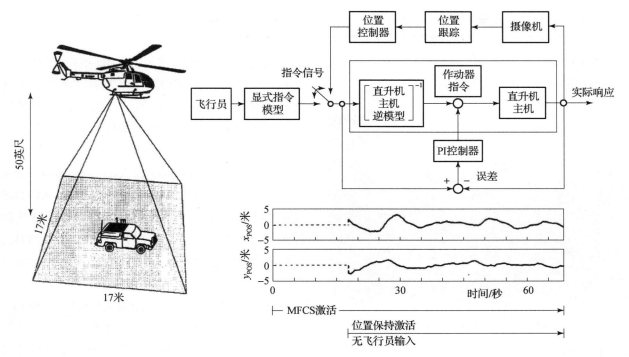

图 8.31 位置保持飞行试验（试验场景想定）

图 8.32 悬停状态下的自动位置保持（布劳恩·施魏格伯（Braun-Schweiger Zeitung）提供）

模拟器的演示飞行后，自主飞行相关研究引起了全世界的广泛关注。

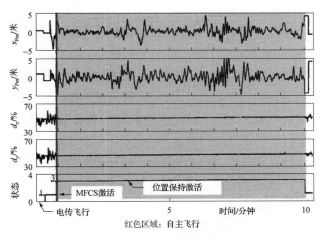

图 8.33 位置保持飞行试验结果

8.4.5 试飞员培训

1990 年以来，DLR 与英国帝国试飞员学校（Empire Test Pilots' School，ETPS）开展了培训合作，将 ATTHeS 空中飞行模拟器用于试飞员培训。1992 年后，ATTHeS 模拟器又被部署于法国试飞员学校 EPNER（Ecoledu Personnel Navigantd

Essaisetde Réception）用于教学培训（图 8.34）。其中，与 ETPS 的合作课程同时在德国布伦瑞克以及英国博斯科姆两地开展，而为 EPNER 学员的培训则在布伦瑞克进行。

图 8.34 EPNER 飞行学员培训

培训中，这些未来的试飞员在没有稳定控制辅助的情况下，采用 ATTHeS 模拟器的不同配置进行飞行，例如设置不同的阻尼灵敏度和时间延迟。此外，教学中飞行学员还尝试了飞机的不同控制器功能和控制耦合效应，体验了具有 RPC（Rotorcraft Pilot Coupling，旋翼机飞行员耦合）效应的临界条件飞行[32]。按照第 3 章的描述，培训的目的是对飞机总体状态进行评估，识别并避免飞行中的危险情况。由于 ATTHeS 模拟器的灵活性，飞行学员可以在较短的时间内体验与感受不同的飞行品质。图 8.35 给出了一张 ETPS 试飞员和 DLR 工作人员的合影。

图 8.35 ETPS 飞行学员与 DLR 工作人员以及 ATTHeS 模拟器的合影

8.4.6 使用情况统计

前述项目充分说明了 Bo 105-S3 ATTHeS 直升机空中飞行模拟器的灵活性与多功能性。除这些项目外，ATTHeS 模拟器还参与了许多其他项目，如果没有 ATTHeS 模拟器的支持，这些项目将难以完成[41]。

1994 年，作为欧洲项目 ACT（Active Control Technology，主动控制技术）的一部分，ATTHeS 模拟器上安装了一个主动侧杆，用以替代传统的控制设备。针对预先设定的飞行任务，ATTHeS 模拟器进行了各种飞行试验，研究人员对相应的飞行特性进行了研究。

1995 年，DLR 与法国航空航天实验室（ONERA）合作，采用 ATTHeS 模拟器，针对直升机的悬停飞行品质开展了相关研究。试验场景针对直升机在侧飞中对移动车辆进行跟踪的任务，试验中，研究人员首先编程设置了直升机的不同飞行品质，然后试验飞行员驾驶直升机尽可能准确地跟踪目标，通过相应的试验结果，评估不同飞行品质下任务的完成情况[42]。

1982 年至 1995 年期间，ATTHeS 直升机空中飞行模拟器在 DLR 总计进行了 1300 多个小时的飞行。图 8.36 给出了 ATTHeS 模拟器利用率的统计数据，其中还列出了这一时期直升机参加的各种研究和演示项目以及设备的安装改进情况。ATTHeS 模拟器的飞行试验以及相关试验结果记录在 DLR 和合作伙伴的各种科学出版刊物中，并得到了国际同行研究机构的赞赏和利用。图 8.37 记录了 1993 年 6 月在 DLR 参观的政府部门和工业界高级代表的合影，位于图中最右端的是克劳斯·桑德斯（Klaus Sanders），他是一位在 DLR 工作多年、具有丰富经验的安全飞行员与工程师，他作为安全飞行员参加了 Bo 105 ATTHeS 模拟器的许多飞行试验，为这些项目的成功做出了重要贡献。

由于 Bo 105-S3 ATTHeS 模拟器已经服役过年，同时这架直升机的性能已经不能满足一些项目的要求，早在 1995 年 5 月 14 日 ATTHeS 模

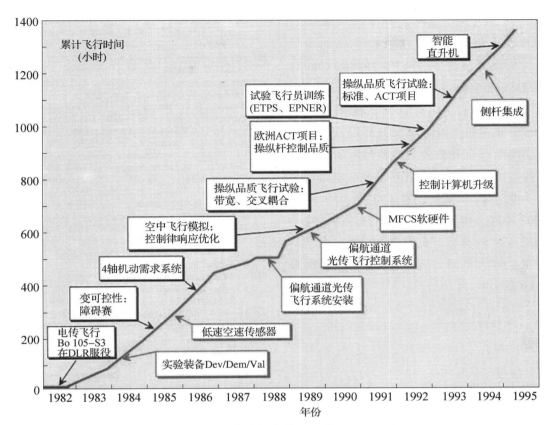

图 8.36 ATTHeS 直升机空中飞行模拟器利用率统计

图 8.37 来 DLR 访问的参观专家合影留念（左起：E. 埃克特（E. Eckert），B. 格梅林（B. Gmelin），H. 胡贝儿（H. Huber），F. 托马斯（F. Thomas），K. 许曼尼茨（K. Schymanietz），艾夫斯·理查德（Ives Richard），P. 哈梅尔（P. Hamel），H.J. 保斯德尔（H.-J. Pausder），L. 穆勒（L. Müller），Ph. 勒斯（Ph. Roesch），M. 罗辛（M. Rössing），J. 卡莱特卡（J. Kaletka），K. 桑德斯（K. Sanders））

拟器坠毁之前，DLR 就已经启动了一项新的空中飞行模拟器发展计划[43-44]。在接下来的几年里，这项计划发展成为 ACT-FHS（Active Control Technology Demonstrator-Flying Helicopter Simulator，主动控制技术验证机-飞行直升机模拟器）项目，该项目由联邦德国国防部、DLR 以及工业部门（包括德国欧洲直升机公司、利勃海尔航空航天公司）共同参与。EC 135 直升机被选中为新模拟器的直升机主机，相关改造工作从 1996 年开始。从 2002 年起，作为技术测试和验证的独特飞行设备，EC 135 FHS 直升机空中飞行模拟器已经可以在 DLR 为欧洲的研究机构和工业部门提供服务（见第 10 章）。

参考文献

1. von Gersdorff, K., Knobling, K., (Ed.): Hubschrauber und Tragschrauber. Bernard & Graefe Verlag München (1982)
2. DFVLR e.V., Dornier GmbH, MBB GmbH: Versuchsträger Variabler Stabilität—Mittelfristiges Programm—Memorandum für das Bundesministerium der Verteidigung, Dec 1969
3. Marchand, M., Wilhelm, K.: Flugmechanische Untersuchungen über die Einsetzbarkeit eines Hubschraubers zur Simulation von V/STOL-Flugzeugen, DLR-FB, pp. 75–59, Braunschweig (1975)
4. Janik, K., Schmitt, H.: Hubschrauber BO 105 als Versuchsträger variabler Stabilität—Aufgabenstellung und Realisierungsmöglichkeiten, Symposium über Versuchsträger variabler Stabilität, Manching 12. Juni 1970, MBB-Bericht MBB-DU 52-70-Ö (1970)
5. Derschmidt, H.: Steuerung und Cockpit für BO 105 als Flugversuchsträger, MBB Technische Niederschrift TN D125-2/71 (1971)
6. Attlfellner, S., Rade, M.: Bo 105 in-flight simulator for flight control and guidance systems. In: First European Rotorcraft and Powered Lift Aircraft Forum, Southampton England (1975)
7. Formica, B., König, H., Bender, K., Mansfeld, G.: OPST1—an digital optical tail rotor control system. In: 14th European Rotorcraft Forum, Milano Italy, Sept 1988
8. Mansfeld, G., Bender, K., Holle, K.: DISCUS—Ein fehlertolerantes Fbw/Fbl-Experimentalsystem. DLR-Nachrichten **61**, 6–11 (1990)
9. Hofer, H.: OPST1/ DISCUS, Informationen zu Projektanteilen der Firma Liebherr Aerospace Lindenberg GmbH (2013)
10. König, H., Stock, M., Zeller, S.: OPST1—an optical yaw control system for high performance helicopters. In: 45th Annual Forum and Technology Display of the American Helicopter Society, Boston USA, May 1989
11. Tischler, M.B., (Ed.): Advances in Aircraft Flight Control. Taylor & Francis (1996)
12. Key, D.L., Gmelin, B.: A Decade of Cooperation. American Helicopter Society, September/October, Vertiflite (1989)
13. Bouwer, G., Hilbert, K.B.: A Piloted Investigation of Decoupling Helicopters by Using a Model Following Control System. 40th Annual Forum of the American Helicopter Society, Paper No. A-84-40-07-4000, Arlington Virginia USA, May 1984
14. Hilbert, K.B., Lebacqz, J.V., Hindson, W.S.: Flight Investigation of a Model-Following Control System for Rotorcraft, AIAA 3rd Flight Testing Conference, Las Vegas Nevada, Apr 1986
15. Kaletka, J., von Grünhagen, W.: Identification of mathematical derivative models for the design of a model following control system. In: 45th Annual Forum & Technology Display of the American Helicopter Society, Boston USA, May 1989
16. von Grünhagen, W., Kaletka, J.: Application of system identification for rotorcraft control system design, 4. In: Braunschweiger Aerospace Symposium "Sicherheit im Luftverkehr", Technische Universität Braunschweig, Sept 1994
17. Pausder, H.-J., Bouwer, G., von Grünhagen, W.: A highly maneuverable helicopter in-flight simulator—aspects of realization. In: 14th European Rotorcraft Forum, Milano Italy, Sept 1988
18. Pausder, H.-J., Bouwer, G., von Grünhagen, W.: ATTHeS in-flight simulator for flying qualities research. In: In-Flight Simulation for the 90's, International Symposium, DLR Braunschweig, DGLR Conference Proceedings, Paper 15, Braunschweig (1991)
19. Bouwer, G., Pausder, H.-J., von Grünhagen, W.: ATTHeS, a helicopter in-flight simulator with high bandwidth capability. In: 48th Annual Forum and Technology Display of the American Helicopter Society, Washington DC USA, June 1992
20. Huber, H., Hamel, P.: Helicopter flight control—state of the art and future directions. In: 19th European Rotorcraft Forum, Cernobbio Italy, Sept 1993
21. von Grünhagen, W., Bouwer, G., Pausder, H.-J., Henschel, F., Kaletka, J.: A high bandwidth control system for a helicopter in-flight simulator. Int. J. Control **59**(1) (1994)
22. Hamel, P.: Advances in aerodynamic modeling for flight simulation and control design. GAMM-Mitteilungen **2000**(1–2), 7–50 (2000)
23. Gmelin, B., Bouwer, G., Hummes, D.: DFVLR Helicopter In-Flight Simulator for Flying Quality Research, Vertica, Pergamon Press, Vol. 10, No. 1 (1986)
24. Gmelin, B., Bouwer, G.: Development and Application of Helicopter In-Flight Simulation at DLR, La Recherche Aérospatiale No. 1, pp. 59–72 (1995)
25. Pausder, H.-J., Bouwer, G., von Grünhagen, W., Holland, R.: Helicopter In-Flight Simulator ATTHeS—A Multipurpose Testbed and its Utilization, AIAA/AHS Flight Simulation Technologies Conference, Hilton Head Island SC USA, Aug 1992
26. Hamel, P., (Ed.): In-Flight Simulation for the 90's, International Symposium, DLR Braunschweig, DGLR Conference Proceedings, pp. 91–05 (1991)
27. Pausder, H.-J.: A study of roll response required in a low altitude slalom task. In: 11th European Rotorcraft Forum, London UK, September 1985
28. Anon.: ADS-33E-PRF, Aeronautical Design Standard, Performance Specification, Handling Qualities Requirements for Military Rotorcraft. United States Army Aviation and Missile Command, Aviation Engineering Directorate, Redstone Arsenal, Alabama, 21 Mar 2000
29. Gmelin, B., Pausder, H.-J., Hamel, P.: Mission-Oriented Flying Qualities Criteria for Helicopter Design via In-Flight Simulation, AGARD-CP-423, Paper 4 (1987)
30. Pausder, H.-J., Bouwer, G.: Recent results of in-flight simulation for helicopter ACT research. In: 15th European Rotorcraft Forum, Amsterdam The Netherlands, Sept 1989
31. Ockier, C.J., Pausder, H.-J.: Experiences with ADS-33 Helicopter Specification Testing and Contributions to Refinement Research, AGARD-CP-560, Paper 4 (1995)
32. Hamel, P.: Rotorcraft—Pilot Coupling, A Critical Issue for Highly Augmented Helicopters?, AGARD-CP-592, Paper 21 (1997)
33. Pausder, H.-J., Blanken, C.L.: Investigation of the effects of bandwidth and time delay on helicopter roll-axis handling qualities. In: 18th European Rotorcraft Forum, Avignon France, Sept 1992
34. Padfield, G.D.: Rotorcraft handling qualities engineering—managing the tension between safety and performance, AHS Alexander Nikolsky lecture. In: 68th Annual Forum and Technology Display of the American Helicopter Society, Fort Worth Texas USA, May 2012
35. Bouwer, G., von Grünhagen, W., Pausder, H.-J.: Model Following Control for Tailoring Handling Qualities—ACT Experience with ATTHeS, AGARD-CP-560, Paper 11 (1995)

36. Bouwer, G., von Grünhagen, W.: LYNX Helicopter In-Flight Simulation with ATTHeS, DLR-IB 111–92/47, Braunschweig (1992)
37. Bender, K., Leyendecker, H.: Untersuchungen zu einem Fehlertoleranten Hubschrauber-Flugregelungssystem mit Abgestufter Redundanz, DLR-Mitteilung, pp. 97–01. Braunschweig (1997)
38. Mansfeld, G., Bender, K., Tersteegen, J.: Entwicklung und Flugerprobung eines fehlertoleranten Fly-by-Light Gierregelungs-systems. DGLR-Fachausschuß-Sitzung Flugeigenschaften. Flugregelung, Braunschweig (1991)
39. Hamers, M.: Vollautomatische Navigation mit ATTHeS, DLR-IB 111-94/16 (1994)
40. Bouwer, G., Oertel, C.-H., von Grünhagen, W.: Autonomous helicopter hover positioning by optical tracking. Aeronaut J, **99** (984) (1995)
41. Bouwer, G., Pausder, H.-J.: Fliegende Simulation mit Hubschraubern. In: Luftfahrtforschung in Deutschland. Bernard & Graefe Verlag Bonn (2001)
42. Bouwer, G., Taghizad, A., Mödden, H.: ONERA and DLR Cooperation on the Smart Helicopter Concept—Handling Qualities Data Base for Hover and Low Speed Flight, AGARD-CP-592, Paper 11 (1997)
43. Anon.: HESTOR—Entwicklung eines Fliegenden Simulators für Hubschrauber, Rahmenvorschlag, MBB/DFVLR, June 1984
44. Gmelin, B., Kissel, G., Mansfeld, G.: Key Technologies for a New Flying Helicopter Simulator. In: In-Flight Simulation for the 90's, International Symposium, DLR Braunschweig, DGLR Conference Proceedings, Paper 7 (1991)

作者简介

伯纳德·格梅林（Bernd Gmelin）是布伦瑞克DLR飞行力学研究所的研究科学家，他于1973年至1999年期间担任布伦瑞克DLR飞行力学研究所旋翼机部门的主任，从1999年到2006年，他在德国DLR/法国ONERA共同旋翼机研究项目下领导了DLR直升机项目。在加入DLR之前，他曾是斯图加特旋翼机研究所的一名研究员（1968—1973年）。他在斯图加特大学获得航空航天工程硕士学位（1968年）。他的主要研究方向是数学建模、直升机风洞模拟、控制系统设计、飞行品质评估和直升机空中飞行模拟。他还是德国航空航天学会（DGLR）和美国直升机学会（AHS）的成员，曾获得过AHS Agusta国际奖学金（1996年）、DLR/ONERA团队奖（2006年）和AHS研究员奖（2008年）。

第 9 章
VFW 614 ATTAS 空中飞行模拟器

迪特里希·汉克（Dietrich Hanke）和克劳斯·乌韦·哈恩（Klaus–Uwe Hahn）

本章含其他 14 位合著者的贡献。

VFW 614 ATTAS（WTD-61提供）

9.1 试验机改造

迪特里希·汉克（Dietrich Hanke）

本节包含哈特穆特·格里姆（Hartmut Griem）和赫尔曼·霍费尔（Hermann Hofer）的贡献

9.1.1 项目介绍

第7章对 HFB 320 FLISI 空中飞行模拟器进行了详细介绍，通过利用 HFB 320 FLISI 空中飞行模拟器开展的广泛试验，人们获得了大量有价值的经验。但是由于 HFB 320 模拟器可搭载的有效载荷较少、安放试验设备以及容纳乘员的空间有限，同时存在电源功率有限以及发动机噪声高等问题，给这架模拟器的应用带来了一些限制。因此，从1977年开始，相关部门开始探索发展具有更高性能与更高效用的空中飞行模拟器，对新型模拟器技术能力的要求涵盖了广泛的研究应用和飞行模拟需求，研究人员在需求目录中进行了明确，并将它们作为此类试验飞行器的总体要求予以制定[1]。

新型空中飞行模拟器的应用范围包括以下研究任务：①数字飞行控制研究；②飞行品质研究和空中飞行模拟；③飞行导引和空中交通管理；④人机界面开发；⑤飞机系统建模；⑥导航和通信。此外，模拟器还将作为系统部件测试的试验平台，对传感器、天线、作动器、航空电子设备和导航系统、数据链系统、计算机系统、操控设备和显示系统等部件进行测试，因此，在模拟器开发中需要提供适当的安装选项和数据接口。

为满足各种应用任务的需求，飞机上将配备一套电子飞行控制系统，它将具有强大的机载计算能力以满足不同试验的需要。为在飞行中实现完整的6自由度飞行模拟，除了直接升力控制（direct lift control）外，飞机还需要具备直接侧力控制（direct lateral force control）能力。

此外，基于 HFB 320 模拟器的经验，新型模拟器将具有对飞机及其系统部件进行全面实时模拟的能力，包括硬件在环模拟，以便能够在实时条件下测试飞行软件功能，并将这些软件应用于飞行试验。通过对模块配置进行设置，模拟器还将为实时模拟过程的实现提供一个完整的软件开发系统。

经过深入考察，两型飞机被确定为候选试验飞行器主机，它们分别是不来梅 VFW-福克航空制造公司（VFW-Fokker）制造的短距 VFW 614 飞机（图9.1）和美国格鲁曼/湾流公司制造的格鲁曼-湾流 II 公务机，当时 NASA 已在1976年将湾流 II 飞机用作训练航天飞机宇航员的飞行模拟器（见5.2.2.14节）。表9.1列出了这两款候选飞机的一些细节。

图9.1　VFW 614 飞机（从网站 www.vfw614.de 获得）

表9.1　候选飞机相关细节

	VFW 614 飞机	"湾流" II 飞机
生产	已终止	已终止
数量	19	258
检查	单个项目	—
首次飞行	1972 年	1966 年
制造商	德国 VFW	美国格鲁曼公司，道尼尔为代理商
发动机	罗尔斯·罗伊斯 MH 45 H	罗尔斯·罗伊斯斯贝
旁路比	2.85:1	0.62:1
相关使用情况	—	NASA 航天飞机教练机（STA）

不来梅的 VFW 公司和腓特烈港的道尼尔公司（格鲁曼公司的合作商），分别作为 VFW 614 飞机的制造商与湾流 II 飞机的代理商，被要求在1979年5月提交报价。

由于在1977年12月 VFW 公司仅生产19架 VFW 614 飞机后就停止了该型飞机的生产，VFW

614飞机作为试验飞机其实刚开始并不被看好。然而，制造商VFW公司保证了对VFW 614飞机的技术支持和后续维护，作为发动机制造商的罗尔斯·罗伊斯公司也同意为VFW 614飞机专属的MH 45H发动机继续提供技术支持。此外，为保证试验机至少16年的使用期，VFW公司还制定了专门的应对方案（考虑了飞机8台发动机寿命周期的不同），以确保试验机服役期间备件和发动机有可靠的来源。

德国联邦航空管理局（LBA）作为飞机认证机构，同意只要DFVLR被批准为一个研发机构，VFW 614可作为DFVLR的单个项目运行。由VFW组装的最后一架VFW 614 G17飞机在1977年进行验收飞行试验后被暂时存放，并作为试验飞行器移交给DFVLR。

1979年，VFW和道尼尔两家公司分别给出了技术方案和经费报价，经费估计总额约为5000万德国马克。VFW的报价还包括了在机身上实现侧力控制装置的费用。然而，此报价远远超出了BMFT批准的资金预算。因此，DFVLR对模拟器的总体要求和应用范围进行了调整，削减了部分功能指标，但是要求飞机支持后续能力扩展[2-3]。对于这个调整后的基本方案，两家公司被要求重新提交报价，并将成本限制在3100万德国马克以内。1980年11月，这两家公司重新提交了报价。

DFVLR对这两家公司的报价进行了全面的评估，最终选择了VFW 614飞机的方案。做出这一决定的重要因素包括VFW 614飞机具有更宽敞的客舱、更大的货舱门、更加现代化的设备、更良好的飞行品质以及更低的噪声，当然，位于不来梅的VFW公司在地理位置上更接近布伦瑞克的DFVLR，这也是其中标的一个积极因素。此外，起飞和着陆性能是VFW 614飞机被选中的另一个重要因素，因为当时布伦瑞克的机场跑道只有1300米长，而这对于满载的VFW 614飞机来说已经足够了。有关VFW 614飞机及其发展历史的更多信息，感兴趣的读者可以查阅参考文献[4-5]。

当然，还需要指出的是，VFW 614飞机脱颖而出的另一个重要优势是该VFW 614基本飞机（basic aircraft）几乎是免费提供，因为它的制造经费主要由德国联邦经济和技术部（BMWI）提供。因此，选择VFW 614飞机，项目投入经费可以完全用于模拟器改造，而不必在飞行器本身的采购上再花费任何资金。相较而言，如果选择湾流II飞机，不仅需要额外花费大约8百万德国马克，而且也只能获得一架二手的飞机。

在DFVLR做出选择VFW 614飞机的决定后，1981年，VFW制定了详细的飞机改造方案，并与DFVLR进行了项目任务协调，协商结果为DFVLR将负责模拟器改造中的部分开发任务，从而在项目控制成本内完成模拟器的改造工作。VFW和DFVLR之间的任务分工与经费成本情况如图9.2所示，注意VFW公司后被梅塞施密特-伯尔科-布洛姆公司（Messerschmitt-Bölkow-Blohm，MBB）收购，所以图中标记为MBB。1981年12月，DFVLR和VFW签署了新型试验飞行器的开发和交付合同，这架飞行模拟试验飞行器被称为ATTAS（Advanced Technologies Testing Aircraft System，先进技术试验飞机系统）。

机构	开发任务分工	经费成本（单位：百万马克）	
DLR（DFVLR）	●系统规范说明 ●FBW计算机系统 ●航电系统 ●驾驶舱改造 ●数据采集系统 ●系统集成 ●地面模拟器	项目方案： 飞行器及改造： FBW系统：	2.5 31.0 6.2
MBB（VFM）	●飞行器改造 ●安全系统 ●DLC系统 ●布线 ●电气系统 ●液压系统	航电、数据采集： 运营设施：	2.5 1.6
LAT	●电动液压作动器	地面模拟器：	0.4
		其他：	0.8
		共计：	45.0

图9.2 任务分工和项目成本

9.1.2 DFVLR项目组织与分工

DFVLR成立了一个专门的项目管理机构来负责ATTAS项目的推进，海因茨·克鲁格（Heinz

Krüger）被任命为项目开发总经理，同时作为未来ATTAS模拟器的主要用户，DFVLR负责的ATTAS改造任务将由其下属的飞行力学研究所、飞行制导研究所和飞行试验部进行分担，其中，飞行力学研究所的任务是进行ATTAS空中飞行模拟器的技术开发。迪特里希·汉克（Dietrich Hanke）曾参与指导了HFB 320空中飞行模拟器的开发，他再次被任命为ATTAS模拟器改造项目的技术项目总监。

ATTAS项目开发工作、设备维护以及运营管理在DFVLR不同部门的具体分工如下：

飞行力学研究所（FM）：负责驾驶舱仪表和面板、侧杆、电传操纵（Fly-by-Wire，FBW）计算机系统、操作软件和飞行模拟软件、地面开发系统、地面模拟器、测量系统、传感器、作动系统电子设备以及试验操作装置的开发。

飞行制导研究所（FL）：负责机头吊杆、设备箱以及控制柜、航空电子系统、天线、数据记录/评估、遥测、自动驾驶仪操控设备和电子显示器的开发。

飞行试验部：负责飞行操作和飞机维护，负责基本飞机部件、电源和液压动力源、作动系统（由LAT开发）的供应。布伦瑞克的新机库已于1975年至1976年间建成，它可以满足ATTAS模拟器的存放和使用需要（图9.3）。

图9.3　在布伦瑞克为ATTAS飞机建造的新机库

开发运营管理办公室：为了满足德国联邦航空管理局规定的条件，成立了由路德维希·塔克（Ludwig Tacke）负责的适航办公室（MPL）来处理飞机设备安装和改装批准的相关事务工作。

9.1.3　梅塞施密特-伯尔科-布洛姆公司

1981年底，MBB集团在收购VFW公司后接管了ATTAS项目，为推进项目工作，哈特穆特·格里姆（Hartmut Griem）被任命为项目经理，哈乔·舒伯特（Hajo Schubert）被任命为技术负责人，戈特弗里德·博特格（Gottfried Böttger）负责财务和行政合同。项目开发中特别强调设备系统及其安装工作、实验室建设、地面试验和飞行试验以及其他必要的横向任务（如可靠性测试、飞机认证等）之间的协调。MBB将电动液压作动系统的开发工作委配给利勃海尔航空技术公司（Liebherr-Aero-Technik，LAT），将试验操作设备（Versuchsarten Bediengerät，VBG）开发工作委配给博登湖仪器技术公司（Bodensewerk Gerätechnik，BGT）[6]。

9.1.4　项目开发

在1981年12月合同签署后，MBB立即开始了新型试验飞行器ATTAS的改造及机载设备的开发工作。之前由阿尔萨斯航空公司（Air Alsace）运营的一架VFW 614 G13飞机作为样机模型被移交给DFVLR（图9.4），用于ATTAS模拟器设备舱改造、驾驶舱改装和机头吊杆安装的尝试工作。1981年10月28日，G13飞机被转移到布伦瑞克，在完成安装和改造工作后，它在1990年报废，其部件被拆除，作为ATTAS模拟器的备件。

图9.4　作为DFVLR的样机模型的VFW 614 G13飞机（1981年10月28日）

MBB 成立了一个工作小组来对比与选择合适的机载计算机系统，尤其是试验飞行器的重要组成部分——电传操纵飞行控制系统，其中必须考虑的几个关键问题包括性能、可靠性、适航性以及接口的可用性，例如接口协议综合考虑用于航空电子系统的 ARINC 429 总线协议和用于连接电动液压控制系统的 MIL BUS 1553B 总线协议。

MBB 工作小组系统调研了 AEG、EMM、DEC 和 ROLM MILSpec 等计算机，最终选择了美国硅谷山景城的"军用"计算机系统 ROLM。该计算机基于通用数据公司（Data General）的商用计算机操作系统开发，采用标准尺寸 ATR 机箱，可以适应恶劣的环境条件。因此，它满足适航性要求并具有所有必要的接口，可以在各种计算机之间进行光纤数据通信。同时，通用数据公司的商用计算机提供了与模拟器机载软件兼容的开发系统以及可用于模拟器构建的计算机硬件。

DFVLR 建造了一台硬件在环模拟器，它能在地面实时条件下对开发的电传操纵软件和飞行模拟软件进行测试。ROLM 计算机于 1982 年 8 月交付，并被集成到 ATTAS 的地面系统中，它在整个 27 年的服役期内都可靠地运行。

ATTAS 模拟器全系统包括试验飞机和地面模拟器，其中地面模拟器主要用于设备功能测试和飞行试验准备（图 9.5）。技术人员为地面模拟器配备了一台原始的 VFW 614 驾驶舱，上面安装了与 ATTAS 飞机中相同的显示器和控制器（图 9.6）。

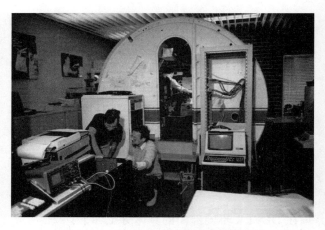

图 9.6　ATTAS 地面模拟器的驾驶舱

为测量相对于空气来流的迎角、侧滑角以及空速，研究人员为 ATTAS 飞机设计了一个长度为 5.54 米的机头吊杆，DFVLR 技术运营部于 1986 年使用碳纤维技术研制了该吊杆，图 9.7 记录了 ATTAS 机身上第一次进行吊杆安装的场景。在模拟器的首次飞行试验期间，由于飞行记录传感器和机头吊杆之间的气动弹性耦合，导致了机头吊杆发生了不利振动。为了克服这一问题，研究人员将机头吊杆缩短了 1 米来以增加吊杆的固有频率，从而消除了颤振问题。

图 9.7　安装在机身框架上的机头吊杆

MBB 拆除了 VFW 614 G17 飞机中不再需要的所有设施（如厨房和卫生间），并按计划进行了结构和设备方面的改造，包括：①安装电动液压作动器，包括重要的安全电子装置——作动器电子单元（Actuator Electronic Units，AEU），AEU 将用于作动器的激活、监控和停用；②使

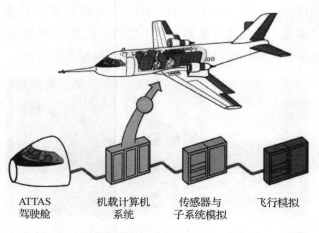

图 9.5　ATTAS 模拟器全系统：飞机和地面模拟器

用新型可快速偏转的后缘襟翼实现直接升力控制（Direct Lift Control，DLC）；③为试飞员开发了驾驶杆力和脚蹬力模拟功能；④为适配大量待试验和待认证仪器设备，几乎重新设计了所有的驾驶舱面板；⑤安装了操作模式控制装置和试验控制开关等安全设备；⑥为了开展证明颤振安全性的静态振动试验，对客舱进行了改造并安装了相应试验设备。

MBB 在位于莱姆维德（Lemwerder）的工厂里开展了对 G17 飞机的改造工作。为了安装驾驶杆力模拟系统，驾驶舱区域左侧机身被打开。MBB 负责了整个飞机的布线工作，为满足关键系统的防护要求，这项工作花费了许多的时间与精力（图 9.8）。

图 9.8　飞机机舱内的电缆布线

为研究襟翼直接升力控制（DLC），技术人员在 VFW 联合飞机技术工厂对现存的 1∶5 飞机风洞模型进行了加工，为其安装了 DLC 襟翼。试验人员在阿姆斯特丹的 DNW 风洞中开展了风洞试验，确定了 DLC 襟翼的有效性[7]。

在完成为期几个月的地面测试后，飞机为第一次飞行做好了准备。如图 9.9 所示，1985 年 2 月 13 日，试验团队开展了第一次飞行试验，此时距离 VFW 614 G17 飞机首飞已经 7 年。机组人员在飞行 3 小时 20 分钟后，在莱姆维德（Lemwerder）完美地完成了降落。通过后续的飞行试验，试验团队验证了 MBB 开发的系统功能和 DFVLR 指定的性能指标。试验重点关注的科目包括：①安全要求；②DLC 系统；③对称副翼；④飞行性能；⑤方向舵助力器；⑥DLC 启动时的着陆襟翼位置 SP；⑦验收。这架飞机由德国联邦航空局（LBA）临时认证，并经过 DFVLR 批准，但仍需进行未完成的验收飞行。在飞行试验阶段末期（图 9.10），LBA 最终认证所必需的验收试验被推迟。

图 9.9　飞行试验小组在第一次飞行途中
（左起：梅耶（"HaLu" Meyer，DFVLR）、
哈乔·舒伯特（Hajo Schubert，MBB）、
特马尔·森斯佩克（Dietmar Sengespeik，MBB）、
博多·克诺尔（Bodo Knorr，MBB））

图 9.10　ATTAS 飞机在莱姆维德（Lemwerder）飞行
（MBB 提供）

VFW 614 G17 飞机垂尾上的 ATTAS 图案是在 1985 年 4 月底创作的。1985 年 9 月 26 日，ATTAS 模拟器由 DFVLR 接管，1985 年 10 月 1 日，ATTAS 模拟器被正式从 MBB 移交给 DFVLR，1985 年 10

月24日，ATTAS模拟器开发合同宣告完成[8-10]。

DFVLR 的进一步安装

在接管ATTAS模拟器后，DFVLR为飞机安装了电传操纵系统，并对所有控制部件进行了测试。1986年12月17日，飞机上的ROLM计算机系统已可以实现电传操纵飞行。根据执行委员会的一项决定，ATTAS模拟器在1987年开展了第一次层流飞行的空气动力学试验（图9.11）。为进行这项试验，技术人员在飞机右翼的部分区域安装了层流套（laminar flow glove）。通过压力测量和红外测量技术，确定了真实飞行条件下中等后掠机翼从层流到湍流的转捩条件。1988年以后，ATTAS模拟器才被主要用户（飞行力学与制导研究所）使用。

VFW 614基本飞机

生产商：不来梅联合航空技术制造厂（Vereinigte Flugtechnische Werke，VFW）

- 双发短程飞机（首飞：1971年）
- 最大人数/最小人数：44/2
- 航程：1800千米
- 翼展：21.5米
- 机长：20.6米
- 机高：7.84米
- 机翼面积：64平方米
- 最大起飞重量：20800千克
- 最大飞行速度：288节校准空速
- 最大飞行马赫数：0.63
- 最大高度：25000英尺（7620米）
- 最小起飞距离：830米
- 最小着陆距离：620米
- 发动机：2台罗尔斯·罗伊斯M45H发动机，安装在机翼上
- 推力：2×32400牛

- 生产19架，13架投入使用
- VFW614飞机于1977年停产

图9.12　ATTAS模拟器的尺寸和性能数据

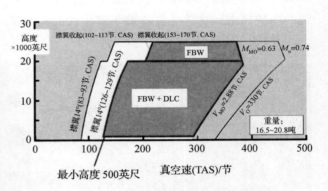

图9.13　ATTAS模拟器的飞行包线

小离地高度设置为500英尺（152.4米）。事实证明，在这个高度下，即使所有操纵舵面都出现故障（如最大偏转），安全飞行员也可以安全地接管飞机进行飞行。

ATTAS模拟器中，对VFW 614飞机的主要改造如图9.14所示，包括：①飞行基本飞行控制，驾驶舱右侧的安全飞行员使用基本控制系统；②飞机电传操纵控制，驾驶舱左侧的试验飞行员位置安装了电传操纵控制系统及试验设备；③机载数字式计算机通信，采用了基于光纤总线通信的互联系统；④试验航空电子系统；⑤测量系统、数据记录和遥测设备；⑥电动液压作动器以及电动自动配平系统，其中升降舵、方向舵采用双余度作动器，左右副翼、着陆襟翼、六个直接升力襟翼和左右发动机采用单余度作动器；⑦计算机操作员、测量系统操作员、飞行试验工程师和试验人员的工作站；⑧用于存放与安装计算机系统

图9.11　ATTAS飞机进行带层流套的空气动力学研究

9.1.5　ATTAS模拟器系统

图9.12给出了ATTAS模拟器的几何尺寸和性能数据。与标准VFW 614飞机相比，ATTAS模拟器的最大起飞重量增加到20965千克，因而其采用了新的标识代码D-ADAM，其中字母A是指重量超过20吨的飞机。图9.13给出了飞机电传操纵模式下的飞行包线。

ATTAS模拟器没有明确设置的最大速度（V_{MO}）限制和最大马赫数（M_{MO}）限制。由于拆除了氧气面罩，它的最大高度限制为25000英尺（7620米）。出于安全考虑，在FBW模式下的最

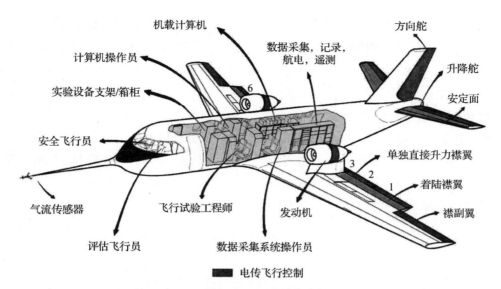

图 9.14 VFW 614 飞机的系统安装和改造概述

及作动器电子设备、测量系统、航空电子设备和数据记录仪、安全系统、测试电子器件以及液压系统的设备柜;⑨独立的机载 APU(Auxiliary Power Unit,复杂动力装置)和发动机电子测试设备;⑩独立的试验液压系统,其中包含 2 个回路;⑪机头吊杆,用于安装飞行记录传感器。

1. 安全方案

相比于 FAR 第 25 部分批准的基本型飞机,技术人员对 ATTAS 模拟器的安全要求进行了更改,他们为 ATTAS 模拟器制定了一个安全方案,根据这个方案,坐在驾驶舱右座上的安全飞行员可以随时断开试验设备并访问基本控制设备。为实现这一功能,技术人员开发了一套独立的、与基本系统并行运行的试验系统。ATTAS 模拟器采用了故障检测和舵面冗余技术来减少系统故障,避免了飞行中因操纵面故障而进入危险飞行状态。由于安全飞行员的操纵设备与控制舵面同步运动,安全飞行员可以对系统运行和试验飞行员的操纵进行监控,他可以在任何时候接管飞机,同时在这一切换过程中飞机的运动中不会出现大的姿态变化。

ATTAS 模拟器上安装的安全装置包括:①错误状态指示和声音告警;②"备用"机械控制系统;③安全飞行员控制杆上的 FBW-Off 按钮(用于关闭 FBW 模式),其利用液压控制设备驱动离合器断开电动液压作动器,从而关闭电传操纵控制;④主要控制通道(俯仰、滚转、偏航通道)中的力传感器。当安全飞行员操控装置中的反作用力超过阈值时,离合器会自动打开;⑤限力电动液压作动器,用以防止超过允许负载;⑥双余度冗余的 FBW 系统(失效被动故障处理模式,fail passive);⑦自动故障检测和故障显示;⑧ DLC 系统和副翼的控制面冗余;⑨用于关闭试验电子设备的紧急开关。

因为实践证明 HFB 320 模拟器的操作方案非常成功,ATTAS 模拟器沿用了相关操作方案,包括作动器系统的开关操作、FBW 模式和 SIM 模式的开关操作等,但是对于试验操作设备 VBG,根据系统部件的特性对其进行了微调。同样地,HFB 320 模拟器上飞行员遮光板的系统状态显示以及驾驶舱和机舱中的试验操作功能也被 ATTAS 模拟器继承。

2. 操作模式

ATTAS 包括三种操作模式,分别为:

(1)基本模式(Basic-Mode):由右侧安全飞行员操纵,通过机械控制系统对基本飞机进行操控;

(2)FBW 模式(电传操纵模式,FBW-Mode):由左侧试验飞行员操纵,在选定的通道上进行电传操纵控制;

(3)SIM 模式(飞行模拟模式,SIM-Mode):

由左侧试验飞行员操纵，结合电传操纵控制器与试验计算机中的特定控制器功能进行飞行（如飞行模拟）。

技术人员为 ATTAS 空中飞行模拟器开发了 FBW 模式，该模式是基本模式与 SIM 模式可转换的中间模式，用以简化基本模式与 SIM 模式之间的切换操作，并确保所有系统在 SIM 模式激活之前正常工作。另外，因为作动器重启非常耗时（启动时要求作动器和舵面位置实现匹配），FBW 模式可以避免直接从 SIM 模式切换回基本模式的硬切换。此外，FBW 模式后期为试验飞行员提供了自动驾驶仪功能，便于设置试验所需的稳定飞行条件。操作模式的功能将在后文试验系统的描述中进一步详细介绍。

3. 驾驶舱改装

ATTAS 空中飞行模拟器的驾驶舱相对于之前 VFW 614 飞机发生了显著变化（图 9.15 和图 9.16），具体改装情况如下：

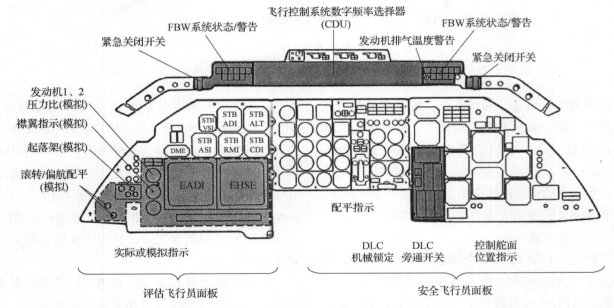

图 9.15 驾驶舱仪表的重新设计

图 9.16 驾驶舱左侧布局

（1）右侧安全飞行员席位

驾驶舱右侧为安全飞行员席位，他的控制杆上有 FBW-OFF 按钮，遮光板中有状态和故障指示灯，自动配平系统的配平力装有一个附加指示灯，同时座位处有舵面位置显示、DLC 襟翼锁定器状态显示以及 DLC 作动器液压装置钝化开关状态显示。此外，驾驶舱右侧还提供了一个紧急开关和一个警告灯，紧急开关用于关闭整个试验电子设备，警告灯会在发动机温度过高时点亮。

（2）左侧试验飞行员席位

驾驶舱左侧为试验飞行员席位，他的遮光板上提供了与安全飞行员相同的显示器。在遮光板的中央，配备了自动驾驶仪操作设备——试验飞行控制设备（Experimental Flight Control Unit, EFCU），该设备最初采用的是由 BGT 公司制造、曾用于 HFB 320 模拟器上的操控系统，后来该系统被空客 A320 的经典操控系统所取代，上面仅保留了控制按钮和指示器，而它们的功能可以通过编程进行设置，从而适应不同研究项目的需求。

左侧仪表板全部重新进行了设计，为安装两个电子显示器，即主飞行显示器（Primary Flight Display，PFD）和导航显示器（Navigation Display，ND），飞行操纵所需的基本仪表被整体向上平移。主飞行显示器与导航显示器类似于空客 A310 系列的标准显示器（图 9.16）。此外，驾驶舱左侧还增加了被模拟飞机的发动机、着陆襟翼和起落架的位置显示，以及用于被模拟飞机方向舵和副翼配平的旋钮。

（3）中央控制台

中央控制台也全部重新进行了设计（图 9.17）。主要变化包括安装了一个数字频率选择器（CDU）以及一个惯性参考系统的操作装置（IRS-CDU）。此外，中央控制台还为被模拟飞机模型提供了试验操作设备（VBG）、附加推力杆和着陆襟翼杆等输入设备。

图 9.17 带试验操作设备（VBG）、试验推力和襟翼杆的中央控制台

（4）右侧控制台

右侧控制台提供了 DLC 襟翼的手动激活旋钮，该旋钮上还带有复位开关。

（5）左侧控制台

左侧控制台提供了航向和航线选择旋钮。

（6）操控设备

VFW 614 的常规驾驶杆可用于试验飞行员的飞行操纵，该驾驶杆配备有两个按钮，分别是 Pilot Mark（飞行员标记）和 SIM-OFF（关闭 SIM 模式）。三个主要控制通道中的控制力均由机电控制力模拟系统 KKS（Knüppelkraftsimulation）生成（图 9.18）。控制力模拟系统包括不同的弹簧组件，这些弹簧组件可以更换，以获得不同的刚度。飞行中飞行员可以通过铰接式变速箱改变控制力梯度，其中变速箱的传动比由机载计算机控制的伺服电机进行调节。

图 9.18 控制力感模拟系统

对于 VFW 614 飞机的基本操作，比如用于飞行学员培训，位于驾驶舱左侧的飞行学员可以通过一个连接杆将控制站连接到右侧操纵装置进行双重控制（dual control），从而恢复到原始的控制配置。此外，技术人员为俯仰通道和滚转通道开发了一个侧握操纵设备（侧杆，sidestick），见图 9.19 和图 9.20。该设备的控制力由机械弹簧产生，其中还安装了小型液压阻尼器，用以改善控制感受。在 ATTAS 项目结束之前，这个侧杆一直被用作标准设备（另见图 9.16）。FBW 模式可以通过驾驶杆（control column）或侧杆进行操纵，当使用侧杆时，驾驶杆的控制功能会被关闭。

（7）机舱设备

VFW 614 飞机机舱的座椅、厨房设施和机身后部的厕所都被完全拆除，座椅导轨被加固，用以承受机柜载荷。位于机舱入口对面、紧邻货舱门的前机身区域空置，用作试验相关设备的安装空间。图 9.21 和图 9.22 给出了飞机上设备柜和相关装置的布局图。为了在紧急情况下全体乘员都能使用降落伞逃离飞机，位于机舱右侧的厨房

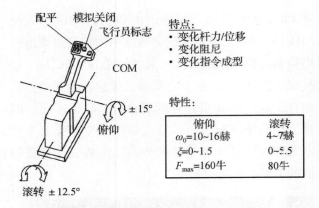

图 9.19 带可更换弹簧和可调减震器的
ATTAS 模拟器侧杆示意图

图 9.20 侧杆装置

后门被改造为紧急出口。天花板上安装有扶手杆，用以帮助乘员顺利到达紧急出口。

图 9.21 机舱视图

图 9.22 阿道夫·扎克（Adolf Zach）
正在操作测量系统机柜

技术人员将飞机手提行李架区域改造为具有三层结构的电缆安装区域，用于不同电缆的安装布置，其中分为供电线区域、发射线（emitting lines）区域和对干扰敏感的数据线区域。所有区域都用钢板进行屏蔽，以尽量减少电磁干扰。飞机上有四个操作员站，除测量系统操作员站只设置了一个座位外，其余每个操作员站有两个座位。这样安排的原因是在测量系统操作员站处需要为紧急出口腾出空间。因此，包括驾驶舱折叠座椅（jump-seat）上的机载机械师和两名飞行员在内，机上试验团队最多可由 10 人组成。

4. 电动液压作动器

FBW 模式和 SIM 模式下的电控操纵装置包括升降舵、方向舵、双侧副翼、两台发动机、着陆襟翼、六个直接升力襟翼和升降舵配平电机。

升降舵和方向舵的偏转由双工（duplex）伺服作动器驱动，并在基本飞机助力器的辅助下实现。出于安全原因，作动器的动力受到限制，不能超过允许的负载。图 9.23 显示了双工俯仰控制通道的一些技术细节。

左右副翼的偏转通过一个单工（simplex）伺服作动器直接作用于副翼调整片上进行控制。通过断开连接绳缆，可以对称地操纵副翼。飞机上的每台发动机均由一个单工伺服作动器独立进行控制。

着陆襟翼由机身中的一个单工伺服作动器驱

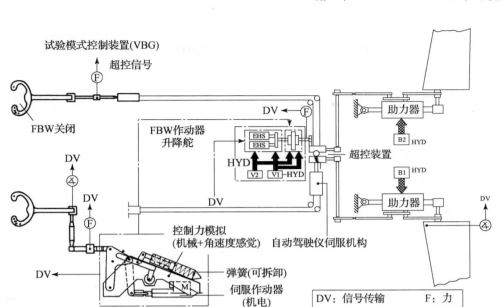

图 9.23 升降舵控制中电动液压作动器的连接示意图

动。为了确保同步，着陆襟翼与基本飞机的着陆襟翼电机通过机械连杆相连。FBW 模式下的襟翼偏转位置包括"完全关闭"和"14°打开"。在 DLC 系统同时运行时，着陆襟翼可以从 SP 位置（DLC 时设置的襟翼偏转位置）偏转到 14°位置。

5. 直接升力控制

为进行直接升力控制（DLC），技术人员在着陆襟翼的后缘安装了额外的襟翼，它们可以将飞机的沉浮运动和俯仰运动相分离。改装中，着陆襟翼的深度被缩短了 45%，其后部减少部分由附加 DLC 襟翼代替（图 9.24），在气动载荷作用条件下，DLC 襟翼可以实现 90°/秒的偏转速率，最大偏转幅度为 35°。出于安全考虑，每个机翼上引入了三片 DLC 襟翼以实现作动面冗余，因此整个 DLC 襟翼系统由飞机左右着陆襟翼上的三对 DLC 襟翼组成。通过该冗余设置，可以在 DLC 襟翼发生故障时候减小 DLC 襟翼不对称偏转产生的滚转力矩，利于通过副翼进行补偿。

对于分别处于飞机机翼外侧、中间和内侧的 DLC 襟翼，它们的电动伺服机构将成对进行工作。飞机采用常规飞行时，DLC 襟翼会被机械装置锁定在中立位置，用作正常着陆襟翼。通过一个称为不对称检测（asymmetry monitoring）的双工 DLC 监控器模块，可以对襟翼对称偏转的同步性进行监测，这也是 LAT 作动器方案的重要特征之一。当同对襟翼中偏转偏差大于 3°或出现故障时，襟翼将被液压机构自动锁定在当前位置。利用复位功能，可将襟翼恢复到中立位置。

如果复位功能失效，襟翼机构中的液压管路会旁通，切换到无外力模式，此时襟翼会在空气来流中自由漂浮。当襟翼通过零位时，它们会自动被机械机构锁定。不过，襟翼自由浮动状态条件下飞机也可实现着陆。根据安全标准，电气和液压系统中的双电源被分配用于各个襟翼系统的供电（图 9.25）。此外，DLC 监控器还监测所有 DLC

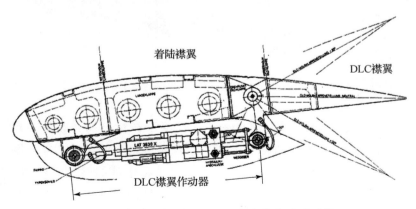

图 9.24 着陆襟翼上的 DLC 襟翼作动器结构

作动器的钝化和锁定状态。

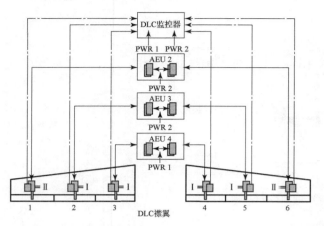

I、II=液压系统　　PWR 1 机载APU发电机
　　　　　　　　　PWR 2 右引擎发电机

图9.25　DLC控制舵面冗余

6. 自动配平系统

为了避免SIM模式下升降舵上的固定负载，并避免在切换回基本模式时升降舵的剧烈变化，技术人员开发了一种自动配平系统，该自动配平系统类似于HFB 320模拟器上的配平系统，其中使用的技术是VFW从之前大量的飞行试验中总结得到的，原理是通过升降舵偏转实现无力控制（force-free control）。

7. 作动器方案

赫尔曼·霍弗尔（Hermann Hofer）

试验操作所需的所有控制装置都由具有不同冗余度的电动液压作动器（Electrohycraulic actuation System，EHS）操纵，这些作动器是在LAT公司研发经理弗里德·拜尔（Frieder Beyer）的领导下研制的，不同控制通道作动器的最大力等级可以通过可调节卸压阀单独限制，从而在允许的负载条件下工作。

FBW作动器系统包括一个带有集成液压/机械联锁装置的单工或双工伺服作动器，以及相应的信号和控制电路电子设备——作动器电子单元（Actuator Electronic Unit，AEU）。图9.26~9.31展示了飞机上安装的作动器，作动器的电子箱位于ROLM计算机机架的上方（图9.21）。

双工伺服作动器由两个相同的作动器模块组成，其活塞杆通过软弹簧连接到一根公共的输出

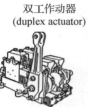
双工作动器
(duplex actuator)
升降舵、方向舵

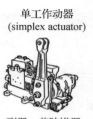
单工作动器
(simplex actuator)
副翼、着陆襟翼、发动机

单工作动器
(simplex actuator)

DLC襟翼1-6

图9.26　电动液压作动器

图9.27　双工作动器

图9.28　DLC作动器（LAT提供）

杆（output lever）上。除了在输出端并联外，两个作动器模块在其他方面是完全独立的。每个作动器模块本身都是一台小型电液线性驱动装置，它由气缸、带位置反馈的两级伺服阀、一个旁通阀和两个位置感应传感器组成。两个作动器模块

都安装在一个公共底板（base plate）上，该底板包含输出杆和液压驱动离合器，通过这个离合器可以将作动器与机械控制连杆进行耦合。

ATTAS 模拟器的控制电子设备评估作动器的位置反馈、闭合控制回路并进行监控，通过将反馈信号与电子模型进行比较，对输入指令的正确处理与否进行监控。如果偏差超过定义阈值，此时受影响的作动器将被切换到旁通。这种监测方案的优点是可以快速检测故障从而减少瞬变。虽然它不能检测到活塞堵塞，但是由于该种情形下力的级别很高，这种错误发生的可能性极小。

如果测量的作动器伺服阀位置和伺服阀模型之间存在不可接受的差异，此时电磁阀断电，中断伺服阀的压力供应，旁通阀会相应打开，连通故障作动器模块的活塞室与另一个正常作动器模块的活塞室，由于这些措施故障作动器模块的控制电路将失效，但第二个正常作动器模块会以之前一半的动力，继续执行来自高级计算机的控制指令。作动器模块的这种机制确保了故障情形下试验操作的正常进行，这是保证飞行试验安全的必要先决条件，尤其是对于飞机接近地面飞行情形的飞行试验。

如果不幸第二个作动器模块也发生了故障，它也将被切换到旁通状态，此时双工作动器的整体功能会完全丧失。当发生这种情况的时候，驾驶舱内的故障显示会提示安全飞行员，安全飞行员需要打开离合器断开系统，转而采用备份机械控制系统进行操控。

单工作动器的工作原理基本类似于双工作动器，但是只含有一个作动器模块，该作动器模块也是安装在底板上，并采用相同的离合器机构。

DLC 襟翼驱动装置采用线性电动液压作动器，其尺寸根据预定行程和驱动力确定。此外，它还有一个附加的液压阻塞机构和一个附加的机械阻塞机构，根据指令，液压锁定系统将作动器固定在当前位置，防止襟翼的不对称偏转，而机械锁定系统将作动器固定在中间位置，防止在飞机着陆期间或着陆襟翼收回时发生额外的襟翼偏转。锁定模式由微动开关（micro switch）监控，

图 9.29　安装在飞机尾部的升降舵作动器（MBB 提供）

图 9.30　安装在机翼下方的 DLC 襟翼作动器（MBB 提供）

图 9.31　DLC 襟翼偏转角度校准

并将相关信号反馈给作动器电子器件。

ATTAS 模拟器上作动器控制的全部电子器件集成在四个相同的作动器电子单元（Actuator-Electronic-Unit，AEU）中。四个 AEU 通过一条复制的双向串行数据总线 MIL-STD-1553（图 9.32）与中央数据系统进行通信，它的主要优点包括确定的传输协议、总线用户之间的电气隔离，以及良好的硬件接口拓展性。

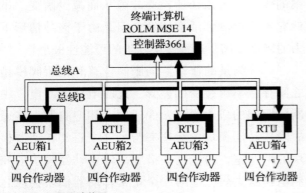

图 9.32　基于双工 MIL 1553B 总线的作动器与机载计算机系统连接架构

每个作动器控制装置（Actuator Control Unit，ACU）被设计为一个 4 级标准的微控制单元（Micro Control Unit，MCU）机盒，其中包含：①一个复制的远程终端单元。该终端从 MIL BUS 总线中选择数据，进行解码并验证其合理性，之后再将其传输给各个作动器的电子设备。接着，它将作动器的实际位移值以及系统状态报告给更高级别的计算机系统。双工总线 MIL BUS 的接口包含一个当前数据库，该数据库通过 MIL BUS 总线接收来自 FBW 计算机的指令，并根据请求将系统内部数据转存到数据总线上。因此，每个 ACU 中的远程终端单元构成了计算机系统和作动器系统之间的唯一连接。②包括传感器电子设备的两个微处理器通道。每个通道独立运行控制算法，通过模型计算的方法监控伺服阀运行，并对冗余的传感器信号进行合并融合。两个处理器通过中间寄存器交换独立计算的数据，并相互比较计算结果。如果在通道中检测到较大的偏差，则将受影响的作动器模块切换至旁路，并显示故障。每个作动器模块与两个微处理器通道一起形成错误自检系统。

作动器中，两个电源模块为模拟式电路和数字式电路提供二次电压，ACU 的主要电源通过故障安全型（fail-safe）28 伏直流电系统提供。

机载 FBW 系统采用故障操作/故障安全（Fail-Operational/Fail-Safe，FO/FS）安全架构，四个 AEU 箱的控制通道分配采用如下方式：当系统部件故障或整个 AEU 信号丢失时，只有一个控制通道会受到影响，或者在 DLC 模式下，只有一对襟翼受到影响。

AEU 功能通过基于汇编语言开发的软件实现，软件的冗余设计与硬件的冗余通道设计方式相似。FBW 作动器系统硬件和软件的类似冗余架构没有针对一般性故障提供保护，这种极不可能发生的事件将由安全飞行员负责，他们可以在任何异常条件下接管飞机的控制。

作动器系统的安装采用最新技术，包括数字信号处理、面向数据总线的系统架构以及基于软件功能的灵活设置。特别的，"智能"（intelligent）作动器的概念也被证明是成功的，它可以在本地关闭控制回路，并独立地进行冗余管理。但是，ATTAS 模拟器中作动器的电子器件以远程电子装置的方式，被集中安装在远离作动器的飞机机身中，这带来了相当大的布线工作量。

8. 电力供应

试验系统的电源采用双重冗余架构，它独立于基本飞机的电源。飞机通过编号分别为 1 和 2 的两台发电机供电，每台发电机的功率均为 20 千伏安。在地面操作时，电力由辅助动力装置（Auxiliary Power Unit，APU）提供，其由 3 号发电机（功率亦为 20 千伏安）驱动或通过地面总站（ground aggregate）驱动。

飞行过程中，辅助燃气轮机的 3 号发电机和飞机右发动机的 2 号发电机可以为试验电子设备供电。此外，为应对直流电源出现故障的可能情况，技术人员还为试验操作提供了一个电池电源，该电源可以提供 28 伏的直流电以及 200 伏 -400 赫、

115伏-400赫、26伏-400赫的交流电。

9. 液压动力供应

新型电动液压作动器的液压动力供应也采用双重冗余设计。为此，飞机上额外安装了两套独立的液压系统，每个系统所需的压力通过一台电动泵和两个基本液压系统，经由动力传输装置（Power-Transfer-Units，PTU）产生。在动力传输装置的帮助下，无须混合液压回路即可传递压力。

10. 机载计算机结构

基于之前 HFB 320 空中飞行模拟器的开发经验，ATTAS 空中飞行模拟器机载计算机网络系统的设计中考虑了下述基本要求：①支持高级编程语言编程，能为未来计划的所有实时任务提供足够的计算能力，期望计算周期小于或等于 20 毫秒；②保证重要的飞行试验（如着陆）具有足够的安全裕度；③匹配已安装系统（ARINC 429、MIL-BUS 1553B 等）的适航硬件和接口；④能向用户（试验人员）提供所有操作功能；⑤可向用户提供试验所需的所有数据，计算机具有自由编程功能；⑥具有一个与机载系统基本兼容的实时地面模拟器系统，用于系统开发和软件验证。

电传操纵控制系统的核心是机载计算机系统，计算机采用 ROLM Mil-Spec 计算机，计算机系统中的所有功能都在计算机程序（软件）中实现。为了满足计算能力的高要求，研究人员在现有处理器的基础上，设计了一个具有并行处理功能的多计算机系统（图9.33和图9.34）[11]。

机载计算机系统采用双余度架构设计，系统由两台并行运行、构造相同的计算机组成，可以确保在任一计算机发生故障时的系统仍然能够可靠地工作。两台计算机通过光纤串行总线系统进行通信，从而构成了电传/光传操纵系统（FBW/L）。在将 ATTAS 模拟器交付到 DFVLR 时，飞机上只安装了一台计算机，第二台计算机是在后来包线扩展的研究工作中（见9.1.8节），技术人员为其安装的。

11. 计算机网络系统中的功能分配

双余度系统每个通道中的包含四台计算机，分别为驾驶舱终端计算机（CTR）、后部终端计

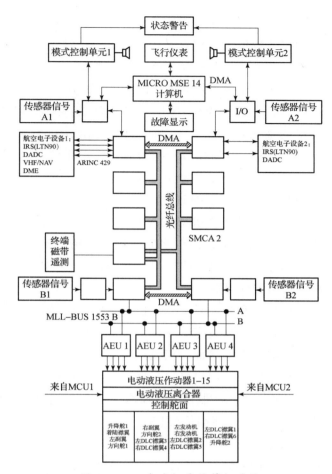

图 9.33　双余度机载计算机系统

图 9.34　机载计算机一个通道的组件（单余度配置）

算机（HTR）、电传操纵计算机（FBWR）与试验和控制计算机（ERR）。它们被分配了四项功能，分别是：①终端功能；②通信功能；③控制功能（电传操纵）；④试验功能，其中前 2 项功能由 CTR 与 HTR 共同实现，后两项功能分别由 FBWR 与 ERR 承担。

终端功能包括所有输入、输出和连接各电子器件的接口。驾驶舱终端计算机（CTR）将飞机测量信号在驾驶舱中进行显示，负责 ARINC 接口

的控制并为飞行仪表供电。此外，该计算机还与试验模式操作设备建立了数据通信，该设备代表了机械控制与试验设备之间的操作接口。后部终端计算机（HTR）处理来自飞机后部的测量和控制信号，并管理 MIL-BUS 1553B 总线，该总线是电动液压作动系统（Electrohydraulic actuation System，EHS）的接口。电动液压作动系统共有 15 个作动子系统，它通过 MIL-BUS 1553B 总线驱动所有的控制舵面和发动机。

电传操纵计算机（FBWR）实现驾驶员操纵输入到作动器位置指令之间的控制逻辑。此外，它还可用于关闭作动器以及在 SIM 模式和 FBW 模式之间进行切换。

在试验和控制计算机（ERR）中，试验科目可通过自由编程设定。飞机为用户提供了一个访问作动器状态的界面，相关试验数据以校准的形式提供给用户，用户可以对这些数据重新进行处理，并将其作为控制变量反馈给控制系统。因此，整个飞行模拟功能都是在 ERR 中运行的。

机上唯一的一台中央通信计算机（ZKR）并不属于双余度系统，它记录了机载计算机网络系统中出现的所有信号，并将数据传输到目标存储器（磁带）和连接的遥测接收机。该设备以 20 毫秒为周期持续进行数据记录，每个周期可记录 1755 个单词（对应的记录速率为 88.25×10^3 字/秒），设备最大记录速率可达 160×10^3 字/秒。

12. 计算机通信

ATTAS 模拟器采用基于光纤传输的环形总线系统实现计算机之间的通信，该总线系统由 ROLM 公司开发，被称为 SMCA（Serial Multiprocessor Communications Adapter，串行多处理器通信适配器），它最多可支持 15 台计算机的连接[12]，计算机之间连接光缆的最大长度可达 2000 米。

每台计算机的传感器箱将计算机电子信号转换成光学串行信号。每个传感器由一个发射机和一个接收机组成，发送和接收是通过一个轮换的"令牌"（rotating token）来实现的。传感器独立于连接的计算机进行工作，因此即使计算机发生故障也可以保持通信。电传操纵计算机和终端计算机采用 ATR 格式的 MSE 14 型 ROLM MIL-Spec 品牌的 16 位适航计算机，试验和控制计算机采用更为强大的 ROLM Hawk/32 型 32 位计算机。计算机之间采用光纤连接是为了获得良好的抗电磁干扰能力。

电动液压作动系统通过 MIL-BUS 1553B 总线与其他系统连接。计算机网络系统的总体性能为 3.1 MFLOPS（Mega Floating Point Operations Per Second，每秒百万浮点运算），其中仅电传操纵控制的计算就需要 1.8 MFLOPS。试验和控制计算机的计算能力为 1.3 MFLOPS，它的主内存为 2MB。

机载计算机共处理了 417 个测量变量和 262 个输出信号，这些信号通过 A/D、D/A、ARINC 429、MIL-BUS 1553 B 和数字 I/O 接口进行传输。除了模拟式信号之外，计算机还处理了 292 个离散输入信号和 210 个离散输出信号。

13. 试验系统功能

飞机的实时操纵模式包括三种，分别为：①基本模式，表示为 BASIS-MODE；②电传模式，表示为 FBW-MODE；③飞行模拟模式，表示为 SIM-MODE。模式状态会通过遮光板向飞行员显示。

在 BASIS-MODE 中，ATTAS 模拟器只能由位于驾驶舱右座的安全飞行员进行控制，此时操控信号与飞机控制装置（如控制舵面）直接连接，同时通信功能打开。在这种模式下，ATTAS 模拟器只能用作试验飞行器，开展与控制部件无关的试验（如设备测试）。

在 FBW-MODE 下，飞机由左侧的试验飞行员进行电传操纵控制。对于这种情况，VFW 614 基本飞机的所有控制律都是 1:1 复制的。该模式主要用于方便机械控制模式到电控模式（包括 FBW-MODE 和 SIM-MODE）之间的切换。因此，在连接作动器之前，作动器的位置必须与当前的舵面位置相匹配，从而确保舵面的平稳运动。此外，在切换到飞行模拟模式之前，该模式还可运行监视和测试功能。后来，FBW-MODE 进一步增加了控制器辅助控制律（例如，使用侧杆时的速率指令姿态保持功能）和自动驾驶仪功能，以便更容易和更精确地为 SIM-MODE 下的试验飞行建立所需的初始条件，比如高度和空速。

SIM-MODE 用于开展飞行模拟试验，飞行员在所有操纵通道上具有完全的控制权限，可以开展空中飞行模拟、自动驾驶仪功能与导航功能测试等试验。

14. 双余度计算机网络系统的故障检测与处理

在针对飞行包线扩展的第二个阶段，技术人员将 ATTAS 模拟器上的计算机网络系统升级为双余度（duplex）计算机系统（参见 9.1.7 节）。两台计算机通过直接内存访问（Direct Memory Access，DMA）进行通信，通过比较两台计算机中的数据，可以进行故障检测，具体是每台计算机将自身的输入数据与对方的输入数据进行比较，如果在连续几个计算周期内检测到差异，则设置错误标志为真。在错误标志非真的情况下，将两个信号进行平均，然后再输入到计算机中进行计算。这一过程中，数据是逐位处理的，这允许对结果进行奇偶校验位检查。

15. 程序结构

单台计算机支持三种基本程序，分别是基本模式程序、FBW 模式程序和 SIM 模式程序，每种基本程序又可被分为中断程序（面向事件）和顺序流程序。中断程序由驾驶舱终端计算机触发，后台使用剩余处理器时间运行非时间关键函数（time noncritical function）。

16. 程序与软件开发

参考已经成功应用于 HFB 320 模拟器的经验，采用循序渐进的步骤进行程序开发。程序开发的五个阶段分别为：①分析与理论设计；②功能计算/模拟计算的验证；③程序编写、实现和集成；④在地面模拟器中进行系统模拟/实时模拟的验证；⑤飞行试验研究。

ATTAS 模拟器软件基于自上而下的方法开发。软件的更新依顺序进行，并在下一个开发阶段开始之前完成审查。技术人员提出了六阶段软件开发流程，包括：①任务表确定；②粗略设计；③详细设计；④代码编写与模块测试；⑤集成和测试；⑥验证。

17. 软件开发设施

ATTAS 模拟器系统中，地面系统和地面模拟器主要用于：① FBW 软件的开发和测试；②用户软件的开发和测试；③硬件和软件的维护；④飞行员培训以及初步飞行试验优化。

地面系统（固基模拟器）的计算机系统、驾驶舱以及接口与 ATTAS 飞机机载系统完全相同（图 9.35~图 9.37）[13]。计算机网络系统提供

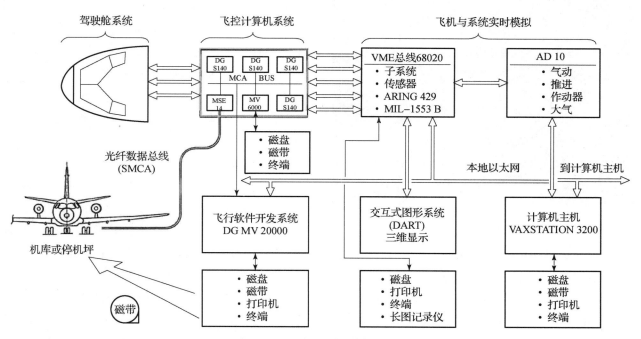

图 9.35　ATTAS 地面模拟系统

了一个强大的程序开发环境，它以通用数据公司（Data General）的 MV/6000 型 32 位计算机为中心组件，操作系统为 AOS/VS（Advanced Operating System/Virtual Storage，高级操作系统/虚拟存储）。由于在开发阶段，机载计算机系统可以与地面系统一起用于软件开发，因此这些组件可以得到最佳利用。机载计算机系统可以通过光纤总线连接到地面系统，因此，开发人员可以在他的工作站上编写软件程序，然后再将其传输到目标计算机，最后在真实条件下对目标计算机上的软件程序进行测试。

图 9.36　ATTAS 地面模拟驾驶舱（外部视图）

图 9.37　ATTAS 地面模拟驾驶舱（内部视图）

18. 实时操作中的编程语言

在 ROLM 公司的实时操作系统 ARTS（Advanced Realtime Operating System，高级实时操纵系统）环境中，机载计算机程序采用来自通用数据公司的高级编程语言 FORTRAN 77 开发。特别地，根据具体应用，一些接口的驱动程序采用特殊的汇编语言进行编写。

19. 程序开发软件

大量的软件开发任务需要进行严格的规划和管理。开发人员利用通用数据公司的软件产品——文本控制系统（Text Control System，TCS）来进行软件开发[14]。整个程序源代码都记录在 TCS 文件中，其中还包括附加信息，如日期、更改注释（更改人员、更改时间、更改原因、更改内容）。这些信息明确描述了软件开发中进行的修改。当对某个模块进行修改时，所有其他受影响的程序都会自动重新生成。在程序编译时，系统将自行组织，根据更改创建最新版本的可执行文件[15]。

20. 软件验证

地面模拟器尽可能真实地复制了飞机的所有子系统，以便可以在实时条件下对整个软件进行测试。驾驶舱及其硬件的所有操控设备和显示装置与真实飞机基本相同。利用 Data General S140 和 MV6000 型软件兼容计算机，机载计算机网络系统可以通过相同的结构在地面进行复制。

利用 Applied Dynamic Inc. 公司（ADI）的 EAI Pacer 600 混合式计算机和 AD100 多处理器系统，可以对 VFW 614 飞机的空气动力学、飞行动力学、电液控制系统（包括所有数据接口）进行实时仿真。所有接口都与飞机兼容。通过光纤传输，可以将地面系统与 500 米外机库中的 ATTAS 飞机连接起来，从而实现对机载系统的联合测试，这一操作在测试阶段非常有益，提供了极大的便利。

21. 数据采集

机载数据采集和记录系统（图 9.38）采集并记录整个模拟器系统中的所有数据，包括：①气流参数、飞行日志；②空气数据（基于空气数据计算机 DADC（Digital Air Data Computer）获得）；③控制舵面和作动器位置；④发动机数据；⑤体轴系下的角速度和线加速度；⑥姿态角；⑦惯性数据（基于惯性参考系统 IRS（Inertial Reference System））；⑧导航数据；⑨开关位置。

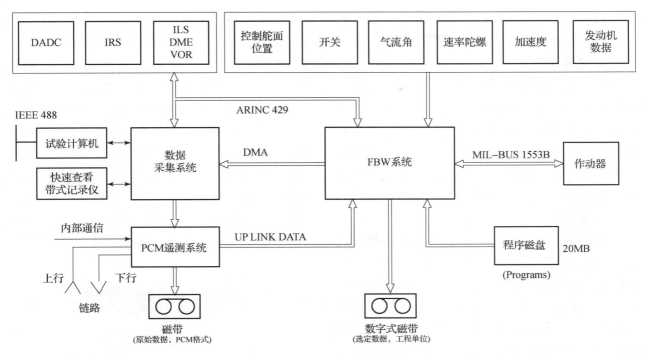

图9.38 ATTAS模拟器机载测量和数据记录系统

此外，该系统还收集了来自作动器的所有数据和来自电传操纵系统的选定数据，例如试验时FBW系统中计算的中间变量，这些数据通过中央通信计算机（ZKR）记录在数字式磁带记录仪上。数据采集系统还与PCM遥测设备（PCM为Pulse Code Modulation的缩写，指脉冲编码调制）相连，通过PCM遥测设备可以将选定通道的信息传输到地面站（下行链路）。地面站向飞机发送的数据（上行链路）允许访问FBW系统中的试验功能，如飞机的导航。测量系统通过IEEE 488总线连接测试和校准计算机。此外，机上还有一台8通道的记录仪，它采用模拟式格式记录选定的数据。

22. 航空电子系统

机载航空电子设备包括：①数字式大气数据计算机（Digital Air Data Computer，DADC）；②惯性参考系统（Inertial Reference System，IRS）以及激光陀螺仪；③仪表着陆系统（Instrument Land System，ILS）；④无线电导航系统、甚高频全向信标（VHF Omnidirectional Range，VOR）和测距设备（Distance Measuring Equipment，DME）。

道尼尔飞行记录传感器用于测量迎角、侧滑角和真空速（True Airspeed，TAS）（图9.39）。该传感器是一个高精度的仪器，其上有一个小型螺旋桨安装在一个可转动的万向节上，飞行中螺旋桨尖端总是指向空气来流方向，从而可以精确地确定气流方向。同时，通过螺旋桨的旋转速度，可以间接地对真空速进行测量。然而，飞行记录传感器对环境高度敏感，不能在恶劣天气条件下应用，比如降雨或结冰天气条件。

图9.39 带有道尼尔飞行记录传感器的机头吊杆（G.菲舍尔（G.Fischer）提供）

23. 数据分析和数据处理

利用数据分析程序DIVA（dialog-oriented experimental data analysis，面向对话的试验数据

分析），可以对数字式磁带记录仪上记录的数据进行离线处理和分析，见 7.2.21 节。

24. 信号列表

ATTAS 模拟器信号列表是描述模拟器系统中所有可用信号的重要文件，其中包括系统中出现的所有信号，这些信号通过传感器位置、信号源类型、数据接口、采样率、精度、测量范围等进行标识。列表包含 3764 个信号，每个信号包含 26 列数据描述信息，另外还有 7 个附表。

25. 遥测设施

遥测地面站配备有一个大型的发射和接收天线，其最大接收范围可达 250 千米，可满足不同试验飞行高度的需要。遥测数据以 PCM 格式传输，并记录在遥测地面站的磁带上。此外，地面站还配备了两台 8 通道记录仪和多台监视器，可以对信号进行实时监测。遥测链路通过无线电与飞机连接，因此技术人员可以在地面站监控飞行试验。此外，地面站还可以收听驾驶舱飞行员与空中交通管制系统的无线电通信。

26. 天线

ATTAS 模拟器拥有导航所需的所有天线（图 9.40），天线信号可作为测量变量使用，例如：① DME；② 应答机；③ UHF（Ultra-high Frequency，超高频），VHF（Very High Frequency，甚高频）；④ 遥测（L/S 波段）；⑤ VOR 和 DME。此外，飞机机身顶部还预留了位置，方便用户专用天线的安装。

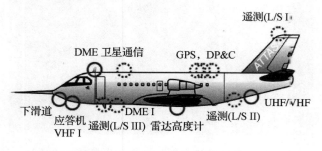

图 9.40　ATTAS 模拟器的天线系统

9.1.6　空中飞行模拟/模型跟随控制

与 HFB 320 模拟器相同，ATTAS 模拟器的飞行模拟也采用包含目标飞机显式模型和主机（host aircraft）动力学逆模型的模型跟随控制（图 9.41 和图 9.42）。如 3.3 节所述，在这种方法中，机载计算机将实时计算被模拟飞机（目标飞机）的运动方程（即显式模型），并将模型的输出变量输入至主机（此处即 ATTAS 基本飞机——VFW 614 飞机）的逆模型。然后，逆模型进一步给出主机所有控制舵面的运动指令，从而使得主机的运动与被模拟飞机的运动相匹配。实际模拟中，由于建模误差等因素，主机与被模拟飞机间的运动偏差不可避免，这些偏差可以通过反馈控制减小。

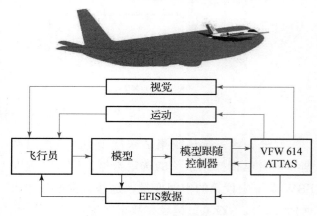

图 9.41　空中飞行模拟原理

飞行模拟中，通过考虑 VFW 614 飞机逆模型中的非线性效应，可以有效提升飞行模拟品质。图 9.43 清楚地显示了在 ATTAS 模型描述中考虑非线性效应后，模拟品质得到了明显改进[16-18]。同时，技术人员将 VFW 614 飞机模型的参数估计结果应用于前馈回路中，通过发展更为准确的模型，进一步改进了模型跟随控制品质。

为评估模型跟随品质，研究人员建立了基于不可察觉动力学的频域准则（见 8.3.3 节）。该准则是针对如下现象：当频率响应的幅值和相位保持在一定的范围内，飞机的行为对飞行员而言是相同的，即飞行员无法区分其中存在的细微区别。因此，在 SIM 模式下，飞行员输入到 VFW 614 飞机响应输出对应的传递函数与被模拟飞机模型传递函数两者的比值应保持在指定的范围内。通过这种方式，可以在飞行试验中验证模型跟随品质。作为一个典型的例子，采用 ATTAS 空中飞

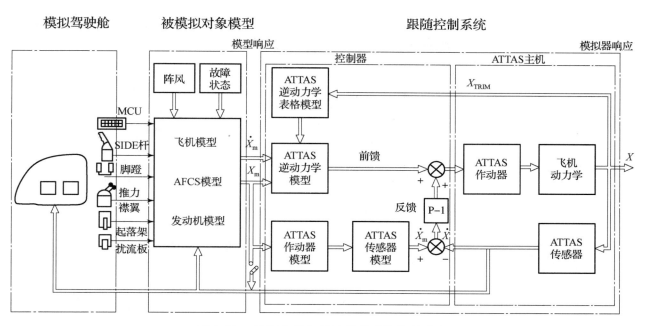

图 9.42 ATTAS 模拟器的模型跟随控制系统

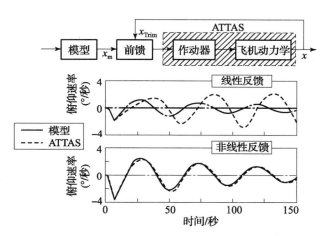

图 9.43 在前馈回路中考虑非线性效应对模拟品质的改进

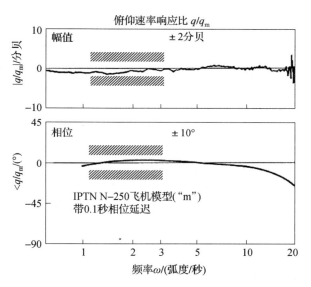

图 9.44 对 IPTN N-250 飞机进行飞行模拟的模型跟随控制效果

行模拟器对印度尼西亚 IPTN 公司（今为印度尼西亚航空航天公司）的 N 250 飞机进行飞行模拟，其俯仰通道运动结果如图 9.44 所示，结果表明模拟的动态误差在允许的范围内。

此外，研究人员还定义了另一个模型跟随品质评价准则，该准则同样考虑频率响应，它是频率的函数，具体定义为被模拟飞机模型和 ATTAS 模拟器传递函数之间的最大容许相位偏差。由计算时间和作动器延迟等因素引起的系统时延参数可等效地用于描述该相位偏差（图 9.45）。作为大型运输飞机模拟的典型例子，图 9.46 给出了利用 ATTAS 模拟器对一架完整的空客 A300 飞机进行飞行模拟的试验结果，它显示了模型跟随控制的良好效果。9.2 节将对一些空中飞行模拟项目进行进一步介绍。

9.1.7 ATTAS 模拟器升级

ATTAS 模拟器在 2000—2003 年期间进行了

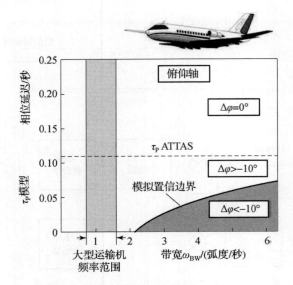

图 9.45 模型跟随控制的频域品质标准

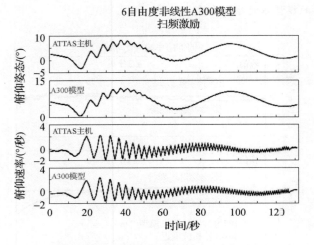

图 9.46 扫频输入下 ATTAS 模拟器和空客 A300 飞机模型的响应对比

升级，改进或更换了部分试验系统部件，升级的目的是确保在 2013 年之前该模拟器仍能正常运行。升级过程中采购新部件是必要的，这是因为：①某些设备难以再进行维护；②某些设备已无法获得替代品；③一些设备中采用的技术已经过时，应更换为具有更好性能的设备；④必须消除某些技术缺陷；⑤必须满足新的监管要求。截止到 2000 年，ATTAS 模拟器升级花费的经费已高达 360 万德国马克。

升级措施包括：

（1）装备了功能强大的新型试验计算机（ExEC、Power PC、VME 总线）。采用一款新型试验计算机（ExEC）取代了之前的试验计算机（ERR），它可以更好地满足用户的需求[19]。该计算机拥有一个强大的处理器"PPC4"CPU，它通过 VME 总线接口连接到 ROLM 计算机。

（2）装备了新型数字式大气数据计算机（DADC）。ATTAS 模拟器的基本系统需要一台新型数字式大气数据计算机，该计算机为空中防撞系统（Traffic Collision Avoidance System，TCAS）的运行提供所需的接口和信号。

（3）驾驶舱安装了新式平板屏幕（图 9.47）。ATTAS 模拟器的驾驶舱之前使用的空客 A310 图形显示设备已经过时，并且在图形化符号编程实现中存在一些不方便的限制。因此，它们被替换为两个更大的西门子平板屏幕，新的图形处理器允许自由编程，屏幕对角线尺寸为 10.4 英寸。

（4）安装了新型 5 孔探针（图 9.48）。之前使用的飞行记录传感器对天气条件要求严格，它在降雨或结冰的恶劣条件下使用受限，将其更换为一个可加热的 5 孔探针，并相应开发了新的电子设备来处理探针测得的空气压力数据（图 9.49）。

（5）装备了新的空中防撞系统（TCAS）。依据政府航空飞行相关法规，TCAS 对于 ATTAS 模拟器的安全运行至关重要。当两架飞机相互靠近可能发生危险时，TCAS 会给飞行员下达规避指令，避免发生碰撞。

（6）升级了 VHF/COM。采用基于新操作规范的 S 型应答机。

（7）地面模拟器中采用了新型视觉系统。为提升试验准备效率，并优化飞行员在控制回路中试验操作的顺序，在地面模拟器中开发了水平 120°、垂直 45°视角的 LCD 视景仿真投影仪。

（8）开发了支持 MATLAB/SIMULINK 的新用户界面。在新型试验计算机 ExEC（Power PC）上安装了基于模型的编程软件 MATLAB/SIMU-LINK，使用该软件对对象系统进行建模，操作灵活简单，大大方便了用户使用[20]。SIMULINK 能够通过功能模块的简单图形连接实现动态过程编程。技术人员专门开发了一个软件，用以支持

图 9.47　ATTAS 模拟器升级——驾驶舱的平板屏幕

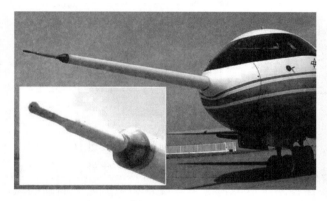

图 9.48　ATTAS 模拟器升级——5 孔探针传感器

SIMULINK 程序在 ATTAS 试验计算机实时应用程序中的运行（图 9.50）。

（9）安装了新的启动/记录服务器（Boot/Recording Server，BRS）和快速查看（Quicklook）计算机（图 9.51 和图 9.52）。一方面，BRS 负责为机载 ROLM 和 ExEC 等计算机提供软件；另一方面，通过所谓的"前端局域网"对多达五个不同来源（数据处理系统、测量系统、ExEC、视

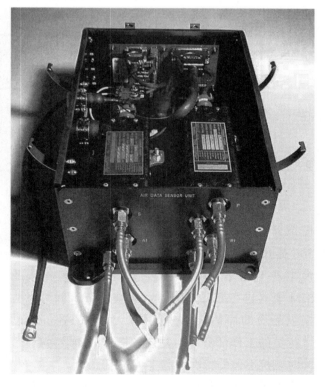

图 9.49　ATTAS 模拟器升级——5 孔探针传感器的电子盒

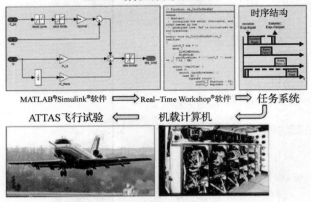

图 9.50 ATTAS 飞行控制系统设计链路

频设备、音频设备）的数据进行时间戳标记和数据流记录，这些数据被记录在一个可移动的硬盘上，取代了业已过时的磁带记录技术。通过所谓的"试验局域网"（图 9.53），这些数据可被提供给试验人员的任意计算机，同时数据可通过所谓的"客户端局域网"传输到操作员站的几台快速查看计算机，方便飞行试验工程师和参试人员观察测量数据与试验数据。此外，利用 BRS，工程师也可以将程序加载到 ROLM 计算机中。

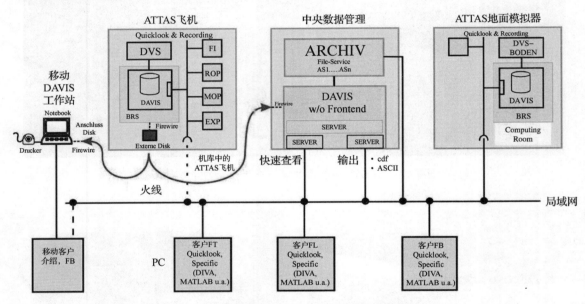

图 9.51 ATTAS 模拟器升级——机载数据采集和显示

9.1.8 ATTAS 模拟器包线拓展

考虑到技术设备可能出现的故障，ATTAS 模拟器在 FBW 模式下的飞行高度要求至少离地 500 英尺（152.4 米）。因此，飞行模拟试验中，模拟器不能在 500 英尺高度以下以 FBW 模式或 SIM 模式进行着陆。但是，着陆飞行试验对飞机操纵品质的评估又十分重要，因为在这一阶段，飞行员的工作任务最为复杂、操控活动最为繁重，同时飞机本体的特性将起主导作用。

因此，为实现 SIM 模式下的着陆飞行，技术人员计划对 ATTAS 模拟器进行进一步改造。为实现该目的，需要对现有的试验系统进行补充和改进，并根据联邦法规进行认证。此外，还需要确保在系统故障情况下，设备和机组成员面临的风险概率在允许的阈值以下。

为实现这一目标，技术人员从五个方面采取了应对措施，这五个方面分别为：①试验飞行器的可能应用场景；②飞行和操作程序；③安全飞行员的作用；④试验操作条件；⑤系统故障行为。

到目前为止，在 500 英尺以上高度飞行的安全理念符合最初制定的要求，基于操纵杆上的"FBW-OFF"按钮，ATTAS 模拟器完成过 500 英尺高度的飞行任务。然而实践表明，对于高度 500 英尺以下的飞机操控，当控制舵面发生严

图 9.52 ATTAS 模拟器升级——飞行试验工程师米夏埃尔·普雷斯（Michael Preß）与安装了新操作控制台和显示器的机柜

图 9.53 ATTAS 模拟器升级——工作站上的飞行数据显示

通过本能反应将试验系统与他的操纵设备分离。

研究人员在操纵舵面满偏情形以及确定模式关闭时间和故障瞬变的飞行试验中发现，在不限制操纵舵面偏转速度和副翼偏转幅值的情况下，飞行员无法有效处理这些故障。为此，他们在飞行试验结果的基础上，利用 LAT 开发的电动液压控制系统软件，通过设置偏转速率限制来调整作动器的速率。由于这一改进，ATTAS 模拟器之前已经批准的软件需要重新进行认证。

ATTAS 模拟器包线拓展的改造项目由德国联邦教育和研究部（前身为 BMFT）资助，于 1995 年至 1996 年底进行，具体由 DLR、DASA Bremem（前身为 VFW、MBB）和 LAT 共同承担，它们的分工如下：

1. DLR 的分工

①总体负责；②验证在发生满舵故障时安全飞行员的接管能力；③确定作动机构的速率限制；④对 DASA 和 LAT 开发的部件进行集成；⑤加装机载计算机系统的双冗余备份，包括软件；⑥传感器技术；⑦系统测试；⑧认证工作，具体由 DLR 下属的 LBA 和 MPL 承担。

2. DASA 的分工

①研制可靠的开关盒；②故障分析；③支撑批准相关工作的开展；④管理 LAT 对作动器电子设备的改进工作。

3. LAT 的分工

①改进作动器的电子设备；②补充作动器的速率限制功能；③软件资格认证。

图 9.54 给出了 ATTAS 模拟器飞行包线扩展中，开发并集成到整个飞行控制系统中的组件。在飞机进入 500 英尺高空之前，飞行工程师可以通过限位开关激活新的开关盒，从而对作动器电子单元（AEU）的操作速度进行限制。开关盒激活时会通过驾驶舱的通行灯（GO Lamp）提示两名飞行员，如果出现故障，则禁止通行灯（NOGO Lamp）会闪烁。

ATTAS 模拟器的机载计算机系统从一开始就被设计为双余度系统架构，此次包线扩展中，技术人员在之前第一台计算机的基础上加装了第二

重的满舵故障时，飞机的反应将非常剧烈，这会导致安全飞行员无法控制飞机实现安全降落。分析原因，这是因为通过"FBW-OFF"按钮关闭试验系统花费的时间太长。为解决该问题，技术人员在 ATTAS 飞机所有控制通道中都安装了两个力传感器，这使得安全飞行员能够在很短的时间内，

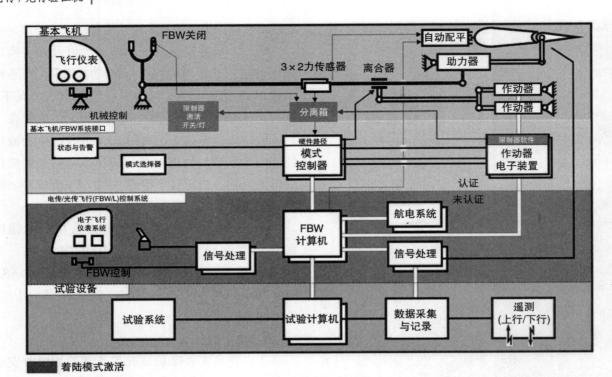

图 9.54　ATTAS 模拟器包线拓展——电传操纵模式（FBW-mode）下的安全着陆控制系统改进

台计算机。通过比较输入和输出信号，建立了模拟器系统发生故障时的被动故障处理机制。由于所有传感器、空气数据计算机、惯性参考系统和信号处理盒都采用完全相同的设备，双余度机载计算机系统不需要再办理认证手续。在飞机高度低于 500 英尺之前，双余度解决方案用于改善安全飞行员的操作以及增进试验系统的功能[21]。

如图 9.55 所示，根据所有舵面同时满偏的飞行试验结果以及安全飞行员接管飞机期间发生的瞬变，可以确定滚转通道作动系统的偏转速率极限值以及风险区域。图 9.56 给出了所有作动系统满舵时飞机响应的时间历程。1999 年 4 月 30 日，在柏林舍内菲尔德机场，ATTAS 模拟器首次以电

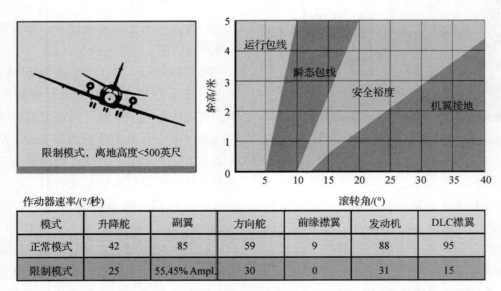

模式	升降舵	副翼	方向舵	前缘襟翼	发动机	DLC襟翼
正常模式	42	85	59	9	88	95
限制模式	25	55,45% Ampl.	30	0	31	15

图 9.55　ATTAS 包线拓展——着陆时的危险区域和作动器速率限制

控模式进行了着陆,这标志着 ATTAS 模拟器可以在 FBW 模式或 SIM 模式下进行包括着陆在内的全过程飞行试验(图 9.57)。图 9.58 给出了在 FBW 模式下手动着陆期间,飞行员分别使用不带控制器的侧杆(直接连接)和带控制器的操纵杆的操控活动对比,从图中可以看到,飞机着陆过程中侧杆的运动幅度较大,这是由于其更高的控制灵敏度引起的。

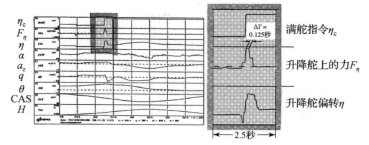

图 9.56 ATTAS 模拟器包线拓展——安全飞行员接管期间控制舵面的瞬变

图 9.57 1999 年 4 月 30 日采用电传操纵模式(FBW-mode)着陆的 ATTAS 模拟器

9.2 ATTAS 模拟器飞行试验及结果

克劳斯·乌韦·哈恩(Klaus-Uwe Hahn),本节还包含其他 12 位合著者的贡献。

9.2.1 概述

正如在 9.1.4 节中已经指出,经过四年的改造和开发后,从 1985 年 10 月起,VFW 614 G17 飞机作为 ATTAS 模拟器被移交给 DFVLR 使用。然

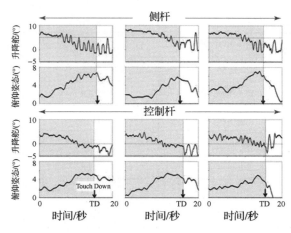

图 9.58 着陆任务期间驾驶杆和侧杆的控制输入比较

而在ATTAS模拟器使用之初，试验研究工作者们需要建立一定的工作条件，以便在试验模式下乃至飞行模拟中，FBW/L控制都能得到普遍应用。因此，最初几年的工作主要集中在FBW系统可靠运行的综合证明、带高精度气流传感器机头吊杆的安装和认证以及开展系统辨识的飞行试验。

通过系统辨识方法，试验研究工作者确定了经过飞行验证的高精度ATTAS基本飞机空气动力学数学模型，这为飞行模拟的开展奠定了良好的基础（见第3章）。1989年，ATTAS模拟器进行了第一次飞行模拟试验。2011年11月11日，随着最后一次飞行试验任务的完成，ATTAS模拟器结束了它的"职业生涯"。在27年的服役时间里，它完成了共计2912.06小时的研究飞行，起降了3328次。2012年12月7日，ATTAS模拟器被空运到位于奥伯施莱厄姆（Oberschleißheim）的德国博物馆。表9.2按时间顺序罗列了从1985年至2011年期间ATTAS模拟器参与实施的重要项目。下面将介绍一些典型项目，说明ATTAS模拟器的能力和应用。

表9.2 VFW 614 ATTAS空中飞行模拟器的应用

应用	时期	参与者
"赫尔墨斯"航天飞机	1987年	DFVLR、CNES
"阵风减缓"	1990—2011年	DLR
综合空中交通管理（Air Traffic Management，ATM）概念	1991—1997年	DLR、DFS、EUROCONTROL
试验飞行管理系统（Flight Management System，FMS）	1991—1997年	DLR
空中交通管理演示	1992年	DLR
试验驾驶舱	1992—1993年	DLR
飞机-驾驶员耦合试验	1992—2010年	DLR，WTD 61，莱斯特大学
小型客机的飞行控制算法	1993—1996年	DLR、DASA
高性能图形生成器	1995—1997年	DLR、TU-Darmstadt、VDO-L
全天候人工视景	1996—1999年	DLR, EU FP4-BRITE/Euram 3
空中交通管理协调	1997年	DLR
快速鲁棒着陆自动驾驶仪设计	1998—2000年	DLR, EU FP4-BRITE/Euram 3
无人机技术	2000—2008年	DLR、BWB
飞行员和试飞工程师培训	2000—2008年	DLR、ETPS、Epner
道尼尔728喷气式运输机	2001—2002年	DLR、道尼尔
尾涡研究	2000—2011年	DLR、EU FP5-Growth
未来空中交通系统中高自主飞机	2003年	DLR
低噪声进近程序	2005—2006年	DLR
优化的进近和着陆程序	2007年	DLR
抛物线飞行	2008年	DLR
基于发动机的应急飞行控制	2009年	DLR
布伦瑞克-沃尔夫斯堡机场陡坡进近	2010年	DLR
NACRE飞翼	2010年	DLR
布伦瑞克-沃尔夫斯堡机场的平行进近	2011	DLR

9.2.2 "赫尔墨斯"航天飞机

迪特里希·汉克（Dietrich Hanke）

"赫尔墨斯"（Hermes）航天飞机是由法国航天局（Centre Nationale d'Etudes Spatiales，CNES）设计，它计划采用欧洲航天局（European Space Agency，ESA）"阿丽亚娜"5号火箭发射到航天轨道上。类似于美国的航天飞机，这架"赫尔墨斯"航天飞机将被用作可回收运输系统，它的乘员由三名机组人员组成。1987年，DFVLR飞行力学研究所受CNES委托，为"赫尔墨斯"航天飞机的空中飞行模拟器制定了方案和规范。该飞行模拟器将被用作宇航员的训练设备，特别是用于手动进近和着陆困难阶段的训练[22-24]。因此，它被称为"赫尔墨斯"教练机（Hermes Training Aircraft，HTA），它将用于模拟从37000英尺（11277.6米）高度滑翔至着陆的飞行过程（图9.59）。此外，一种基于目标照明阵列系统的新技术，称为GRATE（GRound Attack Test Equipment，地面攻击测试设备），将被用于模拟器的飞行品质评估和宇航员训练（见12.3.2节）。

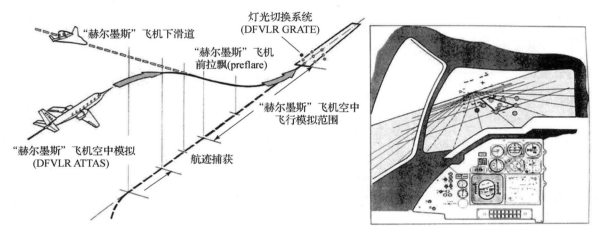

图9.59 "赫尔墨斯"航天飞机的精密进近和着陆轨迹

为了给HTA寻找合适的主机（host aircraft），研究人员对三架候选飞机进行了调研，分别是：①三发公务机——达索"猎鹰"50（Dassault Falcon 50）；②双发公务机——庞巴迪"挑战者"（Bombardier Challenger）；③双发公务机——格鲁曼"湾流"IV（Grumman Gulfstream IV）。同时，研究人员提出了试验驾驶舱位置设置的两种方案：①采用主机驾驶舱，其中包含一名训练飞行员和一名安全飞行员；②采用一个与"赫尔墨斯"航天飞机驾驶舱布局相同的额外驾驶舱，将其安装在主机机身的顶部，它可以容纳一组完整的"赫尔墨斯"机组乘员（图9.60）。飞行性能分析结果表明，"赫尔墨斯"航天飞机着陆过程的飞行模拟只能通过使用主机的全反向推力、打开减速板并加长起落架才有可能实现。图9.61显示了对应于"赫尔墨斯"航天飞机驾驶员视线高度位置的不同候选主机的着陆姿态。

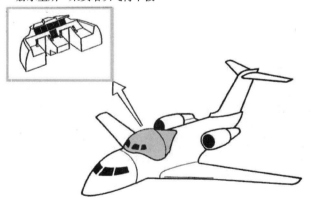

图9.60 增加了机组人员培训驾驶舱的HTA

DFVLR计划为HTA开发一个模型跟随控制器，它基于"赫尔墨斯"航天飞机的数据进行设计，并在ATTAS空中飞行模拟器中进行了实现。该控制器的目的是评估"赫尔墨斯"航天飞机在水平飞行中的飞行品质，并验证所需的飞行模拟品质。飞行试验结果显示模型跟随控制效

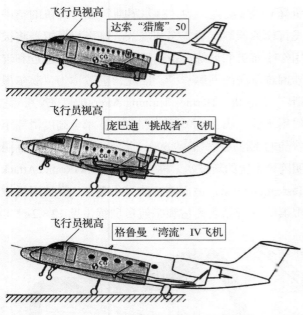

图 9.61 对应"赫尔墨斯"飞机驾驶员眼高位置的不同主机着陆姿态

果良好,图 9.62 和图 9.63 分别比较了"赫尔墨斯"飞行器模型和 ATTAS 模拟器俯仰通道和滚转通道状态的时间响应曲线,从图中可以看到,飞行试验结果和飞行模拟响应结果几乎是完全相同的。

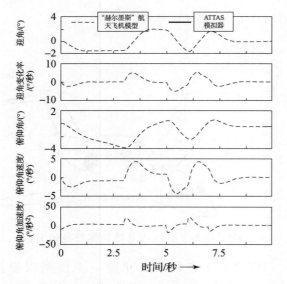

图 9.62 "赫尔墨斯"航天飞机和 ATTAS 模拟器飞行状态历程比较

令人遗憾的是,因为"赫尔墨斯"航天飞机的重量超出了"阿丽亚娜"5 号火箭的运载能力

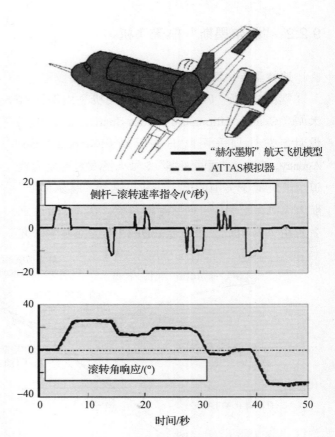

图 9.63 对"赫尔墨斯"航天飞机的飞行模拟（滚转通道的变量比较）

范围,同时欧洲的金融形势和政治形势也发生了变化（另见 11.5 节）,最终"赫尔墨斯"项目被遗憾取消。

9.2.3 仙童-道尼尔 728 喷气式飞机

克劳斯·乌韦·哈恩（Klaus-Uwe Hahn）

2001 年和 2002 年期间,技术人员利用 ATTAS 模拟器的飞行模拟能力,协助仙童-道尼尔（Fairchild-Dornier）728 喷气式飞机（或简称为 Do 728 喷气式飞机,下文统一采用简称说法）完成首次飞行准备以及认证工作。

Do 728 喷气式飞机是一种双发喷气式客机（图 9.64）,它的基本机型翼展为 27.12 米,长度为 27.04 米,飞机上装配了一个霍尼韦尔制造的玻璃驾驶舱（内置 EPIC 集成航电系统）,可搭载 75 名乘客。尽管在研发过程中经常遇到财政困难,但它最后几乎达到了原型机的技术成熟度。由于其出色的飞行性能，德国汉莎航空公司（German Lufthansa）提前确定了几种采购方案。然而，由于仙童-道尼尔公司破产，Do 728喷气式飞机在2004年首飞前停止了研发。第一架原型机的机身后来被DLR（哥廷根分部）用于客舱通风研究。

图9.64　仙童-道尼尔728 Jet TAC 01 原型机

2001年，DLR飞行系统研究所与仙童-道尼尔公司签订合同，分析了Do 728喷气式飞机的飞行性能，并评估了它的飞行控制系统方案，其中包括使用线性和非线性飞机数学模型对飞行品质和PIO问题进行研究[25]。除这些研究外，技术人员还在地面模拟器和ATTAS模拟器上开展了大量的试验。为了安全地进行飞行试验，研究人员对Do 728喷气式飞机的飞行控制律预先进行了验证，开展了气动参数不确定性的鲁棒性能分析[26-27]。为准确地重现Do 728飞机的控制响应行为，技术人员根据Do 728飞机采用的操纵杆对ATTAS模拟器的操纵杆进行了修改，使其具有相似的杆力操纵特性[28]。

基于显式模型跟随控制，通过模拟Do 728喷气式飞机的飞行特性（见第3章），试飞员可以在真实飞行条件下对飞机的飞行品质进行研究[29]。9.2.2节介绍的"赫尔墨斯"教练机HTA采用的是待模拟飞机（即"赫尔墨斯"航天飞机）的线性模型以及"线性模型"跟随控制，这种方式只能在参考条件的小扰动范围内进行模拟。因此，飞行模拟中能选择的参考飞行条件偏差范围是有限的。相比之下，在Do 728喷气式飞机的飞行试验中，DLR首次在全球范围内实现了完全非线性的飞行模拟。为实现这一目的，被模拟飞机（即Do 728喷气式飞机）的模型和模型跟随控制是完全非线性的。例如，飞机模型采用的空气动力学模型来自于风洞试验，其中包含了各种非线性因素。通过非线性建模以及创新非线性控制器设计手段，有效地消除了基于线性模型的飞行模拟过程中对参考飞行条件有限偏差的限制，可以满足各种条件下的模拟精度要求。

ATTAS模拟器共进行了8次飞行，飞行时间超过17小时，其中包括23种采用不同配置、质量或重心初始条件的飞行模拟试验。基于飞行试验结果，研究人员分析和评估了Do 728喷气式飞机的25种切换故障，包括飞行控制模式降级和模式转换故障，典型的故障有：①发动机故障；②飞行控制故障（直连模式飞行控制也即直接律，飞行员通过"电动传动杆"（electrical control rod）控制飞机飞行）；③偏航和俯仰阻尼器故障；④升降舵、副翼和方向舵震荡；⑤液压故障。

当飞机操纵采用直连模式（直接律）时，此时飞行控制律不起作用，飞机在没有任何计算机辅助的情况下，由飞行员通过"电动传动杆"操纵飞机进行飞行，也就是说，飞行员的输入直接成比例地传输到控制舵面或发动机伺服机构。ATTAS模拟器的飞行模拟品质具有D/E级品质，满足当今训练模拟器认证的最高品质要求[30]。作为一个典型例子，图9.65给出了ATTAS模拟器对Do 728飞机横向荷兰滚模拟期间状态响应与控制输入的时间曲线，其中，纵向运动变量绘制在左侧，从上到下依次为：俯仰角指令、推力指令、俯仰角速度、俯仰姿态角和空速，横向运动变量显示在右侧，从上到下依次为：滚转角指令、偏航角指令、滚转角速度、滚转角、侧滑角。从图中可以看到，飞行模拟具有非常高的模型跟随品质。对于其他类型的机动，飞行模拟同样达到了类似的跟随品质，这里不再一一给出。特别地，对于正常飞行情形和故障飞行情形的模拟结果都表现出良好的跟随品质。利用ATTAS模拟器的高品质飞行模拟对试飞员进行培训，为Do 728喷气式飞机的首飞成功创造了积极条件[31]。

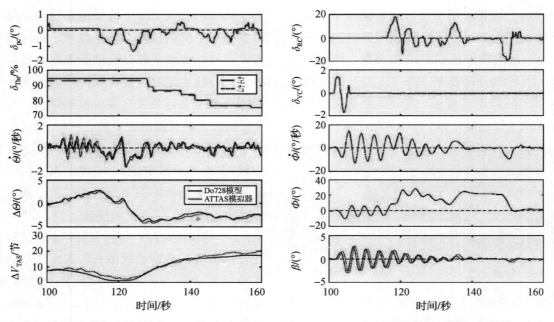

图 9.65　ATTAS 模拟器对仙童–道尼尔 728 喷气式飞机荷兰滚的飞行模拟结果

9.2.4　NACRE 飞翼飞行器

贾娜·施维塔尔（Jana Schwithal）

传统飞行力学的评估分析方法和准则通常仅适用于常规布局飞机，即包括典型机身、机翼、平尾和垂尾结构的飞机[32]。对于创新布局飞行器，这些方法的有效性尚不确定。因此，对于新概念飞行器研发阶段分析得到的、与飞行品质和飞行安全相关的结论的有效性需要通过飞行试验进行验证。特别是对于飞翼等特殊布局，飞行试验是飞行器研发中的重要环节。然而，在没有空中飞行模拟技术前（见第 3 章），只有在制造原型机之后，才可能进行飞行试验，但原型机是在研发阶段后期才被制造出来，由此带来的迭代周期和研制成本也大大增加。此外，在第一次飞行之前，还必须确定飞机动力学是否会表现出不安全的行为，而通过数值仿真、半物理仿真等手段得到的结果的可信度仍有所不足。

在有了 ATTAS 空中飞行模拟器之后，这些问题都可以迎刃而解，非常规布局飞机也可以提前在真实飞行条件下进行有效的测试，从而在其研发的早期阶段就可以发现和纠正可能存在的缺陷。

在前述章节中描述的非线性飞行模拟的创新方法保证了试验评估结果的高精度与高可信度。因此，ATTAS 模拟器被用于对欧盟 NACRE（新飞机概念研究，New Aircraft Concepts Research）项目中提出的飞翼布局飞行器进行模拟（图 9.66）[33]。

图 9.66　欧洲 NACRE 飞翼飞机项目

此类飞翼布局，通常称为翼身融合体（Blended Wing Body，BWB），其特点是没有传统的管状机身，乘客位于一个特别设计的机翼中心部分。与传统机身相比，翼身融合体布局飞机的中心部分将产生飞行所需的主要升力，具有更加良好的升阻比特性。

与传统的垂尾布局飞机不同，NACRE飞翼飞机在中间机体的末端有两个相对较小的垂尾，它没有升降舵，中间机体上的后缘襟翼可以替代升降舵用于纵向控制。NACRE飞翼布局设计用作大型远程运输飞机，最大起飞重量约700吨，可容纳750名乘客。

由于没有传统的稳定尾翼（包括水平尾翼与垂直尾翼），同时控制舵面的力臂较短，飞翼布局飞行器的操纵品质通常会受到严重影响。另外，一架飞机只有在容易操纵且能安全控制的情况下，才可能发展为型号产品。为此，研究人员对NACRE飞翼布局进行了详细的飞行品质评估。除了在飞行品质标准的帮助下进行理论分析外，还利用ATTAS模拟器进行了飞行模拟，通过飞行员评估，确定了非常规飞翼布局飞机飞行品质标准的关键问题。

研究人员共开展了三次飞行试验，利用ATTAS模拟器对飞翼布局飞机的飞行动力学进行了模拟，并由两名飞行员进行评估。第一次飞行试验的目的是熟悉飞机的特殊布局及其动态行为。为达到这个目的，飞行员进行了简单的机动操纵，通过控制输入激发飞机的特征运动。借助这个试验，研究人员也研究考察了ATTAS模拟器对一种具有显著不同构型特征飞行器进行模拟的能力。图9.67为ATTAS模拟器和正在研究的NACRE飞翼布局飞机对比图，可以看到两者具有完全不同的几何外形，同时尺寸也有很大差异。

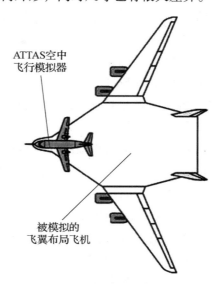

图9.67　ATTAS模拟器与NACRE飞翼飞机的尺寸对比

然而，飞行试验结果表明，尽管存在外形上的巨大差异，ATTAS模拟器与被模拟飞机模型在所有重要运动参数方面都匹配良好。如图9.68所示，除了飞行员没有直接感觉到由于ATTAS模拟器发动机低动态特性导致的空速误差外，飞行模拟达到了所谓的D级品质。这也清晰地表明了可以利用ATTAS模拟器对这种非常规布局飞机进行研究。

在随后的两次飞行试验中，试飞员使用库珀-哈珀飞行品质等级量表（Cooper-Harper rating scale）[34]评估了不同机动飞行过程中飞翼布局飞机的飞行品质。飞行任务包括不同的转弯飞行和

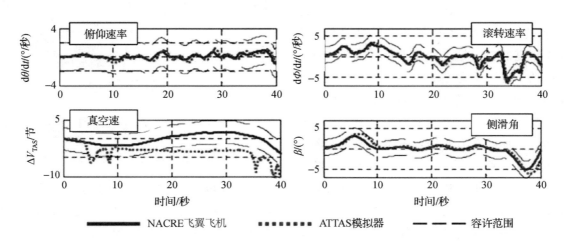

图9.68　ATTAS模拟器和被模拟的NACRE飞翼飞机模型横侧向动力学响应曲线对比（具有可接受的D级模拟品质）

ILS进近。转弯机动用于分析飞机的横侧向动力学，这是飞机动力学特性初步研究中的关键问题。ILS方法用于评估飞机飞行航迹的精确控制。试验中所有的机动都是针对飞翼基本布局设计的。

随后，研究人员引入飞翼飞机的增稳控制，进行了同样动作的飞行试验。在这个过程中，人们为飞翼飞机数字模型开发了飞行控制器，用以辅助飞行员控制飞机并改善飞行特性。飞行员的评估结果表明，未采用增稳控制的飞翼布局飞机是不可控的，会产生与期望飞行状态的严重偏差。例如，在转弯飞行期间，飞行员观察到不期望的侧滑角增长。而对于采用了增稳控制的飞翼布局飞机，两名飞行员都认为它的飞行品质得到显著改善，飞行中的操纵工作量明显减少。

由于相对较小的垂尾和较短的力臂，NACRE飞翼布局飞机的偏航控制能力不足。另外，飞机巨大的翼展又带来了很大的滚转惯性，导致飞机纵向运动响应迟缓，这不利于飞行品质的改善。因此，并不是飞翼布局飞机所有的飞行品质都令人满意[35]。利用ATTAS模拟器开展的飞行模拟试验表明，在将研究的飞翼布局应用到真实飞机上之前，还需要进一步完善布局设计。

9.2.5 阵风载荷减缓（1990—2011年）

克劳斯·乌韦·哈恩（Klaus Uwe Hahn）

载荷减缓及平稳驾驶系统（Load Alleviation and Ride Smoothing System，LARS）是20世纪90年代初利用ATTAS模拟器开展的早期研究之一。该项研究的目的是主动减少垂直阵风（气流的垂直运动）对飞机运动的影响，即对飞机质心加速度的影响，进而提高乘客的舒适度。当遇到垂直上升气流阵风时，飞机的迎角会增大，导致升力增加。增加的升力将导致飞机结构上的附加载荷，使飞机及乘客向上加速。而当遇到下降气流时，产生的效应正好相反，会导致飞机及乘客向下加速。类似于过山车的快速上下坡，这种飞行会给乘客带来不适的体验。如果在有阵风的情形下，飞机升力还可以保持不变，飞机没有额外

的加速度，那么就可以避免令人不适的飞机响应（参见6.3.3节）。为了解决这个问题，研究人员提出在机翼上采用特殊的、可快速响应的后缘襟翼，比如ATTAS模拟器上的襟翼，它们被称为DLC（Direct Lift Control，直接升力控制）襟翼。DLC襟翼的偏转可以改变机翼的外形，进而改变飞机的升力，从而可以实现削弱垂直阵风影响的目的。

LARS的概念是基于干扰补偿原理提出的。图9.69给出了根据阵风诱导的附加攻角α_w计算DLC襟翼偏转指令δ和升降舵偏转指令η的控制逻辑[36]。为实现升力补偿，首先需要确定飞机的来流扰动条件。在ATTAS模拟器上，机头吊杆上的气流传感器可以提供这一信息。假设飞机的气动性能已知，那么根据空气来流干扰的大小，可以计算出补偿干扰所需的后缘襟翼偏转量。襟翼的偏转会导致俯仰力矩的变化，也会导致机翼后端下洗气流的变化，这会改变水平尾翼处的气流迎角。类似地，当气流到达平尾时，阵风扰动引起的气流以及其带来的气动效应也会发生变化。如果要在存在阵风的情况下使飞机的俯仰力矩保持平衡，则需要升降舵进行偏转来补偿由于阵风干扰以及DLC襟翼偏转引起的额外俯仰力矩。阵风扰动抑制概念的优点在于，只有当测量到来流扰动时才进行控制干预，这种所谓的开环控制系统不会影响飞行员驾驶飞机的飞行品质。

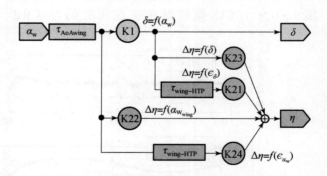

图9.69 载荷减缓及平稳驾驶系统原理框图

在1990年至1993年期间，研究人员利用ATTAS模拟器开展了大量的飞行试验，成功地演示了LARS的工作原理[37]。在0.2~2赫的频率范围内，阵风引起的垂直加速度可降低12分贝

（约70%），这显著提升了乘客的乘坐舒适度（图9.70）。然而，垂直运动品质的改善是以明显的水平加速度改变为代价的，这一现象也在飞行模拟中得到证实（图9.71）[38]。研究人员否定了使用推力来补偿这种副作用的方案，因为对于阵风载荷减缓这种相对高频的动态过程，推力调节的响应太过迟缓。对于这个问题，ATTAS模拟器还提供了另一种解决方案：飞机左右机翼上最外侧的DLC襟翼对"1和2""5和6"（见前文图9.14）分别反向偏转，作为分裂式襟翼用于阻力控制。通过操控这些可快速响应的襟翼，可以实现对水平加速度的快速调节。正如前文所述，内侧襟翼对（襟翼3和4）用于产生垂直力。垂直力与水平速度的综合控制方案形成了阵风管理系统（Gust Management Systems，GMS）的概念，利用这一概念，可以有效地减少由于阵风扰动而引起的垂直和水平加速度[39-40]（另见6.3.3.3节）。

2008年和2009年期间，ATTAS模拟器参与了欧盟ACFA 2020（Active Control of Flexible 2020 Aircraft，柔性飞机2020的主动控制）项目，期间该模拟器开展了基于自适应控制的结构减振可行性研究[41]。项目研究结果表明，飞机利用机头吊杆的气流传感器信息，基于提出的自适应控制方案，可以有效地削弱发动机短舱3.5赫的第一阶弯曲模态振荡。

此外，除了基于LARS方法减小飞机的质心加速度外，ATTAS模拟器还参与了欧盟AWIATOR（Aircraft Wing with Advanced Technology OpeRation，先进技术操作的飞机机翼）项目，用于研究削弱机翼对称弯曲的可能性。GLAS（Gust Load Alleviation System，阵风载荷减缓系统）概念是对LARS概念的发展，它针对大型柔性飞机，不仅可以改善乘客乘坐的舒适性，而且还可以抑制机翼的弯曲模态振荡，减小翼根处的弯矩[42]。GLAS概念可以通过计算机数值仿真进行验证。图9.72给出了垂直风扰动（左侧）和由此产生的翼根弯矩（右侧）仿真曲线，其中灰色曲线表示没有使用GLAS的结果，点划线表示采用原始LARS（即静态GLAS）的控制结果，黑色曲线表示GLAS的控制结果，从图中可以看到，采用GLAS后，机翼翼根处的弯矩明显减小。

然而，在AWIATOR项目中并没有对GLAS概念进行飞行演示，该项内容在随后的项目FTEG-InnoLA（Flight Physics Technologies for Green Aircraft—Innovations for the efficient simulation and testing process chain for loads and aeroelastics，绿色飞机飞行物理技术载荷和气动弹性的高效模拟和测试过程链的创新）中补充进行了开展。FTEG-InnoLA项目是德国第四个国家航空研究计划的一部分。该项目通过ATTAS模拟器的空中飞行模拟对GLAS进行试验验证，试验人员首先通过飞行开展了初步的功能测试，随后进一步开展飞行试验对系统进行评估，但是试验结果表明只有在非常狭窄的频率范围内，才能初步实现预期的改进效果，因此需要对控制系统重

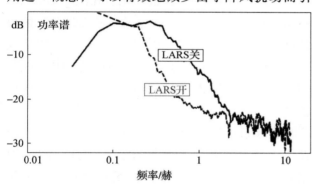

图9.70 垂直加速度的功率谱密度

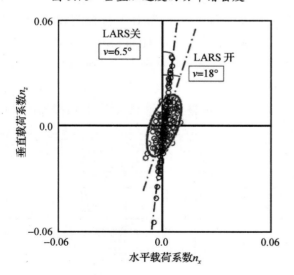

图9.71 DLC襟翼偏转中垂直加速度减小引起的水平加速度增加

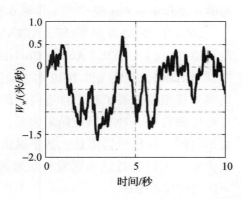
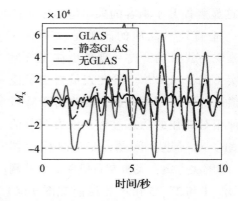

图 9.72 使用阵风载荷减缓系统的数值模拟结果

新进行设计[43]。2011 年 11 月 11 日，ATTAS 模拟器采用改进的阵风减缓控制系统后再次进行了飞行试验，但是当时的大气条件非常稳定，因此无法全面准确地评估 GLAS 系统的性能。GLAS 概念的另一次飞行试验本来计划于 2012 年初进行，然而，在飞机年度检查期间，发现了 ATTAS 模拟器存在不可容忍且不可修复的发动机缺陷，因此该模拟器不得不停飞。最终，2011 年 11 月 11 日的飞行试验成为 VFW 614 ATTAS 模拟器空中飞行模拟生涯的最后一次任务。虽然 ATTAS 模拟器是一架服务于众多科研项目的飞行试验平台，但巧合的是，这架非凡的试验机的第一个和最后一个研究任务都是应用于阵风载荷减缓相关的研究。

9.2.6 小型客机的飞控算法开发（1993—1996 年）

克劳斯·乌韦·哈恩（Klaus-Uwe Hahn）

德国戴姆勒–奔驰航天空中客车公司（Daimler-Benz Aerospace Airbus，DASA）提出了一个为一架 100 座小型客运飞机开发电子飞行控制系统的技术项目——SAFIR（Small Airliner Flight Control Laws Investigation and Refinement，小型飞机飞行控制律研究与改进）。通过该项目开发的控制系统最终成功应用于 VFW 614 ATD（Advanced Technology Demonstrator，先进技术验证机，见 6.3.7 节）。SAFIR 项目于 1993 年 4 月启动，项目研究目标是优化、验证、演示和评估新型飞行控制律。DASA 和 DLR 联合开展了项目工作，包括飞行控制律（Fligh Control Law，FCL）设计与飞行试验验证，其中控制算法由 DASA（Robert Luckner 负责）开发，具体通过开发工具 HOSTESS（High Order Structuring Tool for Embedded System Software，嵌入式系统软件的高阶结构化工具）进行开发，并借助自动代码生成器生成代码[44]。项目启动仅 6 个月后，DLR 就利用 VFW 614 ATTAS 模拟器完成了第一次飞行试验[45-46]。

在项目的第一阶段，DASA 研究了正常控制律（Normal Laws）模式下的标准飞行控制律，包括自动包线保护（图 9.73）。图 9.74 给出了 FCL 的迭代优化流程框图。在飞行试验前，技术人员通过 ATTAS 地面模拟器对飞行控制律进行了验证，期间根据结果采用 HOTESS 工具对控制律进行了修改和完善。经过全面的地面试验后，试验软件获准用于飞行试验。该试验软件作为一个独立的程序包，被整体移植到 ATTAS 模拟器的试验

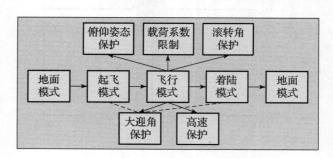

图 9.73 正常控制律下不同的包线保护模式

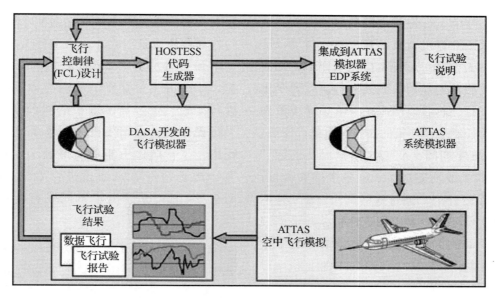

图 9.74　飞行控制律的迭代优化

与控制计算机（ERR），并集成到 ATTAS-DV 数据处理系统中（图 9.75）。通过一个试验专用接口，机载计算机为飞行控制律运行提供了所需的数据信息，这些信息来自不同渠道，其中包括人工生成的传感器信号。

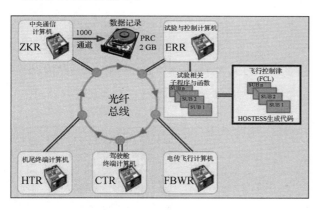

图 9.75　SAFIR 项目试验配置（第一阶段）

由飞行控制律计算得到的控制指令被返回到 ATTAS-DV 数据处理系统，并经由电传操纵控制系统转换为控制舵面偏转。项目第一阶段的试验重点是飞行控制律功能评估和正常控制律模式下的飞行品质评估[44]。此外，技术人员还对飞行包线保护功能进行了验证，避免出现最大空速或最大允许迎角的临界飞行条件。

项目的第二阶段主要是对飞行控制系统的系统特性进行了测试和演示[45]。为此，技术人员在飞行控制律计算机（Flight Control Law Computer，FCLC）上采用两种不同的编程语言（分别是 ADA 和 FORTRAN）对 FCL 进行编程实现，从而生成控制指令和监控参考信号。试验前 FCLC 必须经过机载操作认证，获得认证后才允许通过 6 个 ARINC 429 通道连接到 ATTAS 数据处理系统的中央通信计算机（ZKR），在这 6 个通道中，3 个向 FCLC 提供必要的测量信号，3 个将解算的控制和显示指令反馈给 ATTAS 模拟器系统（图 9.76）。飞行试验中，为了能够对飞机滚转的飞行保护功能进行测试，必须将 ATTAS 飞机的飞行包线扩展到 45°滚转角。为了测试接近 ATTAS 飞机失速边界的自动迎角保护，需要为飞行员安装额外的迎角和侧滑角显示器。

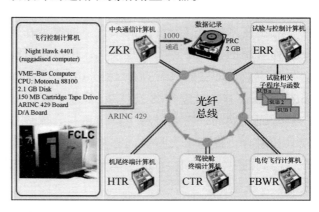

图 9.76　SAFIR 项目试验配置（第二阶段）

为了验证整个飞行包线内控制律的性能，试验中综合使用了计算机生成的合成信号与飞行员的手动操控输入信号。对于飞行品质评估，评估飞行员首先按照预先规划的航线进行一系列变化高度的机动飞行，然后使用库珀-哈珀评级量表（图 2.6）[34]对控制增稳飞机的操纵品质进行评估。1993 年至 1996 年期间，ATTAS 模拟器共进行了 12 次飞行试验，成功完成了 300 多个试验科目，累计飞行时间 32 小时。通过这些试验，对 9 种不同的控制律软件配置方案进行了评估，并根据试验结果进行了 110 多次修改。在 SAFIR 项目中发展的飞行控制律后来在 VFW 614 ATD 验证机中得到了应用（见 6.3.7 节）。

9.2.7 高性能合成视景系统

迪特里希·汉克（Dietrich Hanke）

达姆施塔特技术大学（Technical University of Darmstadt）和 VDO 航空设备公司（VDO-Luftfahrtgeräte，VDO-L）联合研制了一种具有合成视景的合成视景系统（Synthetic Vision System，SVS），这一技术得到了 BMFT 的支持。新型视景系统的基本概念包括飞机航迹的三维显示和环境地形的三维显示，这些信息将在主飞行显示器（Primary Flight Display，PFD）和导航显示器（Navigation Display，ND）上进行显示，同时一并显示的还有鸟瞰图中的三维地形和飞机位置。1997 年 8 月，ATTAS 模拟器安装了该系统并开展了相关试验[47]。

对于在恶劣天气条件下的飞行，即使是在空中交通管制的指导下，飞机直接飞入山区也可能会发生事故，即受控飞行撞地（Controlled Flight Into Terrain，CFIT）。SVS 技术就是为了解决这一问题而发展的，它通过将飞行信息与合成地形视景相融合，提高了飞行员的态势感知能力和整个"门到门"（Gate-to-Gate）运行过程中的飞行安全。

在整个飞行过程中，SVS 会显示飞机从滑行、起飞、巡航、着陆到登机口停靠每个阶段的

所有必要信息。因此，飞行员可以随时获得合适的外部合成视景。此外，主飞行显示器中提供了一个预告显示屏（predictor display），它可以提前 8 秒指示飞行路径，从而有效地辅助飞行员进行操控。预告显示屏中的颜色变化用于指示飞行操作的极限。飞机精密仪表进近（ILS）过程中，飞行航迹由矩形通道表示（通道显示），飞行员必须沿着该通道进行着陆。作为示例，图 9.77~图 9.79 给出了不同飞行阶段的显示效果图。

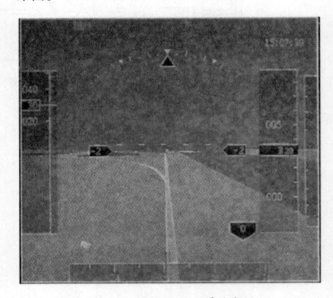

图 9.77　PFD 显示：滑跑期间

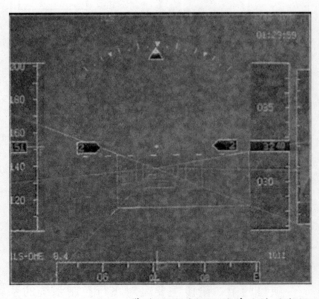

图 9.78　PFD 显示：带进近通道指示的着陆进近期间

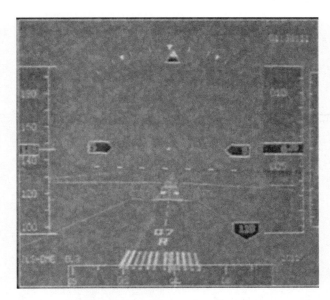

图 9.79 PFD 显示：最终着陆期间

1. 试验系统

试验系统的主要部件包括：

①主飞行显示器（PFD）；②导航显示器（ND）；③霍尼韦尔 H 746 惯性参考系统；④导航计算机；⑤ Harris Nighthawk 数据库计算机；⑥ Silicon Graphics ONYX 高性能图形计算机。

一台大型商用液晶显示器（Liquid Crystal Display，LCD）被安装在基本操控设备前面（图 9.80），它可以折叠，从而方便飞机起飞或着陆期间 ATTAS 飞机基本的仪表显示。所有试验部件都安装在机舱内、靠近货舱门处的两个封闭机柜中。计算机机柜如图 9.81 所示，机柜上几个接口用于电力系统连接及与机载测量系统通信。

图 9.80 ATTAS 模拟器驾驶舱的合成视景 LCD 显示

图 9.81 ATTAS 模拟器上的用户计算机机柜

试验系统开发中采用了三种先进技术，分别是：①差分 GPS 精密导航；②全球 3D 地理数据库支持；③基于商用高性能图形工作站的 4D 显示。

飞机的位置、空速、加速度和姿态由精密导航系统提供。为了对比验证不同传感器数据的合理性，研究人员开发了一种滤波算法，基于该算法，可以计算得到精度优于 1 米的飞机位置信息。利用这个精确的位置信息，系统从地理数据库中选择匹配的地形信息数据集，并传输到显示计算机上显示。

此外，为向飞行员准确呈现合成三维视景，系统还计算飞行员眼睛对应的视高点。高性能图形工作站中处理的所有视觉数据都将实时显示给评估飞行员和舱内系统操作员，PFD 和 ND 信息会显示在驾驶舱中的 LCD 大屏上。

2. 飞行试验

1997 年 8 月，在法兰克福国际机场开展了 22 次

SVS 飞行试验，期间共有 35 名飞行员参加。试验任务包括信标进近、虚拟修复、地面碰撞情况（terrain collision situation）试验、直线和曲线着陆进近以及地面滑行。所有参加试验的飞行员都是经验丰富的现役飞行员，他们在试飞前熟悉了 ATTAS 模拟器、飞行试验设备、4D 导航功能、显示符号和飞行任务。

总的来说，飞行员们很好地接受了合成视景的基本概念，与传统的显示系统相比，SVS 在态势感知方面有显著的改进。利用该系统，飞机可以在监控状态下高精度地实现手动或自动着陆进近。此外，合成视景对于飞机的滑行引导也十分重要，可以提高恶劣天气条件下机场的通行能力。

3. 低空飞行导引

1996 年，戴姆勒-奔驰航天公司（Daimler-Benz Aerospace AG）、霍尼韦尔控制系统公司（Honeywell Control Systems）和德国空军（德国空军航空运输联队 LTG 61）联合开展了一项工作，其中将 SVS 应用于自主手动低空飞行导航系统的飞行试验[48]。技术人员将德国北部哈尔茨山区面积约为 349.23 千米 ×109.44 千米的地形进行数字化处理，这些数据被存储在 ATTAS 模拟器上的任务数据库中。地形数据的分辨率为 1212 英尺 ×1181 英尺，视角为 60°。考虑到 ATTAS 飞机的性能数据，飞行员计划在距离地面 150 英尺的高度执行 3D 低空飞行任务。尽管实际的飞行试验是在 10000 英尺的飞行高度上进行的，但所有信息都是按离地面 150 英尺高度的飞行状态显示给飞行员。试验中，驾驶舱的外部视野被完全被遮挡，SVS 系统提供给飞行员的合成视景包括地形模型，如道路、湖泊、城市和铁路。另外，在与地面有碰撞风险的情况下，地面的颜色显示会变为红色警示色。

机上的飞行航迹显示和预告显示给飞行员提供导引辅助。如果没有这些辅助功能，人工手动低空飞行是难以实现的。图 9.82～图 9.84 展示了 PFD 和 ND 上的典型低空飞行图像。图 9.85 给出了整个低空飞行中指令飞行航线和实际飞行航线的比较，从图中可以清楚看到，在 SVS 的支持下，飞行员可以精确地按照给定的航线进行飞行。

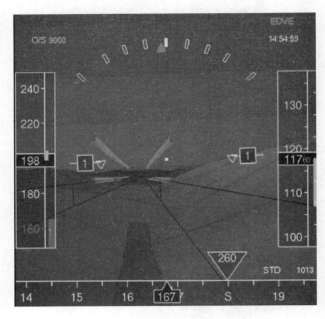

图 9.82　PFD 的低空飞行信息

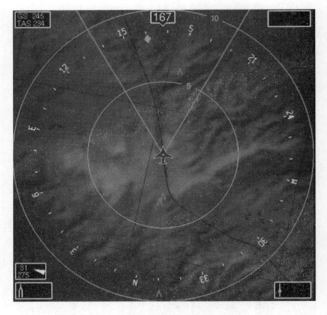

图 9.83　ND 的低空飞行信息

9.2.8　全天候飞行视景增强（1999 年）

克劳斯·乌韦·哈恩（Klaus-Uwe Hahn）

作为欧盟 AWARD（All Weather ARrival and Departure，全天候到达和离开）项目的一部分，

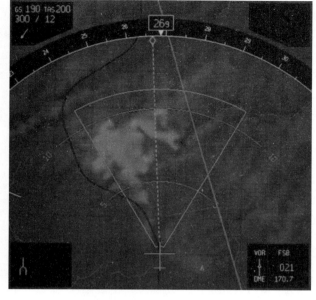

图 9.84 ND 中有高山障碍物的低空飞行显示

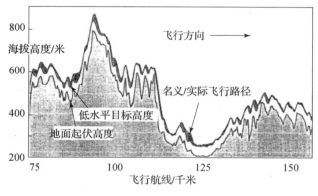

图 9.85 哈尔兹山脉上空的低空标称航迹和实际飞行航迹

研究人员对飞行员辅助系统进行了测试。基于该系统，不管机场飞行导引装置的质量及精度如何，飞行员都可以在没有外部环境视景的情况下安全地驾驶飞机[49]。试验内容是依据 CAT Ⅲ 盲降标准，在决策高度（Decision Height，DH）小于 50 英尺、跑道视程（Runway Visual Range，RVR）仅 75 米的情况下，在机载设备的支持下进行飞行操纵。

为此，技术人员研究并评估了两种不同的飞行员辅助系统方案，这两种方案都是基于差分 GPS（Differential GPS，DGPS），与传统的仪表着陆系统（Instrument Landing System，ILS）或微波着陆系统（Microwave Landing System，MLS）相比，差分 GPS 具有成本便宜的经济优势。这两个方案中的一种是 9.2.7 节中介绍的合成视景系统（Synthetic Vision System，SVS），它可以为飞行员提供了一个人工合成的外部视景。在应用于真实飞行之前，它首先会在地面运动模拟器中进行测试[50]。

第二种飞行员辅助系统方案称为视景增强系统（Enhanced Vision System，EVS），它提供了基于传感器的人工外部环境图像，方便飞行员在准视觉条件（quasi-visual condition）下进行飞行。研究人员利用 ATTAS 模拟器对 EVS 系统进行了飞行试验。EVS 的基础是先进的传感器设备，它利用多个工作波段的传感器提供的准光学信息扩大人眼的视野范围。EVS 系统使用了毫米波雷达（Millimeter Wave Radar，MMWR）和前视红外（Forward-looking Infrared，FLIR）摄像机，利用它们收集额外的视觉信息[51]。这些设备生成的外部视图将显示在平视显示器（Head-Up Display，HUD）上，特别是飞行员眼睛前面有一个称为组合单元（Combiner Unit，COU）的特殊透明圆盘，当飞行员眼睛聚焦于飞机前方时，透明圆盘上的投影就会形成清晰的图像。通过这种方式，飞行员无须进行聚焦调整，便可以获得引导飞机所需的、包括传感器视觉信息在内的所有信息。

EVS 系统包括大量组件，所有组件都集成安装在飞机的适当位置，飞行应用前它们都必须获得飞行操作认证。图 9.86 显示了这些组件及其在 ATTAS 模拟器中的安装位置，图中，COU 表示组合单元，FLIR 表示前视红外摄像机，MMWR 表示毫米波雷达，HCP 表示平显控制面板，HFDC（Head-up Display Computer）表示平显计算机，MTR（Mounting Tray）表示安装托盘，OPU（Optical Projection Unit）是光学投影单元，PU（Processing Unit）是处理单元，RCU（Radar Control Unit）是雷达控制装置，RPU（Radar Processing Unit）是雷达处理装置，RRCU（Radar Recorder Control Unit）是雷达记录控制装置，SMU（Servo-mechanism Unit）是伺服机构装置。

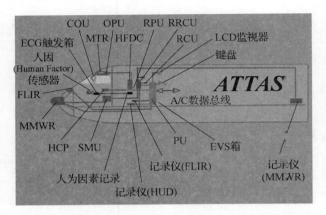

图 9.86　EVS 组件及其在 ATTAS 模拟器中的安装

图 9.87 展示了安装在前隔板上的两个传感器，从图中可以看到位于顶部的红外摄像机（小的黑色圆盘）和中间位置的毫米波雷达（大的褐色圆柱体），此外，图中清晰可见一个覆盖在舱壁开孔处的方形压力密封插板，通过该插板，传感器和机身设备之间能够进行电气连接。为了使飞机的重心保持在允许的范围内，记录毫米波雷达数据的重型专用记录仪安装在飞机后部尾翼附近。EVS 箱被安装在飞机客舱中，它容纳了许多较小的设备和系统组件，包括中央处理单元 FU。

图 9.87　ATTAS 模拟器上的毫米波雷达和红外传感器

平视显示器（HUD）上光栅显示的传感器信号在中央处理单元 PU 中进行处理。显示方面，通常在主飞行显示器（PFD）中呈现的信息被叠加到外部视景上进行显示（称为 Stroke 模式）。因此，通过平视显示器（HUD）的透明面板（组合单元 COU）和驾驶舱窗口，飞行员只需要前视便可以获得所有的重要飞行信息。图 9.88 给出了飞机飞行信息融合显示的示意图。

图 9.88　HUD 中的传感器视图信息和飞行导引信息融合显示

图 9.89 说明了 EVS 的有效性，借助 EVS，飞机可以在低能见度条件下安全抵近仅配备了满足 CAT I 盲降标准仪表着陆系统的机场。根据 CAT I 要求，当飞行员到达跑道上方 200 英尺的决策高度（DH）时，如果他不能识别跑道，他必须启动复飞。在 EVS 的帮助下，在飞机到达决策高度之前，EVS 系统可以向飞行员提供超出人眼视觉范围的外部补充信息。利用这些人造的视觉信息，即使没有真实的外部视景，飞行员也可以继续进近到跑道上方 50 英尺的高度，这对应于更精确的 CAT III 盲降要求的决策高度。只有在这个新的 EVS 决策高度，飞行员才必须识别跑道以便继续进近。如果飞行员在这个高度仍然无法辨认跑道，尽管有 EVS，飞行员仍然必须启动复飞。然而，值得注意的是，在能见度相当差的情况下，即使在仅配备 CAT I 盲降标准的辅助引导设备的机场，EVS 也可以帮助飞行员实现满足 CAT III

标准的高质量进近和着陆飞行。

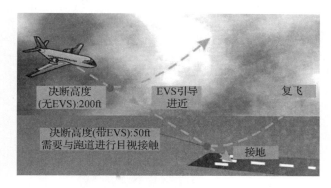

图 9.89 基于 CAT I 着陆系统，使用 EVS 的进近程序满足 CAT III 要求

图 9.90 展示了飞行员平视显示器（HUD）的视角图像，这张图像通过手持摄像机拍摄得到，读者容易看到其中包含通常在主飞行显示器中显示的信息。图中虚线表示仪表板的轮廓，通常飞行员看不到这条虚线下方的跑道。但是，借助于安装在飞机机头中的 EVS 传感器，跑道的视野不会被遮挡，这些信息将通过 HUD 呈现给飞行员，这样飞行员就可以通过仪表板"真实地"看到飞机周围的环境。

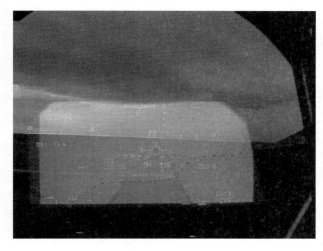

图 9.90 HUD 视图

9.2.9 自动驾驶仪着陆的快速鲁棒控制设计

格特扬·鲁耶（Gertjan Looye）

作为欧洲项目 REAL（Robust and Efficient Autopilot control Laws design，鲁棒和高效自动驾驶仪控制律设计，EU-FP5）工作的一部分，研究人员发展了一种高效的鲁棒飞行控制律设计手段，并将其应用于具有 CAT IIIb 能力的自动着陆系统。REAL 项目研究单位包括空客公司、荷兰国家航空航天实验室（NLR）、代尔夫特理工大学（TU-Delft）、DLR 飞行系统研究所、DLR 机器人和机电一体化研究所（现为：系统动力学与控制研究所）[52-53]。

在项目的第一阶段，研究人员设计了基于非线性动态逆（Nonlinear Dynamic Inversion，NDI）控制律的飞机姿态控制系统和总能量控制系统（Total Energy Control System，TECS），用于实现飞行航迹和空速的解耦跟踪控制。传统的姿态控制律通常需要针对特定类型的飞机单独进行开发，而 NDI 通过普适的逆模型方程来进行控制，如果可以获得非常准确的飞机动力学模型，NDI 可以轻松实现控制律的自动化与通用化设计。

开发 NDI 控制律后，根据性能和鲁棒性要求，研究人员使用 MOPS（Multi Objective Parameter Synthesis，多目标参数综合）软件对控制律参数进行自动调优。作为 CAT-IIIb 认证过程的一部分，研究人员开展了大量的蒙特卡罗数值分析，这些结果被直接用于参数优化中。为了验证控制律的鲁棒性，研究人员首先针对简化的空中客车飞机模型 RealCAM（Real Civil Aircraft Model，REAL 民用飞机模型）开展控制律设计，随后进一步通过空客仿真工具进行了广泛的评估（如图 9.91 上部所示）。最后，研究人员在较短时间内完成了针对 ATTAS 模拟器的控制功能的重新设计，成功验证了该控制方法的有效性（如图 9.91 下部所示）。由于 ATTAS 模拟器具有不同的飞行特性，控制律需经过充分的测试后方可用于飞行试验。

为了将飞行试验的风险降到最低，研究人员专门为新开发的飞行控制律（包括着陆控制）制定了严格的飞行试验程序。在汉诺威机场的虚拟高架跑道（从 500 英尺开始，然后逐步降低到 100 英尺）上成功完成着陆验证后，ATTAS 飞机在马格德堡·科赫斯特德（Magdeburg-Cochstedt）机场进行了六次实际的全自动着陆飞行试验。

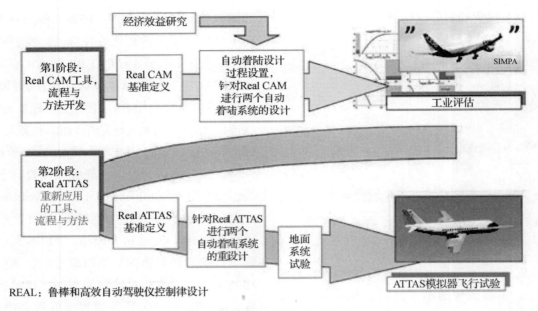

图 9.91　REAL 项目实施流程

9.2.10　失重试验（2008 年）

德克·雷林（Dirk Leißling）

低重力或零重力环境相关研究不仅对太空任务的执行十分重要，而且对其他自然学科的发展也具有重要意义。但是，开展该项研究需要特殊的飞行试验技术，使飞机的加速度恰好可以抵消地球的重力加速度。这种环境可以在有限时间内，利用飞机通过相对于地球中心的抛物线飞行产生（图 9.92）。但是，在具有较小曲率的飞行航迹上，相对重力并没有完全被消除，它只是减少了一定值。因此，通过这种特殊的飞行技术，可以模拟质量较小的天体的引力作用，例如月球或火星。然而，对飞行员而言，在试验期间使用手动控制保持这种飞行状态是一项艰巨的任务。此外，不可避免的大气湍流也会影响环境加速度的维持精度。利用自动控制增稳系统，可以较好地解决这一问题。

抛物线飞行研究可以追溯到 20 世纪 50 年代，当时科学家们以未来的宇航员为对象，研究零重力环境对人类肌体的影响。此外，抛物线飞行还可以用于测试太空设备和系统的操作能力。20 世纪 80 年代后期，它的应用范围扩大到航天以外领域。可用于抛物线飞行试验的特殊飞机有俄罗斯的伊尔-76 MDK 飞机、NASA 的波音 KC-135A

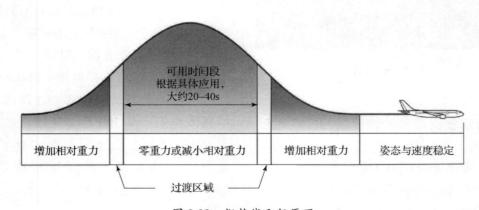

图 9.92　抛物线飞行原理

飞机（1995—2004 年）、麦·道 DC-9-C9B 飞机和波音 727 飞机。在欧洲，1988 年至 1995 年期间，抛物线飞行试验使用的是法国南方飞机公司生产的 Sud Aviation SE 210"快帆"（Caravelle）飞机，1997 年以后，则是利用法国太空研究公司（Novespace）的空客 A300 ZERO-G 飞机开展的。Novespace 公司与它的前辈公司一样，由法国航天局国家空间研究中心（Centre National d'Études Spatiales，CNES）代表欧洲航天局（European Space Agency，ESA）直接参与运营。A300 ZERO-G 飞机可以保持零重力模拟环境长达 20~25 秒[54-56]。

1. 采用 ATTAS 模拟器用于抛物线飞行的缘由

1999 年以来，DLR 是 A300 ZERO-G 飞机的用户之一，每年 DLR 都会利用该飞机进行一到两次抛物线飞行试验。2008 年 5 月，DLR 负责抛物线飞行的项目经理和项目负责人 U. 弗里德里希（U. Friedrichs）意识到基于 ATTAS 模拟器控制系统的可自由编程能力，可以将 ATTAS 模拟器作为替代飞机进行抛物线飞行试验。相对于 Novespace 公司商业销售的 A300 ZERO-G 飞机，采用 ATTAS 模拟器更加方便，因而也更具有吸引力。德国布伦瑞克理工大学（Technical University of Braunschweig，TU-BS）的地理和地外物理研究所（Geophysics and Extra-Terrestrial Physics of the TU-BS）以及位于不来梅（Bremen）的 DLR 空间系统研究所（DLR Institute of Space Systems）对利用 ATTAS 模拟器进行抛物线飞行试验也极具兴趣。在他们的试验中，需要模拟火星上的重力加速度，即 3.71 米/秒^2，该值约为地球重力加速度的三分之一。

ATTAS 模拟器的可编程飞行控制系统有利于"火星抛物线飞行"项目的开展，因为与其他飞机的手动控制相比，该机具有更好的、达到误差要求的环境再现能力。此外，大气扰动可以通过自动控制系统更快速、更精确地进行补偿。"火星抛物线飞行"项目试验涉及尘埃粒子排放引起的温室效应（固态温室效应）和火星条件下地面变形特性的研究[57]。在从几何结构、质量和电力消耗几方面验证了技术可行性后，技术人员计划开展第一次系统研究，其中需要使用 ATTAS 模拟器在 6 次飞行中进行 90 次抛物线机动[58]。

2. 控制系统开发

最初，研究人员建议只对飞行轨迹的抛物线弧段使用自动控制系统，而飞行启动和终止阶段通过飞行员手动进行控制。然而，由于相关操作较为复杂，飞行试验只有完全通过自动化控制，才能更好地再现低重力环境。因此，基于 ATTAS 模拟器的非线性飞行动力学模型，研究人员设计了针对整个抛物线飞行轨迹的自动控制器，并在地面模拟器系统上进行了实时条件下的测试和评估。研究人员开发了一种简单的横侧向姿态控制系统，在每次机动开始时，控制器将滚转角控制到 0°。纵向控制器的设计较为复杂，它由五个不同的模块组成，分别用于飞行中的五个主要阶段（图 9.93）。

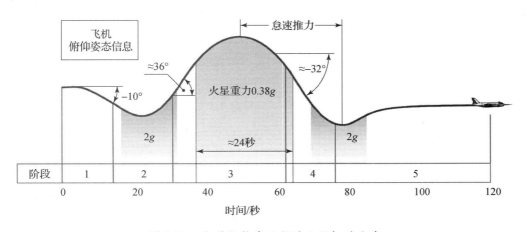

图 9.93　火星抛物线飞行的 5 段机动曲线

第一阶段：在试验飞行员手动激活 SIM 模式之后，检查发动机排气温度（Exhaust Gas Temperature，EGT）是否满足要求。EGT 是发动机可用推力功率的度量，其最小值必须达到 465℃，这确保了试验开始时飞机具有足够的动力来实现随后的抛物线飞行。如果满足该条件，俯仰姿态角将连续减小至 −10°，实现提高空速的目的。

第二阶段：在 273 节（140.44 米/秒）的校准空速下，飞机开始第一次拉平机动，载荷因子约为 2，机动中升降舵作动器会达到其负载能力的极限值，此时任何增加载荷因子的操控都将难以实现。

第三阶段：该阶段中，在飞机达到某一俯仰姿态角时，控制器模块将启动，该临界俯仰角取值取决于发动机排气温度 EGT、飞机质量大小、飞机布局和最小允许空速，它可以确保空速在抛物线顶点收敛到其最小值而不低于该值，从而最大地利用速度动能。在向抛物线飞行段过渡的过程中，整个飞行轨迹曲线的最大俯仰角将达到约 36°。然后，控制器使用由惯性元件测量的垂直加速度，将载荷因子期望值控制到 0.378。控制器的比例增益和积分增益将随着向指令值的趋近而自适应调整。在到达抛物线顶点时，发动机推力逐渐减小为急速状态，避免在随后下降过程中的空速增加。

第四阶段：在模拟器达到与实际飞机质量相对应的特定俯仰角后，结束抛物线飞行段，然后进行第二次拉平机动，这确保在电传操纵飞行控制期间达到而不会超过 288 节（148.16 米/秒）的允许最大空速。由于标准飞机质量为 18166 千克，这个阶段中控制器会在俯仰角为 −30.85° 时启动。为了获得平滑的过渡，同时由于系统的响应缓慢，飞机拉平过程中，俯仰角会在短时间内继续下降，最小值约 −32°，而后开始增加。

第五阶段：在飞行航迹倾角为 −5° 时进入第五阶段，此时控制系统的最后一部分控制逻辑运行，飞机将再次被控制到水平飞行，发动机推力在拉平机动的最低点逐渐回归到正常水平。此时，航迹倾角会趋于 0°。

在整个机动过程中，自动驾驶仪的状态信息会通过一个特殊的显示装置展示给试飞员。正常操作时，ATTAS 模拟器的水平安定面提供的自动配平功能有助于抵消升降舵上的静态负载，但是为避免产生额外的系统干扰，自动配平功能在整个抛物线飞行试验期间会被关闭。

3. 飞行试验结果

2008 年 9 月 25 日，一组包含 7 人的机组乘员利用 ATTAS 模拟器开展了抛物线飞行试验，对实际飞行条件下的自动驾驶仪功能进行测试。飞机每次从 21000 英尺（6400.8 米）的高度出发，连续进行了三次抛物线机动飞行。在每一次机动中，飞机可以模拟 $0.378g$ 的火星引力加速度环境，并精确保持约 24 秒，在此期间的最大加速度误差一般小于 $0.02g$[59]。图 9.94 给出了第三次抛物线飞行期间的状态曲线，很明显，机动飞行过程中很好地利用了飞机可达的速度范围，图中灰色的阴影区域代表保持 $0.378g$ 加速度环境的"火星引力"试验区间，持续时间约 24.4 秒。

在三次抛物线飞行期间，飞机上测得的加速度与给定标称值的偏差大都小于 $0.02g$ 的期望阈值，最大加速度误差短暂地达到了 $0.03g$，虽然该值超过了期望阈值，但仍然在可以接受的范围内。究其原因，这是因为在抛物线轨迹顶点处，发动机推力减少带来了不期望的俯仰力矩。为了消除这种微小的影响，研究人员开发了升降舵通道的前馈控制器，用于补偿由于发动机推力减小引起的扰动。随后，试验人员在 ATTAS 模拟器中验证了这种方法的有效性。三次抛物线机动飞行试验结果都取得了极好的一致性，这表明 ATTAS 模拟器的抛物线飞行具有良好的低重力环境再现能力。

9.2.11 无人机技术验证（2000—2008 年）

迪特里希·阿尔滕基奇（Dietrich Altenkirch）

到 2000 年，随着传感器、通信数据链和整个飞行器系统技术的进步，无人机（Unmanned Aerial Vehicles，UAV）的任务能力得到了显著提高。德国联邦武装部队注意到这些发展，并

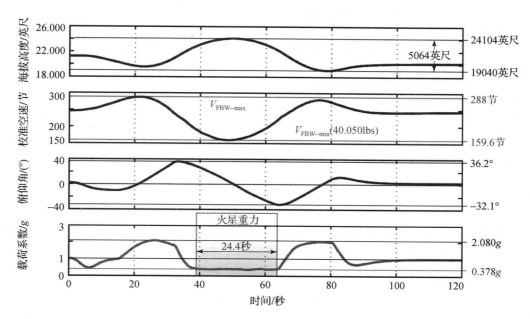

图 9.94　ATTAS 模拟器开展"火星引力"模拟飞行试验（试验编号：F835，第 3 次抛物线飞行，飞机质量 40050 磅）

得出了一个合乎逻辑的结论，即无人机系统（Unmanned Aerial System，UAS）将是未来侦察任务中不可或缺的重要工具，它们可以用于获得在国外军事行动中有关威胁情况的侦察信息。

在这些作战场景中，通常无人机需要飞越民用空域才能到达目标区域。在德国，现有的无人系统只允许在军事禁区内飞行。作为无人侦察机开发和未来使用的前提条件，有必要对无人机进入民用空域飞行的技术和程序进行验证。因此，在德国联邦国防技术和采购办公室（BWB）的积极支持下，DLR 的彼得·哈梅尔（Peter Hamel）和 BWB 的格哈德·莫尔什（Gerhard Morsch）提议将 DLR 与德国工业技术结合起来，使用 DLR 的 ATTAS 模拟器开展名为 WASLA-HALE（Long Distance Airborne Reconnaissance—High Altitude Long Endurance，远程机载侦察-高空长航时）的无人机验证项目。来自德国工业界的欧洲航空防务和航天公司（European Aeronautic Defense and Space Company，EADS）与电子系统和物流有限公司（Elektroniksystem-und Logistik GmbH，ESG）参与了该项目。此外，德意志航空公司（Deutsche Flug Sicherung，DFS）作为国家空中交通管制部门也参与到该项目之中。

该项目的目的是最小化无人机在管制空域中的飞行风险，它将完成下述任务：①制定经国家和国际相关部门批准的标准、准则和程序；②发展在地面上对无人机进行安全操作的程序与技术，对相关程序和技术进行演示验证。

使用 ATTAS 模拟器替代无人机开展的试验验证工作分为两个阶段进行。

第一阶段：设计演示验证项目的实施方案，包括首次飞行模拟研究。

第二阶段：执行演示验证项目。

考虑到 ATTAS 模拟器的技术条件和操作限制，研究人员依据 ATTAS 模拟器作为研究飞机已经测试过的技术和演示过的科目，选择待验证的无人机关键技术和程序。除了在 2 次任务模拟中测试的典型无人机任务外，还可以对管制空域飞行的重要标准和应急程序进行测试。根据项目需要，技术人员为 ATTAS 模拟器装备了额外的试验系统，其中包括飞行管理系统（Flight Management System，FMS），也称为任务管理系统（Missions Management System，MMS），它们由欧洲航空防务和航天公司（EADS）与电子系统和物流有限公司（ESG）提供。EADS 在 ATTAS 模拟器基本设备的基础上加装了精确导航系统 RAPIN+。此外，工程师还为飞机安装了数据链路，用于地面控制站（Ground Control Station，GCS）、空中交通管制部门（Air Traffic Control，ATC）和 ATTAS 模拟器之间的通信。

布伦瑞克和曼兴的地面控制站均由操作员站和数据传输系统组成。操作员站作为远程操作员的工作场所，提供了各种操作和显示设备，这使得研究无人机地面控制站的不同方案成为可能。地面站的任务管理系统在试验任务开始阶段为科目开展做好准备，并在任务期间支持任务总体部门的工作开展。数据传输系统在现有遥测设备的基础上进行扩展。

由于技术和操作限制，ATTAS 模拟器无法对无人机所有阶段的任务和机动进行验证。因此，技术人员只能通过两项模拟任务，开展关于标准程序和应急程序制定及测试的重要准备工作。ATTAS 模拟器的一系列飞行试验是在布伦瑞克或曼兴进行的，项目目标通过三个里程碑节点实现。

里程碑 1：仅在临时限制区（Temporary Restricted Areas，TRA）的基本操作。

（1）检测标准程序和功能；
（2）基于 FMS 的飞行计划。

里程碑 2：TRA 中的操作。

（1）执行任务时更改飞行计划；
（2）应急程序验证。

里程碑 3：无人机在公共空域中运行的验证。

（1）完整的 WASLA-HALE 任务验证，包括紧急程序；
（2）将无人机的控制转移到第二个地面控制站。

图 9.95 描述了在布伦瑞克机场进行地面试验的 UAV 试验系统涉及的组件以及子系统，包括：①无人机机载系统（即 ATTAS 模拟器）；②布伦瑞克地面控制站；③曼兴地面控制站；④布伦瑞克固定数据链路站；⑤数据链路系统；⑥曼兴移动数据链路站。在这个试验场景中，通过两个地面控制站、数据链路站以及站间的传输程序来检查无人机机载系统的功能。在地面测试中，技术人员对完整的功能链路进行了深度的测试与考察。利用这个复杂的试验无人机系统，项目团队

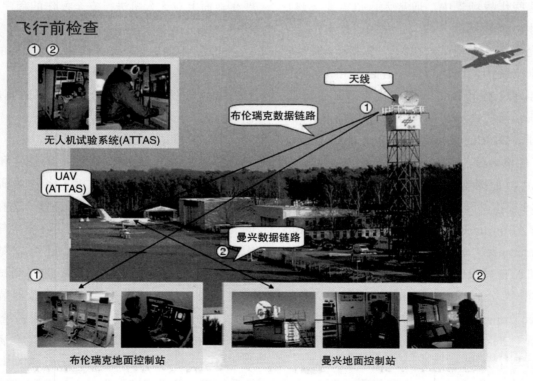

图 9.95 ATTAS-UAV 试验系统的地面分系统

将 ATTAS 飞机作为管制空域中的真实飞行器，从布伦瑞克机场起飞，在德国北部空域进行了多次飞行试验。

在 ATTAS 模拟器采用传统方式启动后，飞行员会将控制权移交给布伦瑞克地面控制站的远程操作员。一名训练有素的飞行员将负责与空中交通管制部门进行无线电通信，他将根据空中交通管制部门的指示，引导 ATTAS 飞机通过管制空域。ATTAS 飞机驾驶舱中的飞行员只是负责监控 ATTAS 模拟器的基本系统，以便在发生故障时能够及时进行干预。

试验中的飞行航线大都通向不来梅附近的 TRA 202 区域，飞行试验期间，空中交通管制部门对相应的空域进行了清理。继在布伦瑞克的成功试飞后，2004 年 6 月 3 日，ATTAS 模拟器在曼兴的 WTD 61 飞行试验中心执行了两次典型的无人机飞行任务，飞行中既考察了标准程序，也检验了紧急程序。

从布伦瑞克到曼兴的第一次飞行（试验编号 428）的试验任务如下：

航线：布伦瑞克 26—GALMA—KULOK—RUDNO—曼兴 25L。

任务：将无人机控制转移到第二个地面控制站，并执行下述任务：

（1）执行空中交通管制部门指令，控制无人机飞行；

（2）通过无人机与不同空中交通管制部门进行无线电通信。

试验中，在 ATTAS 模拟器从布伦瑞克起飞后，它的控制权被移交给位于布伦瑞克的地面控制站，地面站生成飞行航线，并在无人机试验系统中激活航线。随后，不来梅空管中心和柏林空管中心分别接管飞机控制。在 TABAT 航路点位置（图 9.96），位于布伦瑞克的地面控制站主动断开了远程控制，改由曼兴的地面控制站重新进行连接，并实现对飞机的远程控制。

机载系统中保存的航线信息被发送给曼兴地面控制站，并根据下一步飞行任务进行修改。在控制权移交给慕尼黑空管后，ATTAS 模拟器进行了一次全自动的遥控进近飞行。

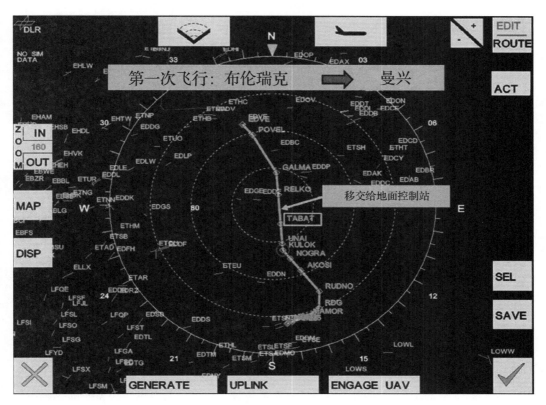

图 9.96　WASLA-HALE 项目中布伦瑞克至曼兴的试验航线

在曼兴进行的第二次飞行试验（试验编号 429）中，技术人员利用曼兴地面控制站，对标准程序和应急程序进行了验证。图 9.97 给出了从曼兴出发的航线，试验任务如下：

航线：曼兴—TRA 210—曼兴 25L。

任务：使用曼兴地面控制站进行无人机飞行试验，具体执行下述任务：

（1）无人机控制遵守空中交通管制指令；

（2）利用空中隔离保障系统[①]（Airborne Separation Assurance System，ASAS）解决模拟交通冲突；

（3）应对恶劣天气影响；

（4）飞机在碰撞航线上的自动规避；

（5）数据链丢失时无人机的应急处理。

在将无人机控制权移交给曼兴地面控制站后，在"TRA 监视器"的无故障导引（problem-free guidance）下，无人机依据雷达导引信号进入 TRA 210 区域。之后，地面控制站重新激活了 TRA 中的 FMS 航线，并模拟了一个"无人机在 TRA 中的 FMS 航线，并模拟了一个"无人机在没有空中交通管制空域中飞行"的场景，但是场景中飞行的飞机是合作的，因此无人机可以知道它们的当前位置和未来飞行路线。ATTAS 模拟器的机载试验系统 ASAS 分析了这种情况下空中交通模拟的飞行航迹，并根据可能的冲突，提出了针对不同目标的 3 种解决方案。地面站选择其中一个解决方案，相应地规划了飞行路线，消除了交通冲突的问题。

在 ATTAS 模拟器作为试验无人机完成第一阶段和第二阶段的任务后，研究人员对所验证的"无人机在管制空域中的作战使用"的技术和程序进行了评估，并发布了关于监管要求的建议。根据研究结果，德国联邦国防技术和采购办公室（BWB）对 VFR（Visual Flight Rules，目视飞行规则）条件下未来无人机的发展进行了展望，其中的关键技术是无人机的感知能力和避障功能（称为碰撞检测和避免）。

在 2000 年至 2004 年期间成功完成前两个阶段任务后，第三阶段的飞行试验任务又向"将无

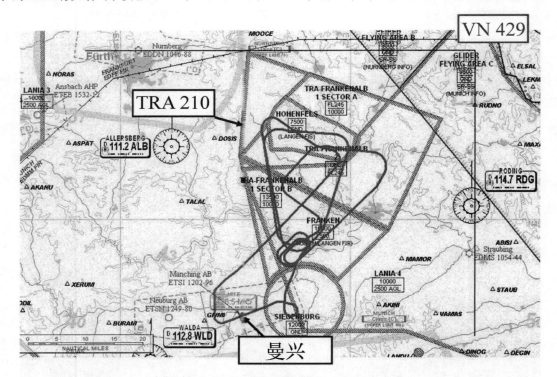

图 9.97　WASLA-HALE 项目中的曼兴航线

[①] 除 Airborne Separation Assurance System 外，空中隔离保障系统还有另一英语说法为 Airborne Separation Assistance System。

人机纳入通用空域"的目标迈进了重要的一步。该阶段中，无人机飞行空域得到了扩展，研究人员将对无人机在不受管制空域中飞行的能力进行检查。为此，技术人员与空中交通管制部门合作，研究了无人机管理的特殊程序，以及无人机的感知和避障问题。

为了能够在民航管制空域中飞行，无人机必须满足一定的安全要求。一段时间以来，欧洲安全局、欧洲管制局和联邦航空局等各种组织一直在考虑、协商和制定管制规定，并已经提出了初步建议。然而，在第三阶段任务开始时，行业对无人机的飞行提出了更高的要求，例如，无人机在民用空域飞行期间，必须保证达到与有人驾驶飞行相当的"安全水平"（Equivalent level of safety，ELOS，等效安全水平），这要求无人机必须像传统的有人驾驶飞机一样，能够看到物体、识别物体并躲避物体。

在两架飞机相撞的场景中，飞机上多个机载传感器根据其感知视野生成周围空域的图像，识别和跟踪检测到的物体，并在可能的情况下对它们进行区别和分类。如果计算出一个或多个物体位于碰撞路线上或者低于最小安全距离，则启动相应的规避机动以避免碰撞。

此外，在第三阶段试验中，技术人员对 WASLA-HALE 无人机系统的感知和规避能力进行了详细说明，并作为 ATTAS 无人机试验系统中的一个模拟和试验科目进行了验证。试验前，技术人员在作为试验无人机的 ATTAS 模拟器上安装和集成了必要的传感器，包括雷达和光电（Electro-optic，EO）传感器。图 9.98 给出了雷达和光电传感器的安装情况。试验中，DLR 的 Do 228 飞机和 DR400 飞机作为非合作飞机配合试验，它们分别代表大而快的飞机和小而慢的飞机。此外，这些飞机机体具有不同的特性，它们的机体分别采用了不同的材料，如铝和木材。

在 WASLA-HALE 项目研究的第二阶段，技术人员在 ATTAS 无人机试验系统上加装了一些组件，这些组件用于识别非合作飞行器接近过程中可能引起的冲突，并产生基于规则的规避动作，

图 9.98 ATTAS 模拟器的感知和规避传感器

规避动作指令直接连接到 ATTAS 飞机的飞行控制系统。在 2007 年开展的几次飞行试验中，试验人员确定了传感器和整个感知/规避系统的性能，并在有两架非合作 Do 228 飞机和 DR400 飞机的场景中，成功进行了大量的自动规避机动。

最后，在第三阶段的飞行试验中，研究人员设计了一个碰撞角持续减小到 0°的试验场景，即入侵的 Do 228 飞机和 ATTAS 飞机相对飞行。出于安全原因，这些飞行是在 VFR（Visual Flight Rules，目视飞行规则）条件下气压高度低于 10000 英尺（Flight Level 100）的高空进行的。空中交通管制部门监控了这次飞行，并提供了周围的空域信息。同样出于安全原因，Do 228 飞机航线比 ATTAS 高了 500 英尺。交通防撞系统 TCAS 会收集 Do 228 入侵飞机的位置和高度信息，并将其显示在 ATTAS 飞机模拟器的导航显示器上，方便飞行员对它们进行追踪。同时，ATTAS 飞机的飞行员可以通过无线电向入侵飞机的机组人员发出警告，并及时进行横向飞越机动，避免碰撞。图 9.99 显示了 ATTAS 飞机和 Do 228 飞机在不同碰撞角度下的飞行航迹。

ATTAS 飞机的机载雷达可以在大约 8 海里（约 14.82 千米）的距离上探测到物体。在设定的条件下，利用机载设备和系统的感知/避障功能，ATTAS 无人机系统成功进行了多次自主的规避机动。最终的评估结果清楚地表明，试验系统能够在保持最小安全距离的同时，成功地避开处于碰撞航线上的物体。

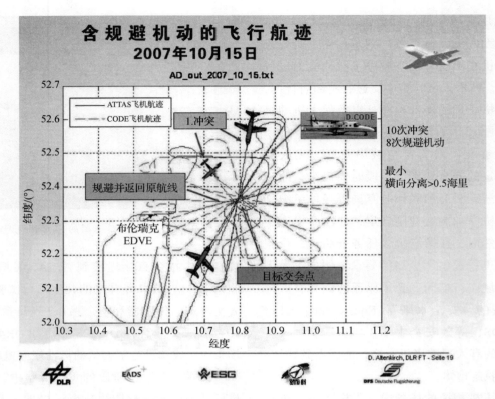

图 9.99　具有感知和规避系统的 ATTAS 模拟器改变航向，避免与 Do 228 飞机发生碰撞

根据第三阶段试验取得的成果，技术人员制定了欧洲无人机飞行条例，根据该条例，未来无人机可以装备一套实用的感知和避障系统，进而实现无人机在欧洲空域和国际空域的飞行认证。然而，2013 年德国联邦武装部队"欧洲鹰"项目的失败表明，完全解决这一问题还需要更多的时间。

9.2.12　飞机–飞行员耦合试验（1992—2010 年）

迪特里希·汉克（Dietrich Hanke）和奥利弗·布里格（Oliver Brieger）

9.2.12.1　引言

20 世纪 90 年代初，在配备有数字式电传操纵飞行控制系统的新型战斗机研发过程中，发生了几起由于飞行员诱发振荡（Pilot Induced Oscillations，PIO）或飞机–飞行员耦合（Aircraft Pilot Coupling，APC）引起的事故。最耸人听闻的两起事故是瑞典 JAS 39 "鹰狮"（Gripen）[60] 和洛克希德·马丁公司 YF-22 "猛禽"（Raptor）原型机[61] 的坠毁，飞机机尾在着陆过程中触地，导致飞机严重受损。几乎所有装备了数字式飞行控制器的新型飞机，无论是军用飞机还是民用飞机，都或多或少地出现过飞机–飞行员耦合的问题，这给数字式电传操纵飞行控制系统的发展提出了严重挑战。

所有这些事故的原因都可以追因为飞机气动控制舵面的操作速率不足（速率限制）。因为只在特定条件下才会被触发，控制舵面速率限制问题可能变得极其危险。在这种情况下，飞机控制行为会突然且不可预测地发生改变，从而可能导致飞行员失去对飞机的控制。由于所有的作动器都是有速率限制的，所以在飞行控制律设计中，必须保证指令速率小于作动器的最大速率。

一般来说，为了提高性能而降低自然稳定性的飞机需要实施增稳控制，以达到可接受的人工稳定性（见 6.1.2 节）。性能的改进是以控制作用的增加为代价的，除了响应操纵指令之外，由于增稳控制，飞行中控制舵面的偏转角度和速率可能变得很大，这可能会导致作动器达到其最大偏转速率。对于这一问题，美国以及德国 DLR 的解决方案都是首先进行理论研究，然后进一步开展飞行试验，从而更好地理解、描述这一问题并发展合适的解决手段。

9.2.12.2 速率限制环节发生参数

通过描述函数法，研究人员在频域中发展了速率限制非线性环节的传递函数，该函数可用于常用的稳定性分析[62-65]。迪特里希·汉克（Dietrich Hanke）提出了速率限制环节（Rate Limiting Element，RLE）的概念，它适用于所有的速率限制元件，如作动器或等效的软件限幅功能。此外，根据振幅和频率定义了飞行品质参数——"发生频率（Onset Frequency，即速率限制环节激活的频率）"。发生（Onset）用于描述飞行器-飞行员耦合现象的出现。RLE 的发生参数（Onset Parameter）及描述函数已被国际学术界广泛认可与接受[66-67]。

图 9.100 给出了速率限制环节的输入/输出响应曲线，在发生频率下，该环节的行为会突然改变。正弦输入信号被转换为三角形输出信号（正弦输入/三角形输出），同时输出信号出现了较大的相位滞后和幅值衰减（图 9.101）。飞机-飞行员耦合发生时，飞机的行为会突然发生改变，表现得不再遵循飞行员的指令，这会驱使飞行员增大控制指令。由于飞行员难以做出正确的操作，飞机控制将变得不稳定，这可能最终导致飞行员无法控制飞机的状态。

图 9.102 给出了从飞行员到作动器的控制回路结构框图，当输入速率指令大于或等于速率受限作动器的最大速率时，速率限制环节将被激活（RLE-Onset）。这种不稳定的行为由一个开关来表示。进入发生状态后，信号将按图中所示的上面一条路径进行传输。

为了确定控制逻辑中可接受的最小速率限制，研究人员利用 ATTAS 模拟器开展了飞行试验。飞机所有控制通道的作动器速率都通过机载计算机

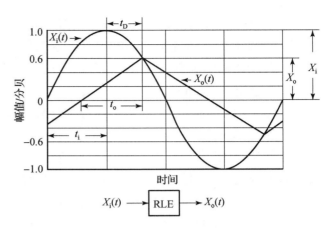

图 9.100 速率限制环节的非线性行为
（RLE：速率限制环节）

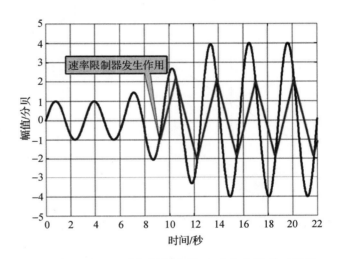

图 9.101 输入信号振幅增大情况下速率限制环节的响应特性（输入信号：曲线，频率为常数；输出信号：折线）。

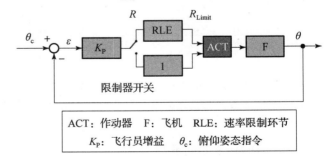

图 9.102 具有速率限制的俯仰角控制回路结构框图

编程进行限制，试验人员在不同的飞行条件下对整个飞行员-飞机系统进行了评估。为了避免由速率限制器相位延迟引起的 PIO 问题，研究人员

开发了一个相位补偿函数，该函数通过限制输入振幅，可以确保不超过作动器的速率限制[68-71]。因此，作动器的响应总是与指令信号同相位，但是具有相对较小的幅值。

如图9.103所示，驾驶任务为引导ATTAS模拟器在垂直和横向位置上快速、准确地对准领先的目标飞机（DLR的Do 228飞机）。这项任务需要俯仰和滚转的大幅控制活动，容易导致作动器达到速率饱和。图9.104表明相位补偿器按照预期的设定工作，输出信号与输入信号保持同相，从而避免了PIO的发生。

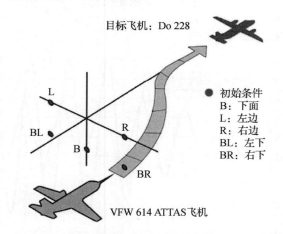

图9.103 从垂直和横向偏移位置对准目标的飞行任务

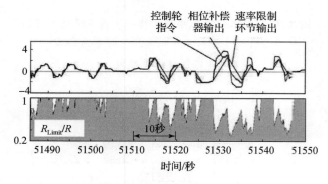

图9.104 采用相位补偿器的飞行试验结果
（白色区域表示补偿器在速率饱和情况下自动激活）

9.2.12.3 OLOP稳定性准则

20世纪90年代，DFVLR的霍尔格·杜达（Holger Duda）提出了一个稳定性准则，称为OLOP（Open Loop Onset Point，开环发生点）准则[72-82]，该准则可用于评价具有非线性速率限制行为的控制回路的稳定性，其原理是基于计算非线性控制回路的描述函数方法，分析速率限制作动器启动后出现所谓跳跃共振（Jump-Resonance）现象的可能性。研究结果表明，Nichols图中限速环节发生点（Onset point）的位置为非线性稳定性准则的建立提供了良好的基础，它被称为OLOP准则。通过分析公布的PIO事件飞行数据（如YF-16、X-15、航天飞机着陆进近以及"萨博"（Saab）军用飞机的地面仿真试验），该判据的有效性得到了验证。

在与瑞典航空研究组织FFA（现为FOI）的合作中，DFVLR在地面运动模拟器上进行了特定的速率限制试验。经验丰富的试飞员操纵、驾驶和评估各种飞机模型，图9.105给出了飞行员评估与OLOP准则的对比结果，图中的每一点都代表了该准则的应用情况、飞行员评级和试验结果，APC（Aircraft-Pilot Coupling，飞机－飞行员耦合）边界曲线下方的网格线区域表示没有APC倾向，而边界曲线上方的黑点以及所在的斜线区域表示存在严重的APC问题。

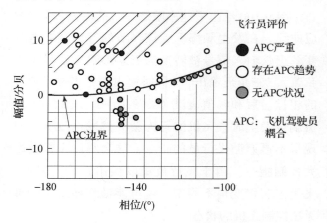

图9.105 飞行员评估与OLOP准则的比较

最后，研究人员利用ATTAS模拟器开展了飞行试验，以确定无APC发生时控制舵面的最小偏转速率。在飞行试验中，当副翼偏转速率为14°/秒时，飞行器出现了APC。正如OLOP准则所预测（图9.106），当偏转速率增加到32°/秒时，飞行员/飞机系统之间没有发生APC。ATTAS模拟器中副翼作动机构的最大偏转速率约为85°/秒，对于以电传操纵模式着陆的ATTAS模拟器，副翼偏转速率被限制为55°/秒，同时偏转角度被限制为最大偏转角的45%（参见图9.55）。OLOP准则已成为国际公认的、对带速率限制飞行控制系统进行稳定性分析的有效工具[67, 83]。

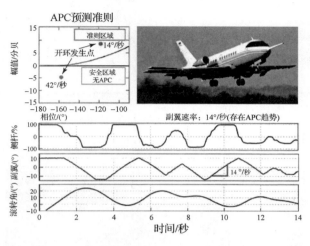

图 9.106 ATTAS模拟器飞行包线拓展中的横向APC试验

9.2.12.4 饱和缓解飞行试验

另一种提高控制可靠性的重要方法是利用反饱和相位补偿器（Anti-Windup Phase Compensator，AWPC），研究人员针对该方法通过ATTAS模拟器进行了飞行试验。这项研究工作是在SAIFE（Saturation Alleviation in Flight Experiment，飞行试验中的饱和缓解）项目支持下开展的，SAIFE项目是在2006年至2010年期间，由DLR与莱斯特大学、德国空军飞行测试中心（WTD61）共同合作完成。

在飞行试验中，为了模拟液压故障，ATTAS模拟器副翼作动机构的最大偏转速率被降低到原来的一半。在着陆进场的大机动飞行过程中，由于滚转通道副翼作动器明显减小的偏转速率，飞机显示出强烈的PIO趋势。在针对追击任务的大量飞行试验中[84-92]，ATTAS模拟器开展了偏移进近试验，即飞机从侧向偏移位置飞行到着陆中心线，通过AWPC的应用，PIO趋势得到显著抑制。图9.107给出了使用和不使用补偿器的情况下，飞机滚转运动状态及控制变量的变化曲线。很明显，当补偿器工作时，飞行员着陆进近中不会发生任何控制问题。

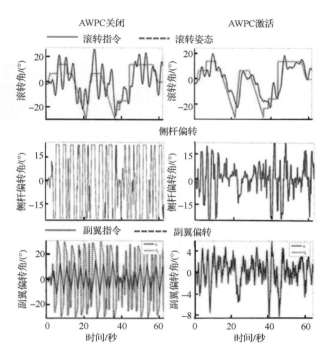

图 9.107 SAIFE飞行试验的横滚响应数据（AWPC：抗饱和相位补偿器）

9.2.13 尾涡试验（2001—2011年）

克劳斯·乌韦·哈恩（Klaus-Uwe Hahn）

自航空飞行器诞生以来，人们就已经发现了尾涡现象。尾涡与机翼上产生的动态升力密不可分。众所周知，持续飞行所需的垂直力（升力）是由于飞机上下表面上的压力差产生的，而压力差又是由沿翼型方向的气流运动导致。另外，横向流动也会在翼展方向上累积，导致气流在机翼上方朝向机身运动，在机翼下方朝向翼尖运动。这种横向流动在飞机的左右机翼后面发展成为明显的翼尖涡流。它们的旋转方向绕机翼向上（图9.108）[93]，两个反向旋转的漩涡之间的距离略小于翼展。

这对漩涡在飞机后方产生的特征流场称为尾涡（图9.109）。如图9.110所示，图中对ATTAS模拟器在飞行航线上产生的尾涡进行了可视化显

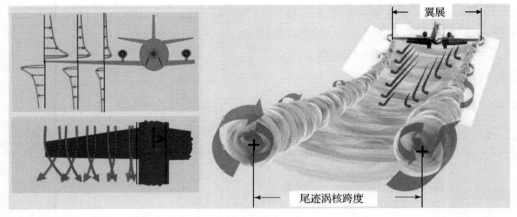

图9.108　左机翼的横流与翼尖涡的演变（从飞机后方观察）

示，它们清楚地证实了尾涡的存在。尾涡会随着时间的增加而逐渐变弱，但其衰减与大气条件有关，有时它可以在空气中持续好几分钟。

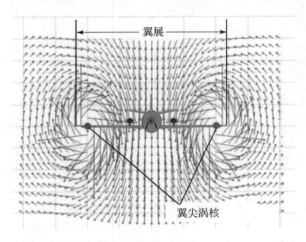

图9.109　飞机后方的尾涡流场（从飞机后方观察）

图9.110　ATTAS飞机尾迹流场的可视化

着更大和更重的飞机（如安东诺夫安-225，空客A-380）的制造、日益增加的空中运输密度、大型机场有限的容量以及机场的平行跑道，尾涡问题依然对飞行安全有着不容忽视的影响，需要对其进行更加全面的研究。

在2000年至2002年期间，作为欧洲S-Wake（Assessment of Wake Vortex Safety，尾涡安全评估）项目的一部分工作，ATTAS模拟器被首次应用于尾涡现象研究[95]。为了可靠、真实地模拟进入尾涡的飞行，研究人员通过飞行试验收集了遭遇尾涡时的飞行数据。试验中，ATTAS模拟器作为前机（国际民航组织（International Civil Aviation Organization，ICAO）分离等级①：中型），用于

尽管尾涡现象早已为人们所知，但在20世纪60年代，由于空中交通的不断增加和大型运输飞机（如波音747）的使用，人们才越来越意识到它的重要性。在波音747飞机后面飞行的飞机经历了逐渐增强的湍流，给飞行安全带来了严重隐患，这个现象直接导致了对尾涡的大量理论和试验研究。为了避免飞机进入到未衰减的尾涡，最初空中交通管理引入了尾迹湍流分离的最低标准，初步解决了多年来尾涡影响的问题[94]。但是，随

---

① ICAO分离等级（ICAO separation class）是指国际民航组织（ICAO）为保证飞机飞行安全而制定的尾流间隔标准，其按最大起飞重量将飞机分为重型（Heavy）、中型（Medium）和轻型（Light），2008年，针对新投入运营的A380飞机，将A380等飞机单独划为超重型（Super）。一般飞机重量越小，间隔距离也越小。

产生尾涡。德国布伦瑞克理工大学（Technical University of Braunschweig，TU-BS）的 Do 128 飞机和荷兰国家航空航天实验室（NLR）的塞斯纳 Citation II 飞机作为后机（这两架飞机的 ICAO 分离等级为：轻型），在 ATTAS 飞机后面飞行，故意进入 ATTAS 飞机的尾流中。技术人员使用专门安装在 ATTAS 飞机左翼上的烟雾发生器对尾流进行了可视化显示（图 9.111 和图 9.112）。后机在 ATTAS 飞机后面 0.5~1.5 海里（0.926~2.778 千米）的不同距离进行飞行（图 9.113）。根据试验中测量记录的大量变量，研究人员采用参数估计方法进行了离线分析[96-98]，对 ATTAS 飞机尾涡流场对后机的影响进行了精确的建模和仿真，该尾涡流场模型被称为气动干扰模型（Aerodynamic Interaction Model，AIM）。

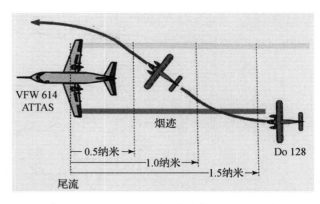

图 9.113　ATTAS 飞机尾涡与 Do 128 飞机航迹交会示意图

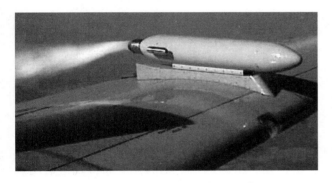

图 9.111　ATTAS 飞机左翼安装的烟雾发生器

图 9.112　ATTAS 飞机左侧尾涡的可视化

之后研究人员继续开展了类似的飞行试验，他们将 DLR 的"猎鹰"（Falcon）20E 飞机作为跟随飞机，在 ATTAS 飞机产生的尾流中进行飞行，该试验专门设计用于验证后掠翼飞机的气动干扰模型。作为一个典型的例子，图 9.114 给出了飞机遭遇尾流期间测量的迎角 α、侧滑角 β 与模型辨识结果的比较。图 9.115 给出了飞行试验中测量的"猎鹰"飞机典型变量的动力学响应曲线，并将它们与基于飞行数据辨识气动干扰模型的仿真结果进行了比较，图中显示，在 4.5~6 秒的时间段内，可以观察到由于遭遇尾流，飞机的俯仰、滚转和偏航轴上都出现相当大的加速度、速率和姿态响应，而此时飞行员并没有进行任何控制输入。上述尾流运动建模方法、尾流模型参数估计方法以及尾流对跟随飞机的影响，被广泛地应用于常规运输飞机尾涡现象的分析研究中[99]。

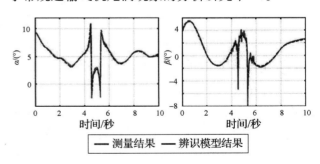

图 9.114　尾涡流场中飞行的测量气流角与辨识结果的比较

此外，ATTAS 模拟器的飞行模拟能力还被用于确定飞行员在遭遇尾涡情况下继续进行安全飞行的风险边界的研究。飞行试验针对降落进场飞行开展，其中飞机进入尾流的方向几乎平行于涡轴，这种情况下涡流将主要引起跟随飞机发生滚

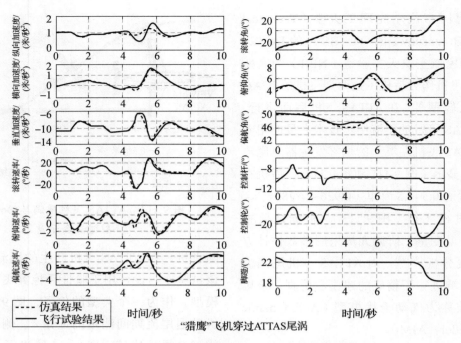

图 9.115 尾涡相会期间的飞机运动变量曲线

转运动。

为了评估遭遇尾涡的严重程度,研究人员采用了一种称为滚转控制比(Roll Control Ratio, RCR)的准则来考察飞机滚转轴的扰动大小和可控能力。RCR 的定义是补偿尾流引起滚转力矩所需的滚转控制输入与飞机最大可用滚转控制输入的比值。对于理想化的准稳态飞行状态,RCR 大于 1 意味着由尾涡引起的滚转力矩已经超过控制输入的补偿能力,然而在实际飞行中,其他因素特别是飞行员的反应延迟也有重要影响。尽管如此,研究表明,RCR 是一个建立风险边界的恰当参数。为了分析 RCR 限制的可靠性,试验最初是在地面模拟器中进行,最后再通过 ATTAS 模拟器进行空中飞行模拟。为了实现研究目标,技术人员利用 ATTAS 飞机,试验模拟了飞机真实着陆进近过程中遭遇尾涡的飞行,每次进近后飞行员都要对尾涡的影响进行评估,试验系统地考察了在跑道入口上方不同高度遭遇尾涡的影响。

遭遇尾涡的飞行模拟原理如图 9.116 所示,尾涡引起的扰动可以通过时间相关法与空间相关法进行考察,这两种方法分别代表了时间与空间的研究角度。时间相关法的优点是扰动的演变和强度可以精确地预先确定和再现。相较而言,空间相关法则更为实用,因为扰动的等级和强度取决于 ATTAS 飞机进入尾涡的程度,同时还受到飞行员反应和控制输入的影响。但是,采用空间相关法,预先精确地确定尾涡强度和再现遭遇尾涡的模拟飞行只能在一定程度上实现。根据地面模拟和飞行试验结果,研究人员得出如下结论:当 RCR 小于 0.2 时,飞行员在尾涡中的飞行没有困难[100-103]。当然,上述飞行试验是针对沿直线传播发展的尾涡。ATTAS 模拟器还开展了遭遇弯曲尾涡的试验研究[104],此处不再深究细节,直接给出结论,研究结果表明,在遭遇某些尾涡的情况下,飞机存在产生 PIO 趋势的可能性。

遭遇尾涡时飞机的飞行安全可以通过控制增稳手段加以改善,例如图 9.117 所示的主动控制系统。为实现主动控制,研究人员开发了一种算法,该算法通过前视传感器(如雷达、激光雷达)的气动测量数据重建流场。如果流场是已知的,则基于气动干扰模型可以估算出飞机受到的干扰力和干扰力矩,从而确定尾涡流场对跟随飞机的影响,相关计算甚至可以在飞机进入尾涡流

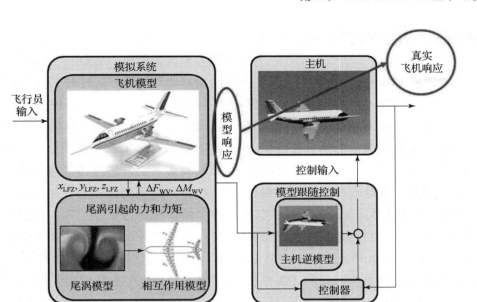

图 9.116　尾涡交会飞行的模拟原理

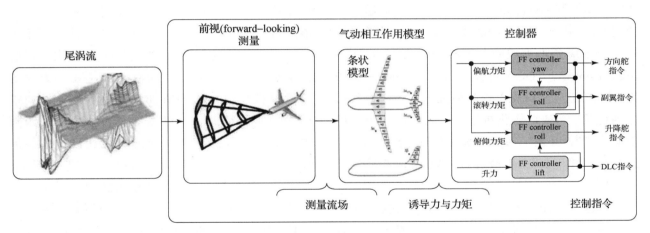

图 9.117　抑制尾涡影响的主动尾流控制原理

场之前便得以完成。根据预测的干扰力与干扰力矩，飞控系统自动计算相应的控制指令，削弱尾涡对飞机的干扰作用。技术人员通过三期飞行模拟试验，对这种自动控制系统进行了测试验证。在 2006 年和 2009 年分别开展的前两期试验中，只有副翼、方向舵和升降舵三个主要控制舵面参与了主动尾流控制。

尽管在这两期试验中，飞机分别只飞行了 20 架次和 16 架次，还不足以得出统计意义上的有益结论，但是飞行员对主动尾流控制的评价远远高于对正常手动控制的评价。为进一步改善飞机在尾流中的飞行品质，在第三期飞行试验中，研究人员发展了增加直接升力控制（DLC）的技术手段（图 9.118）[105]，并得到了飞行员的肯定。

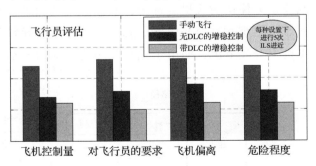

图 9.118　无主动尾流控制和有主动尾流控制时飞行员的评估（控制量：副翼、方向舵、升降舵和 DLC 襟翼）

9.2.14 飞机应急推力控制（2006—2009 年）

尼古拉斯·费赞斯（Nicolas Fezans）

飞机主要控制装置发生严重故障可能会导致灾难性的后果，因此，有必要提升飞机的控制冗余度来避免灾难性后果的发生。然而，在过去的 40 年里，仍有一些事故是由于主要控制部件故障或其他外部影响造成的。在这些事故中，至少有两起是在民用飞机正常作业时发生，如：1985 年 8 月 12 日，日本航空公司的 123 号航班（机型：波音 747 SR-100，编号：JA8119）；1989 年 7 月 19 日，美国艾奥瓦州苏城联合航空公司的 232 号航班（机型：麦·道 DC-10-10，苏门机场）。另外，一些军用和民用飞机事故是由于外部损坏导致的主要控制部件故障[106]。为解决这个问题，20 世纪 90 年代初，以 NASA 为代表的大型研究机构提出了应急推力控制（emergency Thrust-Only flight Control，TOC）研究项目[107]。2006—2009 年，DLR 进一步深化了这项研究，基于模型预测控制理论[108]和结构化抗饱和（anti-windup）控制策略[109]，开发了基于发动机推力的容错飞行控制系统，并于 2009 年通过 ATTAS 模拟器进行了飞行验证。

紧急飞行控制概念为：在所有主要控制舵面（升降舵、副翼和方向舵）完全失效的情况下，通过调节发动机推力（仅推力控制），实现飞机安全着陆。

尽管在过去飞行员可以在短时间内通过手动调节推力保持对飞机的部分控制，但这种操纵任务非常困难并且容易出错。总推力的变化会导致飞机上升或下沉，而由于偏航和滚动运动的气动耦合，飞行员可以通过左右发动机之间的不对称推力来改变航向。然而，飞机对不对称推力指令的反应非常迟缓，这就对飞行员的驾驶技能提出了很高要求。演示验证的应急推力飞行控制器可以大大减少飞行员的工作量。控制器中，飞行员使用侧杆来产生"高级"指令：通过向前/向后操纵改变飞机航迹倾角，通过向左/向右操纵使飞机达到期望的倾侧角，图 9.119 给出了该控制方案的简化原理框图[109]。应急推力控制器作用时，飞行员指令信息将显示在驾驶舱主飞行显示器（PFD）上飞行航迹和滚转角信息的旁边。由于飞机对推力变化的反应缓慢，这种扩展显示对飞行员保持飞行态势感知非常重要。

从 2009 年 11 月开始，研究人员使用 ATTAS 模拟器，在真实情况下对应急推力控制方案的功能进行了飞行试验。最初，研究人员测试了系统对不同飞行员输入的响应，图 9.120 给出了试验的部分结果，尽管轻微的湍流和主要操纵面的故障模拟导致飞机的机动性变差，但在发动机推力控制的帮助下，对飞行员的指令还是跟随得很好，指令高度和航向的变化速度很慢，但控制精度很高。随后，在不同的控制器设置下，ATTAS 飞机进行了几次带复飞的着陆进近。有了这个"应急控制器"，飞机就有可能在发生严重控制舵面故障的情形下实现安全着陆，同时，飞行员的操控工作量也是可以接受的。地面模拟研究和 ATTAS 飞机飞行试验结果表明，飞行员几乎总是能够驾驶具有应急推力控制的飞机接近跑道并顺利降落。如果没有这样一个控制器，飞行员只有在特殊情况下才有可能完成同样的任务。

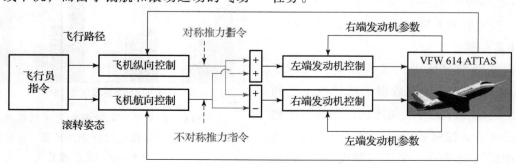

图 9.119　纯推力控制的简化结构框图

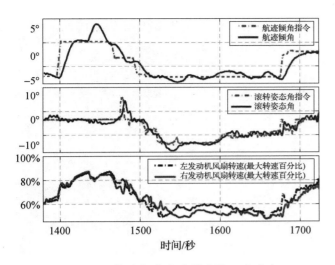

图 9.120 航迹倾角和滚转角输入指令与 ATTAS 模拟器的实际状态响应比较

9.2.15 飞行试验驾驶舱（1992—1993 年）

沃克马尔·亚当（Volkmar Adam）和乌韦·蒂根（Uwe Teegen）

本书在 9.1.5 节中已经指出，飞行模拟模式（SIM 模式）允许 ATTAS 空中飞行模拟器在仪表飞行规则（Instrument Flight Rule，IFR）下，由位于机舱内试验驾驶舱（Experimental Cockpit，ECOCK）的飞行员驾驶飞行。ECOCK 代表现代运输飞机驾驶舱采用的右侧席位，用于研究先进的显示和输入设备。ECOCK 中有一个连接机载试验系统的接口，通过这个接口可以方便地访问试验中的飞行数据。飞行员座位后面提供了一个监控工作站，监控工作站可以控制试验的运行并对飞行员的生理状况进行监测。对 ECOCK 的所有改造，包括新型的操控输入和显示输出设备的安装，都是先于飞行试验在实验室中进行的。在实验室进行系统检查和测试程序准备时，ECOCK 可以连接到一个代表 ATTAS 飞机和相应机载系统的飞行模拟器上。

在 ATTAS 飞机起飞并切换到电传操纵飞行控制后，飞机控制可以移交给 ECOCK，赋予试验飞行员几乎全部的权限。试验飞行员可以通过侧杆和油门杆手动驾驶飞机，也可以通过自动飞行控制系统（Automatic Flight Control System，AFCS）和飞行管理系统（Flight Management System，FMS）进行自主飞行。

1992 年 11 月 25 日，ECOCK 进行了第一次飞行试验，飞行员使用指令控制模式来控制俯仰通道和滚转通道，并开启了其他一些自动驾驶模式。在这次飞行试验中，主飞行显示（PFD）、导航显示（ND）和发动机/系统显示（EngD）运行在 4 台 5 英寸的 CRT（Cathode Ray Tube，阴极射线管）显示器上。1993 年，技术人员为 ECOCK 安装了一套类似于空客 A320 飞机硬件设备的飞行控制单元（Flight Control Unit，FCU），并使用 4 台 13 英寸的平板显示器取代了之前的 CRT 显示器，平板显示器由两台 Silicon 图形工作站驱动（图 9.121）。

图 9.121 试验驾驶舱右侧扶手处安装的触摸板

1. 主飞行显示（PFD）

PFD 的显示风格与现代运输飞机常用的显示风格相似，它显示飞机状态、告警、极限值、自动驾驶模式等信息（图 9.122）。

2. 导航显示（ND）

ND 可采用罗盘模式（Rose Mode）、水平显示模式（Horizontal Display Mode）或垂直显示模式（Vertical Display Mode）。在罗盘模式（图 9.123）中，显示了 HSI（Horizontal Situation Indicator，水平状态指示器）符号。通过飞行控制单元（FCU）左侧的显示控制单元（display control unit），可以选择 VOR 或 ILS 导航的罗盘模式。

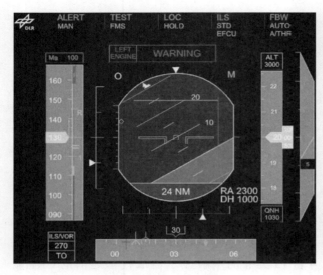

图 9.122　主飞行显示

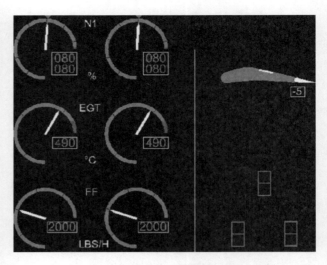

图 9.124　发动机参数、襟翼位置和起落架（矩形符号）显示

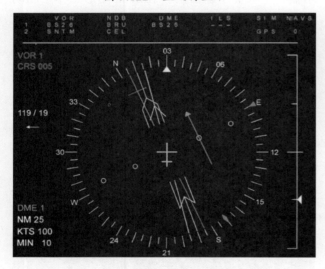

图 9.123　导航显示（VOR 导航的罗盘模式）

3. 发动机和系统显示

发动机显示屏显示两台发动机的基本参数，包括涡轮转速 N1、废气温度（Exhaust Gas Temperature，EGT）和燃料流量（Fuel Flow，FF）。位于发动机系统显示屏右侧的屏幕显示着陆襟翼、扰流板和起落架的位置（图 9.124）。

4. 飞行控制单元（FCU）

飞行控制单元允许启用自动驾驶仪和自动油门模式，并输入指令目标值，例如，航向 HDG 选择/保持、高度 ALT 选择/保持、空速 CAS 选择/保持、飞管系统 FMS 导引等（图 9.125）。

5. 无线电管理单元

无线电管理单元（Radio Management Unit，

图 9.125　飞行控制单元

RMU）允许输入机载 COM/NAV 设备（VHF-COM、VOR、DME、ILS、ADF）的频率和应答机代码。

9.2.16　ATTAS 模拟器自动导引系统（1991—1993 年）

沃克马尔·亚当（Volkmar Adam）和哈咏·贝克尔（Hayung Becker）

基于 HFB 320 空中飞行模拟器综合飞行导引系统（Integrated Flight Guidance System，IFG）的开发经验以及在飞行测试过程中积累的技术（见 7.3.9 节），技术人员也为 ATTAS 模拟器开发了自动飞行导引系统（Automatic Flight Guidance System，AFGS）。ATTAS 模拟器上第一个版本的 AFGS 甚至使用了以前的模式控制器（Autonomes digitales Bediengerät，ADB）（图 9.126）。安装 AFGS 后的 ATTAS 模拟器飞行试验始于 1991 年，最初飞行试验主要用于验证和改进地面模拟器的气动模型和发动机模型。

图 9.126　ATTAS 模拟器驾驶舱中带有 ADB 的遮光板

1993 年，几个类似于空客 A320 飞机硬件设备的飞行控制单元被安装在 ATTAS 飞机前驾驶舱、ECOCK 驾驶舱和 ATTAS 地面模拟器中。由于人们认为有必要给飞机增加自动驾驶仪模式的控制器，测试的 AFGS 在俯仰和滚转通道提供了指令控制模式作为基本模式，并且大量使用了自动驾驶仪和自动油门模式，使飞机在许多阶段的飞行都实现了自动化[110]。

一旦启动 ATTAS 模拟器电传操纵系统的 SIM 模式，就会自动启动电传操纵俯仰模式和电传操纵滚转模式。在这种情况下，侧杆的前向偏转和侧向偏转分别对应于俯仰速率指令和滚转速率指令。如果侧杆偏转接近于 0，则当前飞机的垂直速度和滚转角度维持恒定。如果侧杆的侧向偏转为 0，而同时飞机滚转角接近 0°，则航向保持控制器会自动启动。同样，当侧杆前向偏转为 0，垂直速度也为 0 时，高度保持控制器就会自动启动。

飞行员通过按下按钮"AP1 ON"，可以进入自动驾驶仪模式之一，包括高度选择、垂直速度、飞行路径角、航向选择、航迹选择、直线

飞行和航向信标（LOC）着陆。另外，如果飞行员按下按钮"ATHR"，那么自动油门模式会被启动，包括复飞、空速 CAS 选择、马赫数选择和 ILS 速度。如果所有三个按钮"AP1 ON""AP2 ON"和"ATHR ON"都被按下，则试验飞行管理系统（Experimental Flight Management System，EFMS）的导引指令会被用作控制系统的输入。

由于控制系统被设计为一个多变量耦合系统，通过对控制变量进行动态前馈控制，可以在降低飞行员操控活动的同时，精确地实现飞机空速、高度以及航向的控制。

9.2.17　试验飞行管理系统

沃克马尔·亚当（Volkmar Adam）和乌维·蒂根（Uwe Teegen）

飞行管理系统（Flight Management Systems，FMS）通常用于规划飞机从起飞点到目的地的飞行航线，并引导飞机沿着规划航线自动飞行。然而，当航空交通密度很大，并且空中交通管制部门（ATC）对单个航班施加安全隔离限制时，飞机通常无法完全使用该功能。预计在未来更先进的空中交通管理系统（Air Traffic Management System，ATM）中，地面规划计算机将通过数据链路连接到机载 4D 飞行管理系统（4D-FMS），交换航线规划信息。这种综合 ATM 系统可以通过先进的机载 4D-FMS 与地面计算机交通管制指令进行协商[111-112]。

试验飞行管理系统（Experimental FMS，EFMS）是在 PHARE（Program for Harmonized ATM Research in Eurocontrol，欧洲控制协调 ATM 研究项目）项目支持下开发的，它被设计为一种灵活的研究工具，易于适应特定的要求[113]。EFMS 并不是要实现对可操作 FMS 的完整模拟，而是用于开发和实现与试验研究和演示验证有关的功能。因此，试验飞行管理系统 EFMS 的许多标准功能是缺失的[114-116]，但是它支持了一些创新的功能，比如：

（1）飞行航迹规划中考虑影响垂直剖面和航路点到达时间的各种限制因素。

（2）沿 4D 航迹（4D-trajectory）或 4D 走廊（4D-tube）的精确制导，为飞机提供沿航迹的特定机动裕度。相应地，4D 走廊代表空中交通管制给出的许可飞行空域。

（3）通过自动数据链路，利用地基空中交通管制规划计算机协商航迹和约束。

（4）将飞机上测量的气象数据传输到地面动态气象数据库。

（5）从地面动态气象数据库中获得航线区域相关气象数据，用于空中航线规划。

1. 航迹预测

EFMS 的一个主要功能是预测满足空中交通管制限制的可用飞行航迹。为此，EFMS 综合利用空气动力学数据、发动机数据、风场数据、温度数据以及飞机的性能参数和操作程序，通过模拟飞机运动，生成符合航线约束和高度约束的航迹。

横向航线由航路点之间的大圆段和航路点处具有固定半径的圆弧组成，垂直剖面由一系列准优化（quasi-optimized）的飞行阶段组成，其中爬升部分在高功率设置和准优化校准空速（Calibrated Air Speed，CAS）设置下进行预测，下降部分是在发动机接近怠速功率状态下规划。航线规划中对空速和高度曲线进行了反复规划和修改，以尽可能地满足所有的高度和时间约束。为了满足特定航路点对应的到达时间，对 CAS 曲线进行相应的调整。在从计量定位点①（Metering Fix）到进近点的最后飞行阶段，飞行航线的长度会进行适当的调整，采用喇叭形或扇形航线拉伸。

2. 导引

EFMS 导引是一个连续的控制过程，EFMS 每 150 毫秒向 AFCS 提供更新的导引指令。横向导引通过滚转角指令控制飞机沿航线飞行实现，其中滚转角指令是当前侧偏距和航迹方位角偏差的函数。飞机转弯期间所需的滚转角可以提前预测估计，该预估值将作为前馈项输入到飞机姿态控制系统。

垂直导引包括爬升、巡航和下降的几个可选导引选项。关于在高功率设置下具有最小热循环的经济爬升（economical climb），飞机按照计划的恒定推力和 CAS 指令进行爬升，这也是运输机飞行中的常见做法，即爬升中不控制高度和时间。由于飞机实际上是开环控制，这通常会导致与预计高度 - 时间历程的偏差，偏差大小取决于航迹预测中的气象预报（风和温度）和飞机性能数据（空气阻力、发动机推力、飞机重量）的准确性。虽然飞行存在偏差，但是如果没有要求飞机精确跟踪爬升高度 - 时间曲线的空中交通管制约束，也就没有实施更为精准控制的必要了。

全 4D 控制从爬升顶点（Top of Climb，TOC）开始，在整个巡航和下降过程中使用。它采用一个简单的算法，根据当前时间偏差计算 CAS 增量指令。在巡航过程中，飞机高度由升降舵控制，CAS 由油门控制。在下降过程中，CAS 的控制通过升降舵实现，同时通过总能量算法来调整推力，这个控制逻辑也是 AFCS 的一部分。为了提供推力减少的余量（即允许推力进一步减小），飞机下降中发动机通常设置在较低的推力值水平，而不是设置在怠速状态。

3. 机载人机界面（Airborne Human Machine Interface，AHMI）

4D 航迹的生成和调整需要高效的输入 / 输出（I/O）设备，以便于飞行员与飞行管理系统之间进行交互。为此，PHARE 项目中设置了 AHMI 子课题，它的一个主要目标是在保持飞机安全飞行的同时，支持飞行员在新的驾驶舱内进行快速高效的操作。为了实现这一目标，技术人员开发了约束列表、4D 航迹和 4D 走廊的图形显示以及与对象相关的输入功能。此外，通过触摸板输

---

① 计量定位点是一个指定的空中交通管制点，用于管理和控制飞机在特定区域或航段的流量。它通常用于确保飞机以合适的间隔进入某个空域或着陆程序，帮助航空公司和空中交通管制员更好地协调飞机的起降顺序和时间，从而避免过度拥堵，优化空域的使用。

入设备和图形显示设备，导航显示（Navigation Display，ND）的功能也得到增强，飞行员可以直接对它们进行操作，提升了人机交互效率。

先进导航显示器的水平显示（Horizontal Display，HD）和垂直显示（Vertical Display，VD）具备输入功能。导航显示器的总体布局如图 9.127 和图 9.128 所示，在基本信息显示方面，HD 采用了传统电子飞行仪表系统（Electronic Flight Instrument System，EFIS）的导航显示布局，而 VD 则进行了创新的发展。导航显示器可通过两种独立的显示模式操作，分别是规划（PLAN）模式和监控（MONITOR）模式。

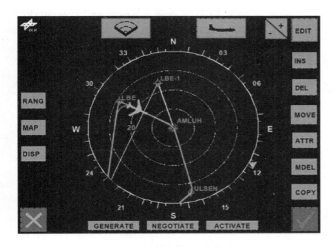

图 9.127　规划模式下的水平显示

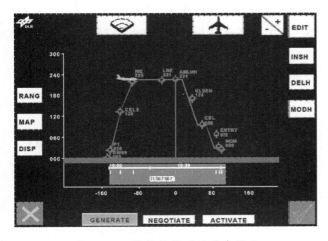

图 9.128　监控模式下的垂直显示

4. 规划模式

规划模式支持约束列表（即飞行计划）的修改。在这种模式下，飞行员可以初始化和编辑表示预测 4D 航迹的约束列表。如图 9.127 所示，HD 像一般的地图一样北向朝上，编辑菜单提供约束列表的编辑功能，包括插入、删除和修改所有类型的约束。

VD 将参考航路点置于屏幕中心，显示了垂直飞行剖面相对于飞行距离的关系。由于显示比例相同，约束列表航点之间的距离与 HD 的一致，高度根据所选距离范围内的高度范围自动缩放。然而，除非已经生成航迹，否则单纯的约束列表并不包括垂直剖面。

5. 监控模式

监控模式支持飞行员监控 4D 航迹和 4D 走廊的飞行进度，而 4D 航迹或 4D 走廊代表了空中交通管制的许可空域。在这种模式下，代表飞机的符号被固定在屏幕底部附近。与标准 EFIS 导航显示相对应，显示器中大约 150° 的角度范围用于显示飞机前方区域。在 VD 中，飞机位置被固定在垂直标线附近，屏幕显示了预测的垂直剖面（图 9.128）。与规划模式相同，高度也是自动缩放的。

6. 代表性飞行试验结果

作为 EFMS 应用的一个典型例子，图 9.129 给出了飞机下降过程的航迹曲线。飞机在到达下降起点（Top of Descent，TOD）之前，为补偿普遍存在的时间误差，4D 航迹进行了更新，这次更新是精确跟踪下降曲线的必要前提条件。飞机下降开始时将推力减小到接近怠速状态，同时使用升降舵保持空速不变。下降开始之后，飞机通过推力控制总能量，通过升降舵跟踪 CAS 指令值，该指令值等于预设 CAS 指令与补偿时间误差的增量 CAS 指令之和。由于这一次飞行试验为顺风下降，地面速度增加了约 10 节，这也导致时间偏差增加了 −4 秒（代表提前 4 秒）。因为发动机推力已达到怠速功率，同时飞机没有打开扰流板，该时间偏差导致飞机 CAS 降低，进而引起了高度误差。在飞机下降段结束时，飞机高度误差约为 400 英尺。

在 9000 英尺高度时，由于计量定位点（Metering Fix）处的高度限制，飞机进入水平飞

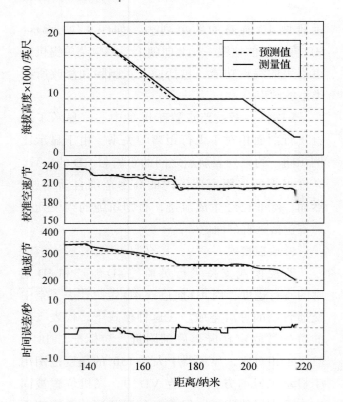

图 9.129 从巡航高度到进近高度的阶梯式下降

行阶段。EFMS 通过航线拉伸进行航迹更新，具体是通过修改剩余飞行航线到进近点的长度来补偿 –4 秒的时间偏差。

在开始下一个下降阶段之前，EFMS 再次更新航迹来消除 –2 秒的时间偏差。飞机从 9000 英尺下降到 3000 英尺过程中准确地跟踪了设计的高度曲线，最大偏差小于 70 英尺。在航线延伸区域的入口点，EFMS 进行了最后一次航迹更新。由于下降时间偏差大约 1 秒，导致进近点的到达时间滞后 1 秒。在气象预报与实际天气一致的情况下，本例所示的导引精度是一个典型的结果，在 1997 年 5 月和 6 月期间 ATTAS 飞机所有飞行试验的结果都与之类似。

为了发展更为先进的空中交通管理系统（Air Traffic Management System，ATM），PHARE 项目的几个合作伙伴对 EFMS 进行了利用，它被装备在 Qinetiq（前身为国防研究机构 DERA）的 BAC 1-11 飞机、荷兰国家航空航天实验室（NLR）的塞斯纳 Citation 飞机以及欧洲空中导航安全实验中心（Eurocontrol Experimental Center，EEC）的波音 747 驾驶舱模拟器中。在 PHARE 项目结束后，EFMS 得到进一步发展，它被重新命名为 AFMS（Advanced Flight Management System，高级飞行管理系统）。ATTAS 模拟器和 BAC 1-11 飞机针对 AFMS 的后续飞行试验主要用于研究"空中隔离保障系统"（Airborne Separation Assurance System，ASAS）（另见 9.2.18 节）。此外，AFMS 也被用于管制空域的无人机导引（另见 9.2.11 节）和高级进近程序（另见 9.2.19 节）。

9.2.18 面向航迹的空中隔离保障系统

伯恩哈德·切尔利茨基（Bernhard Czerlitzki）

面向航迹并基于时间的空中交通管制操作、数据链路通信和空中隔离保障系统（ASAS）为实现空域的最优利用发挥了重要作用。实施所谓的 ASAS 授权机动需要新的空中和地面程序。ASAS 为飞行员提供可能发生冲突飞机的早期预警，允许飞机以战略而非战术的方式解决冲突。基于该系统，驾驶舱机组人员可以对周围的空中交通进行监视，同时在紧急情况下该系统可为飞机的规避机动提供规划航迹。

ASAS 包含两个重要的程序，分别是：①纵向间距使用"向后合并"（Longitudinal Spacing Merge Behind）；②横向间距使用"向后通过"（Lateral Spacing 'Pass Behind'）。在第一种情况下，管制员和机组之间的新任务分配被视为一种可能的改进方案，特别是飞机到达流程的顺序，它依赖于一组新的间距指令，管制员可以要求机组人员将飞机保持在要求的间距。在第二种情况下，计算机程序将为管制员提供一组新的指令，以解决两架飞机在相会航迹上的冲突。管制员指示一架飞机的机组人员保持给定的最小间距，从另一架飞机后面通过。

交通信息座舱显示（Cockpit Display of Traffic Information，CDTI）由周围飞机的广播式自动相关监视（Automatic Dependent Surveillance-Broadcast，ADS-B）信息驱动，这些信息包括飞机的标识和状态向量。CDTI 在导航显示屏上用图形化方式表示每架飞机的位置、距离和空速，从而增强了机组人员的态势感知能力。CDTI是ASAS的重要组成部分，当管制员给出指示时，飞行员识别CDTI上的目标并启动指令任务。飞机上的飞行管理系统根据指令自动生成最佳航迹，引导飞机完成机动。

1999年，一个由设备供应商、研究机构和服务提供商组成的联盟启动了MA-AFAS（More Autonomous Aircraft in the Future ATM System，未来ATM系统中的更自主飞机）联合项目，项目部分研究资金由欧盟委员会根据第五个框架计划[①]提供。MA-AFAS项目的研究重点是开发一套综合的空中/地面系统，它将航迹定向、数据链通信和空中隔离保障作为现代化ATM系统的补充组成部分。项目研究内容包括一套4D-FMS航空电子设备体系的开发和集成，它由VDL-4数据链、CMU（Communication Management Unit，通信管理单元）和FMU（Flight Management Unit，飞行管理单元）组成。该套电子设备体系的功能包括：①使用CDTI和ADS-B的ASAS应用；②4D航迹以及后续4D自动导引的生成和协商；③滑跑管理，包括滑行路线、CPDLC（Controller Pilot data Link Communications，管制员和飞行员数据链通信）信息、净空、CDTI、跑道报警和跑道入侵；④与航空公司运营中心（Airline Operations Centre，AOC）的通信；⑤精确进近程序（SBAS、GBAS）；⑥基于VDL-4数据链的通信。

DLR在MA-AFAS项目中承担的任务是在地面飞行模拟器和ATTAS空中飞行模拟器中开展试验验证。图9.130显示了ATTAS模拟器机舱中安装的MA-AFAS试验系统的硬件设备。一台内部测试平台（In-House Test Platform，IHTP）笔记本电脑可以通过以太网连接到FMS机柜中的PC卡，对MA-AFAS试验系统的行为进行监控，包括多用途控制和显示单元（Multi-purpose Control and Display Unit，MCDU）的模拟与任何突发问题的检测。在布伦瑞克－沃尔夫斯堡机场，研究人员利用地面平台A-SMGCS（Advanced Surface Movement Guidance and Control System，先进地面运动导引与控制系统）对滑跑管理试验程序进行了验证[117]。

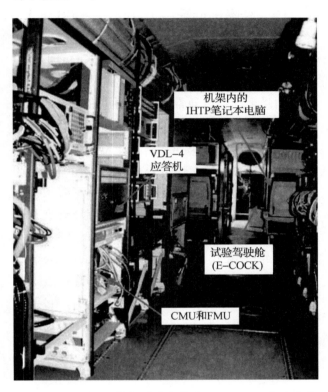

图9.130　ATTAS模拟器中安装的MA-AFAS试验系统

2003年3月，试验人员在意大利罗马和撒丁岛之间的地中海上空开展了为期五天的联合试验，使用ATTAS模拟器（DLR）和BAC 1-11飞机（QinetiQ，前身为DERA）两架飞机成功进行了ASAS授权机动的演示。罗马恰姆皮诺机场是飞行试验的出发和到达机场[118]。试验中，两架飞机在同一高度上进行交会飞行，罗马航空交通管制中心的一名空中交通管制员观察到可能的冲突，他指示BAC 1-11飞机在ATTAS飞机后方6海里的距离通过。FMS根据指令自动生成一个最佳冲突解决方案，该方案随后被BAC 1-11飞机的飞行员激活，引导飞机在恒定飞行高度下进行横向规避机动。随后，BAC 1-11飞机沿试验路线进行

---

① 欧盟第五框架计划是一个资金资助计划，旨在促进科学研究和技术开发。它的周期为1998年至2002年，目标是支持欧洲的研究合作、提高科研水平，并推动科技创新。该计划涉及多个领域，如信息技术、环境保护和生命科学。

了纵向间距"向后合并"机动,期间 BAC 1-11 飞机必须与 ATTAS 飞机保持给定的间距。在重复开展的多次试验中,这些机动在各种天气条件下都成功地得以完成。

9.2.19 降噪进近程序(2005—2006 年)

亚历山大·库恩斯(Alexander Kuenz)

限制空中交通流量的一个重要影响因素是飞机的噪声。噪声通常来自发动机和机身,原则上可以通过消除噪声源来降低噪声,或者可以通过应用低噪声的起飞和降落程序来减少噪声。早在 20 世纪 70 年代,技术人员就已经用 HFB 320 FLISI 空中飞行模拟器对降低飞机噪声的飞行程序开展了研究。当时,人们证明了陡坡进近和高速低阻飞越具有降低噪声的潜力(见 7.3.2 节)。使用持续平滑式下降进近(Continuous Descent Approach,CDA,也可简称为持续下降进近)程序可以显著降低噪声。如图 9.131 所示,它要求飞机从下降起点(Top of Descent,TOD)连续平滑下降,直至着陆[119]。

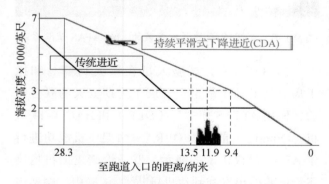

图 9.131 持续平滑式下降进近与传统阶梯式下降进近比较

当应用 CDA 时,飞机噪声的降低是因为两方面的原因。首先,与标准的低阻力低功率(Low Drag Low Power,LDLP)阶梯式下降进近程序相比,由于取消了水平飞行,连续下降方式中飞机的航迹总体更高,因而噪声源与地面噪声接收器之间的距离更大,这有利于噪声的吸收与衰减。其次,飞机在下降过程中减小了推力(理想情况下发动机为急速状态),从而从源头上减少了噪声的产生。

在如今的飞机进近操作中,只有在空中交通管制员给予许可且飞行员愿意执行 CDA 时,飞机才执行 CDA 程序。这是因为 CDA 程序通常会带来飞机抵达时间的偏差,其在飞机接地时间规划中需要安排两分钟的容许变动量。因此,CDA 通常只在低航空流量条件下才会执行。另外,由于 TOD 位置的精确预测十分复杂,CDA 程序中发动机通常不会采用急速推力。

若要在高航空流量条件下进行 CDA,那么地面到达管理系统和机载 4D 飞行管理系统(FMS)对 CDA 程序进行集成是十分必要的。精确的 4D-FMS 导引满足地面预测的到达时间要求,有助于消除 CDA 程序对机场吞吐量的负面影响。

研究人员比较了三种不同类型的降噪进近程序(Noise Abatement Procedures,NAP),包括 LDLP 阶梯式下降进近、高级持续平滑式下降进近(Advanced Continuous Descent Approach,ACDA)和最速持续平滑式下降进近(Steep Continuous Descent Approach,SCDA)程序。研究人员使用柏林飞行模拟中心(Zentrum fü Flugsimulation Berlin,ZFB)的 A330 地基全动飞行模拟器(Full Flight Simulator)和 DLR 的 ATTAS 空中飞行模拟器,对三种 NAP 程序都进行了试验,通过飞行试验,证明了 DLR 的高级 FMS(Advanced FMS,AFMS)对飞机 4D 航迹预测的精确性。试验研究主要考察飞机的自动和手动飞行特性,具体根据时间和高度偏差来对飞行性能进行评估。相应 NAP 的试验情况如下所述:

1. LDLP(低阻力低功率)进近

飞机使用巡航飞行布局(襟翼、缝翼和起落架收起),从气压高度 8000 英尺的高空以恒定速度开始急速下降,当通过 3000 英尺时,巡航飞行速度降低,襟翼和缝翼随后展开,当飞机通过 ILS 截获下滑道后,其速度进一步降低,起落架在距离地面 1800 英尺时展开。

2. CDA(持续平滑式下降进近)

飞机从气压高度 8000 英尺的高空开始缓慢下

降，推力接近怠速，下降过程中下滑角保持不变，之后速度降低，同时根据飞机类型调整速度和缝翼位置。飞机在下降模式下截获ILS下滑道，这个过程中没有任何巡航飞行段。对于LDLP程序，ILS导引信号在3000英尺处被捕获。飞机截获下滑道后，速度进一步降低，起落架在距离地面1800英尺时展开。

3. ACDA（高级持续平滑式下降进近）

ACDA与CDA类似，但是飞机整个下降过程是在怠速推力下飞行的。因此，下降速率和下降角度在下降期间不一定维持恒定。

4. SCDA（最速持续平滑式下降进近）

采用SCDA程序，飞机开始下降的时间比ACDA晚许多。当飞机通过7000英尺高度时，飞机初始速度降低，允许襟翼、缝翼和起落架在高空展开。这种高阻力布局会导致飞机高度迅速下降，期间保持恒定速度有助于维持较高的下降速率。飞机在大约2000英尺的高度截获ILS下滑道，一旦截获，飞机速度会不断降低，直至达到接地速度。

所有进近试验都在布伦瑞克机场进行，每次试飞前，最新的风力天气预报会被上传到AFMS。对于自主飞行试验，AFMS导引指令将由AFCS（Automatic Flight Control System，自动飞行控制系统）直接执行。襟翼和缝翼也由AFCS直接操纵。由于安全规定，根据ND上提供的倒计时，飞行员会人工控制起落架展开。对于人工驾驶的飞行试验，飞机PFD上会提供导引辅助信息。

ATTAS模拟器飞行试验的预测和导航精度很高，与A330模拟器试验的结果精度相当。图9.132~9.134展示了用ATTAS模拟器进行ACDA、LDLP进近和SCDA飞行试验的高度和速度偏差，在超过30次的进近飞行中，高度误差通常小于±150英尺，接地时间偏差一般小于±3秒。即使在最坏的情况下，如发生风力预报漏报的小型空气急流阵风，或来自西南部的强风在哈尔茨山脉的背风面造成持续的下沉气流，飞机着陆的最大时间偏差也仅为10秒[119]。手动飞行试验证明，即使在飞机没有提供AFMS和AFCS之间连接的情况下，高度精确的进近也是可能的。

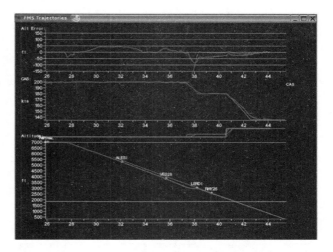

图9.132　ATTAS飞机高级持续平滑式下降进近

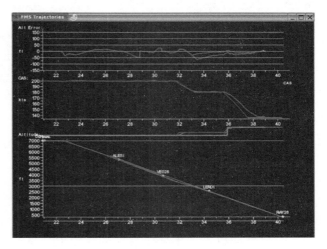

图9.133　ATTAS飞机低阻力低功率阶梯式下降进近

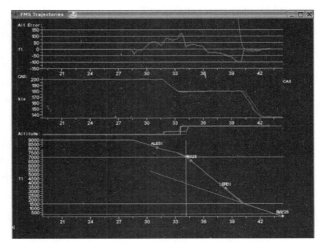

图9.134　ATTAS飞机最速持续平滑式下降进近

在没有自动驾驶仪和 AFMS 之间连接的情况下，飞行员的操纵仍然依赖于对 TOD 的准确预测。此外，飞行员需要辅助工具来精确地跟踪预测的 4D 航迹。图 9.135 展示了 PFD 上的"小鸟"符号，它通过给出俯仰角和滚转角指令提示，引导飞行员驾驶飞机飞行。其中，俯仰角指令是根据飞机返回正确高度的合成下降速度计算得出。如果实际下降速度大于合成下降速度，"小鸟"就会向上移动，提示飞行员向后拉杆，反之亦然。对于滚转角指令，如果实际滚转角小于合成滚转角，"小鸟"会向右移动，提示飞行员向右推杆，反之亦然。

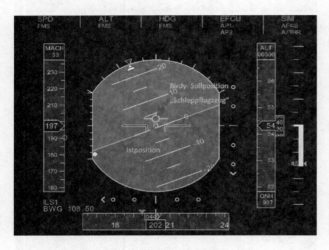

图 9.135　带有"小鸟"导航符号的主飞行显示

只要发动机推力不处于怠速的极限值，飞行员就必须根据速度要求（速度条上的绿点）不断地调整推力。一旦发动机进入怠速状态，则飞机将通过俯仰角对速度进行调节。

飞行试验结果表明，飞行员手动跟踪给定 4D 航迹的精度与使用自动驾驶仪的跟踪精度相当。然而，两种情形下飞行员的工作量有很大的不同。利用自动导引功能，飞行员能够将注意力集中在飞行进度的监控上。而在"小鸟"提示下的人工下降对飞行员的手动操纵要求很高，也很难再同时完成其他任务，如果此时有额外的任务指派给飞行员，这可能会直接导致飞机偏离预定航迹。

9.3　ATTAS 模拟器退役

迪特里希·汉克（Dietrich Hanke）

在 ATTAS 空中飞行模拟器 2012 年度的维护期间，技术人员在 ATTAS 飞机的发动机上发现了不可修复的微小裂纹，由于发动机无法更换，ATTAS 模拟器不得不在运行 26 年后，于 2012 年 6 月 27 日停飞。德国研究界和工业界为了表达对 ATTAS 模拟器工作的褒扬，有人提议将 ATTAS 模拟器连同其全部设备捐赠给位于慕尼黑附近施莱舍姆（Schleißheim）的德国科学技术博物馆。但是，这个看似简单的提议所面临的困难是如何将停飞的飞机运送到距离布伦瑞克大约 600 千米的博物馆。

为此，技术人员通过让一个发动机暂时工作，使飞机可以进行短暂的飞行，同时，飞往施莱舍姆的飞行也获得了 LBA 的特别许可。在这两项工作完成后，2012 年 12 月 7 日，DLR 的两名资深飞行员汉斯·尤尔根·伯恩斯（Hans-Jürgen Berns）和斯特凡·塞德尔（Stefan Seydel）驾驶 ATTAS 飞机完成了它的最后一次飞行。由于施莱舍姆的机场跑道很短，只有 808 米，因此作为预防措施，飞机上拆除了一些计算机设备来减轻重量。图 9.136 记录了 ATTAS 模拟器在施莱舍姆机场的着陆瞬间，由于降落完美，不需要消防队进行干预，图 9.137 记录了 ATTAS 模拟器抵达施莱舍姆机场后工作人员与它的合影。

2013 年 10 月 15 日，ATTAS 模拟器被正式移交给德国科学技术博物馆，它将作为研究机构和工业部门成功合作、促进现代飞行技术发展以及超过 25 年努力工作的典范，向公众进行展出。

从 9.2 节中可以看到，ATTAS 模拟器成功完成了各种具有挑战性的研究项目，它是 DLR 在飞行力学领域进行研究活动的重要平台和工具。ATTAS 模拟器为国际航空研究做出了重要贡献，获得了广泛的国际认可，它是德国航空研究的一个著名标志，代表了一种独特的飞行试验验证机在欧洲成功开发和使用的光辉历史。

图 9.136　ATTAS 模拟器在施莱舍姆完美完成最后一次着陆飞行

图 9.137　ATTAS 模拟器抵达德国施莱舍姆科学技术博物馆后工作人员与其合影

参考文献

1. Onken, R.: Spezifikation zum DFVLR Flugversuchsträger (Stand September 1979), DLR-IB 153-79/34 (1979)
2. Hanke, D.: Rahmenforderungen für den Flugversuchsträger ATTAS (Advanced technologies testing aircraft), Stand Mai 1980, DLR-IB 111-/80 (1980)
3. Thomas, F., Onken, R., Hanke, D.: Versuchsflugzeug der DFVLR für In-Flight Simulation und Flugführungstechnolo-gie. 2. BMFT-Statusseminar, Garmisch-Partenkirchen, 8./9. Oktober (1980)
4. Morgenstern, K., Simberger, G.: VFW 614. Wilhelm Gold-mann, München (1977). ISBN 3-442-03473-6
5. Wenz, F.-H., Zistler, F.-P.: VFW 614—Deutschlands erstes Kurzstrecken-Düsenverkehrs-flugzeug. Stedinger, Lemwerder (2003). ISBN 3-927697-33-8
6. Griem, H.: Flugversuchsträger ATTAS für die DFVLR. DGLR-Jahrestagung, Hamburg 1984, MBB-UT-17-84 (1984)
7. Mercker, E., Krahl, H.: ATTAS Windkanal-Messungen mit einem VFW 614-Modell, DNW-TR-82.07 R, Dezember (1982)
8. Anon.: ATTAS, Flugversuchsträger für die DFVLR, Ab-schlussbericht TE 13, Apr 1986
9. Hamel, P., Krüger, H.: ATTAS – Der neue Erprobungsträ-ger, 4. BMFT-Statusseminar, München, 28–30 Apr 1986
10. Hanke, D.: Der Fliegende Simulator und Technologieträ-ger ATTAS der DFVLR, Luft- und Raumfahrt 7 Heft 1/86 (1986)
11. Hanke, D.: Data processing concept for the DFVLR research aircraft

ATTAS. In: Proceedings of 3rd European Rolm Users Group Conference, Braunschweig, 7 May 1985; Bad Soden, 8–9 May 1985
12. Lange, H.-H., Hanke, D., Nietschke, W.: Einsatz eines Rech-nerverbundsystems mit optischer Buskommunikation im DFVLR-Flugversuchsträger ATTAS, DGLR Jahrbuch 1986, S.86-151 (1986)
13. Saager, P., Heutger, H.: Ground-based system simulation for an inflight simulator aircraft. In: Proceedings of the 15th ADIUS Annual Conference, Ann Arbor, Mich, USA, pp. 203–219, 12–15 June 1994
14. Hanke, D., Lange, H.-H.: The role of system simulation for the development and operation of ATTAS. In: Proceedings of the Flight Simulation Conference, Moscow, Russia, 11–16 Aug 1992
15. Lange, H-H., Bauschat, J.-M.: Der ATTAS Software Pool, ASP, ein Mittel zum Software Management und zur Validierung von Flugsteuerungssoftware—Ein Erfahrungsbericht, DGLR-Bericht 94-02, pp. 197–208 (1994)
16. Henschel, F.: Über Regelungskonzepte zur In-flight simulation unter Berücksichtigung von Nichtlinearitäten und Totzeiten in den Stellsystemen, DFVLR-FB 85-24 (1985)
17. Chetty, S., Henschel, F.: Model following flight control system design for ATTAS, DFVLR's new flight simulator. In: Proceedings of AIAA Guidance and Control Conference, Monterey, Cal/USA (1987)
18. Bauschat, J.-M.: On the application of a nonlinear in-flight simulation technique. In: Proceedings of the European Control Conference ECC 91, Grenoble, July 1991
19. Bauschat, J.-M.: Der Experiment-und Regelrechner des Flugversuchsträgers ATTAS. Die Einbindung von Benutzer-Software, DLR-IB 111–93/42 (1993)
20. Gestwa, M., Leißling, D., Bauschat, J.-M.: Development of experiment function for the flying test-bed ATTAS using MATLAB/SIMULINK with a modified real-time workshop. In: Model Based Design Conference, München, 8. Juni 2005
21. Hanke, D.: ATTAS-Flugbereichs-erweiterung, Schlussbericht, DLR-IB 111/97–18 (1997)
22. Hanke, D., Rosenau, G.: Hermes training aircraft, technical specifications, DLR-IB 111-91/03
23. Hanke, D.: Simulation fidelity requirements for HTA, DLR-IB 111-13/90-11 (1990)
24. Hanke, D., Gagir, G.: Hermes training aircraft. In: Proceedings of the 2nd European Aerospace Conference on Progress in Space Transportation, Bonn-Bad Godesberg, FRG, 22–24 May 1989, ESA SP-293, Aug 1989
25. Hering, R., Mönnich, W.: Nonlinear Matlab/Simulink Simulation of the Fairchild/Dornier 728JET, DLR-IB 111-2001/39 (2001)
26. Hanke, D., Heinecke, T., Lange, H.-H.: 728JET Flight Control System Evaluation. DLR-IB 111-2001/25 (2001)
27. Leißling, D., Gestwa, M., Bauschat, M: In-flight simulation in support of an aircraft certification process. In: AIAA Guidance, Navigation, and Control Conference and Exhibit, Austin, TEX (US), 11–14 Aug 2003
28. Otte, T.: 728JET Stability and Control—In-flight Simulation (IFS) with ATTAS. Persönliche Notizen (2013)
29. Wilmes, V.T.: Numerical Handling Qualities Evaluation of 728JET In-flight-simulation Testing. DLR-IB 111-2001/33 (2001)
30. N.N.: AC 120-40B—Airplane Simulator Qualification, U.S. Department of Transportation, Federal Aviation Administration (1991)
31. Leißling, D., Mönnich, W.: Quality of the ATTAS/Fairchild Dornier 728JET In-flight Simulation. DLR-IB 111-2002/10 (2002)
32. Anon.: Flying Qualities of Piloted Aircraft, MIL-HDBK-1797A, Wright-Patterson AFB (1997)
33. http://ec.europa.eu/research/transport/projects/items/nacre_en.htm
34. Cooper, G.E., Harper, R. P.: The Use of Pilot Rating in the Evaluation of Aircraft Handling Qualities, NASA TN-D5153, Apr 1969
35. Ehlers, J., Niedermeier, D., Leißling, D., Verification of a flying wing handling qualities analysis by means of in-flight simulation. In: AIAA Atmospheric Flight Mechanics Conference and Exhibit, Portland, USA, Aug 2011
36. König, R.; Hahn, K.-U.: Load alleviation and ride smoothing investigations using ATTAS. In: Proceedings of the 17th Congress of the International Council of the Aeronautical Sciences, Stockholm, Sweden (1990)
37. Hahn, K.-U.; König, R.: LARS—Auslegung und Erprobung eines fortschrittlichen Böenabminderungssystems mit ATTAS, Deutscher Luft-und Raumfahrtkongress, DGLR Jah-restagung, Jahrbuch 1991 I, Berlin, Germany (1991)
38. Hahn, K.-U.: Beiträge zur Realisierung eines Gust management systems, Deutschen Luft-und Raumfahrt-Kongress 1992, DGLR-Jahrestagung, Jahrbuch II 1992, Bremen, Germany (1992)
39. Hahn, K.-U.; König, R.: ATTAS flight test and simulation results of the advanced gust management system LARS. In: AIAA Atmospheric Flight Mechanics Conference, Hilton Head, South Carolina, USA (1992)
40. König, R., Hahn, K.-U., Winter, J.: Advanced Gust Management Systems-lessons Learned and Perspectives. AGARD CP-560, Paper 13 (1994)
41. Wildschek, A., Maier, R., Hahn, K.-U., Leißling, D., Preß, M., Zach, A.: Flight test with an adaptive feed-forward controller for alleviation of turbulence exciting structural vibrations. In: AIAA Guidance, Navigation, and Control, Chicago (2009)
42. Hecker, S., Hahn, K.-U.: Advanced gust load alleviation system for large flexible aircraft, Deutscher Luft-und Raum-fahrtkongress 2007. In: First CEAS European Air and Space Conference, CEAS 2007-110, Berlin, Germany (2007)
43. Krüger, W.: Innovation für eine effiziente Simulations-und Versuchsprozesskette für Lasten und Aeroelastik (FTEG/InnoLA)-Abschluss-bericht, Institut für Aeroelastik, DLR-IB 232-2013J 02, März 2013
44. Kröger, A.: Data Flow oriented control law design with graphical language HOSTESS. In: Conference Proceedings, International Conference and Exhibition, 8th international event on Civil and Military Avionics, Heathrow (1994)
45. Buchholz, J. J., Bauschat, J.-M., Hahn, K.-U., Pausder, H.-J.: ATTAS and ATTHeS in-flight simulators, AGARD CP-577, Paper 31 (1996)
46. Heintsch, T., Luckner, R., Hahn, K.-U.: Flight Testing of Manual Flight Control Functions for a Small Transport Aircraft (Project ATTAS-SAFIR), AGARD CP-593, Paper 26 (1997)
47. Lenhart, P.M., Purpus, M., Viebahn, H.: Flugerprobung von Cockpitdisplays mit synthetischer Außensichtdarstel-lung. DGLR-Jahrestagung, Bremen (1998)
48. Sigl, W., Purpus, M., Viebahn, H.: Erprobung und Bewer-tung von neuartigen Flugführungsdarstellungen vom Boden-versuch bis zur integrierten Flugerprobung, Deutscher Luft-und Raum-fahrtkongress, Dresden, 24–27 Sept 1996
49. Leppert, F.: The AWARD program. SPIE Congress, Orlando (1998)
50. Mayer, U., Kaiser, J., Gross, M.: AWARD's synthetic vision flight guidance display as basic display for free flight environment. IFAC World Congress, Beijing (1999)
51. Lo Presti, Riparbelli, G., Morizet, B., Mayer, U., Hahn, K.-U., De Reus, A., Crawford, S., Poussin, G., Graillat, B., von Viebahn, H.: AWARD—All Weather Arrival and Departure, Synthesis Report, SA-0-SR 001, Brite-EuRam III, BRPR-CT96-0197, BE-1655, Bordeaux, France, June 2000
52. Looye, G., Joos, H.-D., Willemsen, D.: Application of an Optimization-based Design Process for Robust Autoland Control Design, AIAA-2001-4206 (2001)
53. Bauschat, M., Mönnich, W., Willemsen, D., Looye, G.: In: Flight Testing Robust Autoland Control Laws, Guidance, Navigation and Control Conference, Montreal, Canada (2001)
54. Reinke, N., Friedrich, U., Kuhl, R. Müller, M. Ruyters, G.: Die DLR-Parabelflüge—Forschen in Schwerelosigkeit. DLR-Projektbroschüre, Aug 2009
55. N. N.: Parabolic Flight Campaign with A300 ZERO-G, User's Manual, 5.2 edn. Novespace, Juli 1999

56. N. N.: JSC (Lyndon B. Johnson Space Center) Reduced Gravity Program User's Guide. NASA, JSC, Aircraft Operations Division, März 2013
57. Blum, J., von Borstel, I., Brucks, A.: Experimental simulation of martian regolith. Experimentbeschreibung, Institut für Geophysik und extraterrestrische Physik, TU Braun-schweig, DLR-Institut für Raumfahrtsysteme, Juli 2008
58. Leißling, D.: Sitzungsprotokoll des Betriebsausschusses ATTAS 13/2008. Deutsches Zentrum für Luft und Raumfahrt, Aug (2008)
59. Preß, M.: Mars-Parabeln und DLC-Test Flugversuchsprotokoll, Deutsches Zentrum für Luft und Raumfahrt, Sept 2008
60. Rundqwist, L., R. Hillgren: Phase Compensation of Rate Limiters in JAS 39 Gripen, AIAA Paper 96-3368 (1996)
61. Dornheim, M.A.: Report pinpoints factors leading to YF-22 crash. Aviation Week Space Technol **137**(19), 53–54 (1992)
62. Hanke, D.: The Influence of Rate Limiting Elements in Flight Control Systems on Handling Qualities. DLR-IB 111-93/61 (1993)
63. Hanke, D.: Handling Qualities Analysis on Rate Limiting Elements in Flight Control Systems. AGARD-AR-335, Paper 11 (1995)
64. Hanke, D.: Contribution to Rate Limiting Caused Control Problems. Workshop on Pilot-in-the-loop Oscillations, Braunschweig, 12–13 June 1997
65. Hanke, D.: Criterion for Predicting Aircraft-pilot Coupling Caused by Rate Limitation. DLR-IB 111-98/25 (1998)
66. Klyde, D.H., Mitchell, D.G.: Investigating the role of rate limiting in pilot-induced oscillations. In: Proceedings of AIAA Atmospheric Flight Mechanics Conference and Exhibit, Austin, Texas, pp. 1–12, Aug 2003
67. McRuer, D.T. (Chair) et al.: Aviation safety and pilot control. In: Understanding and Preventing Unfavorable Pilot-Vehicle Interactions, US National Research Council. National Academy Press, Washington D.C. (1997)
68. Hanke, D.: Phase compensation: a means of preventing aircraft-pilot coupling caused by rate limitation, DLR-FB 98-15 (1998)
69. Hanke, D.: Flight Test Data Evaluation of Rate Limiting Caused PIO's, DLR-IB 111-2000/34 (2000)
70. Hanke, D.: Flight test evaluation and data analysis of rate limiting induced PIO's. In: AIAA Guidance, Navigation, and Control Conference and Exhibit, pp. 1–21. Austin, TX, (US), 11–14 Aug 2003
71. Hanke, D.: Preventing rate limiting induced aircraft-pilot coupling by phase compensation. In: (1) ASTEC'03, 8th International Symposium, Zhukovsky (Moscow Region), Russia, 26–28 Nov 2003, (2): DLR-IB 111-2004/50 (2004)
72. Duda, H.: Systembewertung von reglergestützten Flugzeugen unter Berücksichtigung von Stellratenbegrenzung im Frequenzbereich. Zeitschrift für Flugwissenschaft und Weltraumforschung (ZfW) **17**, 343–350 (1995)
73. Duda, H.: Prediction of pilot-in-the-loop oscillations due to rate saturation. J. Guid. Navig. Control, **20**(3) (1997)
74. Duda, H.: Flight control system design considering rate saturation. Aerosp. Sci. Technol. **4**, 265–275 (1998)
75. Duda, H., Duus, G., Hovmark, G., Forssell, L.: New flight simulator experiments on pilot-involved oscillations due to rate saturation. J. Guid. Control Dyn. **23**(2), 312–318 (2000)
76. Duda, H.: Effects of Rate Limiting Elements in Flight Control Systems—A New PIO-criterion, AIAA-Paper 95-3204 (1995)
77. Duda, H., Hovmark, G., Forssell, L.: Prediction of Category II Aircraft-pilot Couplings—New Experimental Results, AIAA-Paper 97-3499 (1997)
78. Duda, H.: Fliegbarkeitskriterien bei begrenzter Stellgeschwindigkeit, DLR-FB 97/15 (1997)
79. Duda, H., Duus, G., Hovmark, G., Forssell, L.: New Flight Simulator Experiments on PIO due to Rate Saturation, AIAA-Paper 98-4336 (1998)
80. Duda, H., Duus, G.: Recent Results of APC Testing with ATTAS, SAE Aerospace Control and Guidance Systems Committee Meeting (1999)
81. Duus, G., Duda, H.: Analysis of the HAVE LIMIT Data base using the OLOP Criterion, AIAA-Paper 99-4007 (1999)
82. Duus, G.: SCARLET 3—A Flight Experiment Considering Rate Saturation, AIAA 2000-398714-17, Denver (2000)
83. Gilbreath, G. P.: Prediction of pilot-induced oscillations (PIO) due to actuator rate limiting using the open-loop onset point (OLOP) criterion, Thesis, USAF Air Force Institute of Technology, WPAFB, Ohio (2001)
84. Brieger, O., Leißling, D., Kerr, M., Postlethwaite, I., Sofrony, J., Turner, M.: Flight testing of a rate saturation compensation scheme on the ATTAS Aircraft, DGLR-2006-111. Braunschweig, Germany (2006)
85. Sofrony, J., Turner, M.C., Postlethwaite, I., Brieger, O.M., Leißling, D.: Anti-windup synthesis for PIO avoidance in an experimental aircraft. In: 45th IEEE Conference on Decision and Control, San Diego, CA, USA (2006)
86. Brieger, O., Kerr, M., Leissling, D., Postlethwaite, I., Sofrony, J., Turner, M.C.: Anti-windup compensation of rate saturation in an experimental aircraft. In: American control conference, New York, NY, USA (2007)
87. Kerr, M., Postlethwaite, I., Sofrony, J., Turner, M.C., Brieger, O.: Flight Testing of low-order anti-windup compensators for improved handling and PIO suppression. In: American Control Conference, Seattle, WA, USA (2008)
88. Brieger, O., et al.: Flight testing of a rate saturation compensation scheme on the ATTAS aircraft. Aerosp. Sci. Technol. **13**, 92–104 (2009)
89. Ossmann, D., Heller, M., Brieger, O.: Enhancement of the nonlinear OLOP-PIO-criterion regarding phase-compensated rate limiters, AIAA-AFM-6207. Honolulu, HI, USA (2008)
90. Brieger, O., Turner, M.C.: Flight test for PIOs on advanced technologies testing aircraft system (ATTAS), SAE aerospace control and guidance systems committee meeting # 102, Grand Island, NY, USA (2008)
91. Kerr, M., Marcos, A., Penin, L, Brieger, O., Postlethwaite, I., Turner, M. C.: Piloted assessment of a fault diagnosis algorithm on the ATTAS aircraft, AIAA-GNC-5760, Chicago, IL, USA (2009)
92. Brieger, O., Kerr, M., Postlethwaite, I., Turner, M., Sofrony, J.: Pilot-involved-oscillation suppression using low-order anti-windup: flight-test evaluation. AIAA J. Guid. Control Dyn. **35**(2), 471–483 (2012)
93. Schlichting, H., Truckenbrodt, E.: Aerodynamik des Flugzeuges, Teil 2, 2, neubearbeitete edn. Springer, Berlin (1969)
94. International Civil Aviation Organization (ICAO), Doc 4444-RAC/501 Rules of the Air and Traffic Services, 13th edn (1996)
95. de Bruin, A.: S-Wake assessment of wake vortex safety—publishable summary report, NLR-TP-2003-243 (2003)
96. Krag, B., Flight test report, DLR IB 111-2001/40 (2001)
97. Fischenberg, D., Results of flight test data analysis, SWAKE-TN-222_1 (2002)
98. Fischenberg, D.: Bestimmung der Wirbelschleppen-charakteristik aus Flugmessdaten, DGLR-JT2002-170 (2002)
99. Fischenberg, D.: A method to validate wake vortex encounter models from flight test data. In: Proceedings of the 27th International Congress of Aeronautical Sciences, Nice (2012)
100. Hahn, K.-U.: Coping with Wake Vortex, 23rd Congress of the International Council of the Aeronautical Sciences, Toronto, Canada, Sept. 2002
101. Hahn, K.-U., Schwarz, C., Friehmelt, H., A Simplified Hazard Area Prediction (SHAPe) model for wake vortex encounter avoidance. In: 24th International Congress of Aeronautical Sciences (ICAS), Yokohama, Japan, Aug–Sept 2004
102. Hahn, K.-U., Schwarz, C., Safe limits for wake vortex penetration. In: AIAA Guidance, Navigation and Control Conference and Exhibit, Hilton Head, South Carolina, Aug 2007
103. Schwarz, C. W., Hahn, K.-U., Fischenberg D.: Wake Encounter Severity Assessment Based on Validated Aerodynamic Interaction Models, AFM/ASE/GNC/NST Conference, Toronto, Ontario, Aug 2010
104. Vechtel, D.: In-flight simulation of wake encounters using deformed vortices. Aeronaut. J. **117**(1196) (2013)

105. Hahn, K.-U., Fischenberg D., Niedermeier, D., Horn, C. Wake encounter flight control assistance based on forward-looking measurement processing. In: AFM/ASE/GNC/NST Conference, Toronto, Ontario, Aug 2010
106. Terry Lutz, T., Greeves, B.: Throttles-only-control (TOC)—10 Steps to a Survivable Landing Following Loss of Normal Flight Control, Interpilot, pp. 32–34 (2004)
107. Burcham, F., Fullerton, C.G.: Development and Flight Test of an Emergency Flight Control System using only Engine Thrust on an MD-11 Transport Airplane, NASA/TP-97-206217 (1997)
108. Almeida, F.A., Leissling, D.: Fault-tolerant Model Predictive Control with Flight Test Results on ATTAS, AIAA-2009-5621, Aug 2009
109. Fezans, N.: simple control law structure for the control of airplanes by means of their engines. In: Advances in Aerospace Guidance, Navigation and Control, pp. 151–162. Springer, Berlin, (2011)
110. Becker, H.: Das "automatic flight control system" des ATTAS für ATM Experimente, DLR-IB 112-2004/55 (2004)
111. Adam, V., et al.: A conceptual model of a future integrated atm system and novel functional requirements for a future flight management system. GARTEUR Working Paper FM WP (89) 004 (1989)
112. Adam, V., et al.: Integration of flight management and atm systems. Final Report of GARTEUR Action Group FM (AG) 03 (1990)
113. Kirstetter, B.: PHARE—Concept and programme. In: DLR-Mitt. 89-23, Paper 14 (1989)
114. Adam, V., Kohrs, R.: On Board Planning of 4D-Trajectories. AGARD CP-504, Paper 16 (1992)
115. Adam, V., Czerlitzki, B., Kohrs, R., Rataj, J.: Beschreibung von Planungsalgorithmen für das Experimentelle Flight Management System, DLR-IB 112-92/43 (1992)
116. Adam, V., Ingle, G., Rawlings, R.: Experimental Flight Management System. AGARD CP-538, Paper 24 (1993)
117. Ludwig, T.: MA-AFAS D39 Annex A—DLR Taxi and Flight Trials, DLR (2003)
118. QINETIQ (UK): MA-AFAS D39—Flight Test Validation Report, QINETIQ/S&E/AVC/ CR031041-D39 (2003)
119. Kuenz, A., Mollwitz, V., Edinger, C., Becker, H.: Lärmminderungspotential und Kapazitätsauswirkungen von „Continuous Descent Approach"-Verfahren, Forschungs-verbund Leiser Verkehr, Abschlussbericht zu LAnAb EA 1632, DLR-FL, TU3-ZFB (2007)

作者简介

迪特里希·汉克（Dietrich Hanke）是 DLR 飞行系统研究所的科学家（1970—2005 年），他在 1970 年获得了布伦瑞克技术大学机械 / 航空工程专业硕士学位，他的主要研究方向包括飞行品质、飞行动力学、飞行控制、主动侧杆与固定翼飞行器的空中飞行模拟。1972—1984 年，他是 HFB 320 FLISI 空中飞行模拟器研制的负责人。1981 年，他担任新成立飞行模拟部门的负责人。在该职位上，他负责了 VFW 614 ATTAS 空中飞行模拟器的技术开发，以及电传 / 光传操控控制系统的开发、操作和维护工作。此外，他还领导了一些利用 HFB 320 模拟器（直接升力控制，指令控制）和 ATTAS 模拟器（"赫耳墨斯"航天飞机飞行模拟，速率限制）开展的研究项目以及与美国空军飞行动力学实验室（AFFDL）、俄罗斯中央空气流体力学研究院（TsAGI）合作的几个国际项目。退休后，他成立了 Maui Ultra Fins 公司，专门从事高性能风帆的开发和生产。

克劳斯·乌韦·哈恩（Klaus–Uwe Hahn）是 DLR 飞行系统研究所的科学家（1989 年至今），他目前是飞行动力学与模拟部门的负责人，他在 1975 年和 1981 年分别获得了机械 / 生产工程专业硕士学位和机械 / 航空工程专业硕士学位，在 1988 年获得了布伦瑞克技术大学博士学位。2008 年，他被任命为汉堡大学教授，他的研究方向包括飞行性能、飞行力学、飞行控制与固定翼飞机飞行试验，从 1989 年到 2011 年，他参与了 VFW 614 ATTAS 模拟器的各种飞行试验。他是德国航空航天学会（DGLR）的成员、SAE 航空航天控制和制导系统委员会（ACGSC）规划与发展专家组成员以及 AIAA 高级会员。

第 10 章 EC 135 FHS 直升机空中飞行模拟器

尤尔根·卡莱特卡（Jürgen Kaletka）

本章得到海因茨·尤尔根·保斯德尔（Heinz-Jürgen Pausder）和沃尔夫冈·冯·格林加亨（Wolfgang von Grüngahen）的帮助

10.1 引言

第8章详细介绍了 Bo 105 ATTHeS 直升机空中飞行模拟器，该机在 1982—1995 年期间由 DLR 运营。由于 Bo 105 ATTHeS 模拟器的性能与状态已经不能满足一些项目的要求，1993 年，DLR 决定使用一个全新的空基直升机模拟器取代 ATTHeS。本章将详细介绍采用 EC 135 直升机作为主机的新型模拟器的定义、选择和开发历程。在此基础上，进一步给出了该模拟器典型应用项目的试验结果。由于最初该直升机被定义为主动控制技术（Active Control Technologies，ACT）验证机和飞行直升机模拟器（Flying Helicopter Simulator，FHS），因此除 EC 135 FHS 称呼外，该模拟器也被称为 EC 135 ACT/FHS。

10.2 FHS 定义和规划

10.2.1 发展缘由

Bo 105 ATTHeS 直升机的广泛应用说明了直升机空中飞行模拟器的重要价值，它为相关技术的研发提供了丰富的经验，其中取得的成果包括现代直升机飞行品质标准的定义和评估、试飞员和试飞工程师的培训和教育，以及新型驾驶舱和显示技术的设计与评估。除了 ATTHeS 模拟器外，位于曼兴（Manching）的德国空军飞行试验中心（WTD 61）还基于 BK 117（AVT）直升机进行了驾驶舱部件的测试。但是，BK 117 直升机的飞行特性难以改变，因而不能满足作为模拟器主机的要求。

新型的飞行控制和座舱技术的发展需要在逼真的环境下进行测试，而且为了减小代价，最好在早期研发阶段，就能在真实的飞行环境中对相应的部件进行测试，对飞行员的工作量、飞行安全、运行效益以及技术和经济风险进行详细的评估和分析。显然，要实现降低开发成本和风险的目的，需要发展适当的试验设备和试验技术。为了为未来欧洲旋翼机的关键技术研究做好准备，需要开发一种应用范围更广的试验飞行器。1993 年，由 DLR 飞行系统研究所发起，法国欧洲直升机公司、德国欧洲直升机公司和 DLR 签署了一份协议备忘录（Memorandum of Agreement，MoA），它的题目是"主动控制技术验证机和直升机飞行模拟器 ACT/FHS 的开发和运行"。该备忘录中明确指出："本备忘录的动机是发展未来的直升机试验设备，以取代 DLR Bo 105 ATTHeS 直升机空中飞行模拟器，并支持欧洲直升机 ACT 验证机计划"。工业部门、研究机构和政府机构对未来直升机试验设备要求的应用领域是：

（1）技术集成与演示验证；
（2）飞行品质评估和飞行控制系统研究；
（3）对政府机构和飞行试验中心相关职能的支持。

1994 年，德国成立了一个国家工作组，成员来自德国欧洲直升机公司、DLR 和 WTD 61。经过一年的广泛审议，该工作组就"ACT 验证机 – 飞行直升机模拟器（ACT/FHS）"的开发完成了方案论证，其中主要内容包括：

（1）定义 ACT/FHS 的应用范围；
（2）确定适当的系统架构；
（3）选择合适的试验机型；
（4）规划 ACT/FHS 的研制阶段。

这份报告（本章参考文献 [1]）是备忘录主要合作伙伴研制 ACT/FHS 的主要依据，相关工作将在后续小节中进行介绍。

10.2.2 应用范围

人们一致认为，ACT/FHS 必须设计适用于广泛的应用范围，以满足工业部门、研究机构和试验中心的要求，研究重点将集中于空中飞行模拟、系统开发和集成以及技术演示验证（图 10.1）。专家们将提出的 ACT/FHS 应用要求与现有试验直升机的能力进行了比较，这些直升机包括：

① DLR 的 Bo 105 ATTHeS 直升机（见第 8 章）；

第 10 章 EC 135 FHS 直升机空中飞行模拟器

装设备，才能实现对未来飞行座舱及相关技术的快速改造、实现与测试。

10.2.3 ACT/FHS 方案

这项研究中最为主要和关键的部分是对直升机的技术方案有非常详细的建议，它的目标是制定具有高度灵活性开放式体系架构的模块化系统布局。直升机系统的设计要能够支持新部件从设计阶段的试验状态到批量生产的最终状态全过程的测试和评估，关键程度（criticality）应该包括非必要（non-essential）和非常重要（essential to critical）。有人建议，在飞行试验中，直升机须由两名飞行员驾驶，即一名负责安全的安全飞行员和一名进行试验的评估飞行员。安全飞行员必须要被赋予以下权限：他始终能够根据自己的意见接管直升机的控制权，而不受实际飞行条件的影响。

技术人员提出了具有标准化接口的模块化、层次化系统体系结构，如图 10.3 所示，系统方案层次结构包含三级配置。

	工业部门	研究机构	试验中心
空中飞行模拟			
• 直升机模拟	○	●	●
• 飞行品质	●	●	●
• 飞行员训练	○	●	●
系统开发			
• 系统架构	●	●	○
• 控制系统	●	●	○
• 驾驶舱系统	●	●	○
• 作动器组件/功能	●	●	○
• 任务包	●	●	●
技术演示验证			
• 功能方面	●	○	○
• 操作方面	●	○	○
• 运营效益	●	●	●

● 首要优先级　　○ 次要优先级

图 10.1　ACT/FHS 模拟器的规划应用范围

② WTD 61 的 BK117 AVT 直升机；

③ 法国欧洲直升机公司的 AS 365 Dauphin 6001 直升机（见 6.2.4.3 节）；

④ 日本川崎重工的 BK117 FBW 试验直升机（见 6.2.5.2 节）；

⑤ NASA 的 JUH-60A RASCAL（Rotorcraft Aircrew Systems Concepts Airborne Laboratory，旋翼飞行器机组人员系统概念空中实验室）直升机（见 5.2.2.17 节）。

图 10.2 将规划的 ACT/FHS 直升机与德国的国家试验飞机 ATTHeS 和 AVT 进行了比较。很明显，需要满足各种使用要求的 ACT/FHS 直升机只能采用可自由编程的主动控制系统和模块化的安

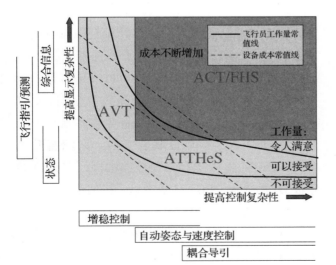

图 10.2　需求与应用区域对比

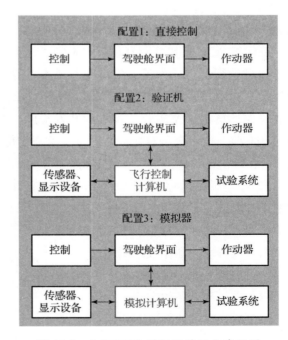

图 10.3　ACT/FHS 模拟器系统方案配置

（1）直接控制配置：使用标准机械控制的直接控制，由安全飞行员驾驶。

（2）验证机配置：电传/光传操纵直接控制，不需对控制输入进行修改，由评估飞行员驾驶。

（3）模拟器配置：试验计算机可以修改飞行员的控制输入，由评估飞行员驾驶。

飞行试验工程师的工作站设置在两名飞行员的后方位置，在直升机后期的扩展阶段，该位置可以调整为第二名试验飞行员的座位。项目研究重点在于系统布局，该布局应该允许未来新组件（包括硬件和软件）快速高效地修改和安装。

完整的ACT/FHS模拟器概念还包括大量的地面设施，包括：①直升机运行所需的地面设备；②移动地面站；③系统模拟器。

10.2.4 基本直升机选型

为了为未来ACT/FHS空中飞行模拟器的开发选择合适的基本直升机，技术人员考虑了几款候选机型。试验布局的一般指标是：

（1）有效载荷在250~500千克；

（2）可搭乘3名乘员；

（3）在最大持续功率（Maximum Continuous Power，MCP）下，最少飞行2小时。

工作组和DLR双方同意将研究直升机作为国家级项目进行开发。为了节省时间和成本，专家建议推迟主动旋翼控制部件的安装，暂缓需要认证的飞控计算机以及实验计算机的开发集成。在实际开发前，技术人员对任务书进行了重新优化，记录了系统规范，并开展了各种分析。

修订后的新文件是于1996年开始的新直升机空中飞行模拟器研发合同的基础[2-3]。

候选机型的评估考虑下述六个标准：

（1）飞行性能和作战范围；

（2）飞行品质，敏捷性；

（3）乘员和设备的空间；

（4）适合在试验环境下使用；

（5）研制和运行风险；

（6）经济性和成本。

考虑的候选直升机型号包括：

（1）EC135直升机；

（2）BK 117 C+直升机；

（3）"虎"式（Tiger）PT1直升机；

（4）"海豚"（Dauphin）365 N2直升机；

（5）"超级美洲豹"（Super Puma）直升机；

（6）NH 90直升机。

经过大量评估，技术人员最终选择了EC 135直升机，之所以选择该机，是因为它得到了一个折中和一致的评价，尤其是在技术和经济性方面。此外，EC 135直升机采用了无轴承主旋翼系统（具有高动态响应能力）和数字式发动机控制的先进技术，这也为它的"脱颖而出"提供了积极条件。

10.2.5 进度与成本

1995年，工作组就ACT/FHS模拟器的开发提出了详细的报告建议书，包括项目结构、责任和分工、成本估算和时间表。报告建议：DLR在1997年的年中购买一架基本EC135直升机，1998年底前使用直接（机械）控制系统完成首次飞行，1999年底完成初步适航性认证，并进入使用阶段。

10.3 从型号系列直升机到研究直升机

10.3.1 引言

10.1节中已经指出：该直升机空中飞行模拟器被称为ACT/FHS。但是为了方便阅读，本章起在下文中统一使用缩写FHS。FHS模拟器的研发始于1996年，由德国欧洲直升机公司、LAT（Liebherr-Aero Technik，今为利勃海尔航空航天公司）和DLR 3家单位联合开展。欧洲直升机EC135，S/N 28被选择为模拟器主机，它在1997年被DLR选购。EC135基本直升机的改装工作将由3个合作伙伴共同实施。

将原来的EC135直升机改装为FHS飞行研究平台需要开展大量的工作（图10.4）。因此，技术人员直接将生产线中EC 135直升机空壳机舱转移到德国欧洲直升机公司的原型机开发部门。在这里，技术人员对 FHS 标准组件和特定组件进行了整合，并实施了进一步的改造工作。从 FHS 开发之初，所有合作伙伴之间的精诚合作对实现包括未来科学研究和技术项目在内不同应用的目标至关重要。研究任务书要求设计和制造一架具有高度应用灵活性和适应性的飞行器，以满足广泛的用户需求，支持各种国家和国际技术研究项目的开展。

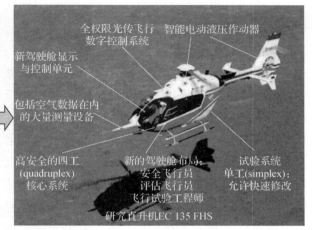

EC 135 基本飞机：双引擎轻型多用途直升机

长度：12.19 米　　　　最大速度：259 千米/小时　　　　悬停升限：3045 米
高度：3.51 米　　　　巡航速度：230 千米/小时　　　　最大高度：6095 米
主旋翼直径：10.20 米　　主旋翼转速(RPM)：395 转/分钟　最大航程：635 千米

图 10.4　标准 EC 135 直升机改造为 FHS 模拟器

2000 年 8 月，FHS 模拟器实现了基于机械控制系统的第一次飞行。两年后，该直升机成功地通过了所有部件和模式测试的飞行试验。2002 年 11 月，它被交付给 DLR 投入使用，并获得了飞机注册代码 D-HFH。布伦瑞克的 DLR 在 FHS 模拟器的操作系统中增设了两个地面站：一个用于准备和支持单个飞行试验项目的地面模拟器和一个用于通信、飞行试验控制、数据记录和评估的移动遥测站。2003 年，FHS 模拟器在柏林航展（ILA）和德国弗里德里希沙芬（Friedrichshafen）举办的欧洲旋翼机论坛（European Rotorcraft Forum，ERF）上向公众进行了展示（图 10.5）[4]。

10.3.2　应用领域

FHS 模拟器将用于验证新技术的可行性，评估其优缺点，并展示新型直升机方案的优势[5-6]。因为设计阶段就考虑了广泛的应用需求，FHS 模拟器可以支持新系统从第一次布局设计到最后一次试验验证整个开发过程中所有阶段的研究试验

图 10.5　2003 年在欧洲旋翼机论坛上展示的 FHS 模拟器

工作，它有三个主要的应用领域，涵盖不同用户的需求范围，分别为：

1. 空中飞行模拟

在空中飞行模拟情形，飞行员的控制首先被输入到机载计算机，根据所实现的程序，输入指令经过一定的逻辑处理后传输到控制执行机构。空中飞行模拟提供了在一定程度上改变基本直升机动态特性的可能。通过修改飞行器的控制逻辑，可以给飞行员造成驾驶不同飞行器的印象。这种修改可能只是单个参数的变化，比如增加飞行员

输入和作动器响应之间的时间延迟，这样就可以重现如8.4.1节所述的飞行员诱发振荡（Pilot Induced Oscillations，PIO）或旋翼机－飞行员耦合（Rotorcraft Pilot Coupling，RPC）现象。

空中飞行模拟能力可以支持飞行员的资格认证和培训，也可以用于执行要求更高、更复杂的任务，例如完全不同类型直升机动态行为的模拟，这种直升机甚至可能在现实中尚不存在，而仍处于设计阶段。基于FHS模拟器，飞行员可以进行虚拟的飞行和试验，并给出评估意见。与地面飞行模拟器相比，通过空中飞行模拟器，飞行员可以在真实飞行环境中驾驶飞行器，具有真实的视觉和运动感官。空中飞行模拟器不仅是在操纵品质、控制、显示以及人工操作方面进行基础研究和应用研究的先进工具，它还可以有力支持未来直升机在首次飞行前甚至在概念阶段的设计、研发和评估方面的工作，避免在后期研制真实直升机过程中代价高昂的迭代修改。另外，在空中飞行模拟器开发中，为了满足研究所需的各种要求，需要为其配备高度灵活的接口与种类丰富的功能。

2. 新系统的开发和测试

FHS模拟器的另一个重要应用领域是新型电子飞行控制系统的开发、实现和评估。许多飞行器仍然在使用机械控制系统，这种系统由一系列连杆和/或钢索组成，它们直接将飞行员操控装置连接到控制舵面的液压作动器。机械控制系统相对笨重，需要小心地布置各种传动部件，并且不能灵活适应各种飞行条件，但是它们的优点是安全可靠。将飞行员操控输入转化为电信号进行传输的技术已经被广泛应用于非试验飞行器。电子设备的可靠性是通过多重信号冗余来实现的，它们相对于机械控制系统具有重量轻、体积小的优势。依托这样一套数字式电传操纵控制系统，飞行员的控制输入可以立即转换成电信号。现在，传统的飞行员控制装置可以被更有效、更智能的设备所取代，比如控制侧杆。由于FHS模拟器配备了冗余电传/光传操纵系统，它是对新型操控设备（如主动控制杆）进行开发和评估的完美工具。主动控制杆的功能可以通过编程进行设置，因而它们能够广泛应用。飞行员控制力可以根据实际飞行条件进行调整，其中振动、爆发力和软停止等触觉反馈可以给飞行员提供告警信息，防止意外输入，并提醒飞行员飞机的操控限制。与光学或声学信号相比，通过力反馈，飞行员可以迅速感知到触觉反馈，从而可以更快、更直观地作出反应。主动控制系统可以有效减少飞行员的工作量，有助于降低飞行员的飞行压力并提高飞行安全性。

FHS模拟器的可编程计算机便于新型控制律方案的测试，机载可编程多功能显示器可以根据实际飞行条件和任务，为飞行员提供最适当的态势信息。

3. 技术验证

FHS模拟器的第3个关键应用领域是创新技术的验证、鉴定与评估，比如主动控制部件、新型飞行控制律和先进的座舱系统的评估验证。技术验证包括评估和证明新技术的功能和运营效益，在技术研发过程中提供支持直至该技术得到认证。此外，这些应用程序需要具有高度的灵活性，以便实现包括硬件和软件修改在内的组件和系统集成。

直升机技术创新的一个典型案例是FHS模拟器的控制系统本身，这是第一架采用全权限数字式光传操纵飞行控制系统的直升机。在这架直升机中，光传操纵将负责包括起飞到着陆在内所有飞行阶段的飞行控制。为此，技术人员开发了一种新的系统架构，设计的主要重点放在两个基本要素上，一个是满足严格民用认证要求的高安全标准，另一个是最大限度地实现布局的灵活调整，以便满足用户需求。下文中将详细描述FHS模拟器的控制系统。

10.3.3 EC 135改造为FHS模拟器

对于EC 135和Bo 105的型号系列直升机，它们都配备了机械控制系统。飞行员的控制输入通过控制杆传递到旋翼伺服机构。在Bo 105 ATTHeS模拟器的研发过程中（见第8章），技术人员保留了标准的机械控制系统。在飞行模拟模式下，控制输入将由机载模拟计算机解算得到，输入指令被传送至电动液压作动器，这些作动器通过离合器连接到标准控制杆上（图 8.5）。在 FHS 模拟器的任务书编制阶段，很明显这一控制方案将不再能够满足未来用户的需求。因此，飞机上的机械控制系统完全被基于电传/光传操纵技术的全权限数字式控制系统所取代。控制系统的架构为了满足下面两个基本要求而制定。

（1）安全性：直升机的标准操控采用光传操纵模式，它应用于所有飞行条件，包括起飞、过渡、低空飞行和着陆。这种配置必须满足民用认证要求，改进后的机械控制系统仍在飞机上进行安装，但它仅应在紧急情况下使用。

（2）灵活性：为了满足用户任务开展的需求，尤其是对于飞行模拟任务，飞机上容易改变控制律或控制模态、易于安装新的硬件设备是十分必要的。即使在飞行试验中，也应允许进行一些必要的修改。这种灵活性只有在没有严格安全和认证约束的条件下才能实现。

显然，这两个要求存在一定的矛盾。电子系统的安全性是建立在硬件和软件多重冗余的基础上，通过不断比较冗余信号，可以检测故障并及时断开故障信道。这里，至少需要三重冗余来处理误差。显然，这种控制系统的开发是相当复杂的，其中需要投入大量的工作、耗费大量的成本和时间。而一旦它被设计、制造、测试和认证，它实际上是"冻结"的。如果不启动新的文件编制、测试和认证流程，就不能对它进行修改。另外，灵活性意味着根据用户的需求进行快速而简单的修改：可以没有冗余，没有广泛的测试，也没有认证，换句话说，是一个更脆弱的系统。

在 FHS 模拟器的设计阶段，最为苛刻的任务之一就是如何设计开发一套控制系统，该系统满足所有的飞机安全条例，并且仍然允许使用可靠性不足的硬件和软件进行试验。

1. FHS 模拟器系统架构

FHS 模拟器的控制系统采用分层结构，安装在两个相关联的机载设备中，如图 10.6 所示，它由一个"核心系统"和一个"试验系统"组成，前者提供飞行所需的安全性，后者提供修改的灵活性[7]。核心系统满足民用认证的要求，每飞行小时发生灾难性故障的概率小于 10^{-9}。它的所有组件中均采用四重冗余，并且通过不同的硬件和软件来实现。核心系统的关键是核心系统计算机，它是信号传输的中央接口，可以接收来自飞行员的控制信号和来自所有机载传感器的飞行状态信号。核心系统计算机与试验系统通信，而试验系统可以修改评估飞行员的控制指令。当对比核心系统计算机和试验系统的职能时，系统的层次结构变得明显。所有信号都被馈送到核心系统计算机，核心系统计算机根据综合信息，检查所有数据，并最终决定所产生的控制输入是否可以接受。只有通过检查的输入才被发送到液压智能作动器上。试验系统为不同的用户程序提供了很大的自由度，它可以计算新的控制输入信号，并将其发送到核心系统计算机，而无须进行详细的数据检查。形象地说，核心系统可以比作具有批准权限的"老板"，而试验系统是他的"雇员"，"雇员"可以实现新的想法，允许进行错误的尝试。核心系统的一些附加功能将在后文中进行说明。由于核心系统是四重冗余的，核心系统计算机和智能

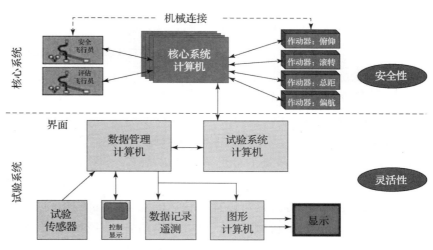

图 10.6　FHS 模拟器系统架构

作动器电子设备中安装了不同的 DO-178B A 级认证软件,因此核心系统的任何修改都需要经过严格的审查批准,尤其是关于测试、记录和认证。因此,除非绝对必要,否则不应对核心系统进行修改。

试验系统的主要组成部分是试验计算机和数据管理计算机。试验计算机与核心系统计算机通信,它接收来自于评估飞行员的指令信号,根据控制律程序对其进行处理,然后将其传输至核心系统。数据管理计算机收集飞机基本传感器和试验系统传感器提供的所有数据,并将它们传送到遥测系统、机载数据记录系统和显示器的图形计算机。与核心系统相比,试验系统没有冗余,它允许相对简单和快速地修改。关键程度（criticality）为"次要"（minor）,这意味着系统可能会发生故障并产生错误。因此,在核心系统计算机中实现了几个安全功能作为保障措施,用于避免由于试验系统不切实际地控制输入而导致的危险直升机飞行响应。

核心系统的所有组件,从用于飞行员操控运动的传感器到液压智能作动器电子设备,都是四重冗余的。直升机的其他部件也提供一定的冗余,比如直升机有两套独立的液压系统,两台发电机和 4 个备用电池。FHS 模拟器还有一个电池驱动的辅助液压系统,它可以在没有任何外部设备的情况下进行飞行前的检查和准备。

图 10.7 说明了 FHS 系统架构的技术实现和直升机中的一些主要改造工作。此外,如图 10.8 所示,EC 135 直升机的机舱可容纳 3 名机组人员,一名安全飞行员坐在左侧的飞行员座椅上,一名评估飞行员坐在右侧的飞行员座椅上（与大多数固定翼飞机不同）,一名试飞工程师坐在位于两名飞行员后面的座椅上。两名飞行员都配备有常规操控设备,包括操纵杆、总距和脚蹬。

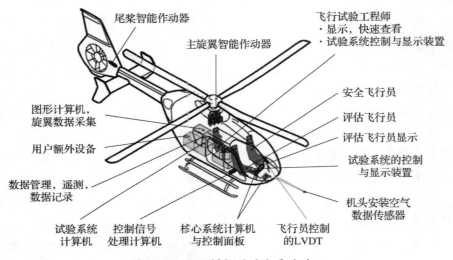

图 10.7　FHS 模拟器的主要改造

操控设备的位移可以由线性可变位移传感器（Linear Variable Displacement Transducers, LVDT）测量,每名飞行员的操控设备都安装了四个传感器。LVDT 具有较高的分辨率和测量精度。传感器在电场环境中工作,LVDT 铁芯和线圈组件之间没有接触或摩擦,这可以提供快速的动态响应,并且具有较长的机械寿命。电气输出信号无须进行放大即可直接使用,它们将被发送到 4 台核心系统计算机。

FHS 模拟器的布局考虑了所有飞行条件下光传操纵控制系统的使用要求,因此模拟器上没有安装 EC 135 直升机的原始机械控制系统。但是,安全飞行员位置处安装了从操控设备到液压执行机构的附加机械连接机构,作为紧急情况下的备用控制系统。直升机上采用软轴缆索（flexball cable）代替传统的实心杆。软轴缆索类似于大家

图 10.8　驾驶舱视图

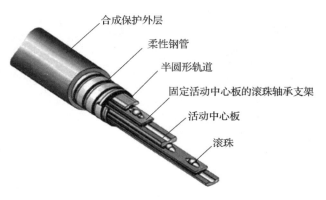

图 10.9　软轴缆索结构

熟悉的鲍登线（Bowden wire cable），鲍登线内部有一根钢丝，只能传递拉力，而软轴缆索的内部更为复杂，柔性中央叶片可在嵌入到轴承架中的两行滚珠之间移动（图 10.9）。软轴缆索可对拉力和压力产生反应。即使在较长的线路上，它也具有很高的机械效率和很小的间隙。此外，它安装方便、灵活性高，不需要维护或润滑，但是，它的最小弯曲半径存在限制。

在 FHS 模拟器中，主旋翼伺服机构的电缆布置在挡风玻璃的中央框架内，尾桨执行机构的电缆位于机舱地板下方。

FHS 驾驶舱如图 10.10 所示，安全飞行员（左侧）面板上配备了带有标准仪表的 Avionique Nouvelle 玻璃驾驶舱，在两名飞行员之间的中央控制台上，有一个核心系统的控制装置。评估飞行员（右侧）和飞行试验工程师（位于两名飞行员后面）都配备了一台可自由编程的多功能 10 英寸试验显示器和一个用于控制该显示器的控制面板。这些装置是相同的，但彼此独立。飞行员可以在显示器上选择导航仪器。飞行试验工程师可以从最新的飞行测量数据中选择数据进行快速查看，他还可以访问试验系统，例如，更改配置和参数。特别地，飞行试验工程师的座位位于驾驶舱的中心，而他的工作站在他的右手边（图 10.11），这样他既可以监视驾驶舱设备，还可以方便地观察外部环境。

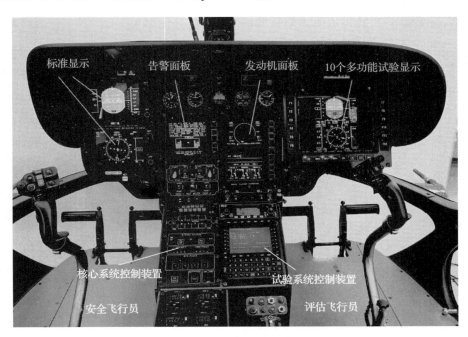

图 10.10　驾驶舱面板

图 10.11 试飞工程师工作站

4 台核心系统计算机位于两个独立的机箱中，每个机箱都配备了冷却系统，冷却系统主要部件位于机舱地板下。每个机箱中有两台计算机，而它们的软硬件存在区别。EC 135 直升机原来的液压作动器被 FHS 模拟器的专用智能作动器取代，该智能作动器位于主旋翼下方，靠近尾桨。作动器电子设备通过光纤接收来自核心系统计算机的控制指令。试验系统的大部分部件都安装在飞行试验工程师后面的货舱中[8]，具体是被安装在 3 个铝制托盘上。托盘固定在横杆上，它们可以容易地从直升机上取下或重新安装。货舱中有 4 个托盘，除了 3 个用于安装试验系统部件外，第 4 个托盘用于安装用户的指定设备。作为一架研究直升机，FHS 模拟器配备了大量冗余的传感器和测量设备，仪表系统主要包括两个空气数据设备、两个姿态和航向参考系统（Attitude and Heading Reference Systems，AHRS）、一个雷达高度计、FADEC（Full Authority Digital Engine Control，发动机全权数字控制）数据、线性加速度计、惯性导航系统（Inertia Navigation System，INS）、机头吊杆气动数据（静压、动压、迎角、侧滑角、温度）、差分 GPS 以及不同位置的控制输入信号。

2. FHS 操作模式

根据信号流和指挥飞行员的不同，FHS 模拟器具有 3 种常用的操控模式：①安全飞行员模式；②评估飞行员直接模式；③评估飞行员试验模式。实际上，这架直升机模拟器还有第 4 种模式——安全飞行员机械操控模式，在该模式中，可以使用机械备份控制系统进行操控。机械控制并不是标准的控制模式，但它在评估飞行员模式中同样起着重要的作用。

各个模式的数据流分别如图 10.12~10.15 所示，为了更好地理解，图中进行了适当简化，只给出了一个飞行员操控设备（控制杆）和一个数据信道。但是实际上飞行员的所有操纵设备都配有相同的器件，同时所有的核心系统部件，从测量飞行员输入的传感器到作动器的电子设备，都是四重冗余的。

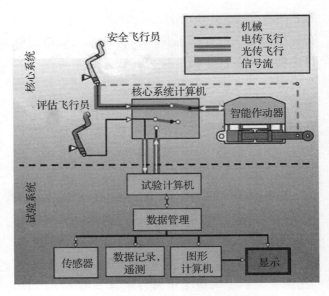

图 10.12 "安全飞行员"模式控制配置

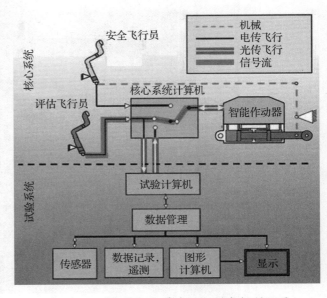

图 10.13 "评估飞行员直接"模式控制配置

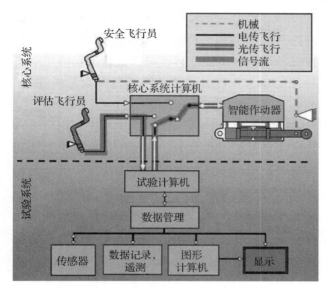

图 10.14 "评估飞行员试验"模式控制配置

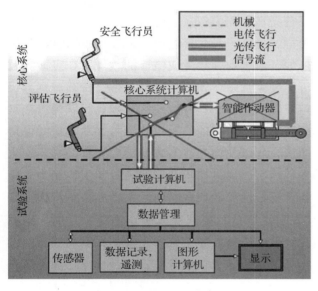

图 10.15 "安全飞行员机械操纵"模式控制配置

（1）安全飞行员模式

如图 10.12 所示，LVDT 测量的操控设备的位移信号通过电线传输到核心系统计算机并进行解调，由于计算机靠近传感器，因此只需要短线连接。核心系统计算机通过光纤将输入指令发送到作动器电子设备，后者控制液压阀，驱动执行机构运动。从核心系统计算机到作动器的距离较长（尤其是到尾桨作动器），因此飞机上充分利用了光纤技术进行信号传输。机械软轴缆索连接到飞行员的操控设备上，它们跟随飞行员的操控动作进行相应运动。然而，在安全飞行员的控制配置中，智能作动器中的液压离合器将电缆与执行机构分离，它们之间没有任何交互作用。试验中，可以将试验系统用于数据记录和遥测。但是当它的输出通道被关闭后，核心系统计算机将不再接收来自试验系统的任何信号。

（2）评估飞行员直接模式

如图 10.13 所示，在这种操作模式下，评估飞行员担任指挥飞行员，控制飞机飞行。类似于安全飞行员模式，测量的操控设备的位移信息被传送到核心系统计算机，并通过光纤发送到作动器。由于与评估飞行员控制之间没有机械连接，飞行员以纯光传操纵模式驾驶直升机。与安全飞行员模式相反，作动器中的液压离合器是关闭的。此时，作动器活塞杆的实际位置由软轴缆索向后驱动，与安全飞行员的操控装置连接，使安全飞行员操控设备的位置与作动器的位置同步，方便安全飞行员了解飞机的操控情况。除了紧急情况下作为备份控制外，这是机械控制系统的第二个主要作用。

对于评估飞行员直接模式，这意味着飞行中两名飞行员操控设备的位置相同，而试验系统并没有启动，不发生任何作用。

（3）评估飞行员试验模式

在该模式下，同样也是评估飞行员处于指挥位置（图 10.14），但现在试验系统已经完全投入使用。核心系统计算机接收控制输入并将其传送到试验计算机，在试验计算机中，根据实现的用户软件功能（控制律），计算机将对控制输入进行计算，并将结果发送回核心系统计算机。在经过细致的数据检查后，它们被发送到作动器。作动器伺服机构的运动以及 FHS 直升机模拟器由此产生的动态响应不再与飞行员控制输入直接相关，而是由经过试验计算机解算后的控制输入决定。评估飞行员采用纯光传操纵模式驾驶调整了飞行特性的直升机。与评估飞行员直接模式相同，该模式下液压离合器同样关闭，作动器的实际位置经机械连接，向后驱动并与安全飞行员的操控装置相连，因此，安全飞行员操控设备的位置总是与直升机控制面的运动相对应，同时也与液压作动器的输出一致。通过这种机制，每当安全飞行员接管直升机控制，FHS模拟器切换到安全飞行员模式时，安全飞行员的操控装置将自动处于正确位置，他可以直接驾驶直升机飞行，而无须进行同步操作。

（4）安全飞行员机械操控模式

如图10.15所示，因为FHS模拟器是针对所有飞行条件下的光传操纵模式研发和认证的，所以安全飞行员机械操控模式不属于FHS直升机模拟器的"正常"操作模式。它只在光传操纵控制系统发生故障的紧急情况下使用。安全飞行员操控设备通过机械软轴缆索直接连接到液压智能作动器，此时核心系统的所有其他部件处于非活动状态，飞行员通过机械控制系统驾驶标准的EC135直升机。这种配置可由安全飞行员主动选择，例如，用于试验或培训。在最坏的情况下，当机械控制系统中遇到无法补偿或无法纠正的严重错误时，它会导致系统的崩溃。为了避免进入机械操控模式，在核心系统计算机和智能作动器软件中运行了各种安全程序，它们将检测和消除错误的通道数据。显然，对于主控制系统（primary control system）而言，光传操纵系统中发生无法消除的故障是一种非常严重的情况，如果这种情况发生，则需要开展深入的调查，而且很可能需要在直升机停飞的条件下，重新进行大量的测试工作以保持或更新飞行认证。

3. FHS机组乘员分工

FHS直升机模拟器核心系统中运行了各种安全程序，用以检测数据错误并消除或削弱它们的影响，这些技术的有效性在FHS模拟器的测试阶段得到了成功验证。然而，人类的意识、判断和反应等能力不应该也不可能被完全取代。因此，FHS机组人员，尤其是安全飞行员的作用，在FHS模拟器的安全方案中至关重要。

（1）飞行试验工程师：飞行试验工程师跟踪计划的飞行试验项目。在开始新的试验之前，他会告诉飞行员试验的细节以及所需的飞行条件。飞行试验工程师有一台多功能显示工作站，通过它可以直接访问试验计算机。飞行试验工程师可以选择预先编程的程序、更改参数和修改配置。在试验期间和试验之后，飞行试验工程师记录飞行员的评论，并对试验数据进行首次分析评估。此外，他还要与地面站工作人员进行沟通和交流。

（2）评估飞行员：评估飞行员作为指挥飞行员进行单独的飞行试验。他与飞行试验工程师和地勤人员保持密切联系，并对实际飞行试验提出评估意见。和飞行试验工程师一样，他也有一台多功能显示器，该设备连接到试验系统的图形计算机上，包括飞行仪表信号、摄像机图像、辅助图形在内的各种信息可以在显示器上进行显示，用以帮助试验的开展，方便评估飞行员快速查看记录的测量结果。

（3）安全飞行员：虽然每个单独的试验场景都首先在地面模拟器上进行了测试和评估，但在飞行试验模式下可能会出现意想不到的危险情况，例如，由于硬件故障或错误的软件指令可能导致飞机发生危险。因此，安全飞行员持续观察其操控装置的运动、直升机的响应和飞行状况。在试验模式下，因为他的操控装置与作动器运动保持同步，所以他像在"亲自动手"飞行一样。安全飞行员可以通过按下切换按钮或实施控制力来接管直升机的控制权限。然后，核心系统将切换到"安全飞行员"模式，该模式仍处于光传操纵模式。由于机械控制系统的反馈，安全飞行员的操控装置总是处于正确的位置。为了评估和证明安全飞行员能够在紧急情况下做出足够快的反应，FHS模拟器飞行试验程序的一项重要工作是利用试验计算机生成单轴和多轴的失控运动。事实证明：①核心系统计算机中的限制器能够使控制输入减速；②安全飞行员能够迅速获得控制权限；③安全飞行员能够稳定住直升机，同时不会出现明显的高度损失。

安全飞行员将对整个飞行试验安全负责，包括在评估飞行员担任指挥飞行员进行指挥期间。由于这一重要职责和FHS模拟器特定安全任务的需要，安全飞行员必须具备试飞员资格和FHS模拟器飞行经验。因此，一般情况下，安全飞行员独立于直升机的用户，由 DLR 指派。

4. 操控模式切换

通过使用核心系统控制单元（图 10.16）选择适当的操控模式，可以打开安全飞行员或评估飞行员控制模式。核心系统的控制单元位于两名飞行员之间的中控台上，所有机组乘员都可以观察到它的状态。通过核心系统控制单元提供的开关，可以选择操控模式并启动试验流程，以及测试并重新激活断开的数据通道。指示灯显示当前操控模式、开关状态、错误和警告等信息，它可以提示操控模式的改变，并伴随附加的声音信号加以确认。

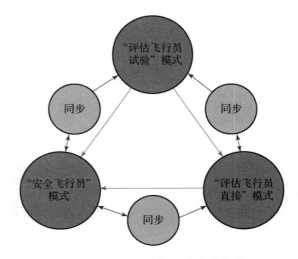

图 10.17　操控模式配置变更条件

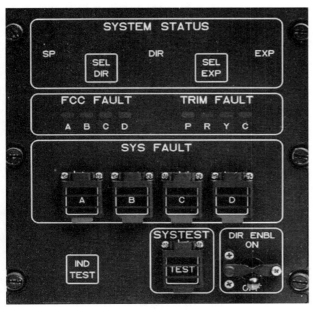

图 10.16　核心系统控制单元

在核心系统控制单元上或通过飞行员操控设备上的开关选择新的操控模式，根据 3 种操控模式的复杂性，它们从"低"到"高"排列，依次为"安全飞行员"模式、"评估飞行员直接"模式和"评估飞行员试验"模式。图 10.17 粗略描述了相应的切换条件。

对于向更高模式的转换（例如，从安全飞行员模式到评估飞行员直接模式），首先需要预选择待切换的模式，评估飞行员控制杆位置会和当前作动器的位置同步，或与从试验计算机中被模拟飞机模型的作动器位置进行同步。评估飞行员的控制由微调电机驱动。在这个过程中，核心系统控制单元上的提示灯会闪烁，用以提示飞行员相关信息。若灯光保持恒亮则说明成功完成同步配置。然后，实际模式的转换由指挥飞行员通过按下操纵杆上的按钮来激活。由于操控模式切换中采用了控制同步和引入衰减函数的措施，有效避免了模式转换期间过渡误差的不利影响。

如果飞机操控模式是切换到"低"模式（例如，从评估飞行员试验模式切换到安全飞行员模式），则不需要进行同步配置，因为此时操控装置已经处于正确的位置，所需模式会被立即激活。这一事实至关重要，因为它允许安全飞行员通过按下按钮或实施控制力，进而无时延地接管直升机的控制权限。

10.3.4　技术细节

下面介绍关于核心系统计算机、智能作动器和光纤数据传输的详细信息。

1. 核心系统计算机

核心系统计算机（图 10.18）是 FHS 模拟器控制系统的核心，它负责启动操控模式的更改、向智能作动器发出指令信号并执行大多数的安全功能。为了提供所需的安全性，计算机布局也基于冗余和非相似（dissimilarity）的思想。核心系统计算机由 4 个功能相同的通道组成，它的硬件被安置在两个独立的机箱中，每个机箱分别有自己的冷却系统，它们安装在驾驶舱地板下的不同位置。为了避免系统的固有故障，软件和硬件都采用了非相似余度技术。每个机箱包含两个不同的硬件通道，一个基于微控制器，另一个基于信号处理器，它们分别是由不同的厂商制造的。

图 10.18　核心系统计算机

根据 RTCA/DO-178B 和 ARP 4754 文件，核心系统软件按照 "A" 级功能规则进行开发。系统需求被转化为两种不同的软件需求，软件的设计和验证工作分别由两个不同的团队承担，每个团队将根据某一种软件设计需求分别为两种硬件开发软件。因此，共有四套不同的软件，所有的软件都是采用 C 语言进行编写。

所有通道均以 2 毫秒的周期时间异步运行，为了检测可能出现的异常，每个通道都安装了许多持续测试机（continuous test）和看门狗定时器。通道之间的光纤交叉通信可以交换模式切换信息。图 10.19 显示了核心系统计算机内的信号流图，信号路径从两名飞行员的 LVDT 操控位置传感器开始，位置传感器信号经过解调和 A/D 转换，被输入至 LVDT 监视器进行检查。评估飞行员操控设备的位置作为控制律的输入，被传递到试验飞行控制计算机。在"评估飞行员试验"模式下，来自试验系统的控制输入信号被回传至核心系统。由于单工（simplex）试验系统的可靠性较低，这些信号可能是错误的，因此在更新之前，数据监视器会进行数据的奇偶位校验和有效性检查。

此外，为防止错误输入信号损坏直升机结构，这些信号传输中会通过一个过速限制器（runaway limiter），过速限制器使用的算法会限制快而大信号下的作动器速率，但不会限制慢变信号或快而小信号下的作动器速率。因此，过速限制器在不危及直升机的前提下提供了最大可能的飞行包线保护。限制器参数的具体取值基于仿真结果、现

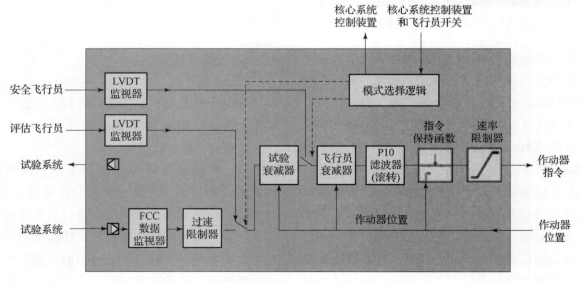

图 10.19　核心系统计算机信号流程框图

有飞行数据和 FHS 直升机模拟器开展的特殊飞行试验数据，通过分析最大作动器速率使用和信号振幅之间的关系，以及控制输入的持续时间进行确定。目前定义了 3 组具有不同限制水平的限制器，其中最严格的限制器允许在整个飞行包线内进行试验模式操作，其他两个限制器约束相对较松，但有高度和速度限制。没有过速限制器的飞行试验只允许在使用更安全试验系统的条件下进行。

在过速限制器之后，输入信号将经过自动衰减功能、PIO（Pilot Induced Oscillation，飞行员诱发振荡）滤波器和速率限制器进行处理，然后再发送到液压智能作动器。当作动器的响应速度受限时，在滚转通道存在发生 PIO 的轻微风险，而 PIO 滤波器可以减小相移并消除这种风险。在控制路径的末端，速率限制器限制作动器的最大运动速率，这样可以避免液压系统中的压降。最后，核心系统计算机还监控评估飞行员的配平系统。

2. 液压系统 - 智能作动器

FHS 模拟器有 4 个相同的智能执行机构，其中 3 个主旋翼作动器安装在主旋翼下方机舱的天花板上，一个尾桨作动器安装在垂尾中，控制涵道尾桨。图 10.20 展示了主旋翼的 3 个作动器（分别对应纵向、横向和总距控制），作动器的上部（黑色外壳）包含电子器件和作动器软件，下部包含电动旋转扭矩马达、控制阀、液压缸和作动器轴等电液部件，图中所示的机械连杆连接到机械控制系统的软轴缆索。根据实际操控模式，软轴缆索将切换到相应的功能。对于"安全飞行员"模式，软轴缆索不起作用；在"评估飞行员"模式下，软轴缆索驱动安全飞行员的操控装置；对于"安全飞行员机械操控"模式，软轴缆索则将安全飞行员操控装置直接连接到液压作动器的控制传动杆上。

智能作动器的功能如图 10.21 所示，作动器电子设备和软件开发的要求实际上与前述核心系统计算机的设计要求相同。四重冗余的硬件各不相同，软件也是由两个不同的团队分别编写，但是这些部件被安装在一个公共机箱中。作动器的电子装置通过光纤从核心系统计算机接收控制输

图 10.20　主旋翼智能执行机构

入指令，电子装置首先是对源自不同通道的数据进行表决和融合，对每个通道都会比较冗余信号，以消除可能的数据故障。每个作动器数据通道驱动四工（quadruplex）电动旋转扭矩电机的一个线圈，扭矩电机安装在单个控制阀轴上，控制两个阀门。作动器通过两级级联回路控制器进行数字控制，其中外回路控制作动器位置，内回路控制作动器速率。内回路控制具体原理是通过控制直接驱动阀的位置来实现，而该位置与作动器的速率成正比。作动器电子装置会在所有通道上，对控制阀位置指令和测量的控制阀位置信号进行协调，避免出现矛盾的指令。在对指令及信号进行协调前，通过限制作动器的位置误差，某个通道中未检测到的硬件或软件故障可以通过其余正常通道的数据进行补偿。外回路的控制周期为 2 毫秒，内回路的控制周期为 400 微秒。

智能液压作动器是专门为 FHS 直升机模拟器设计的，它主要包含一个串联气缸组件，该气缸由四工直接驱动阀组件驱动。作动器由四重冗余的作动器控制电子设备进行控制。FHS 模拟器有两套独立的液压系统，每套液压系统连接到两个控制阀中的其中一个，并为双腔油缸提供一个拱度倾角。活塞杆的运动由 4 个 LVDT 测量，作为反馈信息发送至电子作动器。此

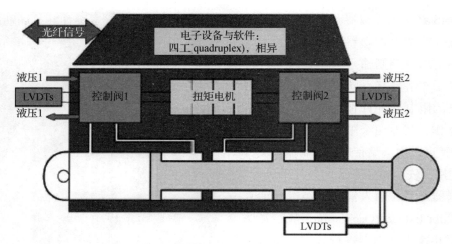

图 10.21　电液智能作动器结构示意图

外，该信号也被发送到核心系统计算机与试验计算机。

智能作动器是一个紧凑的设备，其中采用的系统冗余允许在一个液压系统发生故障，或同时失去两个电气通道信号的情况下，设备仍然能够正常运转。智能作动器的性能与标准 EC 135 直升机主旋翼作动器的性能相当。

3. 光纤数据传输 - 光传操纵

Bo 105 ATTHeS 直升机空中飞行模拟器的尾桨控制通道安装了三重冗余数据传输光缆设备（见 8.3.2 节）。出于安全原因，该模拟器没有移除标准的机械控制系统。ATTHeS 模拟器以及法国、美国类似试验研究飞机的开发与运营经验都显示了电子信号传输的巨大潜力与优势，但是，实践中人们也发现了电传系统的一些缺陷，比如数据传输速率受限、重量偏大和电磁干扰等问题。这些缺陷给电传系统日益增长的工业应用带来了不利影响。

（1）数据传输速率：实际使用的数据总线标准，如 ARINC429（100 千字节 / 秒）或 MIL-STD-1553（100 千字节 / 秒或 1 兆字节 / 秒），它们的数据传输速率通常不能满足要求。高动态控制系统通常需要更高的数据传输速率。同步和总线管理需要额外的时间，这就导致了数据传输延迟。研究表明，在考虑电磁兼容性（Electromagnetic Compatibility，EMC）要求时，铜电缆的数据传输速率上限约为 2 兆字节 / 秒，与之相比，光纤可以提供更高的数据传输速率。

（2）重量：大多数机载计算机通常都安装在飞机中央的一个公共机箱中，在这里面，各种粗、长、重的电缆被分别连接到传感器、仪器与作动器等设备上。与之相比，使用单独的分散式计算机、智能设备（如智能作动器）和光缆可以大大减轻重量并减少需求空间。

（3）电磁兼容性（Electromagnetic Compatibility，EMC）：在低空、靠近地面和靠近船只位置附近飞行的直升机通常处于强度超过 200 伏 / 米的电磁场中，并且这个强度未来有进一步增加的趋势。为了使每飞行小时故障概率为 10^{-9} 的全权限电传操纵飞行控制系统免于遭受电磁干扰，工程师们需要付出巨大的努力和昂贵的代价。与之相比，光纤电缆不会受到电磁干扰，这是光传操纵控制技术的另一个重要优点。

为了安全起见，目前装备了电子控制系统的研究直升机仍然保持了原始的机械控制系统，而试验控制系统在需要时可以随时打开。因此，没有必要开发新的技术来满足全权限控制系统的高安全标准。然而，为了获得用户的认可和信心，电子控制系统必须证明其作为独立系统运行的可靠性和可用性。在这里，FHS 直升机模拟器作为一架配备了全权限光传操纵控制系统的技术验证机，为高可靠电子控制系统技术的发展做出了积极贡献[9-11]，它获得的经验为未来直升机电子飞行控制技术的发展奠定了坚实的基础。

10.3.5 地面设施

除进行空中飞行模拟的直升机外，FHS 模拟器系统还包括一台地面系统模拟器和一个支持飞行试验的移动数据/遥测地面站。地面站由遥测站和数据评估站两部分组成，它们被分别布置在两个集装箱中，工作中可根据 FHS 模拟器的试验任务需要，运输到实际飞行试验场，包括用户指定的试验地点或机场。遥测站有一台自动跟踪飞机的天线，站上配备有摄像机和通信设备。FHS 空中飞行模拟器发送的 PCM（Pulse Code Modulation，脉冲编码调制）数据将通过以太网接收、记录并传输到数据评估站。

数据评估站提供 3 名工程师的工作席位，每个席位都配备了一台计算机数据站，以便在飞行试验期间通过快速查看功能或适当软件工具对实时数据进行监控。评估站有一名试验工程师负责与直升机上的飞行试验工程师和评估飞行员进行通信，根据初步数据检查结果，他可以决定试验是否成功完成，或者是否还需要进行修改以及重复进行。遥测链路回传的数据可以记录在地面站。但为了进行更准确和详细的评估，试验结果评估通常会首选机载记录数据。在飞机着陆后，磁盘上的数据将被传输到集装箱中的计算机上，以便技术人员进行全面的、面向项目的离线评估。此外，数据评估站的计算机还可用于开发和修改评估软件。因此，FHS 模拟器飞行试验的两个主要目标可以得以实现，首先是在飞行试验期间向用户提供开展试验所需的实时信息，其次，在飞行试验结束后，用户可以使用自己或者 DLR 开发的软件工具对试验数据进行详细的分析和评估。

地面系统模拟器主要用于 FHS 直升机硬件在环和软件在环的仿真模拟，它采用一个真实的驾驶舱复制了 FHS 直升机的操控驾驶环境。地面模拟器是一台固定底座的设备，它具有一个宽大视场的视景系统（图 10.22）[12]。地面模拟器的驾驶舱非常类似于 FHS 飞机的驾驶舱，它包括安全飞行员和评估飞行员的并排席位，并提供相同的显示器、控制装置和飞行员操控设备。地面驾驶舱中同样设置了核心系统计算机的所有功能，包括操控模式切换，它可对 EC 135 直升机动力学、核心系统计算机以及一些传感器设备进行模拟。地面系统模拟器开发过程中的一个重要问题是 EC 135 直升机精确动力学数学模型的建立，该模型"真实地"反映了直升机的飞行动力学特性。模拟器中还安装了与实际试验系统完全相同的硬件设备，如果需要，它还可以作为直升机的备用装置。此外，该模拟器还支持从外部连接的用户硬件。在向 FHS 直升机模拟器上安装任何新的硬件或软件之前，首先都需要在地面模拟器上进行测试。地面模拟器可以独立于 FHS 直升机模拟器进行使用，它为飞行试验项目各个阶段任务的开展提供了一个完美的试验环境，包括：①为工程师提供了开发环境、测试环境和准备环境；②在直升机飞行前，对新装备的硬件和软件进行测试和验证；③机组乘员飞行前的培训，尤其是对新飞行员的培训。

图 10.22　FHS 地面模拟器，正在演示在布伦瑞克 DLR 研究园区的进近降落

10.4　FHS 模拟器参与的研究项目

10.4.1　引言

在 FHS 模拟器运营的第 1 个 10 年，即 2003—2012 年，为支持不同的项目研究，它共计飞行了

960小时。一般来说，开始新的飞行试验前，试验飞行器通常需要更长的地面准备时间（相对于空中飞行时间而言），准备工作包括进行软件程序修改以及硬件组件安装，并对相应变动进行检查。因此，FHS模拟器每年近100小时的飞行说明了它在许多项目研究中所发挥的重要作用。一些之前需要开展飞行模拟的DLR项目在1995年Bo 105 ATTHeS模拟器发生事故后被迫中断，现在这些项目可以利用FHS模拟器继续进行。

由于FHS模拟器在许多项目中都发挥了重要作用，因此需要成立专门的机构来协调其使用。全球性质的研究试验活动由FHS用户委员会（FHS user committee）进行协调，该委员会由来自德国各部委、德国欧洲直升机公司和DLR的代表组成。国家级及以下级别的项目工作则由FHS委员会（FHS board）规划、安排和协调，FHS委员会由DLR研究所相关专家和试验项目负责人组成。对于FHS模拟器未来的应用，委员会制定了一些标准，其中规定了不同设计方法、试验程序和试验实施之间的相互关系。标准制定中综合考虑了DLR以及外部用户的需求和利益。例如，图10.23概述了飞行中控制系统方案实现和评估的步骤，其中对软硬件的接口进行了审查和扩展，允许外部用户方便灵活地进行访问，同时外部用户也可以提供他们自己的硬件和软件。

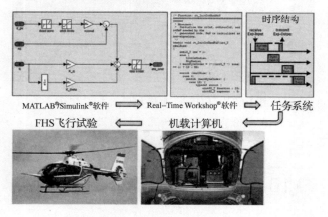

图10.23 FHS飞行控制系统设计链路

在FHS模拟器设计阶段，技术人员已经开始建立用于模拟应用和飞行试验的直升机非线性运动动力学模型。空中飞行模拟采用模型跟随控制系统，它需要通过系统辨识技术确定的高可信度状态空间模型。为获得开展系统辨识所需的必要数据，FHS模拟器进行了从悬停到最大速度飞行的各种飞行试验。经典数学模型采用3个轴上的力和力矩方程中来描述刚体的运动，但是由此得到的6自由度刚体运动模型只能代表直升机飞行动力学的低频特性（频率最高可达10弧度/秒），它们忽略了旋翼动力学的高频影响。刚体模型只能计算由于控制输入而产生的线性加速度和角加速度响应，然而在实际中，类似于二阶系统的响应过程，飞机的第一个响应是由于控制杆输入引起的主旋翼倾斜，然后机体加速度才会增加，其中存在一定的时延。由于大多数控制律都依赖于正确的初始响应，而为模型响应添加等效时间延迟是一种非常粗糙的近似方法，因此这也是为什么直升机6自由度模型通常不满足预期应用要求的原因。通过使用桨叶挥舞的隐式公式和桨叶超前-滞后回归运动的参数公式对旋翼的运动自由度进行描述，可以对FHS直升机模拟器的数学模型进行扩展。通过这种扩展，在频率高达约30弧度/秒的范围内，模型响应与飞行数据也可达到一致，具有如此精度的模型对于控制系统的设计和应用而言已经足够了。但为了更好地拟合垂直响应，研究人员进一步采用描述旋翼诱导气流惯性效应的隐式动态来流方程来封闭系统的运动模型。图10.24对比了考虑动态来流效应与否的模型结果与飞行试验数据，图中给出的是总距控制输入引起的垂直加速度的频率响应[13]。

由于平静的大气条件很少出现，通常在飞行试验中会遇到阵风或突风，因此，FHS模拟器研究的另一个重点问题是开发可用于地面飞行模拟和空中飞行模拟的湍流经验模型，用以提供飞行员在真实湍流中悬停或低速飞行时的"真实"感觉。此外，该干扰湍流模型还可以用于控制系统设计以及控制器的鲁棒性考察。为准确地确定湍流经验模型，研究人员在试验地点使用风速计记录、收集了不同湍流条件下的飞行试验数据。将飞行员控制输入引起的直升机预测响应减去实际飞机响应的测量值，剩余的随机响应信号视为

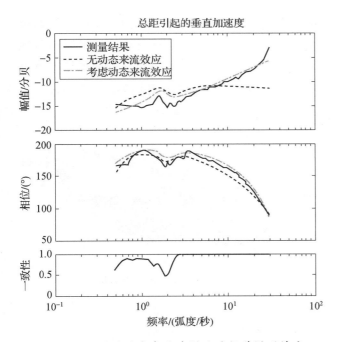

图 10.24 通过动态来流建模改进数学模型精度

湍流干扰,被转换为等效的控制输入信号。当飞行员在平静大气中进行空中飞行模拟或操纵地面模拟器时,这些等效输入会被添加到飞行员的实际控制输入中,从而模拟直升机在湍流空气中的飞行。因此,这个模型也被称为"控制等效湍流输入模型"(control equivalent turbulence input model)[14]。

直升机常常用于将较大的货物载荷运送到偏远地区。货物载荷通过绳索或直升机下方的吊索系统连接到负载吊钩上,或者通过直升机侧面的吊钩或绞车进行承载。然而,飞行中载荷会表现出不可控的动态行为,这会降低直升机的整体稳定性。飞机和载荷之间的相互作用受多种因素的影响,如载荷重量、载荷形状、空速以及绳索长度等。由于这种耦合运动可能导致飞行危险,为在飞行中保持整个直升机/吊索负载系统的稳定,飞行员必须对吊索负载的运动做出快速响应,在必要时飞行员甚至需要放下货物以避免事故发生。为了帮助飞行员保持对直升机的控制,研究人员开发了一台飞行指引仪显示器(flight director display),它提示飞行员所需的控制输入,可以有效地削弱货物负载的摆动运动,并允许在不激发负载振荡模式的情况下进行机动。通过飞行试验,研究人员对指引仪进行了测试,成功验证了其有效性。根据在飞行指引仪研究中获得的经验,研究人员开发了用于承载和定位的自动控制系统,这套系统首先被用于地面模拟中,然后进一步用于飞行试验。研究人员系统评估了负载稳定算法的两种不同实现方案:①作为经典增稳系统或自动驾驶仪的附属模块;②作为一个完全集成的独立模块,与直升机控制系统进行交互(见 10.4.5 节)[15-16]。

2004 年,FHS 模拟器成功开展了综合飞行试验项目 ACT-IME(Active Control Technology to Improve Mission Effectiveness,提高任务效能的主动控制技术),这也是外部用户首次利用 FHS 模拟器成功开展的试验。该次试验由欧洲直升机公司法国分公司(Eurocopter France)开展,目的是对欧洲直升机公司开发的先进任务适应控制策略(advanced mission adapted control strategy)进行评估。整个项目包括软件开发、FHS 地面模拟器模拟、FHS 直升机模拟器飞行试验和结果评估四个环节,这些工作完全由外部用户控制和负责。DLR 则根据需要,提供相应接口定义和技术支持。本次试验表明,外部用户可以独立地利用 FHS 模拟器开展试验,而无须与 DLR 共享飞行信息、试验数据以及评估结果。图 10.25 记录了最后一次飞行试验后联合试验机组乘员的合影。

图 10.25 FHS 和 ACT-IME 联合试验机组乘员合影

DLR 还利用 FHS 模拟器继续开展了一些因 Bo 105 ATTHeS 模拟器事故而中断的研究项

目，例如，可变飞行品质技术研究、控制系统开发、试飞员和飞行试验工程师培训。下文将详细介绍这些应用的典型案例，即：①控制系统研究；②主动杆（侧杆）测试；③飞行员辅助。

10.4.2 模型跟随控制

根据从 Bo 105 ATTHeS 直升机空中飞行模拟器研究与应用中获得的经验，技术人员重点研究了直升机空中飞行模拟器模型跟随控制系统的设计与优化（图 10.26），该系统可以改变 FHS 主机 EC 135 直升机固有的动态飞行特性。模型跟随控制系统原理如图 10.27 所示[17]，其中的关键要素是代表 FHS 直升机模拟器动力学特性的"直升机动力学数学模型"，如果该数学模型可以准确地描述直升机的动力学行为，那么它的逆模型就可以用于抵消原始 EC 135 直升机的动力学运动，并实现任意的期望动力学响应。

图 10.26　直升机空中飞行模拟原理

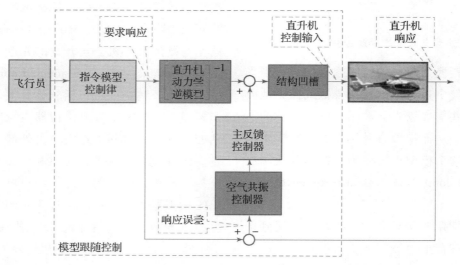

图 10.27　FHS 模型跟随控制系统框图

飞行员按照前向回路中定义的指令模型进行飞行，由模型误差和外部干扰引起的偏差则通过反馈回路进行校正。试验系统计算机中有许多参数化的指令模型，在飞行过程中，评估飞行员或飞行试验工程师可以很容易地检索到它们。与铰接式旋翼直升机相比，EC 135 等无轴承的主旋翼直升机对空气共振现象（air resonance phenomenon）更为敏感，该现象原理上是由于主旋翼桨叶的超前-滞后运动与刚体运动模态之间的耦合效应导致。当 EC 135 直升机的回归滞后模态（regressive lag mode）与机身横摇运动模态耦合时，可能发生空气共振现象，飞行中通过滚动运动中的振荡可以观察到这一现象。为了避免共振问题，特别是在反馈控制回路增益较高的情况下，研究人员发展了在反馈回路中添加空气共振控制器的技术（图 10.27）[18]。

根据开发合同，在 2002 年交付时，FHS 直升机模拟器的飞行包线受到了一些限制，"评估飞行员试验"模式不允许在低空（离地面 20 英尺以下）和低速状态下飞行。FHS 直升机模拟器还进行了大量试验，用以确定安全飞行员从进行操控到完全实现飞行控制所需的时间（这个过程中可能存在来自评估飞行员的干扰或外部环境的扰动）。根据这些失控试验（runaway test）的结果，

FHS 模拟器飞行包线（图 10.28）的认证时间只得被延长。2008 年 5 月 23 日，FHS 模拟器首次使用试验系统实现了着陆[19]。

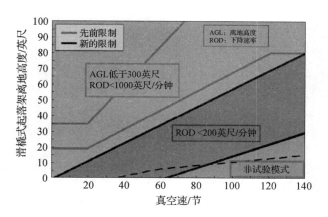

图 10.28　FHS 模拟器试验布局的飞行包线

10.4.3　主动杆（侧杆）

现代飞机中可以向飞行员提供大量的关于飞行器和飞行状态的信息。为了给飞行员驾驶提供最佳支持，飞行中必须选择实际飞行所需的信息，并以最有效的方式呈现给飞行员。这些信息支持可以视为飞机、环境和飞行员之间的交互接口，其中有两种信息尤其对飞行员的驾驶起着十分重要的作用，它们是：①加速度信息。飞行员对加速度非常敏感，这一点十分重要，因为直升机对外界输入最直接的响应就是表现出强烈的线性和转动加速度；②视场环境信息。飞行员可以对视野的变化做出迅速反应。针对这两种信息的反应行为都依赖于飞行员的直觉和潜意识来完成。换句话说，不需要额外的成本来提供这些信息以辅助驾驶。但是同时，飞机要能够生成并明确提供给飞行员控制直升机所需的其他信息，而这涉及硬件和软件等相关技术手段的使用，这些能力属于飞机新一代操纵控制的领域。使用经典的机械控制系统，飞行员左手使用总距控制杆（collective lever）来控制直升机的垂直运动，利用脚蹬（pedal）来纠正偏航运动，通过右手操纵位于膝盖边的周期变距杆（cyclic stick）对直升机的俯仰和滚转运动进行控制。由于直升机的运动是高度耦合的，一个操控设备的输入会在所有轴上都产生运动响应，因此在飞行中，飞行员通常总是同时使用他的所有操控设备，这意味着需要双手和双脚的协调配合。

先进的直升机飞行控制系统将配备主动控制杆，例如侧杆，飞行员感受到的力由电机产生，这些装置利用触觉信息扩展了经典的、以视觉为中心的人机交互界面，通过其力感特性的局部变化，可以直观有效地将操控感受信息传递给飞行员。作为一架技术验证机，FHS 模拟器非常适合于评估新的侧杆控制装置，因为它们可以方便地安装在评估飞行员的座位附近。2004 年，DLR 与空客直升机公司德国分公司（Airbus Helicopter Germany）合作开展了一项可行性研究，技术人员对 FHS 模拟器进行了升级，并在直升机上安装了侧杆装置。2007 年，FHS 直升机模拟器的周期变距杆被斯特林动力有限公司（Stirling Dynamics）研制的"金杆"（Goldstick）取代[20-21]。在实验验收后，FHS 模拟器从 LAT 公司获得了用于升沉运动控制的第二个侧杆，该装置在 2009 年 9 月成功用于飞行。新的周期变距杆现在位于飞行员右侧，经典的长杆（long pole stick）被短杆（short pole stick）取代，该装置能够根据任务要求调整和改变其力分布。标准的总距控制杆被拆除，垂直运动（上下）现在由飞行员左侧的短杆主动杆进行控制。由此带来的明显人体工程学优势是飞行员在操控时可以坐得更直。此外，左侧侧杆可以控制两个自由度（前后和左右），并且可以设定用于偏航控制。在飞行试验中，它被飞行员评价为"直观控制"（intuitive control）。另外，FHS 模拟器中飞行员席位的"并排"布局更加符合人体工程学，提高了舒适性和安全性（图 10.29）。

主动控制杆具有许多优点，其中之一是能够使控制力适应实际飞行条件和飞行控制系统的状态。这些控制杆可以设置为始终提供最佳的控制力，从而提高操控品质和任务效能。触觉反馈，即所谓的"触觉提示"，是主动杆的一个重要特征。通过仔细设计控制力的轮廓，飞行员不需要持续监控驾驶舱面板上的限制提醒，就可以了解

图 10.29　FHS 模拟器驾驶舱并排配置的两个侧杆

飞行包线限制、直升机载荷限制。直升机的空中状态监视会额外增加飞行员的负担，而侧杆有助于提高飞行员的态势感知能力，这对于依赖视觉的飞行具有重要意义。当飞行员通过主动杆施加控制时，杆会动态地做出反应，以适当的位置移动操纵带增稳控制的直升机。通过关闭侧杆控制系统中的反馈回路，可以通过添加提示或改变力梯度的方式向飞行员提示包线限制等约束（图10.30）。图 10.31 概述了主动侧杆的特征及其在反馈模块中的应用。必须指出的是，所有的特性和细节都可以通过编程进行自由设置，因而它们可以适应特定的直升机布局和变化的实际飞行情况。这种可能性带来了多种解决方案，同时也提出了制定相应标准的需求。

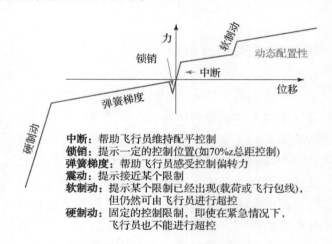

中断：帮助飞行员维持配平控制
锁销：提示一定的控制位置（如70%z总距控制）
弹簧梯度：帮助飞行员感受控制偏转力
震动：提示接近某个限制
软制动：提示某个限制已经出现（载荷或飞行包线），但仍然可由飞行员进行超控
硬制动：固定的控制限制，即使在紧急情况下，飞行员也不能进行超控

图 10.31　主动杆的操纵特性

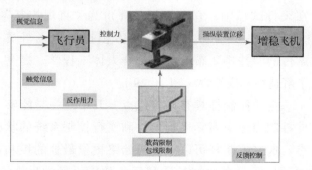

图 10.30　带有力感反馈的飞行员—操纵杆—飞机回路

对于与触觉提示相关的功能，2007 年，技术人员为 FHS 模拟器开发了触觉反馈演示功能，并通过飞行进行了测试。开发的演示功能包括负载系数限制、主轴弯曲限制，以及使用软制动（soft stop）进行 360°标准转弯的战术引导。在危急情况下，飞行员可以关闭软制动。2010 年，DLR 与 ONERA（法国航空航天实验室）合作开发的触觉涡环状态保护系统（用于下沉速率限制）成功进行了飞行验证。进一步地，DLR 还与欧洲直升机公司合作开发了扭矩保护提示功能，并开展了相应的飞行验证。DLR 开展的另一项研究活动与避障有关，它支持飞行员在接近地面的障碍物环境中进行飞行。考虑到主动侧杆技术是整个主动控制技术的一部分，技术人员使用一种综合方法，将这些功能嵌入功能更加全面的飞行员辅助系统

中（见 10.4.4 节）。

在美德直升机空气动力学合作研究谅解备忘录的框架下，双方制定了一项考虑"主动控制旋翼机操纵品质"的研究任务（另见 12.3.3 节）。针对该任务，DLR 和美国陆军航空飞行动力学委员会联合开展了常规的和特殊的空中飞行模拟和地面飞行模拟研究。此次研究的目的是深入了解动态侧杆参数（阻尼和固有频率）对直升机操纵品质的影响。项目针对"悬停"和"前飞回转"任务进行评估，建立将侧杆特性集成到整个飞行器系统优化设计过程的方法，从而提高直升机操纵品质，为带有主动侧杆旋翼机的设计提供指导。

项目利用配备有两个主动侧杆的 FHS 直升机和 JUH-60 RASCAL 直升机（见 5.2.2.17 节），开展了数次飞行试验。通过系统地改变动态侧杆参数（阻尼和固有频率），对操纵品质进行评估，确定了主动侧杆的设计要求[22-23]。飞行员表示，他们更青睐控制输入和飞机响应之间的短延迟，以及在没有超调风险情况下进行快速准确侧杆控制所需的高阻尼。由于一般要求更高的阻尼值，研究人员首次提出了等级边界的概念，它们在图 10.32 中以粗体线标出，为了说明时间延迟的影响，图中添加了一定的等高线，其中 1 级表示令人满意的操纵品质，2 级表示可接受的操纵品质。

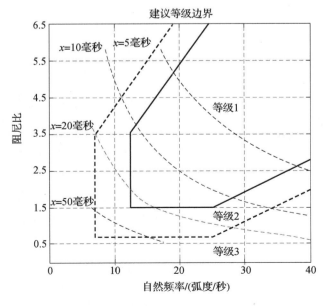

图 10.32　主动杆的建议等级边界

10.4.4　飞行员辅助系统

直升机飞行员辅助的目的是通过采用适当的技术协助飞行员驾驶飞机，减少他的工作量，并提高任务的成功率。辅助系统方案的挑战在于它必须适应：①直升机配置；②实际飞行任务；③飞行员能力。2003 年 4 月，DLR 与 ONERA 联合启动了项目 PAVE（Pilot Assistant in the Vicinity of helipads，直升机停机坪附近的飞行员助理），该项目主要研究直升机自动和手动着陆进近及起飞、应急程序以及噪声消除飞行剖面。为了增强飞行员的态势感知能力，高分辨率的立体图像被集成到虚拟场景中。图 10.33 给出了包含出发路线的高分辨率立体图像示例。技术人员开发了各种支持模块，包括用于飞行计划更改的规划模块和用于自动飞行模式的导引模块。机载飞行指引仪显示了实际航迹与飞行员定义轨迹的偏差。PAVE 项目飞行试验 2006 年开始、2007 年结束，期间项目成功开展了针对紧急医疗救援任务的自动飞行演示[24-26]。

图 10.33　包含出发路线的高分辨率立体图像

飞行员辅助系统研究的一个后续项目是 ALLFight（Assisted Low Level Flight and Landing on Unprepared Landing Sites，协助低空飞行和在未准备好的着陆地点着陆）项目。该项目的目标是在恶劣的视觉条件下实现飞行员对直升机的安全操控，使其从起飞到着陆的整个飞行过程都具有良好的操纵品质。试验所需的硬件主要包括一个高起落滑橇,该滑橇配有检测地面接触的传感器、传感器安装横梁和 4 个外部传感器(激光雷达、雷达、电视摄像机和红外摄像机)。图 10.34 显示了 FHS 模拟器上安装的附加传感器。此外,作为 FHS 试验系统的一部分,工程师们还另外安装了一台计算机,该计算机主要执行导航任务功能,用于着陆航迹的计算以及地图、地形和障碍物的显示。ALLFight 项目的飞行试验于 2011 年 11 月开始。基于测量数据,开发的系统可以进行在线航迹规划。研究人员分别实现了起飞、途中和着陆 3 个飞行阶段的规划算法,其中考虑了直升机的所有限制和飞行员操作的典型程序(例如 CAT A 级标准的起飞和着陆)。为了提高飞行员对自动航迹规划功能的接受度,在算法开发中,研究人员与 68 名具有不同操纵经验的飞行员进行了关于航迹规划功能偏好的交流。图 10.35 显示了障碍物地图和地形剖面,以及算法建议的着陆飞行路线。

图 10.34 ALLFight 项目中的传感器

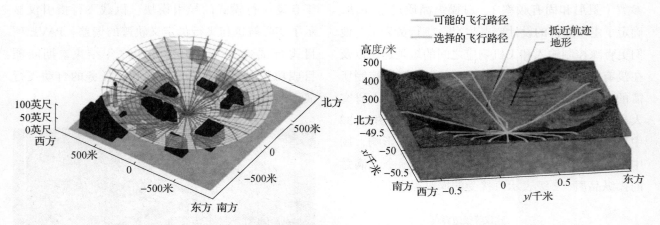

图 10.35 障碍物地图和可能的着陆航迹(左侧:建筑物,右侧:地形)

除红外图像和视频数据外,直升机还可获得雷达和激光雷达提供的测量数据(图 10.34)。原理上,后两个传感器提供的信息存在冗余,两者都是探测和测距系统,它们发出探测信号,然后通过接收和处理物体的反射信号来进行测量。其中,雷达是基于电磁波,它适合于检测较大的物体,而激光雷达是一种基于光学技术的光学系统,它与雷达的主要区别在于它采用信号的频率更高,因而它具有更高的分辨率,能够探测到更小的物体,比如电线。通过"数据融合"技术,系统将两个传感器的测量信息进行融合,可以充分利用两者的优势,尽可能地为飞行员提供最好的图像(图 10.36)[2*-29]。

2012 年,试验人员开展了飞行试验,验证了结合可选飞控参数的数据融合显示技术[29-31]。

另一种支持飞行员在低能见度条件下(如浓雾、褐光和白光,甚至在黎明或夜间)飞行的方法是采用头盔显示器(Helmet Mounted Display,HMD)技术,技术人员在 FHS 直升机模拟器和带有准直视觉系统(collimated vision system)的 DLR 地面模拟器 GECO(Generic Cockpit Simulator,通用驾驶舱模拟器)中,安装了埃尔比特系统公司(Elbit Systems)研制的 JedEye™ 头盔显示系统(图 10.37)。HMD 可以显示与任务相关的图形符号,从大量视觉符号中提取关键信

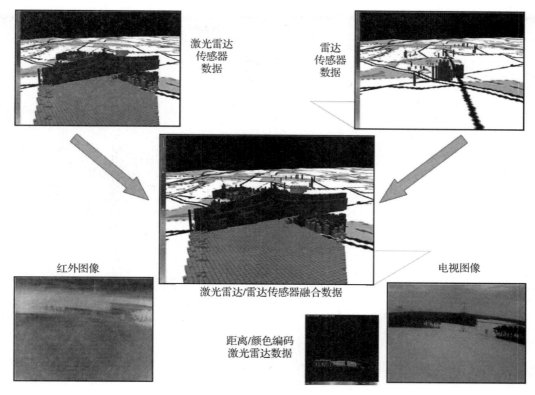

图 10.36 用于三维图像生成的传感器数据融合

图 10.37 飞行员佩戴 JedEye™ 头盔在 FHS 模拟器上开展试验评估

息（例如障碍物）。通过在直升机中装备该系统，可以大大提高飞行员对环境，尤其是视觉条件恶劣环境的态势感知能力。头盔支持沿预先规划三维航迹进行飞行的功能，例如降噪飞行程序。通过 FHS 直升机模拟器的飞行试验，验证了 HMD 中的符号体系[32]。

10.4.5 吊索负载的自动稳定和定位

为了对吊索负载辅助系统进行验证，减少飞行员在吊索负载运输过程中的巨大工作量，FHS 直升机模拟器配备了救援绞车（rescue hoist，见图 10.38）。救援绞车操控的挑战来自可能发生变化的缆绳长度和因侧面安装而产生的干扰滚转力矩。"吊索负载的自动稳定和定位"研究的主要内容是在直升机上增加一个与自动飞行控制系统（Automatic Flight Control System，AFCS）相连的自动稳定和定位模式。吊索载荷的运动由红外摄像机检测（图 10.39），然后相关信息被输入到相应的控制算法进行解算，控制算法输出控制指令来抑制载

图 10.38　带载荷运动传感器的吊索负载辅助系统飞行试验

荷振荡，实现精确、安全的载荷运输。该算法可能成为先进运输直升机 AFCS 的一部分[33-35]。

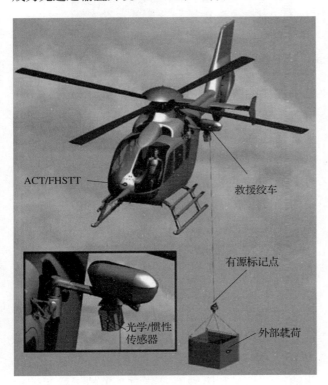

图 10.39　吊索负载辅助系统的传感器

10.5　飞行员和试验工程师培训

由于 Bo 105 ATTHeS 直升机模拟器的悲惨事故，利用这架直升机开展的飞行员培训不得不在 1995 年停止（见第 8 章）。然而，由于通过 Bo 105 ATTHeS 模拟器进行培训取得了良好的教学效果，英国帝国试飞员学校（Empire Test Pilots' School，ETPS）对利用直升机空中飞行模拟器进行飞行员和飞行试验工程师培训怀有极大的兴趣。因此，ETPS 在 2005 年春季访问了 DLR 在布伦瑞克的飞行试验设施，探讨重新利用 FHS 模拟器进行飞行员培训的合作。FHS 模拟器因其使用的灵活性，可以实现高效的实践培训。ETPS 明确了合作意向并确定了整套系统的组成，包括试验系统、数据记录系统、监控系统和地面模拟器。

2005 年秋季，ETPS 开始了使用 FHS 直升机模拟器的首次培训活动。作为他们论文工作的一部分，一名飞行员和一名飞行试验工程师在 FHS 模拟器上开展了试验和评估研究。由于整个系统的复杂性，这对实习学生来说是一个不小的挑战，但是他们成功地解决了遇到的问题。在接下来的一年里，FHS 模拟器被定期部署在 ETPS，用于试飞员课程中的飞行品质训练。ETPS 的 6~8 名学员访问了布伦瑞克并在那里接受了培训（图 10.40），培训课程包括优化给定任务的飞行控制律，然后评估直升机响应的适用性，其中典型的训练任务包括在夜间低能见度条件下的救援行动。2010年,在FHS模拟器安装主动侧杆后,这一操控设备又为ETPS的飞行员培训开辟了新领域。如前所述,侧杆的阻尼或力-位移特性可以方便地通过机载计算机进行设置,因此,控制品质的改进也成为了培训项目的另一部分内容。

图 10.40 2013年度培训的ETPS学员(左起:试验和安全飞行员U.格赫曼(U. Göhmann),M. 米尔豪泽(M. Mühlhäuser),A. 德莱尼(A. Delaney),O. 希金斯(O. Higgins),I·韦斯特(I. West),D. 李(D. Lee),J. 沃尔弗拉姆(J. Wolfram),M. 巴尼特(M. Barnett),W. 克雷布斯(W. Krebs),S. 佐费尔(S. Soffner),M. 伯恩哈德(M. Bernhardt))

试验活动为试验飞行器和飞行控制律的设计提供了宝贵的参考。有趣的是,对于实现同一任务的控制,一些团队喜欢通过姿态控制,而另一些团队则更喜欢采用速率控制。事实证明,之前驾驶飞行器的类型以及经验对飞行员的评级有重大影响。另一个重要的认识是,飞行控制律和主动控制侧杆力-位移特性之间的相互作用对飞行器的操纵非常重要。例如,两个单独评价为良好的部件的组合可能会导致整个系统的评级不佳。更有趣的是,可能单个部件评级较差,但由它们组合形成系统的性能得到的评价却为良好。

空中飞行模拟器对于飞行员和飞行试验工程师培训的重要性已经被大量的实践所证明[36-37]。法国试飞学校EPNER也对利用FHS直升机模拟器开展教学表现出浓厚兴趣,2013年12月,EPNER团队前往布伦瑞克对DLR进行了访问,探讨未来利用FHS模拟器进行飞行员培训的可能性。

参考文献

1. Butter, U., Schimke, D.: Pausder, H.-J., Gollnick, V.: ACT-Demonstrator/Fliegender Hubschrauber Simulator—Projektdefinitionsstudie—Abschlußbericht, DLR IB 111-95/26 and ECD-0045-95, July 1995 (in German)
2. Pausder, H.-J., Butter, U., Gollnick, V.: ACT-Demonstrator/flying Helicopter Demonstrator—A New Demonstrator Tested for Flight Control and Cockpit Technologies. American Helicopter Society 52nd Annual Forum, Washington D.C., USA, June 1996
3. Pausder, H.-J., Butter, U., Gollnick, V.: ACT-Demonstrator/flying helicopter demonstrator—an airborne testbed development project. In: 22nd European Rotorcraft Forum, Brighton, UK, Sept 1996
4. Kaletka, J., Kurscheid, H., Butter, U.: FHS, the new research helicopter ready for service. In: 29th European Rotorcraft Forum, Friedrichshafen, Germany, Sept 2003
5. Pausder, H.-J., Butter, U., Steinmaier, F.: ACT/FHS for the next generation technologies evaluation and demonstration. In: 25th European Rotorcraft Forum, Rome, Italy, Sept 1999
6. Ockier, C., Butter, U.: ACT/FHS—an airborne rotorcraft simulator for technology development and research. In: AIAA Modeling and Simulation Technologies, Denver, USA, AIAA-2000-4575, Aug 2000
7. Butter, U., Pausder, H.-J., Steinmaier, F.: Safety concept of technology demonstrator ACT/FHS. In: American Helicopter Society 56th Annual Forum, Virginia Beach, USA, May 2000
8. Gelhaar, B., Oertel, H., Alvermann, K., Bodenstein, M., Gandert, R., Graeber, S., Schwaneck, H.-P.: FHS—experimental system for flying helicopter simulator put into operation. In: American Helicopter Society 59th Annual Forum, Phoenix, USA, May 2003
9. Steinmaier, F., Bickel, N., Pausder, H.-J.: Survivable fly-by-light control system. In: ACT/FHS, RTO MP-047, Paper 10, April 2000
10. Bickel, N., Steinmaier, F.: Design of a primary fly-by-light control with a dissimilar redundant architecture. In: American Helicopter Society 54th Annual Forum, Washington D.C., USA, May 1998
11. Bickel, N., Butter, U., Hammerlindl, M., Eichberger, W.: Getting a primary fly-by-light system into flight. In: American Helicopter Society 59th Annual Forum, Phoenix, USA, May 2003
12. Hamers, M., Bouwer, G., von Grünhagen, W.: System Simulator for the DLR's in-flight simulator ACT/FHS—software and hardware realization. In: AHS Vertical Lift Aircraft Design Conference, San Francisco, USA, January 2000
13. Hamers, M., von Grünhagen, W.: Advanced modelling approach for ACT/FHS controller development. In: 27th European Rotorcraft Forum, Moscow, Russia, Sept 2001
14. Seher-Weiß, S., von Grünhagen, W.: EC 135 system identification for model following control and turbulence modeling. In: CEAS Conference, Berlin, Sept 2007
15. Hamers, M., Bouwer, G.: Flight director for helicopter with slung load. In: 30th European Rotorcraft Forum, Marseille, France, Sept 2004
16. Hamers, M., Bouwer, G.: Helicopter slung load stabilization using a flight director. In: American Helicopter Society 61st Annual Forum, Gaylord Resort Grapevine, USA, June 2005
17. Hamers, M., Lantzsch, R., Wolfram, J.: First control system evaluation of the research helicopter FHS. In: 33rd European Rotorcraft Forum, Kazan, Russia, Sept 2007
18. Lantzsch, R., Wolfram, J., Hamers, M.: Increasing handling qualities and flight control performance using an air resonance controller. In: American Helicopter Society 64th Annual Forum, Montreal, CA, April 2008
19. Hamers, M., et al.: Extension of the ACT/FHS experimental flight envelope. In: American Helicopter Society 65th Annual Forum, Gaylord Resort Grapevine, TX, USA, May 2009
20. Abildgaard, M., von Grünhagen, W.: Demonstration of an active sidestick in the DLR flying helicopter simulator (FHS). In: 34th European Rotorcraft Forum, Liverpool, UK, Sept 2008

21. von Grünhagen, W., Müllhäuser, M., Abildgaard, M.: Active inceptors in FHS for pilot assistance systems. In: 36th European Rotorcraft Forum, Paris, France, Sept 2010
22. von Grünhagen, W., Schönenberg, T., Lantzsch, R., Lusardi, J., Fischer, H., Lee, D.: Handling qualities studies into the interaction between active sidestick parameters and helicopter response types. In: 38th European Rotorcraft Forum, Amsterdam, The Netherland, Sept 2012
23. von Grünhagen, W., Müllhäuser, M., Höfinger, M., Lusardi, J.: In-flight evaluation of active sidestick parameters with respect to the handling qualities for rate command and attitude command types. In: AHS Rotorcraft Handling Qualities Specialists' Meeting, Huntsville, USA, Feb 2014
24. Lüken, T., Korn, B.: PAVE: assistance system to support pilots for IFR rotorcraft airport operations. In: 25th ICAS Congress, Hamburg, Sept 2006
25. Döhler, H.-U., Lüken, T., Lantzsch, R.: ALLFlight—a full scale enhanced and synthetic vision sensor suite for helicopter applications. In: SPIE Defense, Security + Sensing 2009, Orlando, USA, April 2009
26. Stromaier, T., Lantzsch, R., Greiser, S.: Assisted landing for helicopters in confined areas. In: 36th European Rotorcraft Forum, Paris, France, Sept 2010
27. Lüken, T., Döhler, H.-U., Lantzsch, R.: ALLFlight—fusion sensor information to increase helicopter pilot's situation awareness. In: 36th European Rotorcraft Forum, Paris, France, Sept 2010
28. Lüken, T., Döhler, H.-U., Lantzsch, R.: ALLFlight—fusion sensor suite with "see through" capability for helicopter applications. In: American Helicopter Society 66th Annual Forum, Phoenix, USA, May 2010
29. Lüken, T. et al: ALLFlight—helicopter flight trials under DVE conditions with an AI-130 mmW radar system. In: 37th European Rotorcraft Forum, Gallarate, Italy, Sept 2011
30. Lantzsch, R., et al.: AllFlight—helicopter pilot assistance in all phases of flight. In: 38th European Rotorcraft Forum, Amsterdam, NL, Sept 2012
31. Lantzsch, R., et al.: ALLFlight—a full scale pilot assistance test environment. In: American Helicopter Society 68th Annual Forum, Fort Worth, USA, May 2012
32. Lüken, T., Döhler, H.-U., Schmerwitz, S.: Helmet mounted display supporting helicopter missions during en route flight and landing. In: Degraded visual environments: enhanced, synthetic, and external vision solutions 2016, 9839 (11). SPIE Press. SPIE Defense + Commercial Sensing 2016, 2016, Baltimore, USA, April 2016
33. Kim, H.-M., Nonnenmacher, D., Götz, J., Weber, P., von Hinüber, E., Knedlik, S.: Initial flight tests of an automatic slung load control system for the ACT/FHS. In: 40th European Rotorcraft Forum, Southampton, UK, Sept 2014
34. Nonnenmacher, D. Jones, M.: Handling qualities evaluation of an automatic slung load stabilization system for the ACT/FHS. In: 41th European Rotorcraft Forum, Munich, Germany, Sept 2015
35. Kim, H.-M.: Design of an automatic load positioning system for hoist operations. In: American Helicopter Society, 72st Annual Forum, West Palm Beach, FL, USA, May 2016
36. Lewis, P., et al.: Learning to test. In: Flight International, pp. 39–43, Nov 28–Dec 4 2000
37. Osborne, T.: Training times. In: Aviation week and space technology, pp. 47–48, 2 Dec 2013

作者简介

尤尔根·卡莱特卡（Jürgen Kaletka）是布伦瑞克 DLR 飞行系统研究所的科学家（1973—2009 年），他在布伦瑞克技术大学获得了航空工程专业的硕士学位，他的主要研究方向是飞行动力学、空中飞行模拟、直升机建模和系统辨识。1987—1991 年，他是 AGARD FMP"WG 18 旋翼机系统辨识"工作组的负责人，1979—1994 年，他是美德谅解备忘录直升机空气动力学系统辨识项目的负责人，1999—2003 年，他是 ACT/FHS 直升机空中飞行模拟器研发的技术项目经理。

第 11 章
DLR 取消的项目计划

彼得·G. 哈梅尔（Peter G. Hamel）

ESA/CNES项目："赫尔墨斯"航天飞机

11.1 引言

"计划取消"(Project Cancelled)一词在第二次世界大战后的英国航空史中具有特殊的意义。在一份重要文件(图 11.1)中,专职航空新闻报道的英国记者德里克·伍德(Derek Wood)生动地描述了错误的政治决定如何导致了曾经领先的英国航空工业的衰落[1],其中包括 1946 年 1 月 31 日终止"迈尔斯"(Miles)M.52 超声速项目,1957 年"桑德斯-罗"(Saunders Roe)SR.53 成功研发后却停止了对 SR.177 战斗机的研制,以及 1965 年放弃了当时世界上最先进的电传操纵超声速截击机 BAC TSR-2。

图 11.1 不同版本的"计划取消"书籍

英国人尤其恼火的是,美国人获得了"迈尔斯"M.52 项目的完整技术,并将其应用到超声速贝尔 X-1 项目(图 11.2)。"迈尔斯"M.52 飞机具有一对平直的薄机翼和锋利的前缘("Gilette"),它吸收采用了当时的各种创新技术,其中的一项关键技术是全动平尾设计(当时也称为"飞行尾翼"(flying tail)),它不同于传统水平安定面加铰接式升降舵的设计。由于超声速飞行时压力中心的巨大变化,该技术也成为在超声速范围内进行有效飞行控制所必需的手段。如果没有英国的技术,1947 年 10 月 16 日世界上第一次成功进行的 XS-1 超声速飞行可能不会发生得如此之快。作为 M.52 项目中止的理由,本·洛克斯佩瑟(Ben Lockspeiser)爵士引用了德国关于高速飞行后掠翼布局更具有优势的说法。一年前,在德意志第三帝国崩溃后,他曾访问了位于布伦瑞克-沃尔肯罗德(Braunschweig-Völkenrode)的航空研究所(LFA)。1977 年,当被再次问及 M.52 项目终止的根本原因时,本爵士回答说:"人老健忘了"[2]。

图 11.2 英国技术转移到美国

SR.177 项目在 1958 年 4 月第一次飞行前被终止,原因是军方人士对未来防空需求的明显误判。在一份白皮书中,英国防务大臣邓肯·桑迪斯(Duncan Sandys)发表声明说,"闪电"飞机(Electric Lightning,见图 11.3)将是最后一款载人截击机("未来不再发展有人驾驶飞机")。因此，原计划提供给加拿大和德国空军的 SR.177 改型项目也被终止（图 11.4）。

图 11.3　英国"闪电"飞机（Electric Lightning）

图 11.4　计划提供给德国空军的 SR.177 飞机

此外，当时西方世界技术最先进的电传操纵 BAC TSR-2 项目也是政治冲突的受害者（图 11.5）。尽管飞行试验已成功进行（1964 年 9 月 27 日完成第一次起飞，1965 年 2 月 22 日完成第一次超声速飞行），但是，1965 年 4 月新当选的工党政府还是终止了该项目。报道援引工党政府防务大臣丹尼斯·希利（Dennis Healy）的话如下："航空产业中赚钱的唯一途径就是永远不要生产飞机[3]"。

政策的变化导致了航空企业中大量高素质工程师被裁员或离职，这些工程师后来移民到北美或改投其他行业。工党政府计划的节省成本的替代方案，即购买美国通用动力公司生产的 F-111K 变后掠翼飞机，由于存在严重的技术缺陷，导致了另一场灾难，合同后来也被终止。

最终，英国选择了美国的麦克唐纳 F-4"鬼

图 11.5　BAC TSR-2 飞机在 1964 年 9 月 27 日第一次起飞

怪"飞机（McDonnell F-4 Phantom-version），并配备了英国罗尔斯·罗伊斯 Spey 发动机，该飞机被戏称为"大杂烩"飞机（拼凑式飞机），其特点是维护成本特别高。

像英国工业一样，因为军事和政治形势已经发生改变，德国航空工业也对那些在 20 世纪 60 年代和 70 年代没有实现或没有进入飞行试验阶段的项目进行了处理。因此，在与美国合作进行全面的飞行试验后，所有垂直起飞验证机项目，包括 VJ-101、Do 31 和 VAK 191（见 6.1.3.1 节）都被放弃。

英国方面的这些事件是戏剧性的，同时英国在航空政策问题上对美国的依赖也是悲剧性的。另外，德国 DLR 在电传操纵技术和空中飞行模拟领域未实现的项目倡议也同样有趣，11.2~11.5 节将对此进行详细介绍。

11.2　DLR/道尼尔 AlphaJet CASTOR(1984 年)

1984 年 3 月，DFVLR 与其合作伙伴道尼尔公司（Dornier，参与人：H. 马克斯（H. Max）、H. 温嫩贝格（H. Wünnenberg））、联邦国防技术和采购办公室（BWB，参与人：R. 罗森贝格（R. Rosenberg））、德国空军飞行试验中心（WTD-61）一起，编制了一份关于开发战斗机空中飞行模拟器的建议书（图 11.6），提议在"阿尔法喷气"飞机（Alphajet）原型机 P03 基础上改造电传操纵试验机，该试验机简称为 CASTOR（Combat

Aircraft Simulator for Training, Operations, and Research，用于训练、操作和研究的作战飞机模拟器），其将用于飞行员培训、新型飞行控制和显示技术的开发集成以及飞行品质评估。

图 11.6 基于"阿尔法喷气"飞机的 CASTOR 试验机开发建议书

合作伙伴们当时确信，为可变稳定性飞机开发数字式电子飞行控制系统，并将适当的试验飞行器改造为空中飞行模拟器，将是未来合作研究的重要基石。这架新改造的飞机将由德国空军、航空工业和德国航空航天研究机构（DFLVR）共同管理。由于欧洲当时尚没有类似的空中作战飞机模拟器，北约的伙伴国家也对该项目表达了浓厚的兴趣。

各种预期任务被划分为以下两方面：①系统工程研究，用以降低新型飞行控制和导航技术的开发风险；②飞行员培训，道尼尔和 BWB LG IV 在直接力控制器（Direct Force Controller，DFC）开发和测试工作中获得的经验提供了一个全面的

知识库（见 6.3.5 节）。同时，基于在空中飞行模拟领域数十年的经验，DFLVR 在控制系统工程设计、软件开发以及试验和评估程序方面有着良好的技术积累。此外，作为 F-104 CCV 项目的参与者，MBB 在这个过程中获得的与电子飞行控制和安全概念（冗余要求）相关的重要技术可以直接应用于 CASTOR 项目（见 6.3.4 节）。

因此，在"阿尔法喷气"P03 原型机改造项目的第一阶段，技术人员将首先进行 DFC 系统的集成和评估。在第二阶段，他们计划在飞机上加装空中飞行模拟的专用设备，该阶段的总成本估计大约为 2500 万德国马克[4]。

虽然在第一阶段的改造过程中，可以对 DFC 个别组件进行安装和测试，但是由于资金不足，整个项目最终不得不被放弃（见 6.3.5 节）。

在这种背景下，另一个可能的选择是将"阿尔法喷气"飞机用于民用领域。作为欧洲"赫尔墨斯"航空飞机项目的一部分，除了将达索"猎鹰"900 飞机（Dassault Falcon 900）或格鲁曼"湾流"IV 飞机（Grumman Gulfstream IV）改造为"赫尔墨斯"教练机（Hermes Training Aircraft，HTA）外，还考虑将一架"阿尔法喷气"飞机进行改装，用作宇航员"适应性训练"（fitness trainging）的轨迹教练机（Trajectory Training Aircraft，TTA）（见 11.5 节）。

11.3 DLR/MBB BK 117 HESTOR（1984—1986 年）

未来军用和民用旋翼机配备电传操纵飞行控制系统是一种发展趋势，因此对旋翼机增稳控制系统设计与试验的需求越来越大。为此，在 MBB UD（今为德国空客直升机）的支持下，DFLVR（今为 DLR）的飞行力学研究所（今为飞行系统研究所）初步完成了一架基于 BK 117 直升机（今为欧洲直升机/空客直升机 EC145/H145 不同型号）的直升机空中飞行模拟器 HESTOR（Helicopter Simulator for Technology, Operations, and

Research，用于技术、操作和研究的直升机模拟器）设计方案。在此基础上，两家单位共同提出了 HESTOR 项目建议（图 11.7）[5]。

图 11.7　BK 117 HESTOR 框架提案

HESTOR 项目的研究目标是在实际操纵条件下，针对任务扩展与技术集成两方面的工作，为未来直升机飞行品质和系统特性研究提供有力的技术支撑。项目主要关注的两方面工作分别为：①飞行任务的扩展，根据直升机技术的发展和性能的提升，寻求新的应用；②新型关键技术的集成，如智能传感器、计算机和作动系统，以及先进的显示和控制设备（如侧杆）。DFVLR 的空中飞行模拟器 Bo 105 ATTHeS 已经投入运行，主要用于基础研究（见第 8 章），通过该模拟器获得的经验和知识，特别是电传操纵/光传操纵（Fly-by-Wire/Light，FBW/L）控制技术领域的经验和知识将用于 HESTOR 项目的开发。当时，

ATTHeS 模拟器是欧洲唯一的直升机空中飞行模拟器，这种局面将通过研发 HESTOR 而改变。

BK 117 直升机是最现代化的直升机之一，它具有良好的性能，比如：①先进的无铰链旋翼系统具有非常好的控制响应；②具有在扩展飞行状态下进行试验的高功率储备；③用于试验设备安装和两个独立实验座舱装备的宽大空间。同时，部件的高可靠性和低维护成本也是该种直升机的又一重要优势。此外，BK 117 直升机的产量充足，尤其在空中救援市场备受青睐[6]。

HESTOR 项目是基于德国直升机技术工作组 AKH（Arbeitskreis Hubschrauber Technologien）的发展目标而提出来的，该工作组由联邦研究和技术部（BMFT）赞助。1986 年 4 月 22 日，在 DFVLR 与 BMFT 的一次会议上，双方同意 DFVLR 将与 MBB-UD、德国联邦国防部（BMVg）一同合作领导该项目。与此同时，会议还讨论了项目经费，考虑了工业部门和 DFVLR 的资金参与问题。

与此同时，美国陆军曾多次明确表示，他们有兴趣根据德国和美国在直升机飞行领域现有的谅解备忘录（Memorandum of Unders-tanding，MoU），采购一架几乎完全相同的直升机空中飞行模拟器。美国感兴趣的地方是 BK 117 直升机在与美国各种型号直升机对比飞行测试中表现出来的良好性能，尤其是 BK 117 直升机由于其高机动性而在测试中大放异彩，而其良好的飞行品质对空战也十分重要。此外，美国陆军航空飞行动力学理事会、NASA 艾姆斯研究中心和 DFVLR 飞行力学研究所多年来在旋翼机空中飞行模拟领域的成功合作，为该项目合作的开展奠定了坚实的基础（另见 12.3.3 节）。当然，出于成本考虑，协调采购两架 HESTOR 直升机也非常有吸引力。

尽管如此，因为研究机构、工业部门和政府部门管理层缺乏承担该项目的共同意愿，这个准备充分、充满希望的项目提案最终还是失败了。将近 10 年来，HESTOR 项目仍然困扰着 DFVLR 办公室。最后，飞行力学研究所基于 EC 135 直升机，成功地开发了 FHS 直升机空中飞行模拟器。这一次，BMVg 的明确条款以及 1993 年 11 月 2 日与

欧洲直升机公司（Eurocopter S.A.，今为空客直升机）前法国开发总监伊夫·理查德（Yves Richard）（图8.36）签订的协议备忘录（Memorandum of Agreement，MoA）确定了正确的方向，同时寻找到了由合适人选组成的最佳团队来实现这样一个项目，其中重要的决策者包括欧洲直升机公司（Eurocopter）的艾夫斯·理查德（Ives Richard）、前联邦国防部（MoD）副局长罗尔夫·施赖伯（Rolf Schreiber）、联邦国防技术与采购办公室（BWB）直升机部门负责人、后来的德国飞行试验中心（WTD-61）主任维兰德·科尼格（Wieland König）、前道尼尔开发总监和DLR航空项目总监海因茨·马克斯（Heinz Max）（见第10章）。

11.4 DLR BK 117 TELE-HESTOR（1986年）

考虑到上述HESTOR项目的基础与影响，再次基于DFVLR倡议，在1986年7月10日的一次会议上，BMFT直升机技术工作组（AKH）建议，重新探讨利用HESTOR技术验证机在灾害管理新技术开发和运行方面的利用潜力。DFVLR飞行力学研究所随后提交了一份备忘录，备忘录中详细阐述了所需的不同领域高新技术的集成问题，它对于实现强大的无人直升机系统（遥控直升机）进行灾害预防至关重要（图11.8[7]）。

遥控直升机的任务旨在扩大进行灾害管理和控制的远程操作系统的操作灵活性（图11.9），它们可以用于紧急情况、偏远灾区或对人类而言高风险的危险区域执行任务，包括侦察和监测、损害控制以及救援和恢复行动。遥控直升机由一名"任务飞行员"远程操控，该"飞行员"在远离直升机实际飞行地点的移动地面控制站进行操作，通过指令控制链路远程遥控直升机进行飞行。任务中所需的所有视觉和飞行状态信息通过专用传感器系统（如全天候光电传感器）收集，并通过图像处理和遥测数据链路回传到地面

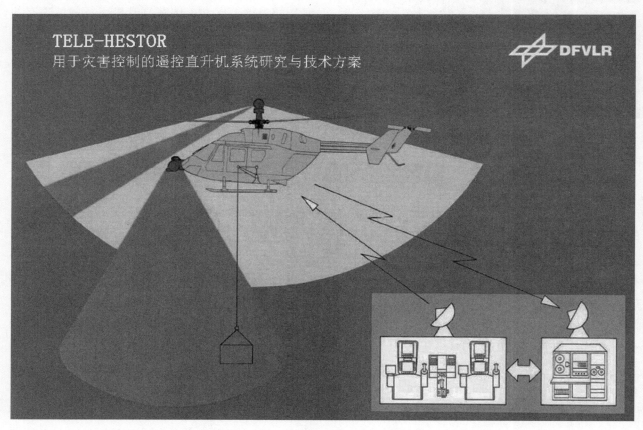

图11.8　TELE-HESTOR项目建议书

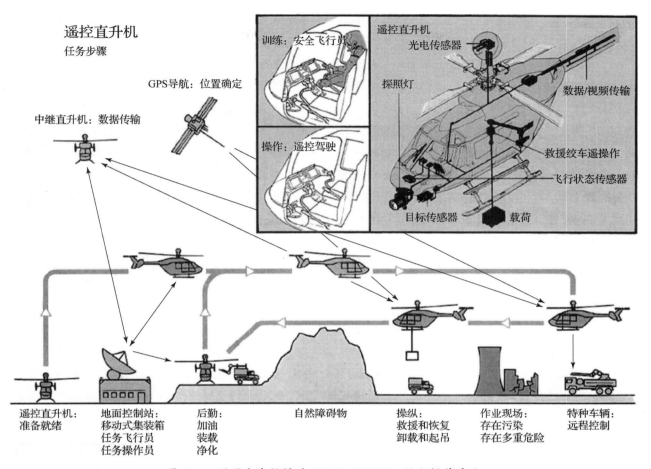

图 11.9 用于灾害救援的 TELE-HESTOR 远程操作系统

控制站,直升机的准确位置由卫星导航系统提供(图 11.10)。

遥控直升机的任务执行由地面控制站的"任务操作员"负责,该操作员根据需要,远程操作飞机上的传感器和作动系统,例如对准摄像机、激活测量系统以及收放负载设备。为了满足欧洲空域飞行安全的高标准要求,在任务训练期间,安全飞行员会坐在遥控直升机上,对直升机的状态进行监控。因此,DFVLR 多年来积累的安全飞行员的模拟器飞行经验将发挥重要作用。

技术演示项目 TELE-HESTOR 计划用于测试未来遥控直升机系统的关键技术,该系统可以在足够大的空间范围内使用大型有效载荷进行工作(最低要求:1 吨,400 千米),能够执行高度精确的远程操作,如侦察和测量任务。除了应用确定飞行条件和环境变量的高精度传感器系统、加固的计算机系统和鲁棒光电飞行控制

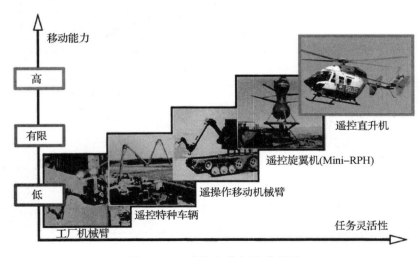

图 11.10 遥控直升机操作剖面

系统等技术外，项目还重点考虑了人机界面的设计和优化。此外，项目关注的另一个重点是信息技术和机器人技术，它们是整个 TELE-HESTOR 试验系统的重要组成部分。

BK 117 HESTOR 直升机空中飞行模拟器也是 TELE-HESTOR 项目研究中的关键内容（参见 11.3 节），它用于评估和优化通过智能控制设备、显示器和计算机支持的驾驶员-直升机交互界面。项目设计的移动控制站中包括两个席位，分别是任务飞行员工作站和任务操作员工作站（图 11.11）。TELE-HESTOR 项目对视觉信息提出了很高的技术要求，要求光电传感器综合系统能够实现昼夜利用和全方位的环境监视。工作站的显示器可以采用高分辨率彩色多功能全景屏幕，也可以采用头戴式显示器直接进行身临其境的环境显示。在操纵遥控直升机执行任务中，传感器系统提供直升机周边环境足够宽广和深远的观测视野（三维检测与物体识别）是遥控直升机遂行任务的基本前提。TELE-HESTOR 项目中的另一个重要问题是保真图像、飞行数据以及远程指挥和操控指令信号的实时可靠传输。

TELE-HESTOR 项目实施过程中，将机载工作站转移到地面控制站共分三个阶段。如图 11.12 所示，这三个阶段分别为 3/0 配置阶段、2/1 配置阶段和 1/2 配置阶段，其中数字 3/0 代表直升机上有 3 名试验人员，地面站上有 0 名试验人员，其他类推。在 3/0 配置阶段中，这一阶段的任务是由人驾驶 HESTOR 模拟器进行规划，机上乘员包括一名安全飞行员、一名任务飞行员和一名操作员。该阶段研究的重点是机载传感器系统的选择、集成和评估，以及机组人员配合和协调的优化。飞行数据、环境数据以及任务设备数据的收集和分析将在地面上进行。

在 2/1 配置的情况下，任务操作员的工作地点从直升机转移到移动地面控制站。在这一阶段中，研究重点聚焦于远程操作的视觉感知和减轻

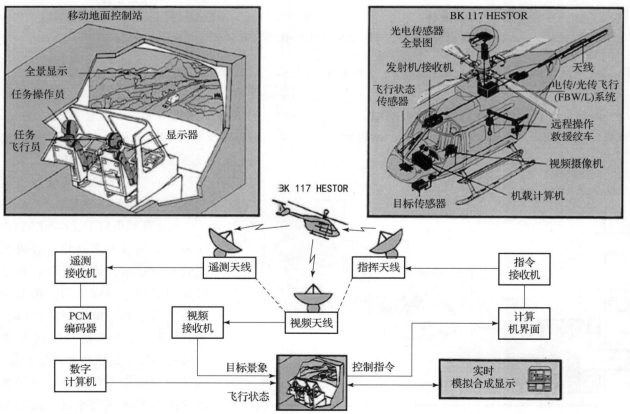

图 11.11　TELE-HESTOR 项目试验方案

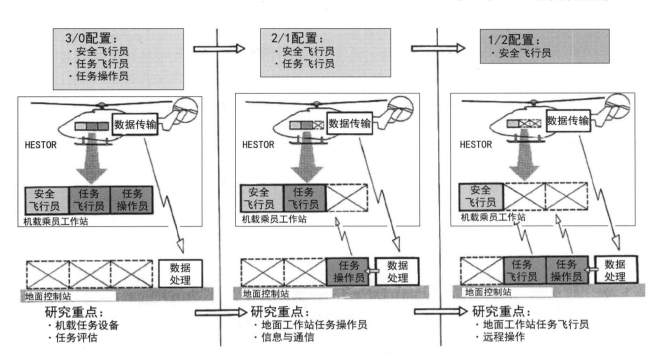

图 11.12 TELE-HESTOR 项目实施阶段步骤

任务操作员工作负担的专家系统。

在 1/2 配置中,这一阶段直升机上只有安全飞行员,他将在紧急情况下保障飞行的安全。防灾的实际飞行任务将由任务飞行员在地面控制站通过远程遥控操作完成。因此,研究人员特别关注飞行动力学问题,例如基于控制器的遥控直升机的操纵品质和任务飞行员在有限能见度和运动提示下的操作技能。最后,研究人员利用 1/2 配置开展了完整的远程操作任务试验。

遗憾的是,由于 HESTOR 项目没有获得额外的资金支持,这一备受推崇的 TELE-HESTOR 项目提案也不得不在 1986 年被放弃。20 多年后,美国波音和西科斯基等旋翼机公司提出了一种与 TELE-HESTOR 类似的可变载人直升机系统概念,并申请了名为"可变载人飞机"(variably manned aircraft)的专利[8]。

11.5 DLR/道尼尔的"赫尔墨斯"教练机(1987—1992 年)

1987—1989 年,DFVLR 代表欧洲航天局/法国国家空间研究中心(ESA/CNES),为欧洲"赫尔墨斯"(Hermes)航天飞机视觉和运动信息的空中飞行模拟准备了一个技术方案和一套完整的系统规范(另见 9.2.2 节)。"赫尔墨斯"航天飞机将从"阿丽亚娜"5+ 火箭的顶端发射到太空,它包括两个部分:再入大气之前将被分离的资源舱和航天飞机轨道器。类似于美国的航天飞机,"赫尔墨斯"航天飞机也通过飞行降落的方式进行回收。在项目终止之前,"赫尔墨斯"航天飞机的最终设计为可将 3 名宇航员和 3 吨有效载荷运入太空,它在起飞时的总重量将达到 21 吨,这代表了"阿丽亚娜"5+ 火箭的最大有效运载能力。

"赫尔墨斯"教练机(Hermes Training Aircraft,HTA)作为"赫尔墨斯"航天飞机的空中飞行模拟器,用于宇航员的飞行训练,模拟从大约 12 千米高度到着陆接地的进近飞行,宇航员需要在大约 19°航迹倾角的陡坡下降后实现高速条件下的安全着陆。模拟器计划每年使用约 4000 架次,其中一次飞行训练中通常会开展 10 次进近飞行。

"赫尔墨斯"航天飞机的滑翔比(即升阻比 L/D)和 HTA 主机的滑翔比明显不同,它们相差大约3倍。因此，在陡坡下降和着陆进近过程中，为模拟"赫尔墨斯"航天飞机的飞行动力学行为，除了使用减速板外，HTA主机还需要反转推力和打开起落架。NASA的航天飞机教练机（Shuttle Training Aircraft，STA，见5.2.2.14节）也需要采取类似的措施。此外，DLR制定了严格的质量标准，用以保证HTA的模拟质量[9]。

为考虑不同的培训应用，如单人培训或乘组人员协同培训，HTA的座舱进行了特别设计。机组人员培训将通过一个额外安装的座舱实施，该座舱称为"赫尔墨斯"机组人员培训飞行驾驶舱（Hermes Crew Training Flight Deck）。DLR提出的HTA概念和系统规范是ESA/CNES进行HTA项目招标的基础[9-19]。两家供应商分别基于格鲁曼"湾流"Ⅱ飞机和达索"猎鹰"900飞机（图11.13）提交了详细实施方案，并交由DLR进行评估。HTA项目中提出的模拟概念及模拟功能通过ATTAS模拟器的飞行模拟进行了验证，模拟结果如图11.14所示，从图中可以看到，"赫尔墨斯"模型与ATTAS模拟器实际飞行响应之间的滚转速率偏差在DLR品质标准定义的"允许"失配（"permissible"mismatch）范围内。

图11.13 选作HTA主机的达索"猎鹰"900飞机

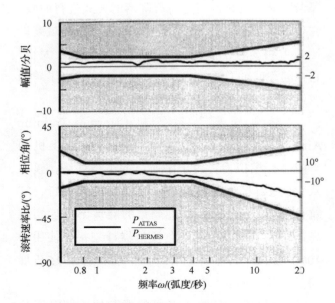

图11.14 ATTAS模拟器对"赫尔墨斯"飞机的飞行模拟结果

令人遗憾的是，在欧洲的技术、金融和政治形势发生变化之后，欧洲"赫尔墨斯"航天飞机项目最终于1992年11月停止，替代方案是发展带有降落伞回收功能的太空飞船。然而，"赫尔墨斯"航天飞机项目给人们留下了丰富而宝贵的跨国合作项目经验，此外，还有一个漂亮的塑料航天飞机模型（见本章标题图片）。

参考文献

1. Wood, D.: Project Cancelled. Searching Criticism of the Abandonment of Britain's Advanced Aircraft Projects. Macdonald & Jane's, London (1975)
2. Gunston, B.: Plane Speaking—A Personal View of Aviation History, pp. 166–170. Patrick Stephens Limited (1991)
3. Gunston, B.: Plane Speaking—A Personal View of Aviation History, pp. 219–229. Patrick Stephens Limited (1991)

4. Anon.: CASTOR—Entwicklung eines Fliegenden Simulators für Kampfflugzeuge, Rahmenvorschlag, BWB/ErpSt61/Dornier/DFVLR, March 1984
5. Anon.: HESTOR – Entwicklung eines Fliegenden Simulators für Hubschrauber, Rahmenvorschlag, MBB/DFVLR, June 1984
6. Hamel, P., Gmelin, B., Hummes, D., Pausder, H.-J.: Fliegender Simulator HESTOR—Dokumentation zur Projektrealisierung, DFVLR IB 111-86/25, (1986)
7. Hamel, P. (ed.): TELE-HESTOR—Forschungs- und Technologieprogramm für ein Fernbemanntes Hubschraubersystem für den Katastrophenschutz, Memorandum, DFVLR IB 111-86/41, October 1986
8. Jones, R.D., Whelan, D.A., Wenberg, L.L.: Variable Manned Aircraft. US Patent No: US20090105891 A1, The Boeing Company, 23 April 2009
9. Hanke, D., Rosenau, G.: Hermes Training Aircraft. Technical Specifications (Edition 1, Revision 1), DLR IB 111-92/18 (1992)
10. Gargir, G.: Technical specification. Study on Hermes Training Aircraft HTA, CNES H-CT-5114-01-CNE, August 1987
11. Hamel, P.: Hermes Simulation and Training Aircraft—Concept Study, vol. 1, Executive Summary, DFLVR IB-111-88/02-1, July 1988
12. Hanke, D.: Hermes Simulation and Training Aircraft—Concept Study, vol. 2, General specification, DFVLR IB-111-88/02-2 (1988)
13. Köpp, J., et al.: Hermes Simulation and Training Aircraft—Concept Study, vol. 2, Chapter 4: Evaluation of Host Aircraft, Dornier Document No. H-PV-5114-001 DOR, May 1988
14. Hamel, P., Rosenau, G.: Hermes Training Aircraft—Executive Summary of Complementary Study Phase, DLR IB-111-89/17-0, October 1989
15. Hanke, D.: Hermes Training Aircraft, vol. 1, Concept Analysis, DLR IB 111-89/17-1, October 1989
16. Hanke, D., Rosenau, G.: Hermes Training Aircraft, vol. 2, Technical Specifications, DLR IB 111-89/17-2, October 1989
17. Wilhelm, K., Schafranek, D., Altenkirch, D., Rosenau, G.: Hermes Training Aircraft, vol. 3, Host Aircraft Evaluation, DLR IB 111-89/17-3, October 1989
18. Schafranek, D.: Hermes Training Aircraft, vol. 1A, Necessity of Side Force Generators, DLR IB 111-89/17-1A (1989)
19. Döler, N., Bouckaert, F.: The In-flight Trainer of the European Hermes Programme, In: [1.19], Paper 25 (1991)

作者简介

彼得·G. 哈梅尔（Peter G. Hamel）是德国航空航天中心（DLR/DFVLR）飞行力学/飞行系统研究所的所长（1971—2001 年）。他于 1963 年和 1968 年分别获得了布伦瑞克工业大学的航空航天工程硕士学位和博士学位，于 1965 年获得了麻省理工学院的硕士学位。1970—1971 年，他担任汉堡梅塞施密特 - 伯尔科 - 布洛姆（Messerschmitt-Bölkow-Blohm，MBB）航空系统部门的负责人。自 1995 年以来，他是布伦瑞克工业大学的名誉教授，并且是该大学三个合作研究中心的创始成员。直到今天，他还是国家直升机技术工作组（AKH）的主席（1986—1994 年）和国家航空研究计划（LuFo）的评审专家。他是 DLR 旋翼飞机技术研究计划的经理，以及前 AGARD 飞行力学 / 飞行器集成（FMP/FVP）小组的德国协调员。他是德国航空航天学会（DGLR）和美国直升机学会（AHS）的成员，也是 AIAA 的会员。他获得了 AGARD 科学成就奖（1993 年）、AGARD/RTO 冯·卡门奖章（1998 年）、AHS 冯·克列明博士奖（2001 年）和著名的 DGLR 路德维希·普朗特奖章（2007 年）。

第 12 章　国际合作

彼得·G. 哈梅尔（Peter G. Hamel）

12.1 概述

德国国内以及国际的知名专家每隔五年会定期对 DLR 飞行系统研究所的科学和技术工作进行评估,这些评估证明了在空中飞行模拟领域以及在系统辨识、飞行动力学和飞行控制等相关学科领域,DLR 飞行系统研究所在欧洲的杰出能力和卓越贡献。因此,该研究所自然成为了国际公认的重要合作伙伴。

国际合作活动主要分为四大领域:①参加国际技术委员会、国际学术组织并召开研讨会和专题讨论会,参加的组织包括航空航天研究与发展咨询委员会(Advisory Group of Aerospace Research & Development, AGARD)专家组、北约研究和技术机构(The Research and Technology Organisation, RTO)专家组、科学与技术组织(Science and Technology Organization, STO)专家组、美国汽车工程师协会(Society of Automotive Engineers, SAE)航空航天控制与制导系统委员会、美国航空航天学会(American Institute of Aeronautics and Astronautics, AIAA)飞行力学技术委员会以及 AIAA 建模与仿真技术委员会等;②参与项目研发,比如 X-31 验证机、欧洲战斗机、NH-90 直升机和"赫尔墨斯"航天飞机等项目;③达成长期合作协议,如美国空军谅解备忘录、美国陆军谅解备忘录和欧洲直升机公司谅解备忘录;④与研究机构、工业部门以及试飞员学校进行短期项目合作。这些活动的主要部分,尤其是关于 DLR 空中飞行模拟器及其使用,已在第 7—10 章中进行了详细说明,本章重点介绍空中飞行模拟在其中发挥重要作用的一些特殊活动和事件。

12.2 国际研讨会

12.2.1 1991 年空中飞行模拟国际研讨会

正如在第 1 章引言中已经指出的那样,1991 年 7 月 1 日至 3 日,在布伦瑞克举行的国际研讨会上,空中飞行模拟技术的意义及价值得到了与会专家们的高度评价(图 12.1,见第 1 章参考文献 [19])。德国国内乃至国际出版社都对这次会议进行了报道,如世界知名航空杂志《航空周刊与空间技术》(Aviation Week & Space Technology, AW&ST)[2-3]。

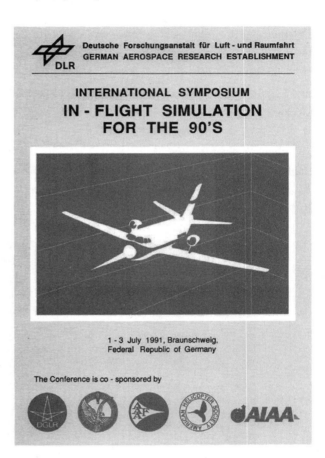

图 12.1　1991 年第一次空中飞行模拟国际研讨会

在《航空周刊与空间技术》杂志的文章《空中飞行模拟联谊会》中,美国航空航天记者迈克尔·米查姆(Michael Mecham)阐述了空中飞行模拟作为"探索未来飞行控制系统的驱动力"的特殊作用(图 12.2 和图 12.3)。在本次,也是首届空中飞行模拟国际研讨会上,来自 Calspan 的变稳飞机先驱、试飞员和飞行品质专家罗伯特·P. 哈珀(Robert P. Harper)作了介绍性讲座(图 12.4),这篇报告主要参考了瓦尔德马尔·布劳豪斯(Waldemar Breuhaus)的历史论文(见第 1 章参考文献 [5])。

图12.2 AW&ST杂志记者迈克尔·米查姆（Michael Mecham）在布伦瑞克报道研讨会，左起：米夏埃尔·普雷斯（Michael Preß）、沃尔夫冈·贝东（Wolfgang Beduhn）、迪特里希·汉克（Dietrich Hanke）、迈克尔·米查姆（Michael Mecham）、试飞员米夏埃尔·保劳格（Michael Parrag（Calspan））、梅耶（"HaLu" Meyer）

在罗伯特·哈珀的讲座中，他强调了空中飞行模拟技术在降低飞行系统开发、试验技术风险和成本方面的特殊作用（"在第一次飞行前就把它做好"）[4]。本次会议的25个专题讲座来自不同国家的研究机构、大学和工业部门，具体数量分布为：美国（9）、德国（6）、英国（3）、法国（3）、日本（2）、加拿大（1）、俄罗斯（1）。遗憾的是，俄罗斯飞行研究所（Flight Research Institute，FRI）参会代表事先准备好的报告未能在最后一刻发表，但令人欣慰的是，两年后DLR的研究人员与该研究所的主要科学家进行了深入交流，详见12.2.2节。

12.2.2　1993年德俄空中飞行模拟研讨会

（本节得到汉斯·海因茨·兰格（Hans-Heinz

图12.3 《航空周刊与空间技术》杂志的"空中飞行模拟发展"专栏（1991年10月7日）

Lange)和伯纳德·克拉格（Bernd Krag）协助）

由俄罗斯飞行研究所 FRI（也称为格罗莫夫飞行研究所）发起，1990 年，该研究所与 DLR 飞行力学研究所建立了第一次联系，随后，DLR 的科学家迪特里希·汉克（Dietrich Hanke）与汉斯·海因茨·郎（Hans-Heinz Lange）前往莫斯科进行了第一次访问。俄罗斯专家向来访人员介绍了图-154M FACT 空中飞行模拟器，该模拟器用于对俄罗斯"暴风雪"航天飞机的陡坡下降和着陆进近进行空中飞行模拟（另见 5.6.1 节）。

在这些交流的基础上，1993 年 10 月 25 日至 30 日，在飞行试验技术总师威尔格姆·维德（Wilgem Vid）和航空专家谢尔盖·鲍里斯（Sergej Boris）的领导下，俄罗斯飞行研究所 FRI 对 DLR 进行了访问。10 月 29 日，DLR 在汉诺威机场组织和举行了与俄罗斯飞行研究所的双边研讨会，这次会议重点关注的议题是飞行员训练的空中飞行模拟和超大型飞机的飞行品质评估。当时美国和欧洲都在对超大容量飞机（Ultra-High Capacity Aircraft，UHCA）进行论证研究，空客 A3XX 项目，也即空客 A380 的前身，是 20 世纪 90 年代初 DLR 应用研究的主题之一，其中特别令人感兴趣的地方是确定机翼弹性模态与刚体飞机飞行动力学之间的耦合程度。而同期俄罗斯飞行研究所 FRI 也已经获得了乌克兰大型飞机安东诺夫安-124 和安-225 的飞行试验经验。众所周知，这些大型飞机现在被部署用于民用任务和为联合国执行任务。

新闻媒体对此次交流进行了广泛报道，尤其是在 1993 年 10 月 27 日，FRI 的图-154M FACT 和 DLR 的 VFW 614 ATTAS 两架空中飞行模拟器在汉诺威云层上空飞行时的珍贵瞬间被记录了下来（见本章标题图片），这张照片是从德国空军飞行试验中心（WTD-61）的"阿尔法喷气"飞机上拍摄的。但是图-154M 飞机无法飞往布伦瑞克，因为对于布伦瑞克机场的沥青跑道来说，图-154M 飞机六轮主起落架着陆时的表面载荷（surface loading，即单位面积载荷）太高了。

图 12.4　ATTAS 模拟器飞行演示前合影（左起：埃克哈德·沃尔法伊尔（Eckhard Wohlfeil）、汉斯·海因茨·郎（Hans Heinz Lange）、Calspan 飞行品质专家兼试飞员罗伯特·哈珀（Robert Harper）、梅耶（"Halu" Meyer）、米夏埃尔·普雷斯（Michael Preß））

2003 年 8 月 19 日至 24 日，在莫斯科航展期间，DLR 的科学家们有机会参观了飞行品质可变的电传操纵试验验证机苏-27（另见 5.6.2 节）。苏-27 验证机通过遥测数据链路与地面模拟器相连，从而为地面上提供了"虚拟飞行"（virtual flying）的功能。DLR 的专家们被邀请使用这个硬件在环设备，在地面上进行了壮观的"眼镜蛇"机动飞行（图 12.5）。

12.2.3　2001 年"ATTAS 20 年"研讨会

最后，需要提到一个特别的活动是 2001 年 10 月 16 日至 17 日举行的"ATTAS 20 年"研讨会，国际许多专家都参加了这次会议，庆祝 ATTAS 空中飞行模拟器运营 20 周年。前 NASA 试飞员罗杰斯·史密斯（Rogers Smith）、Calspan 试飞员米夏埃尔·保劳格（Michael Parrag）（图 12.6 和图 12.7）以及自 2001 年起负责 DLR 飞行系统研究所工作的斯特凡·莱韦达格（Stefan Levedag）（图 12.8）都是会议的积极参与者与推动者。早在 10 年前，即 1990 年 9 月 3 日至 7 日，罗杰斯·史密斯已经在布伦瑞克与 DLR 试飞员一起参加了 ATTAS 模拟器的飞行试验（图 12.9）。

图12.5 具有可编程飞行品质的苏-27验证机，汉斯·海因茨·郎（Hans-Heinz Lange，梯子上）和彼得·哈梅尔（Peter Hamel，驾驶舱中）（迈克尔·鲍沙特（Michael Bauschat）提供）

图12.7 Calspan试飞员米夏埃尔·保劳格（Michael Parrag，左）与彼得·哈梅尔（Peter Hamel，右）在ATTAS研讨会上交流

图12.8 斯特凡·莱韦达格（Stefan Levedag）致词欢迎ATTAS研讨会参会专家

图12.6 迪特里希·汉克（Dietrich Hanke，左）与前NASA试飞员罗杰斯·史密斯（Rogers Smith，右）在ATTAS研讨会上交流

图12.9 1990年，NASA试飞员罗杰斯·史密斯（Rogers Smith，右三）与DLR的ATTAS飞行试验专家克努特·威廉（Knut Wilhelm），汉斯·彼得·约恩克（Hans-Peter Joenck），迪特尔·沙弗兰内克（Dieter Schafraneck），米夏埃尔·普雷斯（Michael Preß），埃克哈德·沃尔法伊尔（Eckhard Wohlfeil），迪特里希·阿尔滕基希（Dietrich Altenkirch），梅耶（"Halu" Meyer）合影留念

12.3 跨大西洋合作

12.3.1 引言

在了解到 DFVLR 飞行制导研究所关于数字飞行控制的研究活动后，NASA 试飞员和宇航员尼尔·阿姆斯特朗于1971年对布伦瑞克进行了访问（图12.10）。阿姆斯特朗了解到数字飞行控制和侧杆操控系统的开发工作仅仅是由几名科学家和工程师完成的，他对他们的创造力和效率印象深刻（图12.11 和 6.3.1.5 节）。

图 12.10　阿姆斯特朗1971年访问布伦瑞克期间与赫尔曼·布伦克（左2）、卡尔·海因里希·德奇（左3）和彼得·哈梅尔（左4）在一起

图 12.11　阿姆斯特朗在 Do 27 飞机上操纵 DFVLR 侧臂控制器

从那时起，越来越多的跨大西洋合作交流活动被组织，研究人员通过航空航天研究与发展咨询组（AGARD）的飞行力学专家组（Flight Mechanics Panel，FMP）、飞行器集成专家组（Flight Vehicle Integration Panel，FVP）与制导和控制专家组（Guidance and Control Panel，GCP）内部的联合项目和专题讨论会来促进这种交流，这也符合 AGARD 创始人西奥多·冯·卡门（Theodore von Kármán）的想法（图12.12），即通过下述方式促进合作：①将领军科学家和工程师们聚集在一起进行交流；②通过共同利用科研试验设施进行能力互补；③向所有参与者提供相互的科学和技术支持，以节省成本的方式实现航空研发的互利发展[5]。西奥多·冯·卡门后来获得了布伦瑞克科学学会高斯奖章（Gauß Medal）。

图 12.12　1960 年，高斯奖章获得者西奥多·冯·卡门（Theodore von Kármán，中）在布伦瑞克与赫尔曼·布伦克（Hermann Blenk，右）和奥托·卢茨（Otto Lutz，左）合影

20 世纪 70 年代末，德意志联邦共和国和美国两国在固定翼飞机（飞机飞行控制概念项目，见 12.3.2 节）和直升机（直升机飞行控制项目，见 12.3.3 节）的飞行控制和飞行品质领域达成了两项政府间合作协议，形成了谅解备忘录（图 12.13）。这些谅解备忘录的总体目标是通过联合和协调两国的研究项目及研究任务，充分利用彼此的试验设施，共同实现更快、更具成本效益的研究和开发[6]。

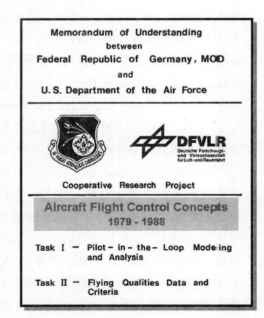

图 12.13　跨大西洋合作谅解备忘录材料，左：飞机飞行控制概念，右：直升机飞行控制

12.3.2 美国/德国飞机飞行控制概念备忘录（1979—1992年）

美国空军莱特航空实验室（Air Force Wright Aeronautical Laboratories，AFWAL）的飞行动力学实验室和DFVLR的飞行力学研究所，分别代表美国空军和德国联邦国防部，联合开展了高度控制增稳型飞机飞行品质领域的研究项目。整个研究项目包括为控制增稳飞机制定面向任务的飞行品质标准，相关研究结果被立即纳入MIL-STD-1797标准手册"有人驾驶飞机的飞行品质"（见第2章参考文献[13]）。此外，美国的TIFS、NT-33A空中飞行模拟器和德国的FLISI、ATTAS空中飞行模拟器与试飞员交流在项目中同样发挥了重要作用。7.3.4节已经介绍过美国空军为HFB 320 FLISI模拟器直接升力控制的陡坡进近飞行试验提供的移动微波着陆系统TALAR以及相关使用程序。

备忘录项目合作中，一项特别创新和成功的研究工作是提出了一种新的试验技术，它用于检测和评估控制增稳飞机在执行精确机动飞行时的关键弱点。迄今为止，还没有高效准确的试验和评估方法来评估飞行员-飞机系统在急剧机动（如空中加油或空对地跟踪）中的整体性能。1983年，DLR科学家鲁瑟德·科勒（Ruthard Koehler）利用GRATE（Ground Attack Test Equipment，地面攻击测试设备）试验技术，成功地开发了一种执行特殊精确飞行任务的方法，即空对地跟踪[7]。试验程序基于系统辨识技术（图3.1），通过与道尼尔和德国空军飞行试验中心（WTD-61）合作的"阿尔法喷气"飞机直接力控制飞行试验，证明了该项技术的可行性。这项技术也在美国空军AFWAL LAMARS地面模拟器的模拟测试中得到了验证。NASA复制了一个类似的系统，并以缩写ATLAS（Adaptable Target Lighting Array System，自适应靶光阵列系统）为其命名[8]。

GRATE/ATLAS试验技术的原理如图12.14所示，它通过从地面上排列的九个灯源阵列（多靶光模式，Multiple-Target Light Pattern）中随机选择一个亮光灯源（靶），使飞机捕捉并对准该光靶。飞行员可以通过遥测信号在驾驶舱内调节光靶的闪烁频率（随机靶光序列，Random Target Light Sequences），从而影响所需的反应速度，这样可以增加试飞员的工作量（飞行员努力/增益，Pilot Effort/Gain①），并激发飞行员与飞机之间的相互作用，直至飞机状态变为不稳定。通过这样的操作，可以检测到在正常飞行操作中难以发现的操纵品质问题（操纵品质缺陷揭露）。这种技术的优点在于试验的安全性、可重复性以及试验结果的可再现性。尤其在前认知行为（pre-cognitive behavior）方面，它几乎可以消除学习效应的影响。该试验技术适用于所有的飞机类型，相应的试验设备也被建议作为所有试飞学校的标准装备。但需要指出的是，在飞机高速飞行状态下，该试验技术可能会存在某些限制。

除了使用格鲁曼X-29模拟器外，研究人员还在美国空军爱德华兹飞行试验中心，使用卡尔斯潘公司（Calspan）的NT 33A空中飞行模拟器开展了大量的飞行试验。例如，从图12.15中可以明显看出，飞行控制系统中的时间延迟量与飞行员评级值之间存在密切的相关性。试验同时发现，即使存在湍流效应，它也几乎不影响对飞行员-飞机系统的评估。

图12.16总结了GRATE/ATLAS系统开发和利用的重要里程碑。图12.17是美国GRATE/ATLAS试验团队与DLR的鲁瑟德·科勒（Ruthard Koehler，穿白衬衫）、WTD-61的试飞员卡尔·海因茨·朗（Karl-Heinz Lang，位于中间，位于科勒左手边）的合影。后来，卡尔·海因茨·朗在X-31A飞机坠毁事故中幸免于难，这起事故是由于空气数据传感器结冰造成的（另见6.3.6节）。

---

① "飞行员努力/增益"指飞行员输入（如操纵杆或脚蹬踏板的力度）与所引起的飞机响应（如姿态变化或速度变化）的比例。高"增益"表示小的输入会引起较大的响应，而低"增益"则意味着需要更多的输入来产生相同的响应。这个概念帮助设计更易于操纵的控制系统，提高飞行员的操控舒适性和飞机的操控性。

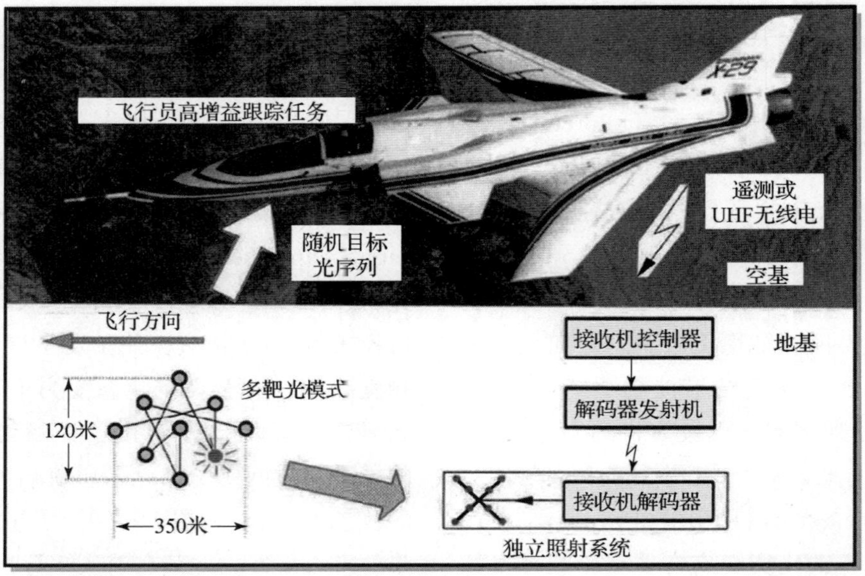

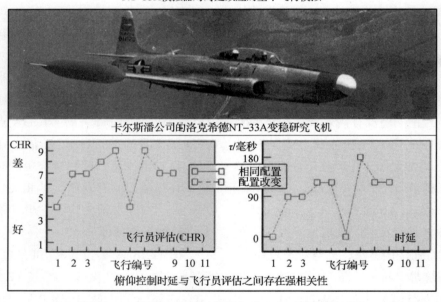

图 12.14 GRATE/ATLAS 试验技术

图 12.15 控制时延和飞行员评估之间的密切相关性

在 DLR 执行委员会向美国空军高级代表介绍 GRATE/ATLAS 试验技术时，美国客人希望为飞行员提供一个额外选项，即在试验中可以"击毁"光靶，以获得"个人成就"[9]。美德两国合作的更多成果可以在谅解备忘录项目领导鲍勃·伍德科克（Bob Woodcock，美国空军阿夫瓦尔飞行动力学实验室）和克努特·威廉（Knut Wilhelm，DLR 飞行力学研究所）的最终报告中找到（图 12.18 [10]）。

12.3.3 美国／德国直升机飞行控制备忘录（1979—2012 年）

受美国陆军委托，美国陆军航空研究与发展司令部（Army Aviation Research and Development Command，AVRADCOM）航空飞行动力学局（Aeroflightdynamics Directorate，AFDD）和德

GRATE/ATLAS-发展历程

1983	德国布伦瑞克DLR研究中心设计开发了GRATE(Ground Attack Test Equipment，地面攻击测试设备)
1984	阿尔法喷气式飞机直接侧力控制试验项目，利用德国曼兴飞行试验中心(WTD-61)的GRATE进行飞行品质评估
1985	G91和F-104项目，利用德国曼兴飞行试验中心(WTD-61)的GRATE进行德国飞行员培训
1987	在美国空军赖特–帕特森空军基地LAMARS模拟器上的实现GRATE
	NASA艾姆斯/德莱顿研究中心设计开发了ATLAS(Adaptable Target Lighting Array System，自适应目标光阵列系统)
1988	T-38A和TF-104G项目，利用美国爱德华兹空军基地ATLAS进行飞行员培训
	NT-33A变稳飞机和X-29A项目，利用美国爱德华兹空军基地的ATLAS进行飞行品质评估

图 12.16　GRATE/ATLAS 系统开发里程碑

图 12.17　鲁瑟德·科勒（Ruthard Koehler，中间，穿白衬衫）和WTD-61的卡尔·海因茨·朗（Karl-Heinz Lang，科勒左手边）以及GRATE-ATLAS试验团队合影（NASA阿姆斯特朗飞行试验中心提供）

图 12.18　谅解备忘录项目官员克努特·威廉（Knut Wilhelm，DFVLR，中）、鲍勃·伍德科克（Bob Woodcock，AFFDL，前）与卡尔斯潘NT-33A模拟器合影

国航空航天研究中心（DFVLR）飞行力学研究所，联合开展了控制增稳直升机操纵品质相关的研究项目。他们的共同研究目标之一是为控制增稳直升机制定与任务相关的操纵品质标准和飞行品质标准，项目研究结果直接促进了ADS-33E旋翼机操纵品质新规范的建立（见第8章参考文献[28]）。

项目开展过程中，美国方面使用了CH-47B和UH-60 RASCAL直升机空中飞行模拟器（图12.20），德国方面使用了Bo 105 ATTHeS和EC 135 FHS直升机空中飞行模拟器，特别的，双方科学家和试飞员互相赴对方机构的访问交流（图12.19）为项目推进发挥了重要作用。关于联合项目开展的一些细节已经在8.3.3节、8.4.1节以及10.4.3节中进行了详细介绍。美德的跨大西洋合作由美国航空动力学理事会（AeroFlightDynamics Directorate，AFDD）欧文·斯塔特勒（Irving Statler）和德国DLR的彼得·哈梅尔（Peter Hamel）发起和管理，后来由美国AFDD的大卫·基（David Key）和克里斯·布兰肯（Chris Blanken）以及德国DLR的伯恩德·格梅林（Bernd Gmelin）、于尔根·鲍斯德（Jürgen Pausder）、贝伦德·范德沃尔（Berend van der Wall）和马克·赫芬格（Marc Höfinger）

图 12.19　试飞员罗恩·格德斯（Ron Gerdes，NASA，中）、汉内曼（Hannemann，WTD-61，左1）、曼菲尔德·罗辛（Manfred Rössing，DFVLR，左2）、克劳斯·桑德斯（Klaus Sanders，DFVLR，右1）以及项目负责人于尔根·鲍斯德（Jürgen Pausder，DFVLR，右2）合影

负责。这种长达33年的深度跨国合作取得了许多成功，它不仅不同寻常，甚至可以说是独一无二的[11-13]。

图12.20　美国RASCAL团队与DLR的沃尔夫冈·冯·格林加亨（Wolfgang von Grünhagen，中）合影

由于新科学理念及新实施方式的不断引入，参与研究的科学家团队的人员变化无疑促成了谅解备忘录合作的不断丰富，大量的联合出版物也说明了这一点。谅解备忘录取得的成功被视为跨大西洋合作的典范，正如美国陆军大西洋国际技术中心航空和导弹技术主管约翰·贝里（John Berry）博士在谅解备忘录签署30周年会议上所说："美德直升机航空动力学谅解备忘录是成熟、正式协议的典范。这些活动……总是令人感兴趣的，并被证明极具价值"。

在同一场合，与会专家们对长期以来完成的飞行试验工作进行了历史性的总结，现场报告展示了上述四架直升机空中飞行模拟器在制定控制增稳旋翼机操纵品质标准方面发挥的特殊作用（图12.21），回顾了30多年来美国陆军/NASA艾姆斯研究中心和布伦瑞克DLR合作开展的飞行试验（图12.22）[14]。毋庸置疑，科学家和试飞员的广泛参与和深入交流同令人印象深刻的大量联合出版物一样重要。

正如两位与会专家所简要总结的[11]："大多数情况下，这对研究工程师和试飞员来说都是一项艰苦的工作，但有时加利福利亚圣克鲁斯海滩上的阳光或加斯陶斯的一杯德国啤酒都是非常有用的！"

在2008年9月11日举行的30周年纪念仪式上，在布伦瑞克历史悠久的凯姆纳特（Kemenate），谅解备忘录的德国共同发起人彼得·哈梅尔谈起了一段特殊的历史往事[14]：

让我回顾一下我们谅解备忘录历史上一个具

图12.21　现场报告内容：30年来利用直升机空中飞行模拟器开展的试验研究
（克里斯·布兰肯（Chris L.Blanken）提供）

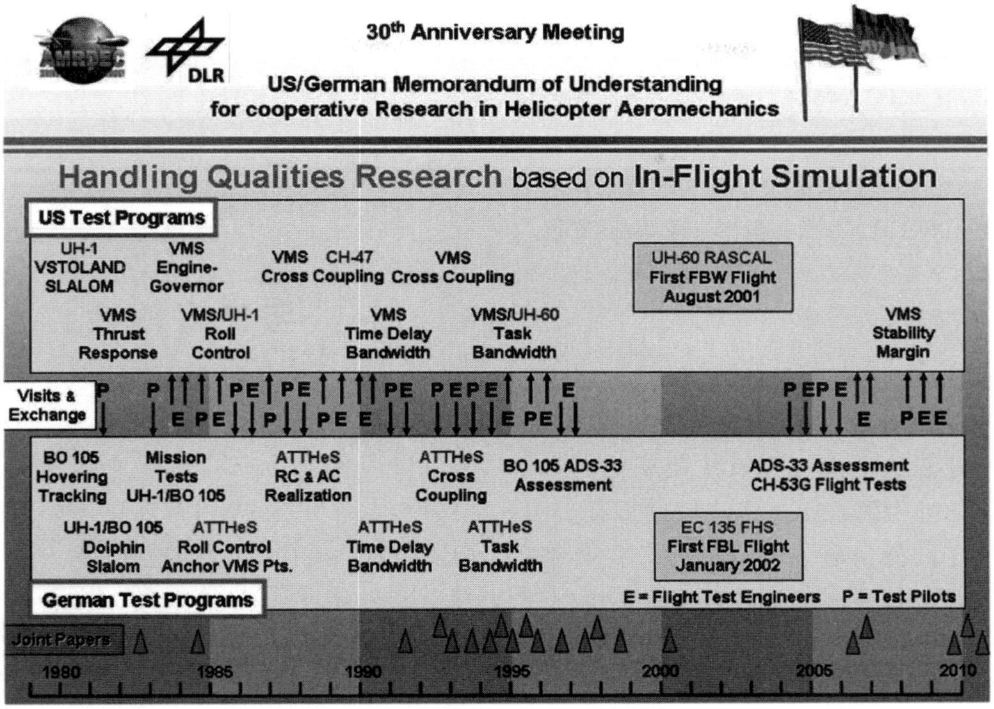

图 12.22 现场报告内容：直升机空中飞行模拟器试验研究统计（克里斯·L. 布兰肯（Chris L. Blanken）提供）

有挑战性的插曲：当 DLR 考虑为老化的 Bo 105 ATTHeS 直升机空中飞行模拟器设计一架新的替代电传操纵直升机时，AFDD 也处于类似的境况，其由 NASA 艾姆斯研究中心运营的 CH-47 直升机模拟器也需要进行更换。因此，两个国家都需要发展新的空中飞行模拟器。AFDD、NASA 和 DLR 之间的磋商为共同解决方案的启动提供了极好的前提条件。将要选择和改装的电传操纵直升机主机应具有高可用功率、高带宽和灵活性，以便广泛地模拟未来的旋翼机系统。1985 年，美国陆军、NASA 和 DLR 得出一致结论，MBB 的 BK 117 直升机是一个非常有前途的直升机候选主机。

简而言之，一份由迪克·卡尔森（Dick Carlson）签署的意向书被送到了 DLR，后来又被送到了德国联邦国防部，其中表明，如果 DLR 将 BK 117 直升机改装成变稳研究飞机，那么美国陆军打算从德国采购一架完全相同的直升机，这个项目我们称之为 HESTOR（Helicopter Simulator for Technology, Operations, and Research，用于技术、操作和研究的直升机模拟器），这种合作可以为双方节省资金（见 11.3 节）。

不幸的是，这次跨大西洋的采购合作尝试失败了，我们德国方面不得不受到谴责，原因没法简单地解释。不是资金限制，而是另外两个方面因素起了决定作用：复杂的官僚主义或者说官僚作风，以及工业权贵。

因此，美国陆军/NASA 以 UH-60 直升机为基础，开发了 JUH-60A RASCAL（Rotorcraft Aircrew Systems Concepts Airborne Laboratory，旋翼飞行器机组人员系统概念空中实验室）直升机模拟器（见 5.2.3.17 节）。DLR 不得不又花费了 10 年的时间来开发直升机模拟器，这次是与欧洲直升机公司（Eurocopter）合作并得到了德国联邦国防部的大力支持，在具有高可控性和低维护成本的 EC 135 直升机主机上开发了 FHS（Flying Helicopter Simulator，飞行直升机模拟器）直升机模拟器（见第 10 章）。

一段小小的回忆：今天，也是自 BK 117 HESTOR 合作项目提议以来的 20 年后，美国陆军正在采购 EC 145 直升机的军用版本：UH-72 "拉科塔"（Lakota），而它们恰好是 BK 117 直升机的改型。20 年前，美国对 BK 117 的唯一担忧是，它在 HESTOR 开发的 1992 年到 1993 年期间是否仍在生产。今天和未来几年一款经过大量改装的 BK 117 直升机，比如 EC 145 或 UH-72，将在德国和美国进行量产！

我想说的是什么？如果我们能在 20 年前成功地共同实现 HESTOR，那么美国和德国军队现在就已经可以使用电传操纵的"拉科塔"直升机，而且实现了所有期望的能力、潜力和承诺。

尽管如此，美国海军试飞员学校（U.S. Naval Test Pilot School，USNTPS）目前正在为其配备了可变稳定性控制系统的两架 NSH-60B VSC 直升机（图 5.34）寻求后续继任直升机，欧洲直升机公司研发的 UH-72 "拉科塔"（Lakota）直升机曾被设想作为直升机主机用于继任直升机模拟器的改造，这款直升机的发展可以追溯到 EC 145 和 BK 117 的基本布局。最初共有 5 架 UH-72 可供 USNTPS 使用，其中 2 架计划改装为 NUH-72 VSS（Variable Stability System，可变稳定性系统）空中飞行模拟器。不幸的是，由于未知原因，该项目在 2015 年被取消，取而代之的是 NUH-60L VSS 替代方案（见 5.2.1.17 节）。

后记

因为德国和美国两国当局之间的法律合同纠纷，在经过 35 年后的深入合作后，这一独特的谅解备忘录以及由此取得广泛成功的双边科学研究合作最终于 2013 年结束。

12.4　与空客的合作（1994—1995 年）

作为空中客车公司研究超大型飞机 UHCA（Ultra High Capacity Aircraft，超大容量飞机）飞行行为合同工作的一部分，DLR 飞行系统研究所技术人员在 ATTAS 空中飞行模拟器的模型跟随控制器上对 A3XX 飞机（A380 飞机的前身）的飞行动力学数学模型进行了编程实现，并进一步开展了飞行试验。1995 年 8 月 23 日，空中客车工程试飞员克劳德·莱莱（Claude Lelaie）和空中客车试飞和研发部主任吉尔斯·罗伯特（Gilles Robert）参加了基于 ATTAS 模拟器的 A3XX 飞机空中飞行模拟演示以及随后的情况汇报会（图 12.23~图 12.26）。从这次会议和该项目相关

图 12.23　空中客车首席试飞员克劳德·莱莱（Claude LeLaie）、吉尔斯·罗伯特（Gilles Robert）在使用 ATTAS 模拟器进行 A3XX 空中飞行模拟后与试验团队合影

工作中，DLR 获得了对未来大型商用飞机进行空中飞行模拟的重要经验。

图 12.24　在 ATTAS 地面模拟器中体验的空客专家克劳德·莱莱（Claude LeLaie）和吉尔斯·罗伯特（Gilles Robert）

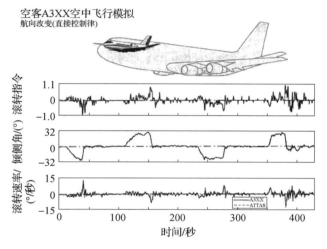

图 12.25　ATTAS 模拟器对 A3XX 模型的飞行模拟结果（直接控制律模式）

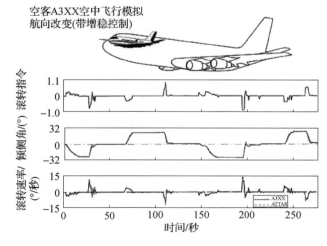

图 12.26　ATTAS 模拟器对 A3XX 模型的飞行模拟结果（控制增稳模式）

参考文献

1. Hamel, P. (ed.): In-Flight Simulation for the 90's, International Symposium, July 1–3, 1991, Braunschweig, DGLR Mitteilungen 91-05 (Proceedings, Inquiries at: DLR, Institute of Flight Systems, P.O. Box 3267, 38022 Braunschweig) (1991)
2. Hillebrand, H.L.: Fliegende Simulatoren minimieren das Risiko, vol. 35, pp. 37–38. Aerokurier (1991)
3. Mecham, M.: Airborne Simulation Expands, pp. 42–49. AW&ST (1991)
4. Harper, R.P.: The evolution of in-flight simulation at Calspan. In: Hamel, P. (ed.) In-Flight Simulation for the 90's, International Symposium, July 1–3, 1991, Braunschweig, DGLR Mitteilungen 91-05 (Proceedings, Inquiries at: DLR, Institute of Flight Systems, P.O. Box 3267, 38022 Braunschweig), Paper 91-05-1 (1991)
5. van der Bliek, J. (ed.): AGARD—The History 1952–1997. The NATO Research and Technology Organization (RTO), Spring 1999
6. Hamel, P.: Kooperative Forschungsprojekte zwischen der Bundesrepublik Deutschland und den Vereinigten Staaten von Amerika auf dem Gebiet der Flugeigenschaften, DFVLR Jahresbericht 1982, Seiten 95–98 (1983)
7. Koehler, R., et al.: GRATE—A New Flight Test Tool for Flying Qualities Evaluations, AGARD CP-452, Paper 8, Oct 1988
8. Shafer, M.F., Koehler, R., Wilson, E.M., Levy, D.R.: Initial Flight Test of a Ground-Deployed System for Flying Qualities Assessment, NASA TM-101700 and AIAA Paper 89-3359, Aug 1989
9. Hamel, P.: USAF-FMOD Memorandum of Understanding on Aircraft Flight Control Concepts—Recent Advances and Related Activities, Presentation on the Occasion of the Visit of 4-Star General Powell at DLR, Köln-Porz, 10 Nov 1989
10. Wilhelm, K., Woodcock, R.W., Legett, D.B.: Summary of Joint Program of Research into Flight Control Concepts (Period 1983–1992), USAF Flight Dynamics Directorate, Wright Laboratory, WL-TR-93-3039, May 1993
11. Key, D.L., Gmelin, B.: A Decade of Cooperation, Vertiflite, vol. 35, No. 6, pp. 48–54. Sept–Oct 1989
12. Pausder, H.-J., Blanken, C.L.: Report on Activities 1994–2003, DLR IB 111-2004/79 (2004)
13. van der Wall, B.G., Blanken, C.L. (eds.): Nine Years of Cooperation—The US/German Memorandum of Understanding (MoU) on Helicopter Aeromechanics—2003–2012, US AAMRDE TR RDMR-AF-14-01 and DLR IB 111-2013/33 (2013)
14. van der Wall, B.G., Blanken, C.L.: 30th Anniversary Celebration of the US/German MoU on Helicopter Aeromechanics, DLR IB 111-2009/1 (2009)

作者简介

彼得·G. 哈梅尔（Peter G. Hamel） 是德国航空航天中心（DLR/DFVLR）飞行力学/飞行系统研究所的所长（1971—2001 年）。他于 1963 年和 1968 年分别获得了布伦瑞克工业大学的航空航天工程硕士学位和博士学位，于 1965 年获得了麻省理工学院的硕士学位。1970—1971 年，他担任汉堡梅塞施密特 - 伯尔科 - 布洛姆（Messerschmitt-Bölkow-

Blohm，MBB）航空系统部门的负责人。自 1995 年以来，他是布伦瑞克工业大学的名誉教授，并且是该大学三个合作研究中心的创始成员。直到今天，他还是国家直升机技术工作组（AKH）的主席（1986—1994 年）和国家航空研究计划（LuFo）的评审专家。他是 DLR 旋翼飞机技术研究计划的经理，以及前 AGARD 飞行力学 / 飞行器集成（FMP/FVP）小组的德国协调员。他是德国航空航天学会（DGLR）和美国直升机学会（AHS）的成员，也是 AIAA 的会员。他获得了 AGARD 科学成就奖（1993 年）、AGARD/RTO 冯·卡门奖章（1998 年）、AHS 冯·克列明博士奖（2001 年）和著名的 DGLR 路德维希·普朗特奖章（2007 年）。

第 13 章
路在何方？

彼得·G. 哈梅尔（Peter G. Hamel）

自一个多世纪以前莱特兄弟实现人类的第一次飞行以来，飞机的操纵和飞行品质研究一直是航空领域的焦点。随着高效飞机气动布局和现代电传/光传操纵控制技术的发展，以及计算机、传感器、测量和信息技术的进步，这些问题不仅变得愈加重要，而且也变得更为复杂。要利用这些强大的现代技术，不仅需要考虑人与飞行器之间的交互，还需要考虑飞行员的驾驶技能和新的试验技术。在飞机设计的早期阶段，可变稳定性飞机被用于实现这一目的。在过去的几十年里，更复杂的变稳飞机已经发展成为空中飞行模拟器，并被广泛用于面向系统的技术应用领域，它们为飞行品质和操纵品质的研究提供了一种更安全、更经济和更可行的方法，有助于在新型飞机首次飞行前对其设计进行评估。飞行员和飞行试验工程师的培训，以及作为综合飞行控制系统一部分的新型控制律和控制系统硬件的测试，也是空中飞行模拟中关注的重要问题。

本书详细介绍了空中飞行模拟器的开发和利用，以及其在固定翼和旋翼飞机飞行品质优化方面的意义。因此，它也提供了电传操纵和光传操纵飞行控制系统研究、开发和测试的历史记述。

现代飞行器的性能可以通过结合电传/光传操纵飞行控制系统与数字信息系统（例如多功能显示器和先进传感器系统）而大大提高。然而，不断提高的自动化程度也提出了一个问题，即在设计过程中是否充分理解和考虑了人类与自动化设备之间的交互作用。在大多数情况下，自动化设备可以帮助飞行员或操作员，但有时飞行员或操作员对自动化设备正在做什么存在困惑，而这可能导致出现危险的状况。这个问题被称为模式混乱（mode confusion），它难以被分析，因此"解决方案往往是被动的，而不是主动的"（M.I.T.）。通过什么方法可以改善这种尚不令人满意的状况，从而进一步提高飞行安全？还是说，不断增加的系统复杂性会导致相反的效果？到目前为止的自动化策略是否需要重新反思和修改？

在自动化程度不断提高的受控有人驾驶或无人驾驶飞行器系统研发中，如何确保以正确的方式处理不断更新、快速变化的信息技术？

除了广泛的地面飞行模拟，空中飞行模拟在阐明与解决这些问题方面发挥着重要作用，它能够优化系统特性，在真实环境条件、极端飞行条件以及意外故障发生或存在干扰的情况下进行飞行员的培训。

未来需要进一步考虑的一个主要问题是如何维护、扩展这些业已获得的系统性经验并将它们传递给年轻的科学家和工程师们。在对飞行中的关键技术故障和事故进行充分的分析、交流和讨论后，以"经验－教训"（"Lessons Learned"）的形式形成的系统文件记录可能有助于避免未来再发生同样的安全问题。

在飞机设计周期内产生的系统性知识是否可以在飞机整个寿命周期内可用，并妥善保留移交给未来的专家？专业技术人员是否得到了合适的教育和培训？那些对整个系统都了解的通才是否仍然足够可用，还是他们会被遗忘？著名的太空实业家曼弗雷德·福斯（Manfred Fuchs, 1938—

2014年）非常生动地描述了学习的过程："学习就像逆水行舟。一旦你停下来，你就会向后漂流，因此我们必须努力一直向前"。

从这个意义上说，本书编辑和作者希望在空中飞行模拟这个航空最高学科领域，以及在有人驾驶和无人驾驶飞机系统设计未来的挑战方面做出建设性的贡献，以参考书籍的形式保存获得的知识和经验，以供对航空感兴趣的人们进行阅读，并激励未来的航空爱好者们。

作者简介

彼得·G.哈梅尔（Peter G. Hamel）是德国航空航天中心（DLR/DFVLR）飞行力学/飞行系统研究所的所长（1971—2001年）。他于1963年和1968年分别获得了布伦瑞克工业大学的航空航天工程硕士学位和博士学位，于1965年获得了麻省理工学院的硕士学位。1970—1971年，他担任汉堡梅塞施密特–伯尔科–布洛姆（Messerschmitt-Bölkow-Blohm，MBB）航空系统部门的负责人。自1995年以来，他是布伦瑞克工业大学的名誉教授，并且是该大学三个合作研究中心的创始成员。直到今天，他还是国家直升机技术工作组（AKH）的主席（1986—1994年）和国家航空研究计划（LuFo）的评审专家。他是DLR旋翼飞机技术研究计划的经理，以及前AGARD飞行力学/飞行器集成（FMP/FVP）小组的德国协调员。他是德国航空航天学会（DGLR）和美国直升机学会（AHS）的成员，也是AIAA的会员。他获得了AGARD科学成就奖（1993年）、AGARD/RTO冯·卡门奖章（1998年）、AHS冯·克列明博士奖（2001年）和著名的DGLR路德维希·普朗特奖章（2007年）。